"十三五"示范性高职院校建设成果教材

建筑施工

主　编　杨　勇
副主编　田春鹏　李学泉
　　　　李　媛　刘永前
主　审　刘　萍

内 容 提 要

本书以国家最新颁布的规范、规程为依据，主要内容包括土方工程施工、桩基础工程施工、砌体工程施工、钢筋混凝土结构工程施工、结构安装工程施工、屋面及防水工程施工、装饰装修工程施工七个项目。每个项目根据具体内容又分为若干任务。每个任务由任务描述、任务分析、相关知识、任务实施、拓展实训、课外学习指要组成。

本书可作为高职高专院校建筑工程技术等相关专业相关课程的教材，也可作为建筑工程施工技术人员、施工管理人员的参考用书。

版权专有　侵权必究

图书在版编目(CIP)数据

建筑施工/杨勇主编．—北京：北京理工大学出版社，2017.2（217.3重印）
ISBN 978-7-5682-3562-4

Ⅰ.①建… Ⅱ.①杨… Ⅲ.①建筑施工－高等学校－教材 Ⅳ.①TU7

中国版本图书馆CIP数据核字(2017)第007475号

出版发行 /	北京理工大学出版社有限责任公司
社　　址 /	北京市海淀区中关村南大街5号
邮　　编 /	100081
电　　话 /	(010)68914775(总编室)
	(010)82562903(教材售后服务热线)
	(010)68948351(其他图书服务热线)
网　　址 /	http://www.bitpress.com.cn
经　　销 /	全国各地新华书店
印　　刷 /	北京紫瑞利印刷有限公司
开　　本 /	787毫米×1092毫米　1/16
印　　张 /	22
字　　数 /	591千字
版　　次 /	2017年2月第1版　2017年3月第2次印刷
定　　价 /	49.00元

责任编辑 / 李玉昌
文案编辑 / 瞿义勇
责任校对 / 周瑞红
责任印制 / 边心超

图书出现印装质量问题，请拨打售后服务热线，本社负责调换

前 言

本书是根据高职高专院校人才培养方案和建筑工程技术专业的培养目标，参照有关国家职业资格标准和行业岗位要求而编写的。

本书的编写力求打破以传授知识为主的传统课程模式，开发基于工作过程的项目课程。本书以《土方与爆破工程施工及验收规范》（GB 50201—2012）、《建筑桩基技术规范》（JGJ 94—2008）、《砌体结构工程施工规范》（GB 50924—2014）、《混凝土结构工程施工规范》（GB 50666—2011）、《钢结构工程施工规范》（GB 50755—2012）、《屋面工程技术规范》（GB 50345—2012）、《地下工程防水技术规范》（GB 50108—2008）、《住宅装饰装修工程施工规范》（GB 50327—2001）等为编写依据，构建出土方工程施工、桩基础工程施工、砌体工程施工、钢筋混凝土结构工程施工、结构安装工程施工、屋面及防水工程施工、装饰装修工程施工七个项目。项目的内容由简单到复杂，从单一到综合，紧紧围绕工作任务完成的需要和学生可持续发展的需要来选取。本书按照"任务描述→任务分析→相关知识→任务实施→拓展实训→课外学习指要"的思路来编写，使学生在各种任务的完成过程中树立质量、安全、责任意识和团结合作意识，实现知识、能力和素质并进。另外，本书中在拓展实训中安排了大量案例，供学习参考。

本书由辽宁建筑职业学院杨勇担任主编，辽宁建筑职业学院田春鹏、李学泉、李媛和刘永前担任副主编。具体编写人员及分工如下：杨勇、刘永前编写项目六、项目七；田春鹏编写项目三、项目五；李学泉编写项目一、项目二；李媛编写项目四。全书由杨勇、田春鹏负责统稿、整理。

本书的编写得到了相关学校领导和老师的帮助，刘萍教授在本书成稿后认真审阅了全书，并提出了许多宝贵意见，在此表示衷心的感谢。

本书在编写过程中参阅了相关教材和文献资料，在此对有关作者致以诚挚的谢意。

由于编写时间仓促，加之编者水平有限，书中难免有欠妥之处，敬请读者批评指正。

编　者

目 录

项目一　土方工程施工 ·· 1
　任务一　土的工程分类及其性质的认知 ·· 2
　任务二　土方工程量计算 ··· 9
　任务三　基坑施工 ··· 16
　任务四　土方机械化施工 ··· 28
　任务五　土方填筑与压实施工 ·· 31
　任务六　地基局部处理方案的选择 ··· 35

项目二　桩基础工程施工 ··· 43
　任务一　钢筋混凝土预制桩施工 ·· 45
　任务二　钢筋混凝土灌注桩施工 ·· 51

项目三　砌体工程施工 ·· 63
　任务一　脚手架工程搭设 ··· 64
　任务二　垂直运输设施选用 ··· 89
　任务三　砌体材料认知 ·· 94
　任务四　砖砌体施工 ··· 99
　任务五　砌块砌体施工 ··· 110
　任务六　石砌体施工 ··· 117

项目四　钢筋混凝土结构工程施工 ·· 122
　任务一　模板工程施工 ··· 123
　任务二　钢筋工程施工 ··· 142
　任务三　混凝土工程施工 ·· 160
　任务四　预应力混凝土工程施工 ·· 180

· 1 ·

项目五　结构安装工程施工 ········· 201
任务一　起重机具认知 ··········· 201
任务二　单层工业厂房的安装 ······ 207
任务三　钢结构安装 ············· 228

项目六　屋面及防水工程施工 ······ 240
任务一　屋面防水工程施工 ········ 241
任务二　地下防水工程施工 ········ 265
任务三　室内防水工程施工 ········ 281

项目七　装饰装修工程施工 ········ 292
任务一　抹灰工程施工 ············ 293
任务二　门窗工程施工 ············ 304
任务三　饰面工程施工 ············ 313
任务四　涂饰工程施工 ············ 325
任务五　吊顶工程施工 ············ 331
任务六　墙体保温工程施工 ········ 335

参考文献 ························· 346

项目一　土方工程施工

知识目标

1. 了解土的组成及物理性质，掌握土的工程分类方法。
2. 掌握场地平整方案的编制方法。
3. 掌握基坑(槽)土方量的计算方法。
4. 掌握场地设计标高的确定、挖(填)方的标注，了解场地平整土方量的计算方法。
5. 了解推土机、铲运机、挖土机的工作特点及使用范围。
6. 了解含水量对回填夯实的影响，掌握回填土的要求。
7. 掌握填土的夯实方法。
8. 了解流砂发生的条件，防治方法。
9. 掌握集水井、排水明沟的设置，水泵的选用方法。
10. 掌握轻型井点的平面布置、高程布置方法。掌握轻型井点涌水量、井点管数量及间距的计算方法。
11. 掌握土方边坡坡度的确定方法。
12. 了解深层搅拌水泥土桩支护方法及高压喷射桩支护方法。
13. 掌握土钉墙支护方法。
14. 掌握土层锚杆支护方法。
15. 掌握排桩式支护方法。
16. 掌握地下连续墙的施工程序。
17. 掌握地基局部处理的原则。
18. 掌握灰土垫层地基、砂垫层地基、深层搅拌地基等地基加固原理及施工程序。

能力目标

1. 能够看懂地质勘测报告。
2. 能够运用简单工具在施工现场鉴别土的类别。
3. 能够进行基坑(槽)土方量的计算。
4. 能够运用方格网法、断面法计算场地平整土方量；能够运用表上作业法进行土方调配。
5. 能够根据工程实际进行平整场地土方施工机械的选择。
6. 能够进行地面上的坑式开挖施工机械的选择。
7. 能够进行长槽式土方开挖施工机械的选择；能够进行整片开挖土方施工机械的选择。
8. 能够在工程实际中正确选择回填土；能够正确选择填土回填的施工机械。
9. 能够进行环状井点系统的设计。
10. 能够根据工程实际编制集水井法降水方案。
11. 能够根据工程结构形式、基础埋置深度、地质条件、施工方法等因素，确定基坑支护形式。

12. 能够完成基坑支护方案技术交底工作。
13. 能够识别基槽、基坑的各种支护方法。
14. 能够对现场基坑支护情况进行检查，并填写质量检测表格。
15. 能够根据地质条件选择地基加固方法。
16. 能够制定松土坑、砖(土井)、橡皮土等软弱地基的处理方案。

教学重点

1. 场地平整土方量的计算方法，基坑、基槽土方量的计算方法。
2. 土方施工机械的工作原理及机械类型的选用。
3. 回填土的选择与施工方法。
4. 基坑排水及降低地下水位的施工方法。
5. 基坑支护方法及选择。

教学难点

降低地下水位的方法。

建议课时

16 课时

土方工程是建筑工程施工的主要工程之一，在大型建筑工程中，土方工程的工程量和工期往往对整个工程有较大的影响。其主要包括土方的开挖、运输、填筑和压实等过程，以及排水、降水和土壁支撑等准备和辅助过程。在建筑工程中，常见的土方工程施工有场地平整、地下室和基坑(槽)及管沟开挖与回填、地坪填土与碾压、路基填筑等。

任务一　土的工程分类及其性质的认知

任务描述

了解土的组成及物理性质，掌握土的工程分类方法；能够运用简单工具在施工现场鉴别土的类别；能够看懂地质勘测报告。

任务分析

土的种类繁多，作为建筑物地基的土分为岩石、碎石土、砂土、粉土、黏性土和特殊土(如淤泥、泥炭、人工填土等)。岩石可分为硬质与软质以及微风化、中风化、强风化、全风化和残积土；碎石土分为漂石、块石、软石、碎石、圆砾和角砾碎石；砂土分为砾砂、粗砂、中砂、细砂和粉砂以及密实、中密、稍密和松散砂土；黏性土可分为黏土、粉质黏土以及坚硬、硬塑、可塑、软塑和流塑等黏性土。

一、土方工程施工的特点

土方工程施工往往具有施工面广、工程量大、劳动繁重、施工条件复杂等特点，如大型建设项目的场地平整，土石方施工面积可达数平方公里，甚至是数十平方公里；在场地平整和大型深基坑开挖中，土方工程量可达几万立方米，甚至是几百万立方米，施工工期长；土方工程施工多且露天作业，在施工中，直接受到地区交通、气候、水文、地质和邻近建筑物等条件的影响；而且土、石又是一种天然物质，成分较为复杂，难以确定的因素很多。

二、土的工程分类

土的种类繁多，其分类方法也很多。在建筑施工中，按照开挖的难易程度，土可分为八类，如表1-1中一至四类为土，五至八类为岩石。不同土的物理、力学性质也不同，只有充分掌握各类土的特性及其对施工的影响，才能选择正确的施工方法。

表1-1 土的工程分类

土的分类	土的级别	土的名称	普氏系数 f	密度 /(g·cm^{-3})	开挖方法及工具
一类土（松软土）	Ⅰ	砂土；粉土、冲积砂土层；疏松的种植土；淤泥(泥炭)	0.5~0.6	0.6~1.5	用锹、锄头挖掘，少许用脚蹬
二类土（普通土）	Ⅱ	粉质黏土；潮湿的黄土；夹有碎石、卵石的砂；粉质混卵(碎)石；种植土；填土	0.6~0.8	1.1~1.6	用锹、锄头挖掘，少许用镐翻松
三类土（坚土）	Ⅲ	软及中等密实黏土；重粉质黏土，砾石土，干黄土，含有碎石、卵石的黄土、粉质黏土；压实的填土	0.8~1.0	1.75~1.9	主要用镐，少许用锹、锄头挖掘，部分用撬棍
四类土（砂砾坚土）	Ⅳ	坚硬密实的黏性土或黄土；含碎石、卵石的中等密实的黏性土或黄土，粗卵石，天然级配砂石；软泥灰岩	1.0~1.5	1.9	整个先用镐、撬棍，后用锹挖掘，部分用楔子及大锤
五类土（软石）	Ⅴ~Ⅵ	硬质黏土，中密的页岩，泥灰岩，白垩土；胶结不紧的砾岩；软石灰及贝壳石灰石	1.5~4.0	1.1~2.7	用镐或撬棍，大锤挖掘，部分用爆破方法开挖
六类土（次坚石）	Ⅶ~Ⅸ	泥岩，砾岩，砂岩，坚实的页岩，泥灰岩，密实的石灰岩，风化花岗岩；片麻岩及正长岩	4.0~10	2.2~2.9	用爆破方法开挖，部分用风镐
七类土（坚石）	Ⅹ~ⅩⅢ	大理岩，辉绿岩，玢岩，粗、中粒花岗岩；坚实的白云岩，砾岩，砂岩，片麻岩，石灰岩，微风化安山岩；玄武岩	10~18	2.5~3.1	用爆破方法开挖
八类土（特坚石）	ⅩⅣ~ⅩⅥ	安山岩；玄武岩，花岗片麻岩，坚实的细粒花岗岩，闪长岩，石英岩，辉长岩，角闪眼，玢岩，辉绿岩	18~25以上	2.7~3.3	用爆破方法开挖

三、土的工程性质

土有各种工程性质,其中影响土方工程施工的有土的密度、可松性、含水量和渗透性。

(1)土的密度。土的密度可分为天然密度和干密度。土的天然密度是指土在天然状态下单位体积的质量,其影响土的承载力、土压力及边坡稳定性;土的干密度是指单位体积土中固体颗粒的含量,用以检验压实质量的控制指标。

(2)土的可松性。自然状态下的土(原土)经开挖后,其体积因松散而增加,虽经回填夯实,仍不能恢复到原状土的体积,这种性质称为土的可松性。土的可松性程度用可松性系数表示:

$$K_p = \frac{V_2}{V_1} \quad (1-1)$$

$$K_p' = \frac{V_3}{V_1} \quad (1-2)$$

式中 K_p——最初可松性系数;
K_p'——最终可松性系数;
V_1——自然状态下土的体积;
V_2——土经开挖后的松散体积;
V_3——土经回填压实后的体积。

可松性系数对土方的调配,计算土方运输量、填方量及运输工具都有影响,尤其是大型挖方工程,必须考虑土的可松性系数。各类土的可松性系数见表1-2。

表1-2 各类土的可松性系数

土的分类	体积增加百分比/%		可松性系数	
	最初	最终	K_s	K_s'
一类土(种植土除外)	8~17	1~3.0	1.08~1.17	1.01~1.03
一类土(植物性土,泥炭)	20~30	3~4	1.20~1.30	1.03~1.04
二类土	14~28	1.5~5	1.14~1.28	1.02~1.05
三类土	24~30	4~7	1.24~1.30	1.04~1.07
四类土(泥灰岩,蛋白石除外)	26~32	6~9	1.26~1.32	1.06~1.09
四类土(泥灰岩,蛋白石)	33~37	11~15	1.33~1.37	1.11~1.15
五至七类土	30~45	10~20	1.30~1.45	1.10~1.20
八类土	45~50	20~30	1.45~1.50	1.20~1.30

(3)土的含水量。土的含水量是指土中所含的水与土的固体颗粒之间的质量比,以百分数表示:

$$w = \frac{m_w}{m_s} \times 100\% \quad (1-3)$$

式中 m_w——土中水的质量;
m_s——固体颗粒的质量。

土按含水量可分为干土($w<5\%$)、潮湿土($5\% \leqslant w \leqslant 30\%$)、湿土($w>30\%$)。

土的含水量对土方边坡的稳定性和填土压实质量均有影响。土方回填时则需要有最优含水量方能夯压密实,获得最佳干密度。土的最优含水量和最大干密度参考值见表1-3。

表 1-3 土的最优含水量和最大干密度

项次	土的种类	变动范围		项次	土的种类	变动范围	
		最优含水量（质量比）/%	最大干密度/(t·m^{-3})			最优含水量（质量比）/%	最大干密度/(t·m^{-3})
1	砂土	8～12	1.80～1.88	3	粉质黏土	12～15	1.85～1.95
2	黏土	9～23	1.58～1.70	4	粉土	16～22	1.61～1.80

(4)土的渗透性。土的渗透性是指水在土体中渗流的性能，一般以渗透系数 K 表示。地下水在土中渗流速度可按达西定律计算：

$$V = K \cdot i \tag{1-4}$$

式中　V——水在土中渗流速度(m/d 或 cm/s)；

　　　i——水力坡度；

　　　K——土的渗透系数(m/d 或 cm/s)。

渗透系数 K 值反映出土透水性强弱，其直接影响降水方案的选择和涌水量计算的准确性，一般可通过室内渗透试验或现场抽水试验确定，一般土的渗透系数见表 1-4。

表 1-4 一般土的渗透系数

土的种类	K/(m·d^{-1})	土的种类	K/(m·d^{-1})
黏土、粉质黏土	<0.1	含黏土的中砂及细纯砂	20～25
粉质砂土	0.1～0.5	含黏土的细砂及纯中砂	35～50
含黏土的粉砂	0.5～1.0	纯粗砂	50～75
纯粉砂	1.5～5.0	粗砂夹卵石	50～100
含黏土的细砂	10～15	卵石	100～200

任务实施

一、土的基本工程性质、土的工程分类及对土方施工的影响

(1)工程用土：依据《土的工程分类标准》(GB/T 50145)，工程用土是指工程勘察、建筑物地基、堤坝填料和地基处理等涉及的土类。有机土是指土料中大部分成分为有机物质的土。

(2)按照土的坚实系数分类：

1)一类土，松软土。

2)二类土，普通土。

3)三类土，坚土。

4)四类土，砂砾坚土。

5)五类土，软土。

(3)土的工程性质包括：

1)土的强度性质。

2)土体应力应变。

(4)不良土质的危害：

1)土体中各点的力学性质会因其物理状态的不均匀而不同，以此土体的剪切破坏可能是局

部的,也可能是整体破坏。

2)需要解决的主要问题是提高地基承载力、土坡稳定性等。

(5)影响土方施工的工程性质有:土的可松性、原状土经机械压实后的沉降量、渗透性、密实度、抗剪强度、土压力等。

二、运用简单工具在施工现场鉴别土的类别

(1)砂石土、砂土的现场鉴别方法。

(2)黏性土的现场鉴别方法。

(3)碎石类土密实度现场鉴别方法。

(4)人工回填土、淤泥、黄土、泥炭的现场鉴别方法。

各类土的鉴别方法见表1-5~表1-8。

表1-5 碎石土、砂土鉴别方法

类别	土的名称	观察颗粒粗细	干燥时状态	湿润时用手拍击状态	黏着程度
碎石土	卵(碎)石	一半以上的颗粒超过20 mm	颗粒完全分散	表面无变化	无黏着感觉
	圆(角)砾	一半以上的颗粒超过2 mm(小高粱粒大小)	颗粒完全分散	表面无变化	无黏着感觉
砂土	砾砂	约有1/4以上的颗粒超过2 mm(小高粱粒大小)	颗粒完全分散	表面无变化	无黏着感觉
	粗砂	约有一半以上的颗粒超过0.5 mm(细小米粒大小)	颗粒完全分散,但有个别胶结在一起	表面无变化	无黏着感觉
	中砂	约有一半以上的颗粒超过0.25 mm(砂糖大小)	颗粒基本分散,局部胶结,但一碰即散	表面偶有水印	无黏着感觉
砂土	细砂	大部分颗粒与玉米粉近似	颗粒大部分分散,少量胶结,胶结部分稍加碰撞即散	表面有水印(翻浆)	偶有轻微黏着感觉
	粉砂	大部分颗粒与小米粉近似	颗粒少部分分散,大部分胶结,稍加压力可分散	表面有显著翻浆现象	有轻微黏着感觉

表1-6 粉土、黏性土鉴别方法

土的名称	湿润时用刀切	湿土用手捻摸时的感觉	土的状态		湿土搓条情况
			干土	湿土	
黏土	切面光滑,有黏刀阻力	有滑腻感,感觉不到有砂粒,水分较大时很黏手	土块坚硬,用锤才能打碎	易黏着物体,干燥后不易剥去	塑性大,能搓成直径小于0.5 mm的长条(长度不短于手掌)手持一端不易断裂
粉质黏土	稍有光滑面,切面平整	稍有滑腻感,有黏滞感,感觉到有少量黏粒	土块用力可压碎	能黏着物体,干燥后较易剥去	有塑性,能搓成直径为0.5~2 mm的土条
粉土	无光滑面,切面稍粗糙	有轻微黏滞感或无黏滞感,感觉到砂粒较多、粗糙。	土块用手捏或抛扔时易碎	不易黏着物体,干燥后一碰就掉	塑性小,能搓成直径为2~3 mm的短条

表1-7 人工填土、淤泥、黄土、泥炭、红黏土、膨胀土的鉴别方法

土名	观察颜色	夹杂物质	形状（构造）	浸入水中的现象	湿土搓条情况
人工填土	无固定颜色	砖瓦碎块，垃圾，炉灰等	夹杂物显露于外，构造无规律	大部分变为稀软淤泥，其余部分为碎瓦、炉渣在水中单独出现	一般能搓成3mm土条但易断，遇有杂质甚多时即不能搓条
淤泥	灰黑色有臭味	池沼中半腐朽的细小的动植物遗体，如草根、小螺壳等	夹杂物轻，仔细观察可以发觉构造常呈层状，但有时不明显	外观无显著变化，在水面出现气泡	一般淤泥质土接近黏质粉土，能搓成3mm土条（长至少3cm），容易断裂
黄土	黄褐二色的混合色	有白色粉末出现在纹理之中	夹杂物质常清晰显见，构造上有垂直大孔（肉眼可见）	即行崩散而分成散的颗粒集团，在水面上出现很多白色液体	搓条情况与正常的粉质黏土相似
泥炭	深灰或黑色	有半腐朽的动植物遗体，其含量超过60%	夹杂物有时可见，构造无规律	极易崩碎，变为稀软淤泥，其余部分为植物根，动物残体渣滓悬浮于水中	一般能搓成1~3mm土条，但残渣甚多时，仅能搓成3mm土条
红黏土	红褐色	主要矿物成分为伊利石、蒙脱石，因此具有中等程度的亲水性、膨胀性及可塑性	土体被多方向的裂缝切割，裂缝面一般较光滑并呈波状弯曲。裂缝常为次生黏土充填，有的并有锰、铁胶膜附着	吸水膨胀软化，使土体结构破坏，以至崩解。易产生堆陷，溜坍和滑坡	一般可以搓条
膨胀土	灰白、灰褐、黄褐、红盐、棕蓝色	成分以二氧化硅，三氧化二铝，三氧化二铁为主，并含有大量蒙脱石、伊利石和高岭土	黏土颗粒含量高，塑性指数大，结构强度高，多为中等压缩性	受水浸湿后，即使在一定荷载作用下，土的体积仍能膨胀。土被浸湿后，裂缝可以回缩	一般可以搓条，相当于黏土或粉质黏土

表1-8 新近沉积黏性土的鉴别方法

沉积环境	颜色	结构性	含有物
河漫滩和山前洪、冲积扇（锥）的表层，古河道；已填塞的湖、塘、沟、谷；河道泛滥区	颜色较深而暗，呈褐、暗黄或灰色，含有机质较多时带灰黑色	结构性差，用手扰动原状土时极易变软，塑性较低的土还有振动析水现象	在完整的剖面中无原生的粒状结核体，但可能含有圆形的钙质结构体（如姜结石）或贝壳等，在城镇附近可能含有少量碎砖、陶片或朽木等人类活动的遗物

拓展提高

1. 土的可松性对土方工程施工有哪些影响？

由于土方工程量是用自然状态的体积来计算的，因此在土方调配、计算土方机械生产率及运输工具数量等时，必须考虑土的可松性。因为土方调配时自然状态的土挖起来运走的时候体积就变大了，这样，我们就难以预测要多少卡车才能运走，这时，就有土的可松性计算价值了，我们可以通过土的可松性计算出实际要用多少卡车来运多少体积的土。

2. 某基坑深为 6 m，坑底长宽为 35 m×50 m，边坡坡度为 1∶0.5，基坑中的垫层体积为 200 m³，混凝土基础体积为 6 500 m³，土的最初可松性系数为 1.30，最终可松性系数为 1.04，挖出的土预留一部分作该基坑回填土，余土运走，现安排斗容量为 8 m³ 的自卸卡车运土，需要运走多少车？

参考答案：

坑底 35 m×50 m，坑上口 41 m×56 m，坑中截面 38 m×53 m

基坑体积 $V = H/6 \times (F_1 + 4F_0 + F_2)$
$= 6/6 \times (35 \times 50 + 4 \times 38 \times 53 + 41 \times 56) = 12\ 102 (m^3)$

回填体积 $12\ 102 - 200 - 6\ 500 = 5\ 402 (m^3)$

回填用土 $5\ 402/1.04 = 5\ 194.2 (m^3)$

运土 $12\ 102 - 5\ 194.2 = 6\ 907.8 (m^3)$

车数 $N = 6\ 907.8 \times 1.3/8 = 1\ 122.5 \approx 1\ 123 (车)$

拓展实训

1. 土方工程施工具有_____、_____、_____、_____等特点。
2. 在建筑施工中，土可分为_____类，其中一至四为_____，五至八为_____。
3. 土有各种工程性质，其中影响土方工程施工的有_____、_____、_____和_____。
4. 土的可松性系数对_____、_____、_____都有影响，尤其是大型挖方工程，必须考虑土的可松性系数。

课外学习指要

中华人民共和国行业标准. JGJ 180—2009 建筑施工土石方工程安全技术规范[S]. 北京：建筑工业出版社，2009.

任务二　土方工程量计算

任务描述

能够进行基坑(槽)土方量的计算；能够运用方格网法、断面法计算场地平整土方量，能够运用表上作业法进行土方调配。

任务分析

1. 有关规定要点

(1)土方划分为四类土，其挖土、运土均按天然密实体积计算，填土按夯实后的体积计算。

(2)挖土深度一律以设计室外地面标高为准计算，如实际自然地面标高与设计地面标高发生高低差时，其工程量在竣工结算时调整。

(3)挖沟槽、挖基坑、挖土方三者的区分：

1)挖沟槽是指凡图示沟槽底宽在3 m以内，且槽长大于3倍槽底宽以上者；

2)挖基坑为坑底面积小于200 m²者；

3)挖土方为槽底宽在3 m以上，坑底面积在20 m²以上，平整场地挖填厚度在0.30 m以上者。

(4)平整场地是指建筑场地挖、填方厚度在±300 mm以内及找平。

(5)挖干土与湿土的区别：以常水位为准，以上为干土，以下为湿土。采用人工降低地下水位时，干、湿土的划分仍以常水位为准。

(6)挖湿土与挖淤泥的区别：湿土是指常水位以下的土；淤泥是指在静水或缓慢流水环境中沉积并经生化作用形成的糊状黏性土。

(7)山坡切土与挖土的区别：切土是指挖室外地坪以上的土；挖土是指挖室外地坪以下的土。

(8)挖沟槽、基坑、土方需放坡时，如施组无规定，则按表1-9的规定计算放坡。

表1-9　临时性挖方边坡坡度值

土的类别		边坡坡度
砂土(不包括细砂、粉砂)		1∶1.25～1∶1.50
一般性黏土	坚硬	1∶0.75～1∶1.00
	硬塑	1∶1.00～1∶1.25
碎石类土	密实、中密	1∶0.50～1∶1.00
	稍密	1∶1.00～1∶1.50

(9)基础施工所需工作面宽度按表1-10的规定计算。

表1-10　基础施工所需工作面宽度

基础材料	每边各增加工作面宽度/mm
砖基础	200
浆砌毛石，条石基础	150
混凝土垫层支模板	300
混凝土基础支模板	300
基础垂直面做防水层	800(防水层面)

(10)运土方、淤泥：按运输方式和运距以立方米计算；运堆积土(堆期1年内)或松土时，除按运土定额执行外，另增加挖一类土定额计算，每立方米虚土可折算为 0.77 m³ 实土。

(11)土方按不同的土壤类型、挖土深度、干湿土分别计算工程量。在同一槽或坑内有干、湿土时，应分别计算，但使用定额时则按槽或坑的全深计算。

(12)大开挖的桩间挖土按打桩后坑内挖土相应定额执行。

(13)定额中未包括地下水位以下的施工排水费用，如发生时其排水人工、机械费用应另行计算。

2. 主要计算规则

(1)平整场地：按建筑物外墙外边线每边各加 2 m，以平方米计算。即

$$平整场地 = 底层建筑面积 + 外墙外边线长度 \times 2 + 16$$

(2)挖沟槽：按沟槽长度乘以沟槽截面面积以立方米计算。

沟槽长度：外墙按图示中心长度计算；内墙按(图示地槽底宽度＋工作面宽度)净长度计算。

沟槽宽度：按设计宽度加施工工作面宽度计算。

如有凸出墙面的垛、附墙烟囱等体积并入沟槽内计算。

(3)挖基坑、挖土方：

不放坡时：按坑底面积乘以挖土深度以立方米计算。

需放坡时：按 $H/6(F_1 + 4F_0 + F_2)$ 以立方米计算。

(4)建筑物场地原土碾压以平方米计算，填土碾压按图示垫土厚度以立方米计算。

(5)沟槽、基坑及室内回填土：

　沟槽、基坑回填土体积＝挖土体积－(设计室外地坪以下墙基体积＋基础垫层体积)

室内回填土体积＝主墙间净面积×填土厚度(不扣柱、垛、附墙烟囱、间壁墙所占面积)

(6)余土外运或缺土内运：

　　　　　余土外运体积＝挖土面积－回填土体积

　　　　　缺土内运＝回填土体积－挖土体积

相关知识

一、基坑、基槽土方量计算

基坑土方量的计算可近似按拟柱体(由两个平行的平面做上下底的多面体)体积公式来计算：

$$V = H/6(F_1 + 4F_0 + F_2) \tag{1-5}$$

式中　H——基坑深度(m)；
　　　F_1——基坑上底面积(m²)；
　　　F_2——基坑下底面积(m²)；
　　　F_0——基坑中截面面积(m²)。

基槽和路堤土方量可沿其长度方向分段后，用同样方法计算：

$$V_1 = L_1/6(F_1 + 4F_0 + F_2) \tag{1-6}$$

式中　V_1——第一段的土方量(m³)；
　　　L_1——第一段的长度(m)。

然后将各段的土方量相加，即得总土方量：

$$V = V_1 + V_2 + \cdots + V_n \tag{1-7}$$

式中 V_1、$V_2 \cdots V_n$——各段的土方量(m^3)。

二、场地平整土方量计算

场地平整就是将天然地面平整成施工所要求的设计平面。在目前总承包施工中,三通一平的工作往往由施工单位实施,因此,场地平整也成为开工前的一项工作内容。场地平整前,要进行场区竖向规划设计,确定场地设计标高计算挖方和填方的工程量,然后根据工程规模、施工期限、现有条件选择土方机械,拟定施工方案。

1. 场地设计标高的确定

场地设计标高是进行场地平整和土方量计算的依据,也是总图规划和竖向设计的依据。合理确定场地的设计标高,对减少土方量,节约土方运输费用,加快施工进度等都具有重要的经济意义。选择设计标高时应考虑的因素包括:①满足生产工艺和运输的要求;②尽量利用地形,使场内挖、填平衡,以减少土方运输费用;③有一定泄水坡度(≥2‰),满足排水要求;④考虑最高洪水位的影响。

(1)初步确定场地设计标高。首先将场地的地形图根据要求的精度划分成边长为10~40 m的方格网,如图1-1(a)所示。在各方格左上角逐一标出其角点的编号;然后求出各方格角点的地面标高,标于各方格的左下角;地形平坦时,可根据地形图上相邻两等高线的标高,用插入法求得;地形起伏较大或无地形图时,可在地面用木桩打好方格网,然后用仪器直接测出。

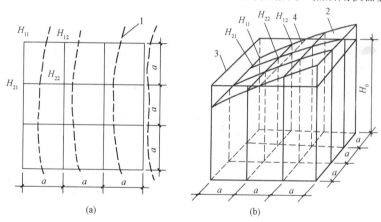

图 1-1 场地设计标高计算示意图

1—等高线;2—自然地面;3—设计标高平面;4—自然地面与设计标高平面的交线(零线)

按照场地内土方在平整前及平整后相等的原则,场地设计标高可按下式计算:

$$H_0 = (H_1 + 2H_2 + 3H_3 + 4H_4)/(4n) \tag{1-8}$$

式中 H_1——一个方格仅有的角点标高;
H_2——两个方格共有的角点标高;
H_3——三个方格共有的角点标高;
H_4——四个方格共有的角点标高。

(2)场地设计标高的调整。按式(1-8)所计算的设计标高H_0是理论值,实际上还需要考虑以下因素进行调整:

1)土的可松性影响。考虑土的可松性后,场地设计标高应调整为

$$H_0' = H_0 + \Delta h \tag{1-9}$$

式中 Δh——土的可松性引起设计标高的增加值。

2)借土或弃土的影响。由于受设计标高以上的各种填方工程的用土量或设计标高以下的各种挖方工程的挖土量影响,以及经过经济比较而将部分挖方就近弃土于场外,或部分填方就近从场外取土,都会导致设计标高的降低或增高。因此,必要时也需重新调整设计标高。

3)泄水坡度的影响。当按设计标高调整后的同一设计标高进行平整时,则整个场地表面均处于同一水平面,但是,实际上由于排水的需要,场地表面需要有一定的泄水坡度。因此,还必须根据场地泄水坡度的要求,计算出场地内各方格角点实际施工所用的设计标高。

2. 场地平整土方量的计算

场地平整土方量的计算方法,通常有方格网法和断面法两种。当场地地形较为平坦时,宜采用方格网法;当场地地形起伏较大、断面不规则时,宜采用断面法。

(1)方格网法。方格边长一般取 10 m、20 m、30 m、40 m 等。根据每个方格角点的自然地面标高和设计标高,计算出相应的角点挖填高度,然后计算出每一个方格的土方量,并计算出场地边坡的土方量,这样,即可求得整个场地的填、挖土方量。其具体步骤如下:

1)计算场地各方格角点的施工高度。各方格角点的施工高度(挖或填的高度),可按下式计算:

$$h_n = H_n - H \tag{1-10}$$

式中 h_n——角点的施工高度;以"+"为填,"-"为挖;

H_n——角点的设计标高;

H——角点的自然地面标高。

2)确定零线。"零点"是某一方格的两个相邻挖、填角点连线与该方格边线的交点(图 1-2)。两个相邻"零点"的连线即为"零线"。

3)计算场地方格挖、填土方量。场地各方格土方量的计算,一般可采用四角棱柱体的体积计算方法。计算公式是根据平均中断面的近似公式推导而得,当方格中地形不平时误差较大,但计算简单,目前用人工计算土方量时多用此法。为提高计算精度,也可将方格网按等高线走向再划成三角棱柱体进行计算,此法计算工作量太大,一般适宜用电子计算机计算土方量

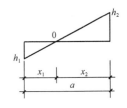

图 1-2 求零点的图解法

①四角棱柱的体积计算方法。方格四个角点全部为填或全部为挖,其挖方或填方体积为

$$V = a_2(h_1 + h_2 + h_3 + h_4)/4$$

式中 h_1、h_2、h_3、h_4——方格四个角点挖或填的施工高度,均取绝对值;

a——方格边长。

方格四个角点中,部分是挖方、部分是填方时,其挖方或填方体积分别为:

$$V_{1,2} = a_2/4 \times [h_{12}/(h_1+h_4) + h_{22}/(h_2+h_3)]$$

$$V_{3,4} = a_2/4 \times [h_{32}/(h_2+h_3) + h_{42}/(h_1+h_4)]$$

方格中三个角点为挖方(或填方)另一角点为填方时(或挖方)时,其填方部分的土方量为

$$V_4 = a_2 h_{43}/6(h_1+h_4)(h_3+h_4)$$

其挖方部分土方量为:

$$V_{1,2,3} = a_2(2h_1 + h_2 + 2h_3 - h_4)/6 + V_4$$

②三角棱柱体的体积计算方法。计算时先顺地形等高线将各个方格划分成三角形,每个三角形三个角点的填挖施工高度用 h_1、h_2、h_3 表示。当三角形三个角点全部为挖或全部为填时,其挖填方体积为

$$V = a_2(h_1 + h_2 + h_3)/6$$

式中 a——方格边长(m);

h_1、h_2、h_3——三角形各角点的施工高度,用绝对值代入。三角形三个角点有填有挖时,零线将三角形分成两部分,另一个是底面为三角形的锥体,另一个是底面为四边形的楔体,其锥体部分体积为

$$V_{锥} = a_2 h_{33}/6(h_1+h_3)(h_2+h_3)$$

楔形部分的体积为

$$V_{楔} = a_2/6[h_{33}/(h_1+h_3)(h_2+h_3) - h_3 + h_2 + h_1]$$

式中 h_1、h_2、h_3——三角形各角点的施工高度,取绝对值。其中,h_3 指的是锥体顶点的施工高度。

4)计算场地边坡土方量。在场地平整施工中,沿着场地四周都需要做成边坡,以保持土体稳定,保证施工和使用的安全。边坡土方量的计算,可先把挖方区和填方区的边坡画出来,然后将边坡划分为两种近似的几何形体,如三角棱柱体或三角棱锥体。如图1-3所示,分别计算其体积,求出边坡土方的挖、填土方量。

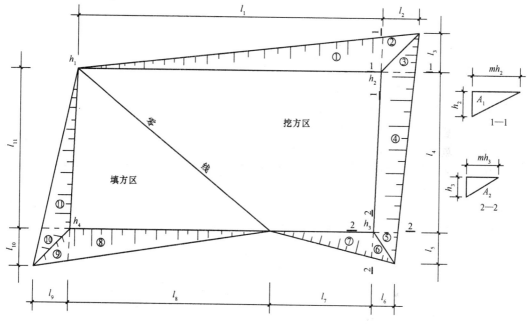

图 1-3 场地边坡平面

(2)断面法。沿场地取若干个相互平行的断面(当精度要求不高时,可利用地形图确定断面;当精度要求较高时,应实地测量确定),将所取的每个断面(包括边坡断面)划分为若干个三角形和梯形,如图1-4所示,对于某一断面,其中三角形和梯形的面积为

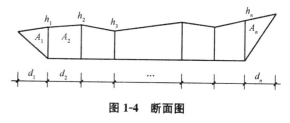

图 1-4 断面图

$$A_1 = \frac{h_1 d_1}{2}, \quad A_2 = \frac{(h_1+h_2)d_2}{2}, \cdots$$

某一断面面积为 $A_i = A'_1 + A'_2 + \cdots + A'_n$

若 $d_1 = d_2 = \cdots = d_n = d$

则 $A_i = d(h_1 + h_2 + \cdots + h_{n-1})$

设各断面面积分别为 A_1，A_2，$\cdots$，A_m，相邻两断面间的距离依次为 L_1，L_2，$\cdots$，L_m，则所求的土方体积为

$$V = \frac{A_1+A_2}{2}L_1 + \frac{A_2+A_3}{2}L_2 + \cdots + \frac{A_{m-1}+A_m}{2}L_{m-1} \tag{1-11}$$

用断面法计算土方量，边坡土方量已包括在内。

三、土方平衡与调配

土方工程量计算完成以后就可进行土方调配。土方调配就是对挖方土需运至何处，填方所需的土应取自何方，进行综合协调处理。其目的是在土方运输量最小或土方运输费用最小的条件下，确定挖填方区土方的调配方向、数量及平均运距，从而缩短工期，降低成本。

土方调配工作的内容主要包括：划分调配区、计算土方调配区之间的平均运距、选择最优的调配方案及绘制土方调配图表。

1. 调配原则

土方的调配原则是：应力求挖填平衡，运距最短，费用最省；便于改土造田；考虑土方的利用，减少土方的重复挖、填和运输。

2. 步骤与方法

(1) 划分调配区。进行土方调配时，首先要划分调配区。划分调配区应注意以下几点：

1) 调配区的范围应该与工程建(构)筑物的平面位置相协调，并考虑它们的开工顺序、工程的分期施工顺序。

2) 调配区的大小应该满足土方施工主导机械(铲运机、挖土机等)的技术要求。

3) 调配区的范围应该满足与土方工程量计算用的土方格网协调，通常可由若干个方格组成一个调配区。

4) 当土方运距较大或场地范围内土方不平衡时，可根据附近地形，考虑就近取土或就近弃土，这时一个取土区或弃土区都可作为一个独立的调配区。

(2) 求出各挖、填方区间的平均运距(表 1-11)，即每对调配区土方重心间的距离，可近似以几何形心代替土方体积重心，在图上将重心连接起来，用比例尺量出来。

表 1-11 土方调配平衡表及运距表

挖方区＼填方区	T_1	T_2	T_3	挖方量/m³
W_1	50	70	100	500
W_2	70	40	90	500
W_3	60	110	70	500
W_4	80	100	40	400
填方量/m³	800	600	500	1 900

(3) 画出土方调配图。在图上标出各调配区的调配方向、数量及平均运距。

(4) 确定土方调配的初始方案(表 1-12)。

表 1-12 初始调配方案

挖方区＼填方区	T_1		T_2		T_3		挖方量/m³
W_1	500	50		70		100	500
W_2	×	70	500	40	×	90	500
W_3	300	60	100	110	100	70	500
W_4	×	80	×	100	400	40	400
填方量/m³	800		600		500		1 900

用最小元素法求初始调配方案：最小元素法，即对运距（或单价）最小的一对挖、填分区，优先地、最大限度地供应土方量，满足该分区后，以此类推，直至所有的挖方分区土方量全部调配完毕为止。

(5) 确定土方调配的最优方案。利用"最小元素法"确定的初始方案有限考虑就近调配，所以，求得的总运输量是较小的，但这并不能保证其总运输量是最小的。因此，还需要确定最优调配方案，一般采用的是"闭回路法"或"位势法"。最后确定的最优调配方案见表 1-13。

表 1-13 最优调配方案

挖方区＼填方区	T_1		T_2		T_3		挖方量/m³
W_1	400	50 50	100	70 70	＋	100 60	500
W_2	＋	70 20	500	40 40	＋	90 30	500
W_3	400	60 60	0	110 80	100	70 70	500
W_4	−	80 30	＋	100 50	400	40 40	400
填方量/m³	800		600		500		1 900

(6) 绘出土方调配图。

最优方案的总运输量＝400×50＋100×70＋500×40＋400×60＋100×70＋400×40
　　　　　　　　　＝94 000(m³)

初始方案的总运输量＝500×50＋500×40＋300×60＋100×110＋100×70＋400×40
　　　　　　　　　＝97 000(m³)

土方调配图如图 1-5 所示。

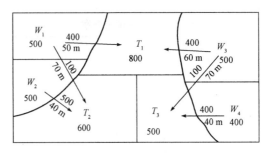

图 1-5 土方调配图

任务实施

1. 能够进行基坑（槽）土方量的计算。
2. 能够运用方格网法、断面法计算场地平整土方量，能够运用表上作业法进行土方调配。

拓展实训

1. 平整场地时，初步确定场地设计标高的原则是什么？
2. 试述场地平整土方量计算的步骤与方法。
3. 某住宅楼条形基础基槽，已知基槽底宽为 1.1 m，深为 2.2 m，坡度系数为 0.33，槽全长为 54 m，试求基槽开挖土方量。

课外学习指要

中华人民共和国国家标准.GB 50201—2012 土方与爆破工程施工及验收规范[S]. 北京：中国建筑工业出版社，2012.

任务三　基坑施工

任务描述

编写基坑降水施工方案；正确选择基坑支护方法；基坑土方施工技术交底。

任务分析

为保证基坑施工、主体地下结构的安全和周围环境不受损害而采取的支护结构、降水和土方开挖与回填，包括勘察、设计、施工、监测和检测等，称为基坑工程。其是一项综合性很强的系统工程。基坑工程是土力学基础工程中一个古老的传统课题，同时，又是一个综合性的岩土工程问题，既涉及土力学中典型的强度、稳定与变形问题，又涉及土与支护结构的共同作用问题。

随着基坑的开挖越来越深、面积越来越大，基坑围护结构的设计和施工越来越复杂，所需要的理论和技术越来越高,远远超越了作为施工辅助措施的范畴,施工单位没有足够的技术力量来解决复杂的基坑稳定、变形和环境保护问题,研究和设计单位的介入解决了基坑工程的理论计算和设计问题,由此逐步形成了一门独立的学科分支——基坑工程。

深基坑工程涉及结构工程、岩土工程和环境工程等众多学科领域,综合性高,影响因素多,设计计算理论还不成熟,在一定程度上仍依赖于工程实践经验。

基坑土方开挖的施工工艺一般有放坡开挖(无支护开挖)和在支护体保护下开挖(有支护开挖)两种。前者既简单又经济,但需具备放坡开挖的条件,即基坑不太深而且基坑平面之外有足够的空间供放坡使用。因此,在空旷地区或周围环境允许放坡而又能保证边坡稳定条件下应优先选用。

相关知识

一、基坑开挖前的施工准备

1. 学习与审查图纸

施工单位在接到施工图后,应先组织各专业主要人员对图纸进行学习及综合审查。核对平面尺寸和坑底标高,各专业图纸之间有无矛盾和差错,熟悉地质土层水文勘察资料,了解基础形式、工程规模、结构形式、特点、工程量和质量要求;弄清楚地下管线、构筑物与地基的关系,并进行图纸会审,对发现的问题逐条予以解决。

2. 编制施工方案

研究制定施工现场基础开挖方案,绘制施工总平面图,确定开挖顺序、范围,基础底面标高,边坡坡度,排水沟、集水井位置,以及土方堆场;制定施工机具、劳动力、推广新技术计划;深基坑开挖还需提出支护和降水方案。

3. 场地平整、清理障碍物

平整场地应按建筑总平面图中的标高进行。清理障碍物时,一定要弄清楚情况并采取相应的措施,防止发生事故。

4. 测量定位放线

建筑物的定位是指将建筑物外墙轴线交点测设到地面上,并以此作为基础测设好细部测设的依据。通常可以根据建筑红线、测量控制点、建筑方格网或已有的建筑物定位。放线是指根据已定位的主轴线交点桩详细测出建筑物其他各轴线交点的位置,并用木桩标定出来,据此按基础宽度和放坡宽用石灰撒出开挖边界线。

5. 修建临时设施与道路

施工现场所需的临时设施主要包括生产性临时设施和生活性临时设施。生产性临时设施有混凝土搅拌站、各种作业棚、建筑材料堆场及仓库;生活性临时设施主要有宿舍、食堂、办公室、厕所等。所有这些临时设施应尽可能利用永久性工程,按现场施工平面图搭设。

开工前,应修好施工现场内机械运行道路,主要运输道路宜结合永久性道路的布置修筑。同时,做好现场供水、供电、供气以及施工机具和材料进场。

二、降低地下水位

在基坑开挖过程中,当基坑底面低于地下水位时,由于土壤的含水层被切断,地下水将不断渗入基坑。这时如不采取有效措施排水，降低地下水位，不但会使施工条件恶化，而且基坑经水浸泡后会导致地基承载力的下降和边坡塌方。因此，为了保证工程质量和施工安全，在基坑开挖前或开挖过程中，必须采取措施降低地下水位，使基坑在开挖中坑底始终保持干燥。对于地面水(雨水、生活污水)，一般采取在基坑四周或流水的上游设排水沟、截水沟或挡水土堤等解决办法。对于地下水则常采用集水井明排降水和井点降水的方法，使地下水位降至所需开挖的深度以下。无论采用何种方法，降水工作都应持续到基础工程施工完毕并回填土后才可停止。

1. 降低地下水位的基本方法

(1)集水井明排法。当基坑挖至接近地下水位时，在基坑的两侧或四周设置具有一定坡度的排水明沟，在基坑四角或每30～40 m设置集水井，使地下水流入集水井内，然后用水泵抽出坑外(图1-6)。明沟、集水井排降水是一种常用的最经济、最简单的方法，但仅适用于土质较好且地下水位不高的基坑开挖，当土为细砂或粉砂时，易发生流砂现象，此时可采用井点降水的方法。

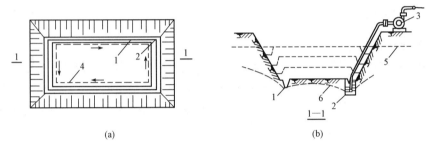

图 1-6　明沟、集水井排水

(a)平面图；(b)剖面图

1—排水明沟；2—集水井；3—水泵；4—基础外边缘；5—原地面水位线；6—降低后地下水位线

1)集水井与排水明沟的设置。集水井与排水明沟宜布置在拟建建筑基础边0.4 m以外，沟边缘离开边坡坡脚不应小于0.3 m；排水明沟沟底宽一般不宜小于0.3 m，底面应比挖土面低0.3～0.4 m，排水纵坡宜控制在1‰～2‰内；集水井直径或宽度一般为0.6～0.8 m，其底面应比排水沟底低约0.5 m以上，并随基坑的挖深而加深。当基坑挖至设计标高后，集水井应进一步加深至低于基坑底1～2 m，并铺填约为0.3 m厚的碎石滤水层，以免因抽水时间较长而挟带大量泥砂，并防止集水井的土被扰动。

2)水泵的选用。集水明排水是用水泵从集水井中抽水，常用的水泵有潜水泵、离心水泵和泥浆泵。一般所选用水泵的抽水量为基坑涌水量的1.5～2倍。

3)流砂的发生与防治。当基坑挖至地下水位以下，且采用集水井排水时，如果坑底、坑壁的土粒形成流动状态随地下水的渗流不断涌入基坑，即称为流砂。

发生流砂时，土完全丧失承载力，土边挖边冒，很难挖到设计深度，给施工带来极大困难，严重时还会引起边坡塌方，甚至危及邻近建筑物。

发生流砂现象的关键是动水压力的大小与方向，因此，防治流砂的主要途径是减小或平衡动水压力，或者改变动水压力的方向。其具体措施有抢挖法、打钢板桩法、井点降低地下水位等方法。另外，还可选择在枯水期施工或在基坑四周修筑地下连续墙止水。

(2)井点降水法。井点降水就是在基坑开挖前，预先在基坑周围埋设一定数量的滤水管(井)，利用抽水设备不断抽出地下水，使地下水位降低到坑底以下，直至基础工程施工完毕，使所挖的土始终保持干燥状态。井点降水法改善了工作条件，防止流砂发生。同时，由于地下水位降落过程中动水压力向下作用与土体自重作用,使基底土层压密,提高了地基土的承载能力。

井点降水法按其系统的设置、吸水原理和方法的不同,可分为轻型(真空)井点、喷射井点、电渗井点、管井井点和深井井点。各种井点降水方法可根据基础规模、土的渗透性、降水深度、设备条件及经济性选用,可参考表1-14,其中轻型井点属于基本类型,应用最广泛。

表1-14 降水类型及适用条件

降水类型 井点类型	土层渗透系数/(cm·s^{-1})	可能降低的水位深度/m
轻型井点 多级轻型井点	$10^{-2} \sim 10^{-5}$	3~6 6~12
喷射井点	$10^{-3} \sim 10^{-6}$	8~20
电渗井点	$<10^{-6}$	宜配合其他形式降水使用
深井井点	$\geqslant 10^{-5}$	>10

2. 轻型井点的设计

轻型井点是沿基坑四周每隔一定距离将若干直径较小的井点管埋入蓄水层内,井点管上端伸出地面,通过弯联管与总管相连并引向水泵房,利用抽水设备将地下水从井点管内不断抽出,使地下水位降至坑底以下,如图1-7所示。

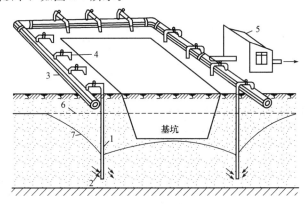

图1-7 井点降水

1—井管;2—滤管;3—排水总管;4—弯联管;5—泵房;6—原水位线;7—水力坡度

(1)轻型井点的组成。轻型井点主要由管路系统和抽水设备两部分组成。

1)管路系统。管路系统包括滤管、井点管、弯联管及总管。滤管是地下水的吸入口,一般采用长为1~1.5 m,直径为38~50 mm的无缝钢管。管壁上钻有直径为12~18 mm的滤水孔,呈梅花形排列,滤孔面积为滤管表面积的20%~25%,外包两层滤网,内层细滤网采用30~80目的金属或尼龙网,外层粗滤网采用5~10目的金属网或尼龙网。为了使吸水通畅,避免滤孔淤塞,在管壁与滤网之间用金属丝绕成螺旋形隔开,滤网的最外面再绕一层粗金属网。滤管的上端与井点管相连,下端有一铸铁头,便于插入土层并阻止泥砂进入。

井点管采用长为5~7 m,直径为38~110 mm的钢管,可用整根或分节组成,上端用弯联管与总管相连。弯联管一般用塑料透明管或橡胶管制成,其上装有阀门,以便调节或检修井点。

总管一般用直径为75～110 mm的无缝钢管分节连接而成,每节长为4 m,每隔0.8～1.6 m设一个与井点管连接的短接头,按2.5‰～5‰坡度坡向泵房。

2)抽水设备。抽水设备常用的有干式真空泵井点设备和射流泵井点设备两类。

(2)轻型井点的布置。轻型井点的布置应根据基坑的大小和深度、土质、地下水位的高低与流向、降水深度要求等因素确定。设计时,主要考虑平面和高程布置两个方面。

1)平面布置。当基坑或沟槽宽度小于6 m,且降水深度不超过5 m时,可用单排井点,将井点管布置在地下水上游一侧,两端的延伸长度不宜小于该坑或槽的宽度,如图1-8所示。若基坑宽度大于6 m或土质不良,则宜采用双排井点。对于面积较大的基坑宜采用环形井点布置,如图1-9所示。井点管距离基坑壁不宜过小,一般为0.7～1.2 m,以防止坑壁发生漏气而影响系统中的真空度。井点管间距按计算或经验确定,一般为0.8～1.6 m。

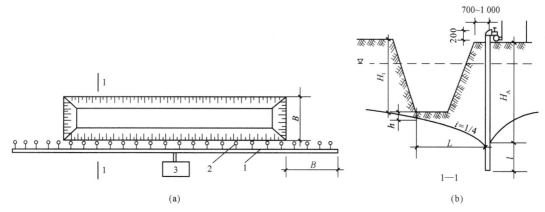

图1-8 单排井点布置

(a)平面布置;(b)高程布置

1—总管;2—井点管;3—抽水设备

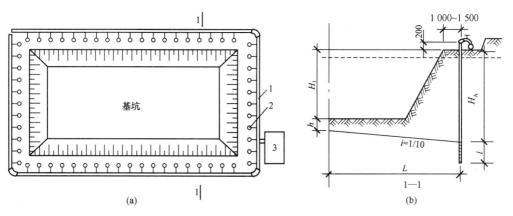

图1-9 环形井点布置

(a)平面布置;(b)高程布置

1—总管;2—井点管;3—抽水设备

2)高程布置。轻型井点的降水深度从理论上讲可达10 m左右,但由于抽水设备的水头损失,实际降水深度一般不大于6 m。井点管的埋设深度H(不包括滤管)可按下式计算:

$$H=H_1+h+i\times L \tag{1-12}$$

式中 H_1——井点管埋设面到基坑底面的距离(m)。

h——基坑底面至降低后的地下水位线的距离,一般取 0.5~1.0 m(人工开挖取下限,机械开挖取上限)。

i——降水曲线坡度,可取实测值或按经验,单排井点取 1/4,环形井点取 1/10~1/15。

L——井点管中心至基坑中心的水平距离,单排井点为至基坑另一边的距离(m)。

如 H 值小于降水深度 6 m 时,可用一级井点,H 值稍大于 6 m 时,若降低井点管的埋设面后,可满足降水深度要求时,仍可采用一级井点;当一级井点达不到降水深度要求时,可采用二级井点或多级井点,即先挖去第一级井点所疏干的土,然后在其底部埋设第二级井点。

(3)轻型井点的计算。轻型井点的计算主要包括涌水量计算、井点管数量与间距的确定。

3. 轻型井点的施工

轻型井点系统的施工主要包括施工准备、井点系统的安装、使用及拆除。

井点系统的安装顺序是:首先埋设总管,冲孔,沉设井点管、灌填砂滤层,然后用弯联管将井点管与总管连接,最后安装抽水设备。井点管的埋设一般用水冲法进行,又分为冲孔与埋管两个过程。

轻型井点系统全部安装完毕后,应进行抽水试验,以检查有无死井(井点管淤塞)或漏气、漏水现象。在井点系统的使用过程中,应连续抽水,时抽时停会抽出大量泥砂,使滤管淤塞,并可能造成附近建筑物因土粒流失而沉降开裂。

三、基坑支护

1. 放坡开挖和简易支护

适用条件:

(1)基坑周边开阔,满足放坡条件。

(2)基坑周边土体允许有较大位移。

(3)开挖面以上一定范围内无地下水或已经降水处理。

(4)可独立或联合使用。

不宜使用条件:

(1)淤泥和流塑土层。

(2)地下水高于开挖面或未降水处理。

2. 悬臂式围护结构

结构特征:无支撑的悬臂围护结构。

支撑材料:钢筋混凝土排桩、钢板桩、木板桩、钢筋混凝土板桩、地下连续墙、SMW 工法桩等。

受力特征:利用支撑入土的嵌固作用及结构的自身的抗弯刚度挡土与控制变形。

适用条件:

悬臂:基坑深度不宜大于 8 m。

桩锚:

(1)场地狭小且需要深开挖。

(2)周边有严格控制位移的建筑物、构筑物和地下管线等。

(3)基坑边壁有锚杆设置地下空间。

内撑:

(1)场地狭小且需要深开挖。

(2)周边有更严格控制位移的建筑物、构筑物和地下管线等。

(3)基坑周边不允许施工锚杆。
不宜使用条件：
悬臂：周边有严格控制位移的建筑物、构筑物和地下管线等。
桩锚：
(1)基坑周边不允许施工锚杆。
(2)锚固段只能锚固在淤泥或土质较差的软土层中。

3. 重力式围护结构

结构特征：常用水泥土桩构成重力式挡土构造。
支撑材料：水泥搅拌桩、注浆。
受力特征：利用墙体或格构自身的稳定挡土与止水。
适用条件：
(1)基坑开挖深度不宜大于7 m，基坑周边土体允许有较大位移。
(2)填土、可塑－流塑黏性土、粉土、粉细砂、松散的中粗砂。
(3)坡顶超载不大于20 kPa。
不宜使用条件：
(1)周边无足够施工场地。
(2)基坑周边有严格控制位移的建筑物、构筑物和地下管线等。
(3)墙深度范围内存在富含有机质的淤泥。

4. 内撑式围护结构

结构特征：由挡土结构与支撑结构两部分组成。
支撑材料：挡土材料有钢筋混凝土桩、地下连续墙，支撑材料有钢筋混凝土梁、钢管、型钢等。
受力特征：水平支撑、斜支撑，单层支撑、多层支撑。
适用条件：各种土层和基坑深度。

5. 拉锚式围护结构

结构特征：由挡土结构与锚固系统两部分组成。
支撑材料：除可采用内撑式结构相同的材料外，还可以采用钢板桩等。
受力特征：由挡土结构与锚固系统共同承担土压力。
适用条件：砂土或黏性土土地基。

6. 土钉支护

结构特征：由土钉与喷锚混凝土面板两部分组成。
支撑材料：由土钉及钢筋混凝土面板构成支撑。
受力特征：由土钉构成支撑体系，喷锚混凝土面板构成挡土体系。
适用条件：
(1)岩土条件较好。
(2)基坑周边土体允许有较大位移。
(3)已经降水处理或止水处理的岩土。
(4)开挖深度不宜大于12 m。
(5)地下水位以上为黏土、粉质黏土、粉土和砂土。
不宜使用条件：
(1)土层为富含地下水的岩土层、含水砂土层，且未降水处理。

(2)膨胀土等特殊土层。
(3)基坑周边有严格控制位移的建筑物、构筑物和地下管线等。

7. 其他

门架式、拱式、沉井和(椭)圆形墙、加筋水泥土、冻结法等。

常用的挡墙选型有钢板桩；钢筋混凝土板桩；钻孔灌注桩挡墙；H型钢支柱、木挡板支护挡墙；地下连续墙；深层搅拌水泥土桩挡墙(重力式挡墙)；旋喷桩挡墙(重力式挡墙)；土钉墙。

四、基坑开挖

1. 开挖方法

基坑开挖前，应根据工程结构形式、基础埋置深度、地质条件、施工方法及工期等因素，确定基坑开挖方法。

对于大型基坑，宜用机械开挖。

基坑挖完后应组织验槽，做好记录，如发现土质与地质勘探报告、设计不符时，应与有关人员研究及时处理。

2. 基坑边坡

影响基坑边坡稳定的因素很多，主要有以下几个方面：
(1)土的种类。
(2)基坑开挖深度。
(3)水的作用。
(4)坡顶堆载。
(5)震动的影响。

为了防止土壁塌方，保证施工安全，当挖方超过一定深度或填方超过一定高度时，应做成一定形式的边坡。

基坑边坡的坡度以其高度 H 与底宽 B 之比来表示，即：

$$土方边坡坡度 = H/B = 1/(B/H) = 1:m$$

式中，$m = B/H$ 称为边坡系数。

边坡坡度应根据土质、开挖深度、开挖方法、施工工期、地下水位、坡顶荷载及气候条件等因素确定，可做成直线形、折线形或带台阶折线形(图1-10)。

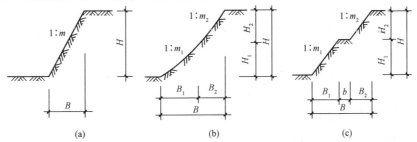

图 1-10 基坑边坡
(a)直线形；(b)折线形；(c)带台阶折线形

合适的边坡系数应满足安全与经济两方面的要求，既要保证边坡稳定，又不增多土方量。一般 m 由设计文件规定，当设计文件未作规定时，应按照《土方与爆破工程施工及验收规范》(GB 50201—2012)的有关规定来选取。

当土质均匀且地下水位低于基坑(槽)或管沟底面标高时,挖方深度不超过表 1-15 的规定时,挖方边坡可做成直立壁而不加支撑。

表 1-15 基坑(槽)和管沟不加支撑时的允许深度

土 的 类 别	允许深度/m
密实、中密的砂土和碎石类土(充填物为砂土)	1.00
硬塑、可塑的粉质黏土及粉土	1.25
硬塑、可塑的黏土和碎石类土(充填物为黏性土)	1.50
坚硬的黏土	2.00

当地质条件良好、土质均匀且地下水位低于基坑(槽)底面标高时,挖方深度如超过表 1-15 的深度不加支撑的边坡最陡坡度应符合表 1-16 的规定。

表 1-16 临时性挖方边坡值

土 的 类 别		边坡值(高:宽)
砂土(不包括细砂、粉砂)		1:1.25～1:1.50
一般性黏土	硬	1:0.75～1:1.00
	硬塑	1:1～1:1.25
	软	1:1.5 或更缓
碎石类土	充填坚硬、硬塑黏性土	1:0.5～1:1.0
	充填砂土	1:1～1:1.5

注:1. 有成熟施工经验,可不受本表限制。设计有要求时,应符合设计标准。
2. 如采用降水或其他加固措施,也不受本表限制。
3. 开挖深度对软土不超过 4 m,对硬土不超过 8 m。

任务实施

任务实施 1 编写基坑施工组织设计

1. 基坑工程概况

(1)支护结构概况与特点,与基坑工程相关的地下结构及工程结构特点,主要工程量和概算。

(2)施工条件:包括地区自然条件、地形、气候、场地环境条件、基坑周边环境、场地工程地质、水文地质条件、地下障碍物情况及交通情况。

2. 施工部署和管理目标

(1)施工准备:包括劳动力准备、施工机具准备、材料、半成品和周转材料准备等。

(2)管理组织机构:工人班组和管理人员组织。

(3)管理目标:质量目标、进度目标、安全管理目标、经济目标等。

3. 施工方案

(1)施工顺序及施工起点流向,一般包括常规施工和逆做法。

(2)各主要施工工序的施工方法。

(3)基坑支护工程中的关键技术问题和技术难点的处理与质量要求。

4. 施工进度计划

包括各分项工程的开、竣工顺序和交叉搭接施工时间的安排、人力物力的平衡、用进度表的形式控制施工时间和进度。

5. 资源使用计划

(1)劳动力需求量表(工人、技术人员、管理人员、后勤等)。

(2)施工机械设备需求量表(型号、数量、动力、用途等)。

(3)材料和半成品需求计划表(数量、质量、规格、品种、储运等)。

6. 施工平面图

包括施工所需的临时设施和施工机具、材料堆场的空间布局,可同整个地下结构部分施工统一布置。

主要内容应包括垂直运输布置、材料和半成品的堆场布置、道路和水电线路等管线布置,估算施工用水电量。

7. 质量控制与保证措施

(1)建筑材料的质量控制标准、检验制度、保管方法及使用要求。

(2)各个工序、工种的质量控制标准、检验制度和要点。

(3)成品保护。

(4)可能出现的质量问题和防治措施。

8. 文明、安全施工及环境保护措施

(1)文明施工和环境保护措施:包括施工噪声控制、废浆废渣清运、基坑垃圾处理、施工灰尘控制、不明物体处理、施工工艺本身的不良效应的控制(如挤土效应、降水等)等。

(2)安全施工措施:包括场地清理、材料堆放、施工设备机具和用电用水的检查、维修与保养、安全培训、管理和持证上岗、场地警示牌、具体施工环节的安全事项等。

(3)冬期、雨期施工安全技术。

9. 信息化施工措施

(1)进度控制及保证措施。

(2)安全控制及保证措施。

(3)风险预测及事故抢险计划措施。

(4)开挖监测及配合监测工作的保证措施与信息反馈系统。

(5)特殊工艺的有关专业措施等。

任务实施 2　编写施工方案

(1)编写基坑降水施工方案。

(2)正确选择基坑支护方法。

(3)基坑土方施工技术交底。

➤ 拓展实训

一、基坑施工组织设计的要求与内容

(1)施工组织设计:指导拟建工程进行施工准备和组织实施施工的基本技术经济文件,其任务是对具体拟建工程的施工准备工作和整个的施工工程,在人力和物力、时间和空间、技术和组织上,作出一个合理全面,符合好、快、省、安全要求的计划安排。

(2)施工组织设计的要求。
1)严格按照设计、有关规范进行施工；尤其是强制性条文、地方法规、业主要求，这很关键。
2)施工组织设计(即施工方案)应根据支护结构形式、地下结构、开挖深度、地质条件、周边环境、工期、气候和地表荷载、现有人员、设备、材料等编制。
3)开挖顺序、方法与设计工况一致，遵循"开槽支撑、先撑后挖、分层(段)开挖、严禁超挖"的原则。
(3)施工组织设计内容：
1)基坑工程概况。
2)施工部署和管理目标。
3)施工方案。
4)施工进度计划。
5)资源使用计划。
6)施工平面图。
7)工期、质量、进度控制与保证措施。
8)文明、安全施工、冬雨期及环境保护措施。
9)信息化施工措施。
10)主要技术经济指标。

二、基坑支护工程施工要求

1. 施工准备

在进行基坑支护设计和施工前，必须认真对施工现场情况和工程地质、水文地质情况进行调查研究，以确保施工的顺利进行。

(1)施工现场情况调查：包括有关机械进场条件调查，给水排水、供电条件的调查，现有建筑物的调查以及地下障碍物与施工对周围影响的调查。

(2)水文地质和工程地质调查：为使基坑支护工程设计、施工合理和完工后使用性能良好，必须事先对水文地质和工程地质做全面、正确的勘探，如地下水位及水位变化情况、地下水流动速度、承压水层的分布与压力大小等。

(3)制定施工方案。

2. 排桩

(1)桩位偏差、轴线和垂直轴线方向均不宜超过 50 mm，垂直度偏差不宜大于 0.5%。

(2)钻孔灌注桩桩底沉渣不宜超过 200 mm，当用作承重结构时，桩底沉渣按《建筑桩基技术规范》(JGJ 94—2008)的要求执行。

(3)排桩宜采取隔桩施工，并应在灌注混凝土 24 h 后进行邻桩成孔施工。

(4)非均匀配筋排桩的钢筋笼在绑扎、吊装和埋设时，应保证钢筋笼的安放方向和设计方向一致。

(5)冠梁施工前，应将支护桩桩顶浮浆凿除干净，桩顶上出露的钢筋长度应符合设计要求。

3. 地下连续墙

(1)地下连续墙单位槽段长度可根据槽壁稳定性及钢筋笼起吊能力划分，宜为 4~8 m。

(2)施工前宜进行墙槽成槽试验，确定施工工艺流程，选择操作技术参数。

(3)槽段的长度、厚度、深度、倾斜度应符合下列要求：

1)槽段长度(沿轴线方向)允许偏差为 ±50 mm。
2)槽段厚度允许偏差为 ±10 mm。
3)槽段倾斜度≤$l/150$。

4. 水泥土墙

(1)水泥土墙应采取切割搭接法施工。由于在前桩水泥土尚未固化时进行后序搭接桩施工，因此施工开始和结束的头尾搭接处，应采取措施，消除搭接匀缝。

(2)深层搅拌水泥土墙施工前，应进行成桩工艺及水泥掺入量或水泥浆的配合比试验，以确定相应的水泥掺入比或水泥水胶比，浆喷深层搅拌的水泥掺入量宜为被加固土重度的15%～18%；粉喷深层搅拌的水泥掺入量宜为被加固土重度的13%～16%。

(3)高压喷射注浆施工前，应通过试喷试验，确定不同土层旋喷固结体的最小直径，高压喷射施工技术参数等。高压喷射水泥水胶比宜为1.0～1.5。

(4)深层搅拌桩和高压喷射桩水泥土墙的桩位偏差不应大于50 mm，垂直度偏差不宜大于0.5%。

(5)当设置插筋时，桩身插筋应在桩顶搅拌完成后及时进行。插筋材料、插入长度和出露长度等均应按计算和构造要求确定。

5. 土钉墙

(1)上层土钉注浆体及喷射混凝土面层达到设计强度的70%后方可开挖下层土方与进行下层土钉施工。

(2)基坑开挖和土钉墙施工应按设计要求自上而下分段分层进行。在机械开挖后，应辅以人工修整坡面，坡面平整度的允许偏差宜为±20 mm，在坡面喷射混凝土支护前，应清除坡面虚土。

(3)土钉墙施工可按下列顺序进行：

1)应按设计要求开挖工作面，修整边坡，埋设喷射混凝土厚度控制标志。

2)喷射第一层混凝土。

3)钻孔安设土钉、注浆，安设连接件。

4)绑扎钢筋网，喷射第二层混凝土。

5)设置坡顶、坡面和坡脚的排水系统。

(4)土钉成孔施工宜符合下列规定：

1)孔深允许偏差为±50 mm。

2)孔径允许偏差为±5 mm。

3)孔距允许偏差为±100 mm。

4)成孔允许偏差为±5%。

(5)喷射混凝土作业应符合下列规定：

1)喷射作业应分段进行，同一分段内喷射顺序应自上而下，一次喷射厚度不宜小于40 mm。

2)喷射混凝土时，喷头与受喷面应保持垂直，距离宜为0.6～1.0 m。

3)喷射混凝土终凝2 h后，应喷水养护，养护时间根据气温确定，宜为3～7 h。

(6)喷射混凝土面层中的钢筋网铺设应符合下列规定：

1)钢筋网应在喷射一层混凝土后铺设，钢筋保护层厚度不宜小于20 mm。

2)采用双层钢筋网时，第二层钢筋网应在第一层钢筋网被混凝土覆盖后铺设。

3)钢筋网与土钉应连接牢固。

(7)土钉注浆材料应符合下列规定：

1)注浆材料宜选用水泥浆或水泥砂浆；水泥浆的水胶比为0.5，水泥砂浆配合比宜为1:1～1:2(质量比)，水胶比宜为0.38～0.45。

2)水泥浆、水泥砂浆应拌和均匀，随拌随用，一次拌和的水泥浆、水泥砂浆应在初凝前用完。

(8)注浆作业应符合以下规定：

1)注浆前，应将孔内残留或松动的杂土清除干净；注浆开始或中途停止时间超过30 min，应用水或稀水泥浆润滑注浆泵及其管路。

2)注浆前，注浆管应插至距孔底250～500 mm处，孔口部位宜设置止浆塞及排气管。

3)土钉钢筋应设定位支架。

课外学习指要

基坑工程施工技术标准与质量验收规范。

任务四　土方机械化施工

任务描述

进行地面上的坑式开挖施工机械的选择；进行长槽式土方开挖施工机械的选择；进行整片开挖土方施工机械的选择。

任务分析

土方工程是很多建设工程施工中都必须要开展的一项重要工程项目，在工业技术与科技不断发展的今天，土方工程施工技术已经由传统的人力施工转变为大型机械化施工。土方工程机械化施工技术的应用极大地提高了土方工程的施工效率和施工质量，缩短了施工工期，也更适应现代大规模工程建设对土方工程施工的要求。

目前，土方工程施工几乎都是由机械施工来完成，除了一些场地面积较小或者不利于机械施工的工程才会采用人工作业的方式来进行施工。在使用机械进行施工前需要做好一定的准备工作，以保证土方机械化施工技术能够得以顺利应用。

通常需要准备的工作有人员的合理调配与场地的科学布置两方面。人员的调配主要是指在工程的机械化施工时，要确保每个操作机械的人员都必须持证上岗，让有专业技术经验的人来操作相应的机械；而对于场地的科学布置则主要是指为机械施工提供一个较好的施工环境，以提高机械的施工效率，减少机械所做的无用功，并对机械进行施工前的准备检查，确保施工机械性能稳定正常。

事实上，土方工程最主要的工作内容就是开挖土方和回填土方。在这些施工项目中，往往会用到推土机、铲运机和单斗挖土机等挖土运输机械，还会用到一些夯实机械来回填土方。

相关知识

一、推土机

场地平整施工包括土方开挖、运输、填筑与压实等。由于工程量大，劳动繁重，施工时，应尽可能采用机械化、半机械化施工，以减轻繁重的体力劳动，加快施工进度。

推土机是一种在拖拉机上装有推土铲刀等工作装置而成的土方机械。

为了减少推土过程中土的散失，提高推土机的生产效率，常采取以下几种施工方法。

(1)下坡推土法。

(2)并列推土法。

(3)槽形推土法。

(4)多铲集运法。

二、铲运机

铲运机按行走方式可分为拖式铲运机和自行式铲运机两种。其综合完成挖土、装土、运土、卸土、压实和平土等工作。

铲运机应用在大面积场地平整，开挖大型基坑，填筑堤坝和路基，宜用于开挖含水量不超过27%的松土和普通土。

三、挖土机

单斗挖土机是基坑开挖中最常用的一种机械。按其行走装置的不同可分为履带式和轮胎式两种；按其传动方式可分为机械传动及液压传动两种。根据工作的需要，单斗挖土机可更换其工作装置。按其工作装置的不同，又可分为正铲、反铲、拉铲和抓铲等(图1-11)。

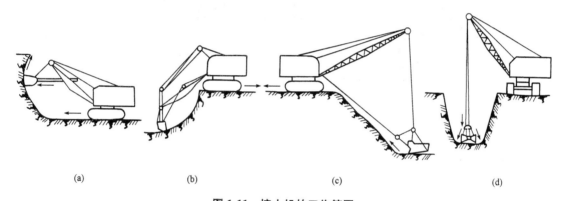

图 1-11 挖土机的工作简图
(a)正铲挖土机；(b)反铲挖土机；(c)拉铲挖土机；(d)抓铲挖土机

(1)正铲挖土机施工。正铲挖土机挖掘力大，生产率高，土斗自下向上切土，随挖掘的进程向前开行，需要有运土车辆配合工作。其适用于停机面以上的一～四类土的开挖。

正铲挖土机的开挖方式有侧工作面开挖[图1-12(a)]与正工作面开挖[图1-12(b)]两种。

正铲机土机的工作特点是"前进向上，强制切土"。

(2)反铲挖土机施工。反铲挖土机常用于开挖深度不大的基坑、基槽和管沟，也可用于地下水位较高的土方开挖。

反铲挖土机的开挖方式有沟端开挖[图1-13(a)]和沟侧开挖[图1-13(b)]两种。

反铲挖土机的工作特点是"后退向下，强制切土"。

(3)拉铲挖土机施工。拉铲挖土机工作时利用惯性将铲头甩出后靠收紧和放松钢丝绳进行挖土或卸土，适用于开挖大型基坑及水下挖土、填筑路基和修筑堤坝。

拉铲挖土机的开挖方式基本与反铲挖土机相同，也可分为沟端开挖和沟侧开挖两种。

拉铲挖土机的工作特点是"后退向下，自重切土"。

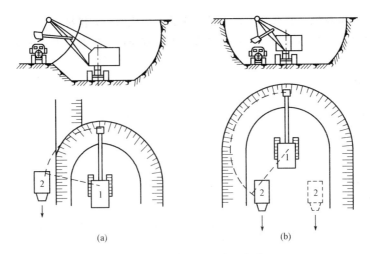

图 1-12 正铲挖土机作业方式
(a)侧工作面开挖；(b)正工作面开挖
1—正铲挖土机；2—运土汽车

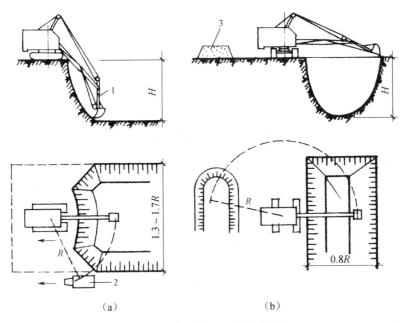

图 1-13 反铲挖土机作业方式
(a)沟端开挖；(b)沟侧开挖
1—反铲挖土机；2—自卸汽车；3—弃土

(4)抓铲挖土机施工。抓铲挖土机主要用于土质比较松软、施工面比较狭窄的基坑、沟槽、沉井等工程，特别适用于水下挖土，还可以用于挖取水中淤泥、装卸碎石、矿渣等松散材料。

抓铲挖土机的工作特点是"直上直下，自重切土"。

四、土方开挖的方式与机械选择

(1)土的含水量较小，可结合运距长短、挖掘深浅，分别采用推土机、铲运机或正铲挖土机配合自卸汽车进行施工。

(2)地下水位较高,又不采用降水措施,或土质松软,可能造成正铲挖土机和铲运机陷车时,则采用反铲、抓铲、拉铲挖土机配合自卸汽车进行施工。

任务实施

开挖施工机械的选择

1. 地面上的坑式开挖施工机械的选择

对于单个基坑和小型基础基坑的开挖,在地面上作业时多采用抓铲挖土机和反铲挖土机。抓铲挖土机适用于一、二类土质和较深的基坑;反铲挖土机适用于四类以下土质和深度在 4 m 以内的基坑。

2. 长槽式开挖施工机械的选择

在地面上开挖具有一定截面、长度的基槽或沟槽时,如果是大型厂房的柱列基础和管沟,宜采用反铲挖土机;若为水中取土或土质为淤泥,且坑底较深,则可选择抓铲挖土机挖土;若土质干燥,槽底开挖不深,基槽长 30 m 以上,可采用推土机或铲运机施工。

3. 整片开挖施工机械的选择

对于大型浅基础且基坑土干燥的情况,可采用正铲挖土机开挖;若基坑内潮湿,则采用拉铲或反铲挖土机,并在坑上作业。

拓展实训

1. 土方施工机械的类型与型号有哪些?
2. 基坑施工土方机械与道桥施工的机械有哪些联系?

课外学习指要

中国化学工程总公司.J102—2004 机械挖土施工工艺标准[S].2004.

任务五　土方填筑与压实施工

任务描述

根据工程实际正确选择回填土;选择填土回填施工机械。

任务分析

在建筑工程中,场地的平整、基坑(槽)、管沟、室内外地坪的回填、枯井、古墓、暗塘的处理以及填土地基等都需要进行填土,而这些填土多是有压实要求的。压实的目的是迅速保证填土的强度和稳定性。

一、填筑及填筑土料的要求

填筑土料应符合设计要求，以保证填方的强度和稳定性，若设计无要求时，应符合下列规定：

(1)碎石类土、砂土和爆破石渣，可用作表层以下的填料，含水量符合压实要求的黏性土，可用作各层填料；碎块草皮和有机质含量大于8%的土，仅用于无压要求的填方；淤泥质土，一般不能用作填料，但在软土或沼泽地区，经过处理含水量符合压实要求后，可用于填方中的次要部位。

(2)对碎石类土或爆破石渣用作填料时，其最大粒径不得超过每层铺填厚度的2/3，铺填时大块料不应集中，且不得填在分段接头处。填土料含水量大小直接影响到压实质量，应先试验，以得到符合密实度要求的最优含水量和最小压实遍数。

(3)土方填筑前，应根据工程特点、填料种类、设计压实系数、施工条件等合理选择压实机具，并确定填料含水量控制范围、铺土厚度和压实遍数等参数。

(4)冬雨季进行填土施工时，应采取防雨、防冻措施，防止填料(粉质黏土、粉土)受雨水淋湿或冻结，并防止出现"橡皮土"。

(5)填土应分层进行，并尽量采用同类土填筑，当选用不同类别的土料时，上层宜填筑透水性较小的填料，下层宜填筑透水性较大的土料，不能混用，以免形成水囊。压实填土的施工缝应错开搭接，在施工缝的搭接处应适当增加压实遍数。当填方位于倾斜的山坡上时，应先将斜坡挖成阶梯状，然后分层回填，以防填土侧向移动。

二、填筑压实的方法

填筑压实的方法主要有碾压法、夯实法和振动法。

1. 碾压法

碾压法是由沿着表面滚动的鼓筒或轮子的压力压实土壤。一切拖动和自动的碾压机具，如平滚碾、羊足碾和气胎碾等的工作都属于同一原理。

碾压法主要用于大面积的填土，如场地平整、路基、堤坝等工程。平滚碾适用于碾压黏性土和非黏性土土壤；羊足碾只能用来压实黏性土土壤；气胎碾对土壤压力较为均匀，故其填土质量较好。

按碾轮重量，平滚碾又分为轻型(重5 t以下)、中型(重8 t以下)和重型(重10 t)三种。轻型滚碾压实土层的厚度不大，但土层上部变得较密实，当用轻型滚碾初碾后，再用重型滚碾碾压，就会取得较好的效果。如直接用重型滚碾碾压松土，则由于强烈的起伏现象，其碾压效果较差。

用碾压法压实壤土时，铺土应均匀一致，碾压遍数要一样，碾压方向应从填土区的两边逐渐压向中心，每次碾压应有15~20 cm的重叠。

2. 夯实法

夯实法是利用夯锤自由下落的冲击力来夯实土壤，主要用于小面积的回填土。夯实机具的类型较多，有木夯、石磙、蛙式打夯机、火力夯，以及利用挖土机或起重机装上夯板后的夯土机等。其中，蛙式打夯机轻巧灵活，构造简单，在小型土方工程中应用最广。

夯实法的优点是，可以夯实较厚的土层，如重锤夯的夯实厚度可达1~1.5 m，强力夯可对深层土壤夯实。但对木夯、石磙或蛙式打夯机等机具，其夯实厚度则较小，一般均在20 cm以内。

3. 振动法

振动法是将重锤放在土层的表面或内部,借助于振动设备使重锤振动,土壤颗粒即发生相对位移达到紧密状态。此方法用于振实非黏性土土壤效果较好。

近年来,又将碾压和振动法结合起来而设计与制造了振动平碾、振动凸块碾等新型压实机械。振动平碾适用于填料为爆破碎石渣、碎石类土、杂填土或轻粉质黏土的大型填方;振动凸块碾则适用于粉质黏土或黏土的大型填方。当压实爆破石渣或碎石类土时,可选用重 8~15 t 的振动平碾,铺土厚度为 0.6~1.5 m,先静压、后碾压,碾压遍数由现场试验确定,一般为 6~8 遍。

三、影响填土压实的因素

影响填土压实的因素很多,主要有填土的种类、压实功、土的含水量,以及每层铺土厚度与压实遍数。

1. 压实功的影响

填土压实后的重度与压实机械在其上所施加的功有一定的关系。当土的含水量一定,在开始压实时,土的重度急剧增加,待到接近土的最大重度时,压实功虽然增加许多,而土的重度则没有变化。在实际施工中,对不同的土应根据选择的压实机械和密实度要求选择合理的压实遍数。另外,松土不宜用重型碾压机械直接滚压;否则,土层有强烈的起伏现象,效率不高。如果先用轻碾,再用重碾压实就会取得较好效果。

2. 含水量的影响

在同一压实功条件下,填土的含水量对压实质量有直接的影响。较为干燥的土,由于土颗粒之间的摩阻力较大而不易压实。当土具有适当含水量时,水起到了润滑作用,土颗粒之间的摩阻力减小,从而易压实。每种土壤都有其最佳含水量。土在这种含水量的条件下,使用同样的压实功进行压实,所得到的重度最大。各种土的最佳含水量 w_{op} 和所能获得的最大干重度,可由击实试验取得。施工中,土的含水量与最佳含水量之差可控制在 $-4\%\sim+2\%$ 范围内。

3. 铺土厚度的影响

土在压实功的作用下,压应力随深度增加而逐渐减小,其影响深度与压实机械、土的性质和含水量等有关。铺土厚度应小于压实机械压土时的有效作用深度,而且还应考虑最优土层厚度。铺得过厚,要压很多遍才能达到规定的密实度;铺得过薄,则要增加机械的总压实遍数。最优的铺土厚度应能使土方压实而机械的功耗费最少。

四、填土压实的质量控制与检验

1. 填土压实的质量控制

填土经压实后必须达到要求的密实度,以避免建筑物产生不均匀沉陷。填土密实度以设计规定的控制干密度 ρ_d 作为检验标准。土的控制干密度 ρ_d 与最大干密度 ρ_{dmax} 之比称为压实系数 λ_c。利用填土作为地基时,规范规定了不同结构类型、不同填土部位的压实系数值,具体见表 1-17。

表 1-17 压实填土的质量控制

结构类型	填土部位	压实系数 λ_c	控制含水量/%
砌体承重结构和框架结构	在地基主要受力层范围以内	≥0.97	$w_{op}\pm2$
	在地基主要受力层范围以下	≥0.95	
排架结构	在地基主要受力层范围以内	≥0.96	$w_{op}\pm2$
	在地基主要受力层范围以下	≥0.94	

续表

结构类型	填土部位	压实系数 λ_c	控制含水量/%
	地坪垫层以下及基础底面标高以上的压实填土	≥0.94	$w_{op}\pm2$

注：压实系数 λ_c 为压实填土的控制干密度 ρ_d 与最大干密度 ρ_{dmax} 的比值，w_{op} 为最优含水量。

压实填土的最大干密度一般在试验室由击实试验确定，再根据规范规定的压实系数，即可计算出填土控制干密度 ρ_d 值。在填土施工时，土的实际干密度大于等于控制干密度 ρ_d 时，则符合质量要求。

2. 填土压实的质量检验

(1)填土施工过程中应检查排水措施，每层填筑厚度、含水量控制和压实程序。

(2)填土经夯实或压实后，要对每层回填土的质量进行检验，一般采用环刀法(或灌砂法)取样测定土的干密度，或用轻便触探仪，直接通过锤击数来检验干密度，符合要求后才能填筑上层。

(3)按填土对象不同，规范规定了不同的抽取标准。

(4)每项抽检的实际干密度应有 90% 以上符合设计要求，其余 10% 的最低值与设计值的差不得大于 0.08 t/m³，且应分散，不得集中。

(5)填土施工结束后应检查标高、边坡坡高、压实程度等，检验标准见表 1-18。

表 1-18 填土工程质量检验标准   mm

项目	序号	检查项目	允许偏差或允许值					检查方法
			桩基基坑基槽	场地平整		管沟	地(路)面基础层	
				人工	机械			
主要项目	1	标高	—50	+/—30	+/—50	—50	—50	水准仪
	2	分层压实系数	设计要求					按规定方法
一般项目	1	回填土料	设计要求					取样检查或直观鉴别
	2	分层厚度及含水率	设计要求					水准仪及抽样检查
	3	表面平整度	20	20	30	20	20	用靠尺或水准仪

任务实施

土方回填压实施工质量技术交底

填方施工应从场地最低处开始，水平分层整片回填碾压或夯实。必须分段填筑时，每层接缝处应做成斜坡形(倾斜度应大于 1∶1.5)，碾迹重叠 0.5～1.0 m，上、下层错缝距离不应小于 1 m。

为保证填土压实的均匀性及密实度，避免滚子下陷，在重型碾压机碾压之前，应先用轻型压实机械(如推土机、汽车)推平，低速行驶压 4～5 遍，使表面平实。

碾压机械压实填方时，应控制行驶速度，超过一定限度，压实显著下降。一般不应超过下列规定：平碾、振动碾 2 km/h，羊足碾 3 km/h。

机械填方时，应保证边缘部位的压实质量。

用压路机进行大面积填方碾压时，应从两侧逐渐压向中间，每次碾压轮迹应有 15～20 cm 的重叠度，避免漏压，轮子的下沉量一般至不超过 1～2 cm 为宜。碾压不到之处，应用人力夯或小型夯实机械配合夯实。

平碾碾压一层完后，应用人工机械(推土机)将表层拉毛。土层表面太干时，应洒水湿润后，继续回填，以保证上、下层接合良好。

人力大面积夯实填土时，夯前应初步平整，夯实时要按照一定方向进行，一夯压半夯，夯夯相接，行行相连，每遍纵横交叉，分层夯打。

填土区如有表面滞水时，应在四周设排水沟和集水井将水位降低。已填好的土如遭受水泡应把上层稀泥铲除后，再进行下道工序。填方区应碾压成中间稍高两边稍低，以利排水。

填土区应保持一定横坡，或中间稍高两边稍低，以利于排水。当天填土，应在当天压实。填土的密实度要求＞96％。

填方最优含水量控制范围为 23.5％～25％。

回填土的分层厚度为 300～500 mm，用压路机(16 t)每层压实 8 遍。

压实后填方平均重度大于 16.5 kN/m³。

拓展实训

1. 对填筑土料质量有何要求？如何检查填土压实的质量？
2. 填土压实的方法主要有哪些？影响填土压实的主要因素有哪些？

任务六　地基局部处理方案的选择

任务描述

根据地质条件选择地基加固方法；制定松土坑、砖(土井)、橡皮土等软弱地基的处理方案。

任务分析

任何建筑物都必须有可靠的地基和基础。建筑物的全部重量(包括各种荷载)最终将通过基础传递给地基，所以，对某些地基的处理及加固就成为基础工程施工中的一项重要内容。在施工过程中，如发现地基土质过软或过硬，不符合设计要求时，应本着使建筑物各部位沉降尽量趋于一致，以减小地基不均匀沉降的原则对地基进行处理。

在软弱地基上建造建筑物或构筑物，利用天然地基有时不能满足设计要求，需要对地基进行人工处理，以满足结构对地基的要求，常用的人工地基处理方法有换土地基、重锤夯实、强夯、振冲、砂桩挤密、深层搅拌、堆载顶压、化学加固等。

处理原则：使建筑物各部位沉降量趋于一致，以减小地基不均匀沉降的原则进行局部处理。

相关知识

一、地基的局部处理

(一)松土坑的处理

(1)若坑的范围较小：

1)将松软土挖除,用与天然土压缩性相近的材料分层回填夯实。
2)将基槽适当放宽,挖除该范围内软土后回填。
(2)若坑的范围较大:可将基础落深,做1:2踏步。
(3)独立基础:
1)松土较浅:挖除、将柱基础落深。
2)松土较深:挖除一定范围后回填。

(二)砖井和土井的处理

(1)砖井在基槽中间,井内填土已较密实,则应将井的砖圈拆除至槽底以下1 m,在此拆除范围内用2:8或3:7灰土分层夯实至槽底,如井的直径大于1.5 m时,则适当考虑加强上部结构的强度,如墙内配筋或做地基梁跨越砖井。

(2)井位于基础的转角处:回填后基础加强。
1)井位于房屋转角处,而基础压在井上部分不多,并且井上部分所损失的承压面积,可由其余基槽承担而不引起过多的沉降时,则可采用从基础中挑梁的方法来解决。
2)井位于墙的转角处,基础压井较大,可将基础沿墙长方向延长出去,使延长部分落在老土上,然后在基础墙内再采用配筋或钢筋混凝土梁来处理。

(三)局部范围内硬土的处理

柱基或部分基槽下,有较其他部分过于坚硬的土质时,均应尽可能挖除,然后回填砂混合物或落深基础。

(四)橡皮土的处理

地基为黏性土,且含水量很大趋于饱和时,夯拍后会使地基土变成踩上去有一种颤动感觉的橡皮土。

橡皮土的治理方法:
(1)直接夯拍,晾槽或掺石灰粉降低土的含水量。
(2)已出现的铺填一层碎砖或碎石,换以砂土或级配砂石。

二、地基加固

(一)灰土垫层地基

灰土垫层地基是将基础底面下一定范围内的软弱土层挖去,用按一定体积比配合的石灰和黏性土拌和均匀,在最优含水量情况下分层回填夯实或压实而成。该地基具有一定的强度、水稳定性和抗渗性,施工工艺简单,取材容易,费用较低。其适用于处理1~4 m厚的软弱土层。

1. 构造要求

灰土地基厚度确定原则同砂地基。地基宽度一般为灰土顶面基础砌体宽度加2.5倍灰土厚度之和。

2. 材料要求

凡有机质不大的黏性土都可用作灰土土料,用作灰土的石灰不得加有未熟化的生石灰块和含有过多的水分。灰土的土料宜采用就地挖出的黏性土及塑性指数大于4的粉土,但不得含有有机杂质或使用耕植土。使用前土料应过筛,其粒径不得大于15 mm。

用作灰土的熟石灰应过筛,粒径不得大于5 mm,并不得夹有未熟化的生石灰粉,也不得含有过多的水分。

灰土的配合比一般为2:8或3:7(石灰:土)。

3. 施工要求

(1)施工前应验槽,将积水淤泥清除干净,待干燥后再铺灰土;灰土施工时,应适当控制其含水量,以手握紧土料成团,两指轻捏能碎为宜,如土料水分过多或不足时可以晾干或洒水湿润。

(2)每层灰土的夯实遍数,应根据设计要求的干密度在现场试验确定。

(3)灰土分段施工时,不得在墙角及承重窗间墙下有接缝,上下相邻两层灰土的接缝间距不得小于0.5 m,接缝处的灰土应充分夯实。

(4)在地下水位以下的基槽、坑内施工时,应采取排水措施,使在无水状态下施工。

(5)灰土打完后,应及时进行基础施工,并及时回填土,否则要做临时遮盖,防止日晒雨淋。

(6)冬期施工时,不得采用冻土或夹有冻土的土料,并应采取有效的防冻措施。

4. 质量检查

灰土地基的质量检查,宜用环刀取样,测定其干密度。质量标准可按压实系数λ_c鉴定,一般为0.93～0.95。压实系数λ_c为土在施工时实际达到的干密度ρ_d与室内采用击实试验得到的最大干密度ρ_{dmax}之比。

如用贯入仪检查灰土质量时,应先进行现场试验以确定贯入度的具体要求。

环刀取样,测定其干密度,压实系数一般为0.93～0.95。

(二)砂垫层地基

砂地基和砂石地基是将基础下一定范围内的土层挖去,然后用强度较大的砂或碎石等回填,并经分层夯实至密实,以起到提高地基承载力、减少沉降、加速软弱土层的排水固结、防止冻胀和消除膨胀土的胀缩等作用。该地基具有施工工艺简单、工期短、造价低等优点。其适用于处理透水性强的软弱黏性土地基,但不宜用于湿陷性黄土地基和不透水的黏性土地基,以免聚水而引起地基下沉和降低承载力。

1. 构造要求

砂地基和砂石地基的厚度一般根据地基底面处土的自重应力与附加应力之和不大于同一标高软弱土层的容许承载力确定。地基厚度一般不宜大于3 m,也不宜小于0.5 m。地基宽度除要满足应力扩散的要求外,还要根据地基侧面土的容许承载力来确定,以防止地基向两边挤出。关于宽度的计算,目前还缺乏可靠的理论方法,在实践中,常常按照当地某些经验数据(考虑地基两侧土的性质)或按经验方法确定。一般情况下,地基的宽度应沿基础两边各放出200～300 mm,如果侧面地基上的土质较差时,还要适当增加。

2. 材料要求

砂和砂石地基所用材料,宜采用颗粒级配良好,质地坚硬的中砂、粗砂、砾砂、碎(卵)石、石屑或其他工业废粒料。在缺少中、粗砂和砾砂的地区可采用细砂,但宜同时掺入一定数量的碎(卵)石,其掺入量应符合地基材料含石量不大于50%。所用砂石料,不得含有草根、垃圾等有机杂物,含泥量不应超过5%,兼作排水地基时,含泥量不宜超过3%,碎石或卵石最大粒径不宜大于50 mm。

3. 施工要求

(1)铺筑地基前应验槽,先将基底表面浮土、淤泥等杂物清除干净,边坡必须稳定,防止塌方。基坑(槽)两侧附近如有低于地基的孔洞、沟、井和墓穴等,应在未做换土地基前加以处理。

(2)砂和砂石地基底面宜铺设在同一标高上,如深度不同时,施工应按先深后浅的顺序进行。土面应挖成踏步或斜坡搭接,搭接处应压夯密实。分层铺筑时,接头应做成斜坡或阶梯搭接,每层错开0.5～1.0 m,并注意充分捣实。

(3)人工级配的砂、石材料,应按级配拌和均匀,再进行铺填捣实。

(4)换土地基应分层铺筑,分层夯(压)实,每层的铺筑厚度不宜超过表1-19规定的数值,分层厚度可用样桩控制。施工时,应对下层的密实度检验合格后,方可进行上层施工。

表1-19 砂和砂石地基每层铺筑厚度及最佳含水量

压实方法	每层铺土厚度/mm	施工时最佳含水量/%	施工说明	备注
平振法	200～250	15～20	用平板式振捣器往复振捣	不宜使用干细砂地基
插振法	振捣器插入深度	饱和	用插入式振捣器;插入点间距由机械振动幅度决定;所留孔洞用砂填实	不宜使用干细砂或含泥量较大的砂地基
水撼法	250	饱和	注水高度应超过每次铺筑面层;用钢叉摇撼捣实,插入点间距100 mm	—
夯实法	150～200	8～12	用木夯或机械夯;木夯重40 kg,落距400～500 mm;一夯压半夯,全面夯实	—
碾压法	150～350	8～12	6～12 t压路机往复碾压	使用大面积施工的砂和砂石地基

(5)在地下水位高于基坑(槽)底面施工时,应采取排水或降低地下水位的措施,使基坑(槽)保持无水状态。如用水撼法或插入振动法施工时,应有控制地注水和排水。

(6)冬期施工时,不得采用夹有冰块的砂石作地基,并应采取措施防止砂内水分冻结。

4. 质量检查

(1)环刀取样法。在捣实后的砂地基中,用容积不小于200 cm^3 的环刀取样,测定其干密度,以不小于通过试验所确定的干密度(该砂中密状态时)数值为合格。若是砂石地基,可在地基中设置纯砂检查点,在同样施工条件下取样检查。

(2)贯入测定法。检查时,先将表面的砂刮去30 mm左右,用直径为20 mm,长为1 250 mm的平头钢筋距离砂层面700 mm自由下落,或用水撼法使用的钢叉距离砂层面500 mm自由下落。以上钢筋或钢叉的插入深度,可根据砂的控制干密度预先进行小型试验确定。

(三)重锤夯实地基

重锤夯实地基是用起重机械将夯锤提升到一定高度后,利用自由下落时的冲击能来夯实基土表面,使其形成一层较为均匀的硬壳层,从而使地基得到加固。该法具有施工简便,费用较低,但布点较密,夯击遍数多,施工工期相对较长,同时夯击能量小,孔隙水难以消散,加固深度有限,当土的含水量稍高,宜夯成橡皮土,处理较困难等特点。其适用于处理地下水位以上稍湿的黏性土、砂土、湿陷性黄土、杂填土和分层填土地基。但当夯击振动对邻近的建筑物、设备以及施工中的砌筑工程或浇筑混凝土等产生有害影响时,或地下水位高于有效夯实深度以及在有效深度内存在软黏土层时,不宜采用。

1. 机具设备

(1)起重机械。起重机械可采用配置有摩擦式卷扬机的履带式起重机、打桩机、龙门式起重机或悬臂式桅杆起重机等。其锤重为1.5～3 t,用起重机械提升到一定高度后,自由下落,落距为 2.45~4.5 m，8~12 遍，加固深度一般为 1.2 m。

(2)夯锤。夯锤形状宜采用截头圆锥体，可用强度等级为 C20 的钢筋混凝土制作，其底部可填充废铁并设置钢底板以使重心降低。其锤重为 1.5~3.0 t，底面直径为 1.0~1.5 m，落距一般为 2.5~4.5 m，锤底面单位静压力宜为 15~20 kPa。吊钩宜采用自制半自动脱钩器，以减少吊索的磨损和机械振动。

2. 施工要求

(1)施工前应在现场进行试夯，选定夯锤重量、底面直径和落距，以便确定最后下沉量及相应的夯击遍数和总下沉量。最后下沉量是指最后两击平均每击土面的夯沉量，对黏性土和湿陷性黄土取 10~20 mm；对砂土取 5~10 mm。通过试夯可确定夯实遍数，一般试夯 6~10 遍，施工时可适当增加 1~2 遍。

(2)采用重锤夯实分层填土地基时，每层的虚铺厚度以相当于锤底直径为宜，夯击遍数由试夯确定，试夯层数不宜少于两层。

(3)基坑(槽)的夯实范围应大于基础底面，每边应比设计宽度加宽 0.3 m 以上，以便于底面边角夯打密实。基坑(槽)边坡应适当放缓。夯实前坑(槽)底面应高出设计标高，预留土层的厚度可为试夯时的总下沉量再加 50~100 mm。

(4)夯实时，地基土的含水量应控制在最优含水量范围以内。如土的表层含水量过大，可采用铺撒吸水材料(如干土、碎砖、生石灰等)或换土等措施；如土含水量过低，应适当洒水，加水后待全部渗入土中，一昼夜后方可夯打。

(5)在大面积基坑或条形基槽内夯击时，应按一夯挨一夯顺序进行[图 1-14(a)]。在一次循环中同一夯位应连夯两遍，下一循环的夯位，应与前一循环错开 1/2 锤底直径，落锤应平稳，夯位应准确。在独立柱基基坑内夯击时，可采用先周边后中间[图 1-14(b)]或先外后里的跳打法[图 1-14(c)]进行。基坑(槽)底面的标高不同时，应按先深后浅的顺序逐层夯实。

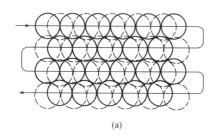 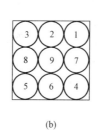 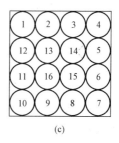

(a)　　　　　　　　　(b)　　　　　　　　　(c)

图 1-14　基坑分层夯实步骤

(6)夯实完毕后，应将基坑(槽)表面修正至设计标高。冬期施工时，必须保证地基在不冻的状态下进行夯击；否则，应将冻土层挖去或将土层融化。若基坑挖好后不能立即夯实，应采取防冻措施。

3. 质量检查

重锤夯实后应检查施工记录，除应符合试夯最后下沉量的规定外，还应检查基坑(槽)表面的总下沉量，以不小于试夯总下沉量的 90% 为合格。也可采用在地基上选点夯击检查最后下沉量。夯击检查点数：独立基础每个不少于 1 处，基槽每 20 m 不少于 1 处，整片地基每 50 m² 不少于 1 处。检查后如质量不合格，应进行补夯，直至合格为止。

(四)强夯地基

强夯地基是用起重机将重锤(一般 8~30 t)吊起从高处(一般 6~30 m)自由下落，给地基以冲击力和振动，从而提高地基土的强度并降低其压缩性的一种有效的地基加固方法。该法具有效果好、速度快、节省材料、施工方便，且施工时噪声和振动大等特点。其适用于碎石土、砂土、黏性土、湿陷性黄土及填土等的加固处理。

1. 机具设备

(1)起重机械。起重机宜选用起重能力为 150 kN 以上的履带式起重机，也可采用专用三角起重架或龙门架作起重设备。起重机械的起重能力为：当直接用钢丝绳悬吊夯锤时，应大于夯锤的 3～4 倍；当采用自行脱钩装置，起重能力取大于 1.5 倍的锤重。

(2)夯锤。夯锤可用钢材制作，或用钢板为外壳，内部焊接钢筋骨架后浇筑强度等级为 C30 的混凝土制成。夯锤底面有圆形和方形两种，圆形不宜旋转，定位方便，稳定性和重合性好，应用较广。锤底面积取决于表面土质，对砂土一般为 3～4 m^2，黏性土或淤泥质土不宜小于 6 m^2。夯锤中宜设置若干个上下贯通的气孔，以减少夯击时空气阻力。

(3)脱钩装置。脱钩装置应具有足够强度，且施工灵活。常用的工地自制自动脱钩器由吊环、耳板、销环、吊钩等组成。

2. 施工要求

(1)强夯施工前，应进行地质勘测和试夯。通过对试夯前后试验结果对比分析，确定正式施工时的技术参数。

(2)强夯前应平整场地，周围做好排水沟，按夯点布置测量防线确定夯位。地下水位较高时，应在表面铺 0.5～2.0 m 中(粗)砂或砂石地基，其目的是在地表形成硬层，可用以支撑起重设备，确保机械通行、施工，又可便于强夯产生的孔隙水压力消散。

(3)强夯施工须按试验确定的技术参数进行。一般以各个夯击点的夯击数为施工控制值，也可采用试夯后确定的沉降量控制。夯击时，落锤应保持平稳，夯位准确，如错位或坑底倾斜过大，宜采用砂土将坑底整平，才可进行下一次夯击。

(4)每夯击完一次后，应测量场地平均下沉量，然后用土将夯坑填平，方可进行下一次夯击。最后一次的场地下沉量，必须符合要求。

(5)强夯施工最好在干旱季节进行，如遇雨天施工，夯击坑内或夯击过的场地有积水时，必须及时排除。冬期施工时，应将冻土击碎。

(6)强夯施工时，应对每一夯实点的夯击能量、夯击次数和每次夯沉量等做好详细的现场记录。

3. 质量检查

强夯地基应检查施工记录及各项施工参数，并应在夯击过的场地选点作检验。一般可采用标准贯入、静力触探或轻便触探等方法，符合试验确定的指标时即为合格。

检查点数：每个建筑物的地基不少于三处，检测深度和位置按设计要求确定。

(五)振冲地基

振冲地基按加固机理和效果的不同，可分为振冲置换法和振冲密实法两类。前者适用于处理不排水、抗剪强度小于 20 kPa 的黏性土、粉土、饱和黄土及人工填土等地基；后者适用于处理砂土和粉土等地基，不加填料的振冲密实法仅适用于处理黏土粒含量小于 10%的粗砂、中砂地基。

1. 机具设备

(1)振冲器。宜采用带潜水电机的振冲器，其功率、振动力、振动频率等参数，可按加固的孔径大小、达到的土体密实度选用。

(2)起重机械。起重能力和提升高度均应符合施工和安全要求，起重能力一般为 80～150 kN。

(3)水泵及供水管道。供水压力宜大于 0.5 MPa，供水量宜大于 20 m³/h。

(4)加料设备。可采用翻斗车、手推车或皮带运输机等，其能力须符合施工要求。

(5)控制设备。控制电流操作台，附有 150 A 以上容量的电流表（或自动记录电流计）、500 V 电压表等。

2. 施工要求

(1)施工前，应先在现场进行振冲试验，以确定成孔合适的水压、水量、成孔速度、填料方法、达到土体密实时的密实电流值、填料量和留振时间。

(2)振冲前，应按设计图定出冲孔中心位置并编号。

(3)启动水泵及振冲器，水压可用 400～600 kPa，水量可用 200～400 L/min，使振冲器以 1～2 m/min 的速度徐徐沉入土中。每沉入 0.5～1.0 m，宜留振 5～10 s 进行扩孔，待孔内泥浆溢出时再继续沉入。当下沉达到设计深度时，振冲器应在孔底适当停留并减小射水压力，以便排除泥浆进行清孔。成孔也可采用将振冲器以 1～2 m/min 的速度连续沉至设计深度以上 0.3～0.5 m 时，将振冲器往上提到孔口，再同法沉至孔底。如此往复 1～2 次，使孔内泥浆变稀，排泥清孔 1～2 min 后，将振冲器提出孔口。

(4)填料和振密方法，一般采取成孔后，将振冲器提出，从孔口往下填料，然后再下降振冲器至填料中进行振密，待密实电流达到规定的数值，将振冲器提出孔口。如此自下而上反复进行直至孔口，成桩操作即告完成。

(5)振冲桩施工时桩顶部约为 1 m 范围内的桩体密实度难以保证，一般应予挖除，另做地基，或用振动碾压使之密实。

(6)冬期施工应将表层冻土破碎后成孔。每班施工完毕后，应将供水管和振冲器水管内积水排净，以免冻结影响施工。

3. 质量控制与检查

(1)振冲成孔中心与设计定位中心偏差不得大于 100 mm，完成后的桩位偏差不得大于 0.2 倍桩孔直径。

(2)振冲效果应在砂土地基完工半个月或黏性土地基完工一个月后方可检验，检验方法可采用载荷试验、标准贯入、静力触探等方法来检验桩的承载力，以不小于设计要求的数值为合格。如在地震区进行抗液化加固地基，还应进行现场孔隙水压力试验。

(六)深层搅拌地基

1. 加固的基本原理

加固的基本原理是利用水泥、石灰等材料作为固化剂，通过特制的深层搅拌机械，在地基深处就地将软土和固化剂强制搅拌，利用固化剂和软土之间所产生的一系列物理和化学反应，使软土硬结成具有整体性、水稳定性和一定强度的地基。

2. 施工工艺

定位、预搅下沉、制备水泥浆、喷浆、搅拌和提升、重复上下搅拌、清洗、移位。

3. 质量检验

验算桩的数量应不少于已完成桩数的 2%。

4. 深层搅拌水泥粉喷桩施工

深层搅拌水泥粉喷桩的施工工艺为就位、钻入、预搅、喷搅、成桩等。

(七)旋喷地基

(1)旋喷地基的方法有单独喷射浆液的单管法，浆液和压缩空气同时喷射的二重管法，浆液、压缩空气与高压水同时喷射的三重管法。

(2)旋喷地基的施工顺序与工艺为钻机就位、钻孔、插管、喷射、安放钢筋笼、冲洗。

任务实施

1. 根据地质条件选择地基加固方法。
2. 制定松土坑、砖(土井)、橡皮土等软弱地基的处理方案。

拓展实训

1. 如何根据工程的特点选择地基加固的方法？
2. 橡皮土软弱地基如何处理？

课外学习指要

中华人民共和国行业标准.JGJ 79—2012 建筑地基处理技术规范[S].北京：中国建筑工业出版社，2012.

项目二　桩基础工程施工

知识目标

1. 了解桩基础的特点及适用范围；掌握桩基础的分类。
2. 了解预制桩的制作、运输和堆放要求。
3. 了解锤击沉桩的施工机械与工具。
4. 掌握锤击沉桩的施工工艺过程。
5. 了解静力压桩所用的施工机械与工具。
6. 掌握静力压桩的施工工艺过程。
7. 掌握钢筋混凝土预制桩质量检查主控项目、一般项目的检查方法、允许偏差。
8. 了解沉管灌注桩施工机械与工具。
9. 掌握沉灌灌注桩的施工工艺过程。
10. 掌握断桩产生的原因及防治措施；掌握缩颈产生的原因及防治措施；掌握吊脚桩产生的原因及防治措施。
11. 了解人工挖孔灌注桩的优点。
12. 掌握人工挖孔灌注桩所用施工机具。
13. 掌握人工挖孔灌注桩安全措施。

能力目标

1. 能够按照承载性质不同进行桩的分类。
2. 能够对预制桩运输和堆放进行设计安排。
3. 能够编制锤击沉桩的施工方案；能够对锤击沉桩施工进行技术交底。
4. 能够编制静力压桩的施工方案；能够对静力压桩进行技术交底。
5. 能够对成品桩进行质量检验，并填写质量检查表格。
6. 能够编制沉管灌注桩的施工方案；能够对沉管灌注桩施工进行技术交底。
7. 能够掌握控制桩位偏差的质量保证措施。
8. 能够掌握钢筋笼下设时的偏差和保护层的控制。
9. 能够掌握混凝土浇筑质量保证措施。
10. 能够掌握人工挖孔灌注桩的施工工艺；能够进行人工挖孔灌注桩技术交底。

教学重点

1. 预制桩施工的技术交底工作。
2. 灌注桩施工的技术交底工作。

教学难点

1. 预制桩沉桩施工工艺及质量控制要点。
2. 灌注桩沉桩施工工艺及质量控制要点。

建议课时

16 课时

一般建筑物都应该充分利用地基土层的承载能力,而尽量采用浅基础。但若浅层土质不良,无法满足建筑物对地基变形和强度方面的要求时,可以利用下部坚实土层或岩层作为持力层,这就要采取有效的施工方法建造深基础了。深基础主要有桩基础、墩基础、沉井和地下连续墙等几种类型,其中以桩基础最为常用。

桩基础是一种常用的深基础形式,其由基桩和连接于桩顶的承台共同组成。若桩身全部埋于土中,承台底面与土体接触,则称为低承台桩基,若桩身上部露出地面而承台底位于地面以上,则称为高承台桩基。建筑桩基通常为低承台桩基础,而在桥梁、码头工程中常用高承台桩基础。

(1)桩基础按受力情况分为端承桩与摩擦桩,如图 2-1 所示。

1)端承桩是穿过软弱土层而达到坚硬土层或岩层上的桩,上部结构荷载主要由岩层阻力承受;施工时以控制贯入度为主,桩尖进入持力层深度或桩尖标高可作参考。

2)摩擦桩完全设置在软弱土层中,将软弱土层挤密实,以提高土的密实度和承载能力,上部结构的荷载由桩尖阻力和桩身侧面与地基土之间的摩擦阻力共同承受,施工时以控制桩尖设计标高为主,贯入度可作参考。

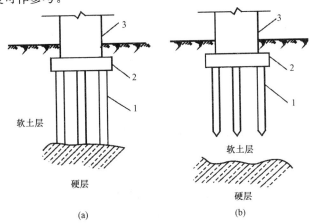

图 2-1 端承桩与摩擦桩
(a)端承桩;(b)摩擦桩
1—桩;2—承台;3—上部结构

(2)桩基础按挤土状况分为挤土桩、部分挤土桩和非挤土桩。

1)沉管法、爆扩法施工的灌注桩、打入(或静压)的实心混凝土预制桩、闭口钢管桩或混凝土管桩属于挤土桩。

2)冲击成孔法、钻孔压注法施工的灌注桩、预钻孔打入式预制桩、混凝土(预应力混凝土)管桩、H 型钢桩、敞口钢管桩等属于部分挤土桩。

3)干作业法、泥浆护壁法、套管护壁法施工的灌注桩属非挤土桩。

(3)桩基础按施工方法分为预制桩与灌注桩。

1)预制桩是在工厂或施工现场制成的各种形式的桩,用沉桩设备将桩打入、压入或振入土中,或有的用高压水冲沉入土中。根据沉入土中的方法,可分为打入桩(锤击沉桩)、水冲沉桩、振动沉桩和静力压桩等。

2)灌注桩是在施工现场的桩位上用机械或人工成孔，放入钢筋骨架，然后在孔内灌注混凝土而成。根据成孔方法的不同分为挖孔、钻孔、冲孔灌注桩，套管成孔灌注桩（沉管灌注桩）及爆扩成孔灌注桩等。

任务一　钢筋混凝土预制桩施工

任务描述

编写预制桩沉桩工艺的技术交底。

任务分析

钢筋混凝土预制桩是指在预制构件厂或施工现场预制，用沉桩设备在设计位置上将其沉入土中。其特点为坚固耐久，不受地下水或潮湿环境影响，能承受较大荷载，施工机械化程度高，进度快，能适应不同土层施工。

钢筋混凝土预制桩是我国目前广泛采用的一种桩型。钢筋混凝土预制桩有方形实心断面桩和圆柱体空心断面桩。

钢筋混凝土预制桩施工前，应根据施工图设计要求、桩的类型、成孔过程对土的挤压情况、地质探测和试桩等资料，制定施工方案。其主要内容包括：确定施工方法，选择打桩机械，确定打桩顺序，桩的预制、运输，以及沉桩过程中的技术和安全措施。

相关知识

一、桩的施工方法

预制桩：锤击沉桩、静力沉桩、振动沉桩、水冲沉桩。

灌注桩：钻孔灌注桩、冲孔灌注桩、沉管灌注桩、挖孔灌注桩、爆扩成孔灌注桩。

(一)打桩前的准备工作

施工前，应编制好施工组织设计（施工方法；沉桩机具设备的选择；现场准备工作；沉桩顺序与进度要求；现场平面布置；桩的预制、运输与堆放；质量与安全措施以及劳动力、材料、机具设备供应计划等）。

(二)桩的制作、运输、堆放

1. 钢筋混凝土预制桩的制作

(1)制作程序。预制桩可在工厂或施工现场预制。一般较短的桩多在预制厂生产，而较长的桩则在打桩现场或附近就地预制。现场制作预制桩可采用重叠法，其制作程序为：现场布置→场地地基处理、整平→场地地坪浇筑混凝土→支模→绑扎钢筋、安设吊环→浇筑混凝土→养护至30%强度拆模→支间隔端头模板、刷隔离剂、绑扎钢筋→浇筑间隔桩混凝土→同法间隔重叠制作第二层桩→养护至70%强度起吊→达到100%强度后运输、打桩。

(2)制作方法。现场预制多采用工具式木模板或钢模板，支在坚实平整的地坪上，模板应平整、尺寸准确。可用间隔重叠法生产，但重叠层数一般不宜超过四层。长桩可分节制作，一般桩长不得大于桩断面的边长或外直径的50倍。桩的钢筋骨架，可采用点焊或绑扎。骨架主筋则宜用对焊或搭接焊，主筋的接头位置应相互错开。桩尖一般用粗钢筋或钢板制作，在绑扎钢筋骨架时将其焊好。桩混凝土强度等级不应低于C30，浇筑时应由桩顶向桩尖连续进行，严禁中断，以提高桩的抗冲击能力。浇筑完毕后，应覆盖洒水养护不少于7 d，如用蒸汽养护，在蒸养后，还应适当自然养护，30 d后方可使用。

(3)质量要求。桩制作的质量除应符合有关规范的允许偏差规定外，还应符合下列要求：

1)桩的表面应平整、密实，掉角的深度不应超过10 mm，且局部蜂窝和掉角的缺损总面积不得超过该桩表面全部面积的0.5%，并不得过分集中。

2)混凝土收缩产生的裂缝深度不得大于20 mm，宽度不得大于0.25 mm；横向裂缝长度不得超过边长的一半(圆桩或多角形桩不得超过直径或对角线的1/2)。

3)桩顶或桩尖处不得有蜂窝、麻面和掉角。

2. 预制桩的起吊、运输和堆放

(1)起吊。当桩的混凝土达到设计强度的70%方可起吊，应系于设计规定之处，如无吊环，可按图2-2所示位置设置吊点起吊。在吊索与桩间应加衬垫，起吊应平稳提升，采取措施保护桩深质量，防止撞击和受震动。

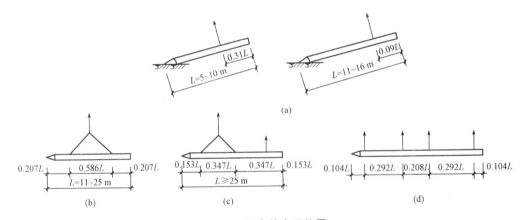

图 2-2　吊点的合理位置
(a)一点吊法；(b)二点吊法；(c)三点吊法；(d)四点吊法

(2)桩的运输。桩运输时的强度应达到设计强度标准值的100%。桩的运输可采用平板拖车，桩下宜设活动支座，运输时应做到平稳并不得损坏。

(3)桩的堆放。桩堆放时，地面必须平整、坚实，垫木间距应根据吊点确定，各层垫木应位于同一垂直线上，最下层垫木应适当放宽，堆放层数不宜超过四层，不同规格的桩，应分别堆放。

二、锤击桩施工

锤击桩是利用桩锤下落产生的冲击能量将桩沉入土中。

1. 打桩设备的选择

打桩用的设备主要包括桩锤、桩架、动力装置三部分。

(1)桩锤：常用的桩锤有落锤、蒸汽锤、柴油锤、液压锤等。

1)落锤。落锤用铸铁制成，一般锤重为5～20 kN。工作时利用人力或卷扬机，将锤提升至一定高度，然后使锤自由下落到桩头上而产生冲击力，将桩逐渐击入土中。其适用于黏土和含砂、砾石较多的土层中打桩。但锤击速度慢，贯入能力低，效率不高且对桩的损伤较大，只在使用其他类型的桩锤不经济，或在小型工程中才被使用。

2）蒸汽锤。蒸汽锤是利用蒸汽的动力进行锤击。其效率与土质软、硬的关系不大，常用在较软弱的土层中打桩。按其工作原理可分为单动汽锤和双动汽锤两种，这两种汽锤都须配一套锅炉设备。单动汽锤落距小，击力较大，可以打各种桩；双动汽锤冲击次数多，冲击力大，效率高，适用于打各种桩，并可以用于打斜桩、拔桩和水下打桩。

3）柴油锤。柴油锤是以柴油为燃料，利用柴油燃烧膨胀产生的压力，将桩锤抬起，然后自由下落冲击桩顶。如此反复循环运动，把桩打入水中。其具有工效高，构造简单，移动灵活，使用方便，不需沉重的辅助设备，也不必从外部供给能源等优点。但具有施工噪声大、排出的废气污染环境等缺点。其不适用在过硬或过软的土层中打桩。

4）液压锤。液压锤是由一外壳封闭起来的冲击缸体所组成的；利用液压油来提升和降落冲击缸体。冲击缸体下部充满氮气，当冲击缸体下落时，首先是冲击头对桩施加压力，然后是通过可压缩的氮气对桩施加压力，使冲击缸体对桩施加压力的过程延长，因此，每一击能获得更大的贯入度。液压锤不排除任何废气，无噪声，冲击频率高，并适合水下打桩，是理想的冲击式打桩设备，但构造复杂，造价高。

选择桩锤的依据是地基土的性质、桩的类型、尺寸、承载力、密集程度、设备动力条件、现场情况等。类型选定后，还应确定桩锤重量，因为桩锤过重，动力大，不经济；桩锤轻，必增大落距，易将桩头和保护层打坏，甚至将桩身打断。

选择方法：①经验公式法；②根据桩锤与桩重比值 M/C 查表。

(2)桩架。桩架的作用是吊桩就位、悬吊桩锤和支撑桩身，并在打桩过程中引导锤和桩的方向，并保证桩锤能沿着所要求的方向冲击桩体。桩架的形式多种多样，常用的通用桩架有两种基本形式：一种是沿轨道行驶的多功能桩架；另一种是装在履带底盘上的打桩架。

多功能桩架由定柱、斜撑、回转工作台、底盘及传动机构组成。其机动性和适应性很大，在水平方向可作 360°回转；立柱可前后倾斜，底盘下装有铁轮，可在轨道上行走。这种桩架可适应各种预制桩及灌注桩施工。其缺点是机构较庞大，现场组装和拆迁比较麻烦。

履带式桩架是以履带式起重机为底盘，增加立柱和斜撑用以打桩。其性能较多功能桩架灵活，移动方便，可适用各种预制桩及灌注桩施工，目前应用最多。

选择桩架时，应考虑锤的类型、桩长、施工条件等。

桩架高度＝桩长＋锤高＋滑轮组高＋桩帽高度＋1～2 m 起锤工作余地的高度。

(3)动力装置。动力装置的配置取决于所用的桩锤。当选蒸汽锤时，则需配备蒸汽锅炉和卷扬机。

2. 打桩顺序的确定

由于桩对土体的挤密作用，先打入的桩受水平推挤而造成偏移和变化，或被垂直挤拔造成浮桩；而后打入的桩难以达到设计标高或入土深度，造成土体隆起和挤压，截面过大。

(1)当 $S>4d$（S 为桩的中心距离，d 为桩的直径或方桩的边长）时，定位用小木桩或洒白灰点逐排打、自边缘向中央打、自中央向边缘打、分段打。

(2)当 $S\leqslant 4d$（S 为桩的中心距离，d 为桩的直径或方桩的边长）时，定位用龙门板自中央向边缘打、分段打。

3. 打桩

打桩的施工工艺包括吊装就位、打桩、接桩。

(1)吊装就位。按既定的打桩顺序，先将桩架移动至桩位处并用缆风绳拉牢，然后将桩运至桩架下，利用桩架上的滑轮组，由卷扬机提升桩。当桩提升至直立状态后，即可将桩送入桩架的龙门导管内，同时，把桩尖准确地安放到桩位上，并与桩架导管相连接，以保证打桩过程中不发生倾斜或移动。桩就位后，在桩顶放上弹性地基如草袋、废麻袋等，放下桩帽套入桩顶，桩帽上再放上垫木，降下桩锤压在桩帽上，在锤的重力作用下桩会入土一定深度。然后进行检查，使桩身、桩帽和桩锤在同一轴线上即开始打桩。

(2)打桩。初打时地层软、沉降量较大，宜低锤轻打，随着沉桩加深，速度较慢，再酌情增加起锤高度，要控制锤击应力。打桩时应观察桩锤回弹情况，如经常回弹较大时则说明锤太轻，不能使桩下沉，应及时更换。打桩时要随时注意贯入度变化情况，当贯入度骤减，桩锤有较大回弹时，表示桩尖遇到障碍，此时应减小桩锤落距，加快锤击。如上述情况仍存在，则应停止锤击，查其原因进行处理。

在打桩过程中，如突然出现桩锤回弹，贯入度突增，锤击时桩弯曲、倾斜、颤动，桩顶破坏加剧等情况，则表明桩身可能已破坏。

打桩最后阶段，沉降太小时，要避免硬打，如难沉下，要检查桩垫、桩帽是否适宜，需要时可更换或补充软垫。

(3)接桩。预制桩施工中，由于受到场地、运输及桩机设备等的限制，而将长桩分为多节进行制作。目前，预制桩的接桩工艺主要有硫磺胶泥浆锚法、电焊接桩法和法兰螺栓接桩法三种。前一种适用于软弱土层；后两种适用于各类土层。

三、静力压桩施工

静力压桩是在软土地基上，利用静力压桩或液压压桩机用无振动的静压力将预制桩压入土中的一种沉桩新工艺。

1. 特点及工作原理

静力压桩是在软土地基上，利用静力压桩机或液压压桩机用无振动的静压力（自重和配重）将预制桩压入土中的一种沉桩新工艺，在我国沿海软土地基上较为广泛地应用。与锤击沉桩相比，它具有施工无噪声、无振动、节约材料、降低成本、提高施工质量、沉桩速度快等特点，特别适宜于扩建工程和城市内桩基工程施工。其工作原理是：通过安置在压桩机上的卷扬机牵引，由钢丝绳、滑轮及压梁，将整个桩的自重力(800～1 500 kN)反压在桩顶上，以克服桩身下沉时与土的摩擦力，迫使预制桩下沉。

2. 压桩机械设备

压桩机有两种类型：一种是机械静力压桩机。其由压桩架(桩架与底盘)、传动设备(卷扬机、滑轮组、钢丝绳)、平衡设备(铁块)、量测装置(测力计、油压表)及辅助设备(起重设备、送桩)等组成。另一种是液压静力压桩机。其由液压吊装机构、液压夹持、压桩机构(千斤顶)、行走及回转机构、液压及配电系统、配重铁等部分组成，该机械具有体积轻巧，使用方便等特点。

3. 压桩工艺方法

(1)施工程序。静力压桩的施工程序为：测量定位→桩机就位→吊桩插桩→桩身对中调查→静压沉桩→接桩→再静压沉桩→终止沉桩→切割桩头。

(2)成桩方法。用起重机将预制桩吊运或用汽车运至桩机附近，再利用桩机自身设置的起重机将其吊入夹持器中，夹持油缸将桩从侧面夹紧，压桩油缸作伸程动作，把桩压入土层中。伸长后，夹持油缸回程松夹，压桩油缸回程，重复上述动作，可实现连续压桩操作，直至把桩压入预定深度土层中。

(3)柱拼接的方法。钢筋混凝土预制长桩在起吊、运输时受力极为不利，因而，一般先将长桩分段预制，然后再在沉桩过程中接长。常用的接头连接方法有以下两种：

1)浆锚接头。用硫磺水泥或环氧树脂配置成的胶粘剂，把上段桩的预留插筋粘结在下段桩的预留孔内。

2)焊接接头。在每段桩的端部预埋角钢或钢板，施工时与上下段桩身相接触，用扁钢贴焊连成整体。

(4)压桩施工要点。

1)压桩应连续进行，因故停歇时间不宜过长；否则，压桩力将大幅度增长而导致桩压不下去或桩机被抬起。

2)压桩的终压控制很重要。一般对纯摩擦桩，终压时以设计桩长为控制条件；对长度大于21 m的端承摩擦桩，应以设计桩长控制为主，终压力值作对照；对一些设计承载力较高的桩基，终压力值宜尽量接近压桩机满载值；对长度为14～21 m静压桩，应以终压力达满载值为终压控制条件；对桩周土质较差且设计承载力较高的，宜复压1～2次为佳，对长度小于14 m的桩，宜连续多次复压，特别对长度小于8 m的短桩，连续复压的次数应适当增加。

3)静力压桩单桩承载力，可通过桩的终止压力值大致判断。如判断的终止压力值不能满足设计要求，应立即采取送桩加深处理或补桩，以保证桩基的施工质量。

4. 桩头处理

(1)管桩打完后，桩尖以上1～1.5 m范围内填细石混凝土，余者堵砂。

(2)截桩：将多余部分凿去。

(3)接桩：桩顶凿毛桩位挖成喇叭口形，焊主筋，灌入相同强度等级的混凝土。

(4)承台：桩身主筋伸入承台，长度由设计确定，若无要求受拉25d，受压15d。

四、振动沉桩施工

振动沉桩与锤击沉桩的施工方法基本相同，其不同之处是用振动桩机代替锤打桩机施工。振动桩机主要由桩架、振动锤、卷扬机和加压装置等组成。其施工原理是利用大功率甩动振动器的振动锤或液压振动锤，减低土对桩的阻力，使桩能较快沉入土中。该法不但能将桩沉入土中，还能利用振动将桩拔出，经验证明此法对H形钢桩和钢板桩拔除效果良好。在砂土中沉桩效率高，对黏土地区效率较差，需用功率大的振动器。

五、水冲沉桩施工

水冲沉桩的施工方法是在待沉桩身两对称旁侧，插入两根用卡具与桩身连接的平行射水管，管下端设喷嘴。沉桩时利用高压水，通过射水管喷嘴射水，冲刷桩尖下的土壤，使土松散而流动，减少桩身下沉的阻力。同时，射入的水流大部分又沿桩身返回地面。因此，减少了土壤与桩身之间的摩擦力，使桩在自重或加重的作用下沉入土中。此法适用于坚硬土层和砂石层。一般水冲沉桩与锤击沉桩或振动沉桩结合使用，则更能显示其功效。其施工方法是：当桩尖水冲沉至离设计标高1～2 m处时，停止冲水，改用锤击或振动将桩沉到设计标高。但水冲沉桩法施工时，对周围原有建筑物的基础和地下设施等易产生沉陷，故不适合在密集的城市建筑物区域内施工。

六、预制桩施工质量控制

(一)锤击沉桩施工质量控制

1. 测量和记录

(1)贯入度：打桩时，最后一阵桩的入土深度。

(2)打桩的控制:
1)摩擦桩以标高为主,贯入度作为参考。
2)端承桩以贯入度为主,标高作为参考。

2. 质量要求

能否满足贯入度或标高的设计要求。

打入后的偏差是否在施工及验收规范允许范围之内。

3. 常见问题分析及处理

在实际施工中,常会发生打歪、打坏、打不下去等问题。

原因:工艺操作;桩的制作质量;土层变化复杂。

(1)顶、桩身被打坏:
1)顶局部应力集中。
2)保护层太厚,受冲击而剥落。
3)桩垫材料不合适或已被打坏。
4)桩的顶面与桩的轴线不垂直。
5)沉桩速度慢,出现过打现象。
6)桩身强度不高。

(2)打歪:
1)桩顶不平,桩尖偏心,注意检查验收。
2)就位倾斜。
3)遇到障碍物,挖出重打。

(3)打不下:
1)已打至硬土层或厚砂层,应停止,并查明情况,与设计部门研究处理。
2)遇到障碍物,"重锤低击"穿过,不能则排除。
3)中途停歇过长,土壤重新固结,摩擦力增大。
4)桩锤过轻,无力使桩下沉,应更换。
5)一桩打下,邻桩上升,重新确定打桩顺序。

(4)桩突然下沉:
1)遇软土层,查明原因再打。
2)断桩,接桩再打。

(二)静压桩质量控制

(1)静压桩沉桩时,压桩的压力要根据现场的地质条件,通过对静力触探比贯入阻力平均值和标准贯入试验值评估沉桩的可能性,选择好的压桩机械设备。

(2)根据地质条件,单桩竖向极限承载力以及布桩密集程度等因素,压桩机应按定额总重量配制压重,压机的重量(不含静压桩机大履和小履重量)不宜小于单桩极限承载力的1.2倍。

(3)压表必须经有资质的法定检测单位鉴定,并有鉴定合格证。

(4)压桩沉桩控制应按设计标高,压桩力和稳压下沉量相结合的原则,并根据地质条件和设计要求综合确定。

(5)桩端进入坚硬、硬塑黏性土,中密以上粉土、砂土土层时,静压桩的压桩力为主要控制指标,桩端标高在征得设计单位同意后,可作为辅助控制指标。

(6)压桩桩端进入持力层,达到综合确定的压桩力要求,但未达到设计标高时,宜保持稳压1~2 min,稳压下沉量可根据地区经验确定。

(7)压桩施工过程中,不得任意调整和校正桩的垂直度,避免对桩身产生较大的次生弯矩。静压桩穿越硬土层或进入持力层的过程中,除机械故障外,不得停止沉桩施工。

(8)压桩过程中,应检查压力桩的垂直度、接桩间歇时间、桩的连接质量及压入深度。

(9)压桩施工结束后,应做桩身的单桩竖向承载力试验和小应变检查桩身质量。

(10)沉桩质量控制。

1)沉桩前,应清除周边和地下障碍物,平整场地,桩机移动范围内场地的地基承载力应满足桩机运行和机架垂直度的要求。

2)沉桩顺序一般采用先深后浅,自中间向两边对称前进,或自中间向四周进行。

3)桩插入土中定位时的垂直度偏差不得超过0.5%。

4)送桩结束后,应及时用碎石或黄砂回填密实。

(11)压桩过程中,不能随意中止,如因操作必需,停歇时间要短。中途停歇时间不得超过2 h,严禁中途停压造成沉桩困难。

任务实施

编写锤击沉桩施工的技术交底。

拓展实训

简述振动沉桩的工作原理及施工工艺过程。

课外学习指要

[1]中华人民共和国行业标准. JGJ 94—2008 建筑桩基技术规范[S]. 北京:中国建筑工业出版社,2012.

[2]中华人民共和国行业标准. JGJ 79—2012 建筑地基处理技术规范[S]. 北京:中国建筑工业出版社,2012.

任务二 钢筋混凝土灌注桩施工

任务描述

编制沉管灌注桩的施工方案;对沉管灌注桩施工进行技术交底。

任务分析

灌注桩是直接在桩位上就地成孔,然后在孔内安放钢筋笼灌注混凝土而成。灌注桩能适应各种地层,无须接桩,施工时无振动、无挤土、噪声小,宜在建筑物密集地区使用。但其操作要求严格,施工后需较长的养护期方可承受荷载,成孔时有大量土渣或泥浆排出。根据成孔工艺不同,可分为干作业成孔的灌注桩、泥浆护壁成孔的灌注桩、套管成孔的灌注桩和爆扩成孔的灌注桩等。近年来灌注桩施工工艺发展很快，还出现夯扩沉管灌注桩、钻孔压浆成桩等一些新工艺。

> 相关知识

现浇混凝土桩(亦称灌注桩)是一种直接在现场桩位上使用机械或人工等方法成孔，然后在孔内安装钢筋笼，浇筑混凝土而成的桩。按其成孔方法不同，可分为钻孔灌注桩、沉管灌注桩、人工挖孔灌注桩、爆扩灌注桩等。

灌注桩的特点如下：
(1)设备简单、节省材料，降低造价(20%～40%)。
(2)不用预制、吊装、运输，适用于偏僻地区。
(3)根据荷载配筋，不考虑沉桩与吊装应力。
(4)不需截桩和接桩。
(5)振动噪声较轻，适用于市区内施工。
(6)表面粗糙与土结合良好，增大承载力。

一、泥浆护壁成孔灌注桩施工

泥浆护壁成孔灌注桩是利用泥浆保护稳定孔壁的机械钻孔方法。其通过循环泥浆将切削碎的泥石渣屑悬浮后排出孔外，适用于有地下水和无地下水的土层。

成孔机械有潜水钻机、冲击钻机、冲抓锥等。

泥浆护壁成孔灌注桩的施工工艺流程为测定桩位、埋设护筒、桩机就位、制备泥浆、机械(潜水钻机、冲击钻机等)成孔、泥浆循环出渣、清孔、安放钢筋骨架、浇筑水下混凝土。

1. 埋设护筒和制备泥浆

(1)钻孔前，在现场放线定位，按桩位挖去桩孔表层土，并埋设护筒。护筒高 2 m 左右，上部设 1～2 个溢浆孔，是用 4～8 mm 厚钢板制成的圆筒，其内径应比钻头直径大 200 mm。护筒的作用是固定桩孔位置，保护孔口，防止地面水流入，增加孔内水压力，防止塌孔，成孔时引导钻头的方向。

(2)在钻孔过程中，向孔中注入相对密度为 1.1～1.5 的泥浆，使桩孔内孔壁土层中的孔隙渗填密实，避免孔内漏水，保持护筒内水压稳定；泥浆相对密度大，加大了孔内的水压力，可以稳固孔壁，防止塌孔；通过循环泥浆可将切削的泥石渣悬浮后排出，起到携砂、排土的作用。

2. 成孔

(1)潜水钻机成孔。

1)工作方式。潜水钻机是一种旋转式钻孔机。其防水电机变速机构和钻头密封在一起，由桩架及钻杆定位后可潜入水、泥浆中钻孔。注入泥浆后通过正循环或反循环排渣法将孔内切削土粒、石渣排至孔外。

2)排渣方式。潜水钻机成孔排渣有正循环排渣和反循环排渣两种方式，如图 2-3 所示。

①正循环排渣法：在钻孔过程中，旋转的钻头将碎泥渣切削成浆状后，利用泥浆泵压送高压泥浆，经钻机中心管、分叉管送入到钻头底部强力喷出，与切削成浆状的碎泥渣混合，携带泥土沿孔壁向上运动，从护筒的溢流孔排出。

②反循环排渣法：砂石泵随主机一起潜入孔内，直接将切削碎泥渣随泥浆抽排出孔外。

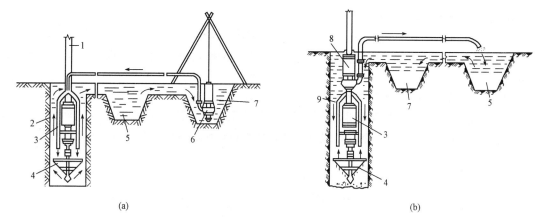

图 2-3 循环排渣方法
(a)正循环排渣；(b)反循环排渣
1—钻杆；2—送水管；3—主机；4—钻头；5—沉淀池；
6—潜水泥浆泵；7—泥浆泵；8—砂石泵；9—抽渣管；10—排渣胶管

(2)冲击钻成孔。

1)冲击钻机通过机架、卷扬机将带刃的重钻头(冲击锤)提高到一定高度，靠自由下落的冲击力切削破碎岩层或冲击土层成孔。

2)冲击钻头形式有十字形、工字形、人字形等，一般常用十字形冲击钻头。

3)冲孔前应埋设钢护筒，并准备好护壁材料。

4)冲击钻机就位后，校正冲锤中心对准护筒中心，在冲程 0.4～0.8 m 范围内应低提密冲，并及时加入石块与泥浆护壁，直至护筒下沉 3～4 m 以后，冲程可以提高到 1.5～2.0 m，转入正常冲击，随时测定并控制泥浆相对密度。

5)施工中，应经常检查钢丝绳损坏情况，卡机松紧程度和转向装置是否灵活，以免掉钻。

(3)冲抓锥成孔。

1)冲抓锥头(图 2-4)上有一重铁块和活动抓片，通过机架和卷扬机将冲抓锥提升到一定高度，下落时松开卷筒刹车，抓片张开，锥头便自由下落冲入土中，然后开动卷扬机提升锥头，这时抓片闭合抓土。冲抓锥整体提升至地面上卸去土渣，依次循环成孔。

2)冲抓锥成孔施工过程、护筒安装要求、泥浆护壁循环等与冲击成孔施工相同。

3)适用于松软土层(砂土、黏土)中冲孔，但遇到坚硬土层时宜换用冲击钻施工。

3. 清孔

(1)验孔是用探测器检查桩位、直径、深度和孔道情况；清孔即清除孔底沉渣、淤泥浮土，以减少桩基的沉降量，提高承载能力。

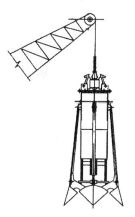

图 2-4 冲抓锥头

(2)泥浆护壁成孔清孔时，对于土质较好不易坍塌的桩孔，可用空气吸泥机清孔，气压为 0.5 MPa，使管内形成强大高压气流向上涌，同时不断地补足清水，被搅动的泥渣随气流上涌从喷口排出，直至喷出清水为止。

(3)对于稳定性较差的孔壁应采用泥浆循环法清孔或抽筒排渣，清孔后的泥浆相对密度应控制在 1.15～1.25。

4. 浇筑水下混凝土

(1)泥浆护壁成孔灌注混凝土的浇筑是在水中或泥浆中进行的,故称为浇筑水下混凝土。

(2)水下混凝土宜比设计强度提高一个强度等级,必须具备良好的和易性,配合比应通过试验确定。

(3)水下混凝土浇筑常用导管法。

(4)浇筑时,先将导管内及漏斗灌满混凝土,其量保证导管下端一次埋入混凝土面以下0.8 m以上,然后剪断悬吊隔水栓的钢丝,混凝土拌合物在自重作用下迅速排出球塞进入水中。

二、干作业钻孔灌注桩施工

(1)干作业钻孔灌注桩施工过程如图2-5所示。

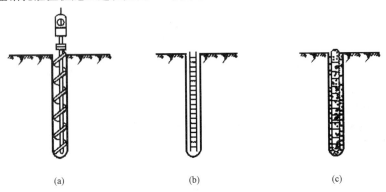

图2-5 螺旋钻机钻孔灌注桩施工过程示意图
(a)钻机进行钻孔;(b)放入钢筋骨架;(c)浇筑混凝土

(2)干作业成孔一般采用螺旋钻机钻孔。螺旋钻头外径分别为 $\phi 400$ mm、$\phi 500$ mm、$\phi 600$ mm,钻孔深度相应为12 m、10 m、8 m。其适用于成孔深度内没有地下水的一般黏土层、砂土及人工填土地基,不适用于有地下水的土层和淤泥质土。

(3)钻机就位后,钻杆垂直对准桩位中心,开钻时先慢后快,减少钻杆的摇晃,及时纠正钻孔的偏斜或位移。

(4)钻孔至规定要求深度后,进行孔底清土。清孔的目的是将孔内的浮土、虚土取出,减少桩的沉降。其方法是钻机在原深处空转清土,然后停止旋转,提钻卸土。

(5)钢筋骨架的主筋、箍筋、直径、根数、间距及主筋保护层均应符合设计规定,绑扎牢固,防止变形。用导向钢筋送入孔内,同时,防止泥土杂物掉进孔内。钢筋骨架就位后,应立即灌注混凝土,以防塌孔。灌注时,应分层浇筑、分层捣实,每层厚度为50~60 cm。

三、沉管灌注桩施工

沉管灌注桩是指利用锤击打桩法或振动打桩法,将带有活瓣式桩靴或预制钢筋混凝土桩尖的钢管沉入土中,然后,边浇筑混凝土(或先在管内放入钢筋笼)边锤击或振动拔管而成。前者称为锤击沉管灌注桩;后者称为振动沉管灌注桩。

(一)沉管灌柱桩的分类

沉管灌柱桩可分为锤击沉管灌注桩、振动沉管灌注桩、夯压成型沉管灌注桩、振动冲击沉管灌注桩等。

1. 锤击沉管灌注桩

锤击沉管灌注桩是采用落锤、蒸汽锤或柴油锤将钢套管沉入土中成孔,然后灌注混凝土或钢筋混凝土,抽出钢管而成。

(1)施工设备。锤击沉管灌注桩机械设备示意图如图 2-6 所示。

(2)施工方法。施工时,先将桩机就位,吊起桩管,垂直套入预先埋好的预制混凝土桩尖,压入土中。桩管与桩尖接触处应垫以稻草或麻绳垫圈,以防地下水渗入管内。当检查桩管与桩锤、桩架等在同一垂直线上(偏差≤0.5%),即可在桩管扣上桩帽,起锤沉管。先用低锤轻击,观察无偏移后方可进入正常施工,直至符合设计要求深度,并检查管内有无泥浆或水进入,即可灌注混凝土。桩管内混凝土应尽量灌满,然后开始拔管。拔管要均匀,第一次拔管高度控制在能容纳第二次所需贯入的混凝土量为限,不宜拔管过高。拔管时,应保持连续密锤低击不停并控制拔管速度,对一般土层,以不大于 1 m/min 为宜;在软弱土层及软硬土层交界处,应控制在 0.8/min 以内。桩锤冲击频率,视锤的类型而定:单动汽锤采用倒打拔管,频

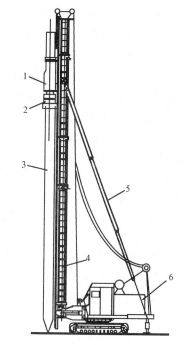

图 2-6 锤击沉管灌注桩机械设备示意图
1—桩锤;2—桩帽;3—桩管;
4—桩架;5—斜撑;6—履带式机身

率不低于 70 次/min,自由落锤轻击不得少于 50 次/min。在管底未拔到桩顶设计标高之前,倒打或轻击不得中断。拔管时,应注意使管内的混凝土量保持略高于地面,直到桩管全部拔出地面为止。

以上所述的这种施工工艺称为单打灌注桩的施工。为了提高桩的质量和承载能力,常采用复打扩大灌注桩。其施工方法是在第一次单打法施工完毕并拔除钢管后,清除桩管外壁上和桩孔周围地面上的污泥,立即在原桩位上再次安放桩尖,再做第二次沉管,使未凝固的混凝土向四周挤压扩大桩径,然后灌注第二次混凝土,拔管方法与第一次相同。复打施工时要注意前后两次沉管的轴线应重合,复打必须在第一次灌注的混凝土初凝之前进行。

(3)质量要求。

1)锤击沉管灌注桩混凝土强度等级应不低于 C20;混凝土坍落度,在有筋时宜为 80 - 100 m,无筋时宜为 60~80 m;碎石粒径,有筋时不大于 25 mm,无筋时不大于 40 mm;桩尖混凝土强度等级不得低于 C30。

2)当桩的中心距桩管外径的 5 倍以内或小于 2 m 时,均应跳打。中间空出的桩顶待邻桩的混凝土达到设计强度的 50%以后,方可施工。

3)桩位允许偏差:群桩不大于 0.5d(d 为桩管外径),对于两个桩组成的基础,在两个桩的连线方向上偏差不大于 0.5d,垂直此线的方向上则不大于 1/6d;墙基由单桩支承的,平行墙的方向偏差不大于 0.5d,垂直墙的方向不大于 1/6d。

2. 振动沉管灌注桩

振动沉管灌注桩是采用激振器或振动冲击桩锤将钢套管沉入土中成孔而成的灌注桩,其沉管原理与振动沉桩完全相同。

(1)施工方法。施工时,先安装好桩机,将桩管下端活瓣合起来,对准桩位,徐徐放下桩管,压入土中,勿使偏斜,即可开动激振器沉管。当桩管下沉到设计要求的深度后,便停止振

动，立即利用吊斗向管内灌满混凝土，并再次开动激振器，边振动边拔管，同时，在拔管过程中继续向管内浇筑混凝土。如此反复进行，直至桩管全部拔出地面后即形成混凝土桩身。

(2)分类。振动沉管灌注桩可采用单振法、反插法或复振法施工。

1)单振法。在沉入土中的桩管内灌满混凝土，开动激振器 5~10 s，开始拔管，边振动边拔。每拔 0.5~1.0 m，如此反复，直至桩管全部拔出。在一般土层内拔管速度宜为 1.2~1.5 m/min，在较软弱土层中，不得大于 0.8~1.0 m/min。单振法施工速度快，混凝土用量少，但桩的承载力低，适用于含水量较少的土层。

2)反插法。在桩管内灌满混凝土后，先振动再开始拔管。每次拔管高度 0.5~1.0 m，向下反插深度 0.3~0.5 m。如此反复进行并始终保持振动，直至桩管全部拔出地面。反插法能扩大桩的截面，从而提高了桩的承载力，但混凝土耗用量较大，一般适用于饱和软土层。

3)复振法。施工方法及要求与锤击沉管灌注桩的复打法相同。

(3)质量要求。

1)振动沉管灌注桩的混凝土强度等级不宜低于 C15；混凝土坍落度，在有筋时宜为 80~100 mm，无筋时宜为 60~80 mm；集料粒径不得大于 30 mm。

2)在拔管过程中，桩管内应随时保持有不小于 2 m 高度的混凝土，以便有足够的压力，防止混凝土在管内的阻塞。

3)振动沉管灌注桩的中心距不宜小于 4 倍桩管外径，否则应采取跳打。相邻的桩施工时，其间隔时间不得超过混凝土的初凝时间。

4)为保证桩的承载力要求，必须严格控制最后两个两分钟的沉管贯入度，其值按设计要求或根据试桩和当地长期的施工经验确定。

5)桩位允许偏差同锤击沉管灌注桩。

(二)沉管灌注桩施工要点

用桩靴时，靴与管之间要加垫防涌、缓冲，用管靴入土时必须密闭。边拔边振，速度均匀。为扩大桩径或出现缩径、断桩可采用反插或复打。当 $S \leqslant 5d$ 时，应采用跳打法，补桩时邻桩混凝土强度必须大于 50%。

(三)施工中常见问题及处理方法

(1)断桩。断桩一般都发生在地面以下软硬土层的交接处，并多数发生在黏性土中，砂土及松土中则很少出现。产生断桩的主要原因是桩距过小，受邻桩施打时挤压的影响；桩身混凝土终凝不久就受到振动和外力，以及软硬土层之间传递水平力大小不同，对桩产生剪应力等。其处理方法是经检查有断桩后，应将断桩段拔去，略增大桩的截面面积或加箍筋后，再重新浇筑混凝土。或者在施工过程中采取预防措施，如施工中控制桩的中心距不小于 3.5 倍桩径，采用跳打法或控制时间间隔的方法，使邻桩混凝土达设计强度等级的 50%后，再施打中间桩等。

(2)瓶颈桩。瓶颈桩是指桩的某处直径缩小形似"瓶颈"，其截面面积不符合设计要求。多数发生在黏性土、土质软弱、含水率高，特别是饱和的淤泥或淤泥质软土层中。产生瓶颈桩的主要原因是：在含水率较大的软弱土层中沉管时，土受挤压便产生很高的孔隙水压，拔管后便挤向新灌的混凝土，造成缩径。拔管速度过快，混凝土量少，和易性差，混凝土出管扩散性差也造成缩径现象。其处理方法是：施工时，应保持管内混凝土略高于地面，使其有足够的扩散压力，拔管时采用复打或反插办法，并严格控制拔管速度。

(3)吊脚桩。吊脚桩是指桩的底部混凝土隔空或混进泥砂而形成松散层部分的桩。其产生的主要原因是：预制钢筋混凝土桩尖承载力或钢活瓣桩尖刚度不够，沉管时被破坏或变形，因而水或泥砂进入桩管；拔管时桩靴未脱出或活瓣未张开，混凝土未及时从管内流出等。其处理方法是：应拔出钢管，填砂后重打；或者可采取密振动慢拔，开始拔管时先反插几次再正常拔管等预防措施。

(4)桩尖进水进泥。桩尖进水进泥常发生在地下水位高或含水量大的淤泥和粉质泥土土层中。其产生的主要原因是：钢筋混凝土桩尖与桩管接合处或钢活瓣桩尖闭合不紧密；钢筋混凝土桩尖被打破或钢活瓣桩尖变形所导致。其处理方法是：将桩管拔出，清除管内泥砂，修整桩尖钢活瓣变形缝隙，用黄砂回填桩孔后再重打；若地下水位较高，待沉管至地下水位时，先在桩管内灌入 0.5 m 厚度的水泥砂浆作封底，再灌 1 m 高度混凝土增压，然后再继续下沉桩管。

四、人工挖孔灌注桩施工

人工挖孔灌注桩是指桩孔采用人工挖掘方法进行成孔，然后安放钢筋笼，浇筑混凝土而成的桩。其施工特点是设备简单；无噪声，无振动，不污染环境，对施工现场原有建筑物的影响小；施工速度快，可按施工进度要求决定开挖桩孔的数量，必要时各桩孔可同时施工；土层情况明确，可直接观察到地质变化，桩底沉渣能清除干净，施工质量可靠。尤其当高层建筑选用大直径的灌注桩，而其施工现场又在狭窄的市区时，采用人工挖孔比机械挖孔具有更大的适应性。但其缺点是人工耗量大，开挖效率低，安全操作条件差等。

1. 施工设备

一般可根据孔径、孔深和现场具体情况加以选用。常用的施工设备有电动葫芦、提土桶、潜水泵、鼓风机和输风管、镐、锹、土筐、照明灯、对讲机及电铃等。

2. 施工工艺

施工时，为确保挖土成孔施工安全，必须考虑预防孔壁坍塌和流砂现象发生的措施。因此，施工前应根据水文地质资料，拟订出合理的护壁措施和降排水方案，护壁方法很多，可以采用现浇混凝土护壁、喷射混凝土护壁、混凝土沉井护壁、砖砌体护壁、钢套管护壁、型钢-木板桩工具式护壁等多种。下面介绍应用较广的现浇混凝土护壁时人工挖孔桩的施工工艺流程。

(1)按设计图纸放线、定桩位。

(2)开挖桩孔土方。采取分段开挖，每段高度取决于土壁保持直立状态下而不塌方的能力，一般取 0.5~1.0 m 为一个施工段。开挖范围为设计桩径加护壁的厚度。

(3)支设护壁模板。模板高度取决于开挖土方施工段的高度，一般为 1 m，由 4~8 块活动钢模板组合而成，支成有锥度的内模。

(4)在模板顶放置操作平台。内模支设后，吊放用角钢和钢板制成的两半圆形合成的操作平台入桩孔内，置于内模顶部，以放置料具和浇筑混凝土操作之用。

(5)浇筑护壁混凝土。护壁混凝土起着防止土壁塌陷与防水的双重作用，因而浇筑时要注意捣实。上下段护壁要错位搭接 50~75 mm（咬口连接），以便起连接上下段之用。

(6)拆除模板继续下一段的施工。当护壁混凝土达到 1 MPa（常温下约经 24 h）后，方可拆除模板，开挖下段的土方，再支模浇筑护壁混凝土，如此循环，直至挖到设计要求的深度。

(7)排除孔底积水，浇筑桩身混凝土。当桩孔挖到设计深度，并检查孔底土质是否已达到设计要求后，再在孔底挖成扩大头。待桩孔全部成型后，用潜水泵抽出孔底的积水，然后立即浇筑混凝土。当混凝土浇筑至钢筋笼的底面设计标高时，再吊入钢筋笼就位，并继续浇筑桩身混凝土而形成桩基。

3. 质量要求

(1)必须保证桩孔的挖掘质量。桩孔挖成后应有专门人下孔检验，如土质是否符合勘察报告，桩孔几何尺寸与设计是否相符，孔底虚土残渣情况要作为隐蔽验收记录归档。

(2)按规程规定桩空中心线的平面位置偏差不大于 20 mm，桩的垂直偏差不大于 1‰桩长，桩径不得小于设计直径。

(3)钢筋骨架要保证不变形，箍筋与主筋要点焊，钢筋笼吊入孔内后，要保证其与孔壁间有足够的保护层。

(4)混凝土坍落度宜在 100 mm 左右，用浇灌漏斗桶直落，避免离析，必须振捣密实。

4. 安全措施

人工挖孔桩的施工安全应予以特别重视。工人在桩孔内作业，应严格按安全操作规程施工，并有切实可靠的安全措施。如孔下操作人员必须戴安全帽；孔下有人时孔口必须有监护；护壁要高出地面 150～200 mm，以防杂物滚入孔内；孔内设安全软梯，孔外周围设防护栏杆；孔下照明采用。

任务实施

编写人工挖孔灌注桩施工的技术交底。

一、施工准备

(一)作业条件

(1)人工成孔桩孔，井壁支护要根据该地区的土质特点、地下水分布情况，编制切实可行的施工方案，进行井壁支护的计算和设计。

(2)开挖前场地完成三通一平。地上、地下的电缆、管线、旧建筑物、设备基础等障碍物均已排除处理完毕。各项临时设施，如照明、动力、通风、安全设施准备就绪。

(3)熟悉施工图纸及场地的地下土质、水文地质资料，做到心中有数。

(4)按基础平面图，设置桩位轴线、定位点；桩孔四周撒灰线，测定高程水准点。放线工序完成后，办理验收手续。

(5)按设计要求分段做好钢筋笼。

(6)全面开挖之前，有选择地先挖两个试验桩孔，分析土质、水文等有关情况，以此修改原编施工方案。

(7)在地下水位比较高的区域，先降低地下水位至桩底以下 0.5 m 左右。

(8)人工挖孔操作的安全至关重要，开挖前对施工人员进行全面的安全技术交底；操作前对吊具进行安全可靠的检查和试验，确保施工安全。

(二)材料要求

(1)水泥：采用 32.5 级以上普通硅酸盐水泥或矿渣硅酸盐水泥，有产品合格证，出厂检验报告和进场复验报告。

(2)砂：中砂或粗砂，有进场复验报告。

(3)石子：粒径为 0.5～3.2 cm 的卵石或碎石，有进场复验报告。

(4)水：自来水或不含有害物质的洁净水。

(5)钢筋：钢筋的品种、级别或规格必须符合设计要求，有产品合格证、出厂检验报告和进场复验报告，表面清洁，无老锈和油污。

(6)垫块：用 1∶3 水泥砂浆埋 22 号火烧丝提前预制或用塑料卡。

(7)火烧丝：规格 18～20 号钢丝烧成。

(8)外加剂、掺合料：根据施工需要通过试验确定，有出厂质量证明、检测报告、复试报告。

(三)施工机具

三木搭、卷扬机组或电动葫芦、手推车或翻斗车、镐、锹、手铲、钎、线坠、定滑轮组、导向滑轮组、混凝土搅拌机、吊桶、溜槽、导管、振捣棒、插钎、粗麻绳、钢丝绳、安全活动盖板、防水照明灯（低压36 V、100 W）、电焊机、通风及供氧设备、扬程水泵、木辘轳、活动爬梯、安全带等。模板：组合式钢模、弧形工具式钢模四块(或八块)拼装。卡具、挂钩和零配件。木板、木方、8号或12号槽钢等。

二、工艺流程

放线定桩位及高程→开挖第一节桩孔土方→支护壁模板放附加钢筋→浇筑第一节护壁混凝土→检查桩位(中心)轴线→架设垂直运输架→安装电动葫芦(卷扬机或木辘轳)→安装吊桶、照明、活动盖板、水泵、通风机等→开挖吊运第二节桩孔土方(修边)→先拆第一节支第二节护壁模板(放附加钢筋)→浇筑第二节护壁混凝土→检查桩位(中心)轴线→逐层往下循环作业→开挖扩底部分→检查验收→吊放钢筋笼→放混凝土溜筒(导管)→浇筑桩身混凝土(随浇随振)→插桩顶钢筋。

三、操作工艺

1. 放线定桩位及高程

在场地三通一平的基础上，依据建筑物测量控制网的资料和基础平面布置图，测定桩位轴线方格控制网和高程基准点。确定好桩位中心，以中点为圆心，以桩身半径加护壁厚度为半径画出上部(即第一步)的圆周。撒石灰线作为桩孔开挖尺寸线。桩位线定好之后，必须经有关部门进行复查，办好预检手续后开挖。

2. 开挖第一节桩孔土方

开挖桩孔要从上到下逐层进行，先挖中间部分的土方，然后扩及周边，有效地控制开挖桩孔的截面尺寸。每节的高度要根据土质好坏、操作条件而定，一般以0.9～1.2 m为宜。

3. 支护壁模板(放附加钢筋)

(1)为防止桩孔壁坍方，确保安全施工，成孔要设置钢筋混凝土(或混凝土)井圈。

当桩孔直径不大，深度较浅而土质又好、地下水位较低的情况下，也可以采用喷射混凝土护壁。护壁的厚度要根据井圈材料、性能、刚度、稳定性、操作方便、构造简单等要求，并按受力状况，以最下面一节所承受的土侧压力和地下水侧压力，通过计算来确定。

(2)护壁模板采用拆上节、支下节重复周转使用。模板之间用卡具、扣件连接固定，也可以在每节模板的上下端各设一道弧形的用槽钢或角钢做成的内钢圈作为内侧支撑，防止内模因胀力而变形。不设水平支撑，以方便操作。

(3)第一节护壁高出地坪150～200 mm，便于挡土、挡水，桩位轴线和高程均要标定在第一节护壁上口，护壁厚度一般取100～150 mm。

4. 浇筑第一节护壁混凝土

桩孔护壁混凝土每挖完一节以后要立即浇筑混凝土。人工浇筑、人工捣实，混凝土强度等级一般为C20，坍落度控制在80～100 mm，确保孔壁的稳定性。

5. 检查桩位(中心)轴线及标高

每节桩孔护壁做好以后，必须将桩位十字轴线和标高测设结果在护壁的上口，然后用十字线对中，吊线坠向井底投设，以半径尺杆检查孔壁的垂直平整度。随之进行修整，井深必须以基准点为依据,逐根进行引测。保证桩孔轴线位置、标高、截面尺寸满足设计要求。

6. 架设垂直运输架

第一节桩孔成孔以后,即着手在桩孔上口架设垂直运输支架,要求搭设稳定、牢固。

7. 安装电动葫芦或卷扬机

在垂直运输架上安装滑轮组和电动葫芦或穿卷扬机的钢丝绳,选择适当位置安装卷扬机。

8. 安装吊桶、照明、活动盖板、水泵和通风机

(1)在安装滑轮组及吊桶时,注意使吊桶与桩孔中心位置重合,作为挖土时直观上控制桩位中心和护壁支模的中心线。

(2)井底照明必须用低压电源(36 V、100 W)、防水带罩的安全灯具。桩口上设围护栏。

(3)当桩孔深大于20 m时,要向井下通风,加强空气对流。必要时输送氧气,防止有毒气体的危害。操作时上下人员轮换作业,桩孔上人员密切注视观察桩孔下人员的情况,互相呼应,切实预防安全事故的发生。

(4)当地下水量不大时,随挖随将泥水用吊桶运出。地下渗水量较大时,吊桶已满足不了排水,先在桩孔底挖集水坑,用高程水泵沉入抽水,边降水边挖土,水泵的规格按抽水量确定。要日夜三班抽水,使水位保持稳定。地下水位较高时,要先采用统一降水的措施,再进行开挖。

(5)桩孔口安装水平推移的活动安全盖板,当桩孔内有人挖土时,要掩好安全盖板,防止杂物掉下砸人。无关人员不得靠近桩孔口边。吊运土时,再打开安全盖板。

9. 开挖

开挖吊运第二节桩孔土方(修边),从第二节开始,利用提升设备运土,桩孔内人员要戴好安全帽,地面人员要拴好安全带。吊桶离开孔口上方1.5 m时,推动活动安全盖板,掩蔽孔口,防止卸土的土块、石块等杂物坠落孔内伤人。吊桶在小推车内卸土后,再打开活动盖板,下放吊桶装土。

桩孔挖至规定的深度后,用支杆检查桩孔的直径及井壁圆弧度,上下要垂直、平顺,修整孔壁。

10. 先拆除第一节支第二节护壁模板(放附加钢筋)

护壁模板采用拆上节、支下节依次周转使用。模板上口留出高度为100 mm的混凝土浇筑口,接口处要捣固密实,强度达到1 MPa时拆模,拆模后用混凝土或砌砖堵严,水泥砂浆抹平。

11. 浇筑第二节护壁混凝土

混凝土用串桶送来,人工浇筑,人工插捣密实。混凝土可由试验室确定掺入早强剂,以加速混凝土的硬化。

12. 检查桩位中心轴线及标高以桩孔口的定位线为依据,逐节校测

13. 逐层往下循环作业

将桩孔挖至设计深度,清除虚土,检查土质情况,桩底要支承在设计所规定的持力层上。

14. 开挖扩底部分

桩底可分为扩底和不扩底两种情况。挖扩底桩要先将扩底部位桩身的圆柱体挖好,再按扩底部位的尺寸、形状自上而下削土扩充成设计图纸的要求;如设计无明确要求,扩底直径一般为1.5~3.0d,扩底部位的变径尺寸为1∶4。

15. 检查验收

成孔以后必须对桩身直径、扩头尺寸、孔底标高、桩位中线、井壁垂直、虚土厚度进行全面测定,做好施工记录,办理隐蔽验收手续。

16. 吊放钢筋笼

钢筋笼放入前要先绑好砂浆垫块，按设计要求一般为 70 mm（钢筋笼四周，在主筋上每隔 3~4 m 设一竹 ϕ20 耳环，作为定位垫块）；吊放钢筋笼时，要对准孔位，直吊扶稳、缓慢下沉，避免碰撞孔壁。钢筋笼放到设计位置时，要立即固定。遇有两段钢筋笼连接时，要采用双面焊接，接头数按 50% 错开，以确保钢筋位置正确，保护层厚度符合要求。

17. 浇筑桩身混凝土

桩身混凝土可使用粒径不大于 50 mm 的石子，坍落度为 80~100 mm，机械搅拌。用溜槽加串桶向桩孔内浇筑混凝土。混凝土的落差大于 2 m，桩孔深度超过 12 m 时，要采用混凝土导管浇筑。浇筑混凝土时要连续进行。

18. 浇筑桩顶混凝土

混凝土浇筑到桩顶时，要适当超过桩顶设计标高，一般可为 50~70 mm，以保证在剔除浮浆后，桩顶标高符合设计要求。桩顶上的钢筋插铁一定要保持设计尺寸，垂直插入，并有足够的保护层。

四、成品保护

(1) 已挖好的桩孔必须用木板或脚手板、钢筋网片盖好，防止土块、杂物、人员坠落。严禁用草袋、塑料布虚掩。

(2) 已挖好的桩孔及时放好钢筋笼，及时浇筑混凝土，间隔时间不得超过 4 h，以防坍方。有地下水的桩孔要随挖、随检、随放钢筋笼、随时将混凝土灌好，避免地下水浸泡。

(3) 桩孔上口外圈要做好挡土台，防止灌水及掉土。

(4) 保护好已成形的钢筋笼，不得扭曲、松动变形。吊入桩孔时，不要碰坏孔壁。串桶要垂直放置防止因混凝土斜向冲击孔壁，破坏护壁土层，造成夹土。

(5) 钢筋笼不要被泥浆污染；浇筑混凝土时，在钢筋笼顶部固定牢固，限制钢筋笼上浮。

(6) 桩孔混凝土浇筑完毕，要复核桩位和桩顶标高。将桩顶的主筋或插铁扶正，用塑料布或草帘围好，防止混凝土发生收缩、干裂。

(7) 施工过程妥善保护好场地的轴线桩、水准点。不得碾压桩头，弯折钢筋。

五、应注意的质量问题

(1) 垂直偏差过大：由于开挖过程未按要求每节核验垂直度，致使挖完以后垂直度超过规范要求。每挖完一节，必须根据桩孔口上的轴线吊直、修边、使孔壁圆弧保持上下顺直。

(2) 孔壁坍塌：因桩位土质不好，或地下水渗出而使孔壁坍塌。开挖前要掌握现场土质情况，错开桩位开挖，缩短每节高度，随时观察土体松动情况，必要时可在坍孔处用砌砖、钢板桩、木板桩封堵；操作过程要紧凑，不留间隔空隙，避免坍孔。

(3) 孔底残留虚土太多：成孔、修边以后有较多虚土、碎砖，未认真清除。在放钢筋笼前后均要认真检查孔底，清除虚土杂物。必要时，用水泥砂浆或混凝土封底。

(4) 孔底出现积水：当地下水渗出较快或雨水流入，抽排水不及时，就会出现积水。开挖过程中孔底要挖集水井坑，及时下泵抽水。如有少量积水，浇筑混凝土时可在首盘采用半干硬性的混凝土料，大量积水一时难以排除的情况下，则要用导管水下浇筑混凝土的办法，确保施工质量。

(5) 桩身混凝土质量差：有缩颈、空洞、夹土等现象。在浇筑混凝土前一定要做好操作技术交底，坚持分层浇筑、分层振捣、连续作业。必要时用铁管、竹竿、钢筋钎人工辅助插捣，以补充机械振捣不足。

(6)钢筋笼扭曲变形：钢筋笼加工制作时点焊不牢，未采取支撑钢筋，运输、吊放时产生变形、扭曲。钢筋笼要在专用平台上加工，主筋与箍筋点焊牢固，支撑加固措施要可靠，吊运要竖直，使其平稳地放入桩孔中，保持骨架完好。

拓展实训

爆扩成孔灌注桩有哪些优点？

课外学习指要

[1]中华人民共和国行业标准.JGJ 94—2008 建筑桩基技术规范[S].北京：中国建筑工业出版社，2008.

[2]中华人民共和国行业标准.JGJ 79—2012 建筑地基处理技术规范[S].北京：中国建筑工业出版社，2012.

项目三 砌体工程施工

知识目标

1. 熟悉脚手架的分类和构造组成。
2. 掌握扣件式钢管脚手架和碗扣式钢管脚手架搭设的基本要求。
3. 掌握砌筑用材料的分类。
4. 熟悉砌筑材料的规格、强度标准,熟悉水泥砂浆的制备、使用和强度检验。
5. 掌握砖砌体的施工工艺、组砌形式及构造要求,熟悉砌块和石材的砌筑工艺。
6. 掌握砌体工程施工的质量检验方式、方法及所需工具。

能力目标

1. 能说出脚手架各组成构件的名称。
2. 能编制脚手架施工方案。
3. 能进行脚手架的施工技术交底工作。
4. 能统筹安排施工人员进行脚手架的施工并检验搭设质量。
5. 能说出各种砌体材料的名称。
6. 能编制砌体工程施工方案。
7. 能进行砌体工程的施工技术交底工作。
8. 能统筹安排施工人员进行砌体工程施工并检验施工质量。

教学重点

1. 脚手架施工方案的编制和施工技术交底。
2. 砌体工程施工方案的编制和施工技术交底。

教学难点

1. 脚手架工程搭设工艺及质量控制要点。
2. 砌体工程施工工艺及质量控制要点。

建议课时

22 课时

脚手架是建筑施工中不可缺少的临时设施,是施工现场为工人操作并解决垂直和水平运输而搭设的各种支架。其可以用作操作平台、施工作业和运输通道,并能临时堆放施工用材料和机具。因此,脚手架在砌筑工程、混凝土工程、装修工程中有着广泛的应用。

对脚手架的基本要求是:满足工人操作、材料堆置和运输的要求;有足够的强度、刚度和稳定性，坚固稳定、安全可靠；搭拆简单、搬运方便，能多次周转使用；因地制宜、就地取材，尽量节约材料。

任务一　脚手架工程搭设

任务描述

判别脚手架类型，结合工程实际编写脚手架工程的施工方案，依托实际工程做脚手架工程的施工技术交底，对脚手架的搭设进行质量检验。

任务分析

脚手架主要是为了施工人员上下干活或外围安全网维护及高空安装构件等作业而设立的，说白了就是搭架子，脚手架工程应由具备相应资质的专业队伍进行施工，脚手架搭设人员必须是经过按现行国家标准考核合格的专业架子工，上岗人员需定期体检，合格者方可持证上岗。

脚手架搭设之前，应根据工种的特点和施工工艺确定搭设专项施工方案，内容应包括：基础处理、搭设要求、杆件间距及连墙杆设置位置、连接方法，并绘制施工详图及大样图等。同时，应结合专项施工方案和工程的具体情况对架子工进行现场技术安全交底。

相关知识

一、脚手架的分类

脚手架的种类较多，可按照用途、构架方式、支固方式、设置形式、脚手架平杆与立杆的连接方式以及材料来划分种类。

1. 按用途划分

(1)操作用脚手架。其又可分为结构脚手架和装修脚手架。

(2)防护用脚手架。

(3)承重-支撑用脚手架。

2. 按构架方式划分

(1)杆件组合式脚手架。

(2)框架组合式脚手架(简称"框组式脚手架")。其是由简单的平面框架与连接、撑拉杆件组合而成的脚手架，如门式钢管脚手架、梯式钢管脚手架和其他各种框式构件组装的鹰架等。

(3)格构件组合式脚手架。其由桁架梁和格构柱组合而成的脚手架，如桥式脚手架。

(4)台架。其是具有一定高度和操作平面的平台架，多为定型产品。

3. 按支固方式划分

(1)落地式脚手架。搭设(支座)在地面、楼面、屋面或其他平台结构之上的脚手架。

(2)悬挑脚手架。采用悬挑方式支固的脚手架。

(3)附墙悬挂脚手架。在上部或中部挂设于墙体挂件上的定型脚手架。

(4)悬吊脚手架。悬吊于悬挑梁或工程结构之下的脚手架。

(5)附着式升降脚手架。搭设一定高度附着于工程结构上,依靠自身的升降设备和装置,可随工程结构逐层爬升或下降,具有防倾覆、防坠落装置的悬空脚手架。

(6)水平移动脚手架。带行走装置的脚手架或操作平台架。

(7)整体式附着升降脚手架。有三个以上提升装置的连跨升降的附着式升降脚手架。

4. 按设置形式划分

(1)单排脚手架。只有一排立杆,横向平杆的一端搁置在墙体上的脚手架。

(2)双排脚手架。由内外两排立杆和水平杆构成的脚手架。

(3)满堂脚手架。按施工作业范围满设的,纵、横两个方向各有三排以上立杆的脚手架。

(4)封圈形脚手架。沿建筑物或作业范围周边设置并相互交圈连接的脚手架。

(5)开口形脚手架。沿建筑周边非交圈设置的脚手架,其中呈直线形的脚手架为一字形脚手架。

(6)特殊形脚手架。具有特殊平面和空间造型的脚手架,如用于烟囱、水塔、冷却塔以及其他平面为圆形、环形、外方内圆形等特殊形式的建筑施工脚手架。

5. 按平、立杆的连接方式划分

(1)扣件式脚手架。使用扣件箍紧连接的脚手架,即靠拧紧扣件螺栓所产生的摩擦作用构架和承载的脚手架。

(2)碗扣式脚手架。采用碗扣方式连接的钢管脚手架和模板支撑架。

(3)承插式脚手架。在平杆与立杆之间采用承插连接的脚手架。

另外,还按脚手架的材料划分为传统的竹、木脚手架,钢管脚手架或金属脚手架等。

二、扣件式钢管脚手架

扣件式钢管脚手架通过扣件将立杆、水平杆、剪刀撑、抛撑、扫地杆、连墙件以及脚手板等连接而成,如图3-1所示。其具有承载力大、拆装方便、搭设高度大、周转次数多、摊销费用低等优点,因而得到广泛的应用,是目前应用最普遍的脚手架之一。

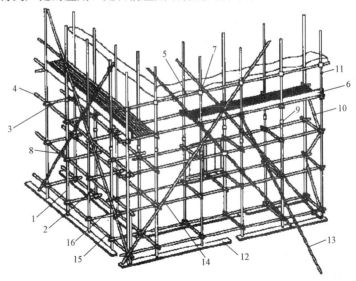

图 3-1 扣件式钢管脚手架

1—外立杆;2—内立杆;3—横向水平杆;4—纵向水平杆;5—栏杆;6—挡脚板;
7—直角扣件;8—旋转扣件;9—对接扣件;10—横向斜撑;11—主立杆;12—垫板;
13—抛撑;14—剪刀撑;15—纵向扫地杆;16—横向扫地杆

1. 构配件

(1)钢管杆件。脚手架钢管杆件常用规格为外径 48.3 mm，壁厚 3.5 mm 的焊接钢管，每根钢管的最大质量不应大于 25.8 kg，尺寸应按表 3-1 采用。用于立杆、大横杆、剪刀撑的钢管长度一般为 4~6.5 m，用于小横杆的钢管长度宜为 1.8~2.2 m，以满足脚手架宽度需要。

表 3-1　脚手架钢筋尺寸　　　　　　　　　　　　　　　　　　　mm

钢管类别	截面尺寸		最大长度	
	外径 ϕ, d	壁厚 t	双排架横向水平杆	其他杆
低压流体输送焊接钢管、直缝电焊钢管	48.3	3.6	2 200	6 500

钢管上严禁打孔，使用前必须进行防锈处理，即对购进的钢管先进行除锈，然后外壁涂防锈漆一道和面漆两道。在脚手架使用一段时间以后，由于防锈层会受到一定的损伤，因此，需重新进行防锈处理。

(2)扣件。扣件为杆件的连接件，其基本形式有直角扣件、旋转扣件和对接扣件三种，如图 3-2 所示。直角扣件用于垂直钢管杆件间的连接；旋转扣件用钢管杆件呈任意角度交叉的连接；对接扣件用于两根钢管杆件的对接连接。扣件式钢管脚手架使用的扣件应采用可锻铸铁或铸钢制作。采用其他材料制作的扣件，应经试验证明其质量符合该标准的规定后方可使用，如采用钢板压制而成的扣件。扣件在螺栓拧紧扭力矩达到 65 N·m 时，不得发生破坏。

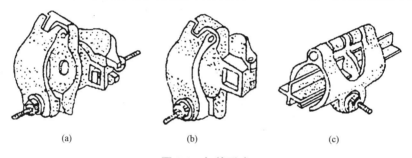

(a)　　　　　　　　　(b)　　　　　　　　　(c)

图 3-2　扣件形式

(a)直角扣件；(b)旋转扣件；(c)对接扣件

(3)脚手板。脚手板设在施工层上，为工人提供一个操作平台，可采用钢、木、竹材料制作，每块质量不宜大于 30 kg。冲压钢板脚手板一般用 2 mm 厚的钢板压制而成，长度为 2~4 m，宽度为 250 mm，表面应有防滑措施并涂防锈漆。木脚手板一般采用厚度不小于 50 mm 的杉木板或松木板制作，长度为 3~6 m，宽度为 200~250 mm，两端用直径为 4 mm 的镀锌钢丝箍两道，腐朽的脚手板不得使用。竹脚手板则采用毛竹或楠竹制成竹串片板或竹笆板。脚手板的材质应符合规定，且脚手板不得有超过允许的变形和缺陷。

(4)连墙件。连墙件将立杆与主体结构连接在一起，根据传力性能、构造形式的不同，有柔性连接与刚性连接之分。柔性连接是用 8 号或 10 号镀锌钢丝将脚手架与建筑物结构连接起来，柔性连接的脚手架在受荷载后有一定程度的晃动，其可靠性较刚性连接差，必须配备顶撑顶在混凝土梁、柱等结构部位，以防止内倾。因此，一般规定 24 m 以上采用刚性拉结，如图 3-3 所示；24 m 以下宜采用柔性、刚性结合拉结，如图 3-4 所示。刚性连接是用钢管、杆件等将脚手架与建筑物连接起来，安全可靠，已为全国各地所采用。

连墙件的布置形式、间距的大小对脚手架的承载能力有很大影响，其不仅可以防止脚手架的倾覆,而且还可以加强立杆的刚度和稳定性。连墙件的布置间距见表3-2。

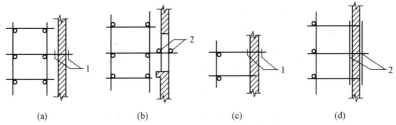

图3-3 刚性连墙杆做法

(a)双排剖面1;(b)双排剖面2;(c)单排剖面1;(d)单排剖面2

1—扣件;2—短钢管

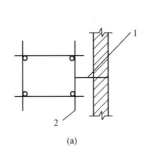 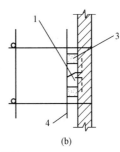

图3-4 柔性连墙杆做法

(a)双排剖面;(b)单排剖面

1—镀锌钢丝与墙内埋设的钢筋环拉住;2—顶墙横杆;3—木楔;4—短钢管

表3-2 连墙件布置最大间距

搭设方法	高度/m	竖向间距 h	水平间距 l_a	每根连墙件覆盖面积/m²
双排落地	≤50	$3h$	$3l_a$	≤40
双排悬挑	>50	$2h$	$3l_a$	>27
单排	≤24	$3h$	$3l_a$	≤40

注:h—步距;l_a—纵距。

(5)底座。扣件式钢管脚手架的底座用于承受脚手架立柱传递下来的荷载,可用锻铸铁制造的标准底座,一般采用厚为8 mm,边长为150~200 mm的钢板作底板,焊150 mm高的钢管。底座形式有内插式和外套式两种(图3-5)。内插式的外径 D_1 比立杆内径小2 mm;外套式的内径 D_2 比立杆外径大2 mm。

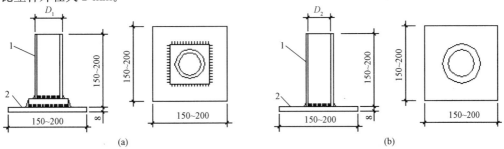

图3-5 扣件式钢管脚手架底座

(a)内插式底座;(b)外套式底座

1—承插钢管;2—钢板底座

2. 构造要求

扣件式钢管脚手架可用于搭设单排脚手架、双排脚手架、满堂脚手架、支撑架以及其他用途的架子。对于每种构架形式都有相应的特点和构造要求。

(1)立杆。立杆的横距、纵距及步距的设计尺寸应符合规范要求,每根立杆底部宜设置底座或垫板。脚手架必须设置纵、横向扫地杆,纵向扫地杆应采用直角扣件固定在距离钢管底端 200 mm 处的立杆上,横向扫地杆应采用直角扣件固定在紧靠纵向扫地杆下方的立杆上。脚手架立杆基础不在同一高度处时,必须将高处的纵向扫地杆向低处延长两跨与立杆固定,高低差不应大于 1 m。靠边坡上方的立杆轴线到边坡的距离不应小于 500 mm,如图 3-6 所示。

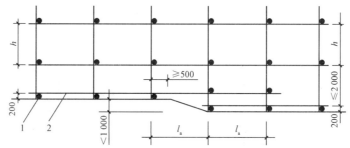

图 3-6 纵、横向扫地杆构造
1—横向扫地杆;2—纵向扫地杆

单、双排与满堂脚手架立杆接长除顶层可以采用搭接外,其余各层必须采用对接扣件连接。立杆的对接、搭接应满足下列要求:

1)采用对接接长时,立杆的对接扣件应交错布置,两根相邻立杆的接头不应设置在同步内,同步内隔一根立杆的两个相隔接头在高度方向错开的距离不宜小于 500 mm,各接头中心至主节点的距离不宜大于步距的 1/3。

2)采用搭接接长时,搭接长度不应小于 1 m,并应采用不少于 2 个旋转扣件固定。端部扣件盖板的边缘至杆端距离不应小于 100 mm。

3)立杆顶端栏杆宜高出女儿墙上端 1 m,宜高出檐口上端 1.5 m。

(2)纵向水平杆。

1)纵向水平杆应设置在立杆内侧,单根杆长度不应小于 3 跨。

2)纵向水平杆接长应采用对接扣件连接或搭接。两根相邻纵向水平杆的接头不应设置在同步或同跨内,不同步或不同跨两个相邻接头在水平方向错开的距离不应小于 500 mm,各接头中心至最近主节点的距离不应大于纵距的 1/3,如图 3-7 所示。搭接长度不应小于 1 m,应等间距设置 3 个旋转扣件固定,端部扣件盖板边缘至搭接纵向水平杆杆端的距离不应小于 100 mm。

(3)横向水平杆。横向水平杆有主节点和非主节点横向水平杆之分,主节点指的是立杆与纵向水平杆的相交处。在主节点处必须设置一根横向水平杆,用直角扣件扣接且严禁拆除。作业层上的非主节点处的横向水平杆,宜根据支承脚手板的需要等间距设置,最大间距不应大于纵距的 1/2。

(4)连墙件。连墙件是连接脚手架与建筑物的部件。其既要承受、传递风荷载,又要防止脚手架横向失稳或倾覆。连墙件设置的位置和数量应按专项施工方案确定,在布置时,应靠近主节点设置,偏离主节点的距离不应大于 300 mm,并且从底层第一步纵向水平杆处开始设置。当该处设置有困难时,应采用其他可靠措施固定。平面的布置形状可采用菱形,或采用方形、矩形布置。

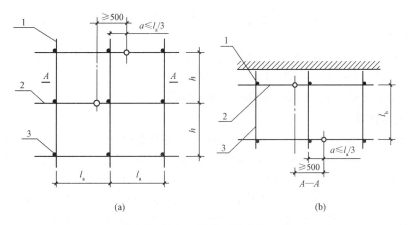

图 3-7 纵向水平杆对接接头布置
(a)接头不在同步内(立面);(b)接头不在同跨内(平面)
1—立杆;2—纵向水平杆;3—横向水平杆

当暂不能设连墙件时,应采取防倾覆措施。采用抛撑时,抛撑应采用通长杆件,并用旋转扣件固定在脚手架上,与地面的倾角应为 45°～60°。连接点中心至主节点的距离不应大于 300 mm。抛撑应在连墙件搭设后再拆除。

(5)支撑。支撑有剪刀撑和横向斜撑两种。剪刀撑设置在脚手架的外侧面,与外墙面平行的十字交叉斜杆,可增强脚手架的纵向刚度;横向斜撑是设置在脚手架内外排立杆之间的呈"之"字形的斜杆,可增强脚手架的横向刚度。双排脚手架应设剪刀撑和横向斜撑,单排脚手架应设剪刀撑。

剪刀撑的设置应符合下列要求:

1)每道剪刀撑跨越立杆的根数应按表 3-3 的规定确定。每道剪刀撑宽度不应小于 4 跨,且不应小于 6 m,斜杆与地面的倾角应为 45°～60°。

表 3-3 剪刀撑跨越立杆的最多根数

剪刀撑斜杆与地面的倾角 α	45°	50°	60°
剪刀撑跨越立杆的最多根数 n	7	6	5

2)剪刀撑斜杆的接长应采用搭接或对接,搭接长度不小于 1 m,用不少于两个旋转扣件连接。

3)剪刀撑斜杆应用旋转扣件固定在与之相交的横向水平杆的伸出端或立杆上,旋转扣件中心线至节点距离不应大于 150 mm。

4)高度在 24 m 及以上的双排脚手架应在外侧全立面连续设置剪刀撑,高度在 24 m 以下的单、双排脚手架,均必须在外侧两端、转角及中间间隔不超过 15 m 的立面上,各设置一道剪刀撑,并应由底至顶连续设置,如图 3-8 所示。

横向斜撑的布置应符合下列要求:

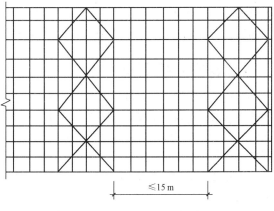

图 3-8 高度 24 m 以下剪刀撑布置

1)横向斜撑应在同一节间,由底至顶层呈"之"字形连续布置,两端用旋转扣件固定在立杆或横向水平杆上。

2)高度在24 m以下的封闭型双排脚手架可不设横向斜撑,高度在24 m以上的封闭脚手架,除拐角应设置横向斜撑外,中间应每隔6跨距设置一道。

3)开口型双排脚手架的两端均必须设置横向斜撑。

3. 搭设与拆除

(1)扣件式钢管脚手架的搭设。脚手架的搭设要求钢管的规格相同,地基平整夯实,对高层建筑物脚手架的基础要进行验算,脚手架地基的四周应排水畅通,立杆底端要设置底座或垫板,垫板的长度不小于2跨,木垫板厚度不小于50 mm,也可用槽钢。

通常,脚手架的搭设顺序为:放置纵向水平扫地杆→逐根树立立杆(随即与扫地杆扣紧)→安装横向水平扫地杆(随即与立杆或纵向水平地杆扣紧)→安装第一步纵向水平杆(随即与各立杆扣紧)→安装第一步横向水平杆→安装第二步纵向水平杆→安装第二步横向水平杆→加设临时斜撑杆(上端与第二步纵向水平杆扣紧,在装设两道连墙杆后可拆除)→安装第三、四步纵向水平杆→安装连墙杆、接长立杆,加设剪刀撑→铺设脚手板→挂安全网→(向上安装重复步骤)。

开始搭设第一节立杆时,每6跨应暂设1根抛撑,当搭设至设有连墙件的构造点时,应立即设置连墙件与墙体连接,当装设两道连墙件后抛撑便可拆除,双排脚手架的横向水平杆靠一端应离开墙体装饰面至少100 mm,杆件相交的伸出端长度不小于100 mm,以防止杆件滑脱。扣件规格必须与钢筋外径一致,扣件螺栓拧紧,扭力为40~65 N·m。

对于单排脚手架的搭设应在墙体上留脚手眼,但在墙体下列部位不允许留脚手眼,即横向水平杆不应设置在下列部位:

①设计上不允许留脚手眼的部位。

②过梁上与过梁两端成60°角的三角形范围内及过梁净跨度1/2的高度范围内。

③宽度小于1 m的窗间墙。

④梁或梁垫下及其两侧各500 mm的范围内。

⑤砖砌体的门窗洞口两侧200 mm和转角处450 mm的范围内,其他砌体的门窗洞口两侧300 mm和转角处600 mm的范围内。

⑥墙体厚度小于或等于180 mm。

⑦独立或附墙砖柱,空斗砖墙、加气块墙等轻质墙体。

⑧砌筑砂浆强度等级小于或等于M2.5的砖墙。

(2)扣件式钢管脚手架的拆除。扣件式脚手架的拆除应按由上而下、后搭者先拆、先搭者后拆的顺序进行。严禁上下同时拆除,以及先将整层连墙件或数层连墙件拆除后再拆其余杆件。如果采用分段拆除,其高差不应大于2步架高。当拆除至最后一节立杆时,应先搭设临时抛撑加固后,再拆除连墙件。拆下的材料应及时分类集中运至地面,严禁抛扔。

三、碗扣式钢管脚手架

碗扣式钢管脚手架是我国参考国外经验自行研制的一种多功能脚手架,是一种杆件轴心相交的承插锁固式钢管脚手架,其杆件节点处采用碗扣式连接,是一种带连接件的定型杆件,构件全部轴向连接,力学性能好,组装简便,连接可靠,整体性好,具有比扣件式钢管脚手架更强的稳定承载能力,不仅可以组装各式脚手架,而且更适合构造各种支撑架,特别是重载支撑架。

碗扣式钢管脚手架由钢管立杆、横杆、碗扣接头等组成。其基本构造和搭设要求与扣件式钢管脚手架类似,不同之处主要在于碗扣接头。碗扣接头是该脚手架系统的核心部件。其由上碗扣、下碗扣、横杆接头和上碗扣的限位销等组成,如图3-9所示。上碗扣和上碗扣限位销按

60 cm 间距设置在钢管立杆之上，其中下碗扣和限位销则直接焊在立杆上。组装时，将上碗扣的缺口对准限位销后，把横杆接头插入下碗扣内，压紧和旋转上碗扣，利用限位销固定上碗扣。碗扣接头可同时连接 4 根横杆，可以互相垂直或偏转一定角度。

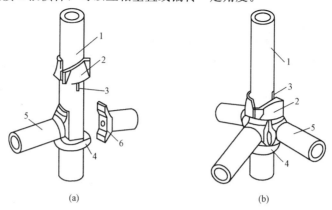

图 3-9 碗扣接头
(a)连接前；(b)连接后
1—立杆；2—上碗扣；3—限位销；4—下碗扣；5—横杆；6—横杆接头

1．构配件

碗扣式钢管脚手架的构配件按其用途可分为主构件、辅助构件和专用构件三类。

(1)主构件。

1)立杆。由一定长度的 $\phi48.3\times3.5$ mm 钢管上每隔 600 mm 安装碗扣接头，并在其顶端焊接立杆焊接管制成，用作脚手架的垂直承力杆。

2)顶杆。即顶部立杆，在顶端设有立杆的连接管，以便在顶端插入托撑。用作支撑架、物料提升架等顶端的垂直承力杆。

3)横杆。由一定长度的 $\phi48.3\times3.5$ mm 钢管两端焊接横杆接头制成，用作立杆横向连接管，或框架水平承力杆。

4)单横杆。仅在 $\phi48.3\times3.5$ mm 钢管的一端焊接横杆接头，用作单排脚手架横向水平杆。

5)斜杆。用于增强脚手架的稳定性，提高脚手架的承载力。

6)底座。由 150 mm×150 mm×8 mm 的钢板在中心焊接连接杆制成，安装在立杆的底部，用作防止立杆下沉并将上部荷载分散传递给地基的构件。

(2)辅助构件(用于作业面及附壁拉结等的杆部件)。

1)间横杆。为满足普通钢或木脚手板的需要而专设的杆件，可搭设于主架横杆之间的任意部位，用以减小支承间距和支撑挑头脚手板。

2)架梯。由钢踏步板焊在槽钢上制成，两端带有挂钩，可牢固地挂在横杆上，用作作业人员上下脚手架的通道。

3)连墙撑。该构件为脚手架与墙体结构间的连接件，用以加强脚手架抵抗风载及其他永久性水平荷载的能力，提高其稳定性，防止倒塌。

(3)专用构件(有专门用途的杆部件)。

1)悬挑架。由挑杆和撑杆用碗扣接头固定在楼层内支撑架上构成。用于在其上搭设悬挑脚手架，可直接从楼内挑出，不需要在墙体结构设预埋件。

2)提升滑轮。用于提升小物料而设计的杆部件，由吊柱、吊架和滑轮等组成。吊柱可插入宽挑梁的垂直杆中固定，与宽挑梁配套使用。

2. 构造要求

(1)双排脚手架。双排脚手架应按构造要求搭设；当连墙件按二步三跨设置，二层装修作业层、二层脚手板、外挂密目安全网封闭，且符合下列基本风压值时，其允许搭设高度宜符合表3-4的规定。

表 3-4 双排落地脚手架允许搭设高度

步距/m	横距/m	纵距/m	允许搭设高度/m 基本风压值/(kN·m^{-2})		
			0.4	0.5	0.6
1.8	0.9	1.2	68	62	52
		1.5	51	43	36
	1.2	1.2	59	53	46
		1.5	41	34	26

注：本表计算风压高度变化系数，是按地面粗糙度为C类采用，当具体工程的基本风压值和地面粗糙度与此表不相符时，应另行计算。

当曲线布置的双排脚手架组架时，应按曲率要求使用不同长度的内外横杆组架，曲率半径应大于2.4 m；当双排脚手架拐角为直角时，宜采用横杆直接组架；当双排脚手架拐角为非直角时，可采用钢管扣件组架。双排脚手架首层立杆应采用不同的长度交错布置，底层纵、横向横杆作为扫地杆距地面高度应小于或等于350 mm，严禁施工中拆除扫地杆，立杆应配置可调底座或固定底座。

双排脚手架专用外斜杆设置应符合下列规定：

1)斜杆应设置在有纵、横向横杆的碗扣节点上。

2)在封圈的脚手架拐角处及一字形脚手架端部应设置竖向通高斜杆。

3)当脚手架高度小于或等于24 m，每隔5跨应设置一组竖向通高斜杆；当脚手架高度大于24 m时，每隔3跨应设置一组竖向通高斜杆；斜杆应对称设置。

4)当斜杆临时拆除时，拆除前应在相邻立杆间设置相同数量的斜杆。

当采用钢管扣件作斜杆时应符合下列规定：

1)斜杆应每步与立杆扣接，扣接点距碗扣节点的距离不应大于150 mm；当出现不能与立杆扣接时，应与横杆扣接，扣件扭紧力矩为40~65 N·m。

2)纵向斜杆应在全高方向设置成八字形且内外对称，斜杆间距不应大于两跨，如图3-10所示。

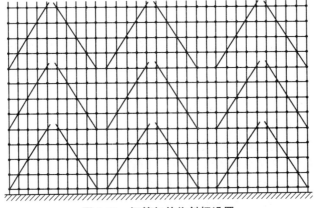

图 3-10 钢管扣件作斜杆设置

连墙件的设置应符合下列规定:
1)连墙件应呈水平设置,当不能呈水平设置时,与脚手架连接的一端应下斜连接。
2)每层连墙件应在同一平面,其位置应由建筑结构和风荷载计算确定,且水平间距不应大于4.5 m。
3)连墙件应设置在有横向的碗扣节点处,当采用钢管扣件做连墙件时,连墙件应与立杆连接,连接点距碗扣节点距离不应大于150 mm。
4)连墙件应采用可承受拉、压荷载的刚性结构,连接应牢固可靠。

当脚手架高度大于24 m时,顶部24 m以下所有的连墙件层必须设置水平斜杆,水平斜杆应设置在纵向横杆之下,如图3-11所示。

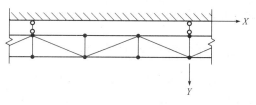

图3-11 水平斜杆设置示意图

脚手板设置应符合下列规定:
1)工具式钢脚手板必须有挂钩,并带有自锁装置与廊道横杆锁紧,严禁浮放。
2)冲压钢脚手板、木脚手板、竹串片脚手板,两端应与横杆绑牢,作业层相邻两根廊道横杆间应加设间横杆,脚手板探头长度应小于或等于150 mm。

人行通道坡度宜小于或等于1:3,并应在通道脚手板下增设横杆,通道可折线上升。脚手架内立杆与建筑物距离应小于或等于150 mm;当脚手架内立杆与建筑物距离大于150 mm时,应按需要分别选用窄挑梁设置作业平台。挑梁应单层挑出,严禁增加层数。

(2)模板与支撑架。模板与支撑架应根据所承受的荷载选择立杆的间距和步距,底层纵、横向水平杆作为扫地杆,距地面高度应小于或等于350 mm,立杆底部应设置可调底座或固定底座;立杆上端包括可调螺杆伸出顶层的长度不得大于0.7 m。

模板支撑架斜杆设置应符合下列要求:
1)当立杆间距大于1.5 m时,应在拐角处设置通高专用斜杆,中间每排每列应设置通高八字形斜杆或剪刀撑。
2)当立杆间距小于或等于1.5 m时,模板支撑架四周从底到顶连续设置竖向剪刀撑;中间纵、横向由底至顶连续设置竖向剪刀撑,其间距应小于或等于4.5 m。
3)剪刀撑的斜杆由于地面夹角应为45°~60°,斜杆应每步与立杆扣接。

当模板支撑架高度大于4.8 m时,顶端和底部必须设置水平剪刀撑,中间水平剪刀撑设置间距应小于或等于4.8 m。当模板支撑架周围有主体结构时,应设置连墙件。模板支撑架高宽比应小于或等于2;当高宽比大于2时,可采取扩大下部架体尺寸或采取其他构造措施。模板下方应放置次楞(梁)与主楞(梁),次楞(梁)与主楞(梁)应按受弯杆件设计计算。支架立杆上端应采用U形托撑,支撑应在主楞(梁)底部。

(3)门洞设置要求。当双排脚手架设置门洞时,应在门洞上部架设专用梁,门洞两侧立杆应加设斜杆。

模板支撑架设置人行通道时,应符合下列规定:
1)通道上部应架设专用横梁,横梁结构应经过设计计算确定。
2)横梁下的立杆应加密,并与架体连接牢固。
3)通道宽度应小于或等于4.8 m。
4)门洞及通道顶部必须采用木板或其他硬质材料全封闭,两侧应设置安全网。
5)通行机动车的洞口,必须设置防撞击设施。

3. 搭设与拆除

碗扣式钢管脚手架的搭设顺序一般为:立杆底座→立杆→横杆→斜杆→接头锁紧→脚手板

→上层立杆→立杆连接锁→横杆。在处理好的地基上按设计位置安放立杆底座,在底座上交错安装3.0 m和1.8 m长立杆,上面各层均采用3.0 m长立杆接长,以避免立杆接头在同一水面上。安装横杆时,可调整底座使立杆的碗扣接头处于同一平面上,以利于安装横杆。装立杆时应及时设置扫地横杆,将立杆连成整体,提高稳定性和整体性。搭设时,要求最多有两层向同一方向组装或由中间向两边推进,不得从两边向中间合拢搭设。连墙撑应随着脚手架的搭设而及时在设计位置上设置,并与脚手架及建筑物立面垂直。脚手架应随建筑物升高而随时设置,一般不应超过建筑物两步架高。脚手架拆除时,应注意禁止无关人员进入危险地区。

四、承插型盘扣式钢管支架

承插型盘扣式钢管支架是继扣件式脚手架、碗扣式脚手架之后的理想升级换代产品,又称圆盘式脚手架、菊花式脚手架、插盘式脚手架等。承插型盘扣式钢管支架立杆采用套管承插连接,水平杆和斜杆采用杆端扣接头卡入连接盘,用楔形插销连接,形成结构几何不变体系的钢管支架。

1. 构配件

承插型盘扣式钢管支架由立杆、水平杆、斜杆、可调底座及可调托座等配件构成。根据其用途,可分为模板支架和脚手架两类。

盘扣接点应由焊接于立杆上的连接盘、水平杆杆端扣接头和斜杆杆端扣接头组成,如图3-12所示。

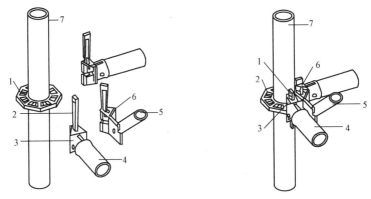

图3-12 盘扣接点

1—连接盘;2—插销;3—水平杆杆端扣接头;4—水平杆;5—斜杆;6—斜杆杆端扣接头;7—立杆

插销外表面应与水平杆和斜杆杆端扣接头内表面吻合,插销连接应保证锤击自锁后不拔脱,抗拔力不得小于3 kN。插销应具有可靠防拔脱构造措施,且应设置便于目视检查楔入深度的刻痕或颜色标记。立杆盘扣节点间距宜按0.5M模数设置;横杆长度宜按0.3M模数设置。

2. 构造要求

(1)模板支架。模板支架搭设高度不宜超过24 m,当超过24 m时,应另行专门设计。模板支架应根据施工方案计算得出的立杆排架尺寸选用定长的水平杆,并应根据支撑高度组合套插的立杆段、可调托座和可调底座。

模板支架的斜杆或剪刀撑设置应符合下列要求:

1)当搭设高度不超过8 m的满堂模板支架时,步距不宜超过1.5 m,支架架体四周外立面向内的第一跨每层均应设置竖向斜杆,架体整体底层以及顶层均应设置竖向斜杆,并应在架体内部区域每隔5跨由底至顶纵、横向均设置竖向斜杆或采用扣件钢管搭设的剪刀撑。当满堂模板支架的架体高度不超过4个步距时,可不设置顶层水平斜杆;当架体高度超过4个步距时,应设置顶层水平斜杆或扣件钢管水平剪刀撑,如图3-13所示。

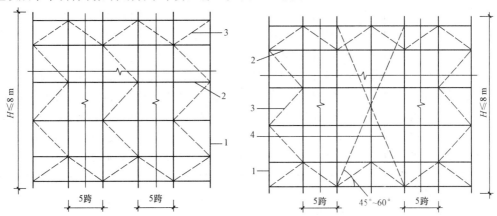

图 3-13 满堂架斜杆、剪刀撑设置立面图
1—立杆；2—水平杆；3—斜杆；4—扣件钢管剪刀撑

2)当搭设高度超过8 m的模板支架时,竖向斜杆应满布设置,水平杆的步距不得大于1.5 m,沿高度每隔4～6个标准步距应设置水平层斜杆或扣件钢管剪刀撑。周边有结构物时,宜与周边结构形式可靠拉结,如图3-14所示。

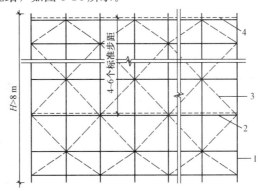

图 3-14 满堂架水平斜杆设置立面图
1—立杆；2—水平杆；3—斜杆；4—水平层斜杆或扣件钢管剪刀撑

3)当模板支架搭设成无侧向拉结的独立塔状支架时,架体每个侧面每步距应设竖向斜杆。当有防扭转要求时,在顶层及每隔3～4个步距应增设水平层斜杆或钢管水平剪刀撑,如图3-15所示。

对长条状的独立高支模架,架体总高度与架体的宽度之比 H/B 不宜大于3。

模板支架可调托座伸出顶层水平杆或双槽钢托梁的悬臂长度严禁超过650 mm,且丝杆外露长度严禁超过400 mm,可调托座插入立杆或双槽钢托梁长度不得小于150 mm。

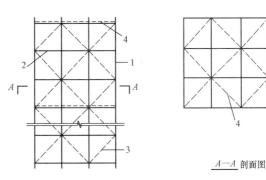

图 3-15 无侧向拉结塔状支模架
1—立杆；2—水平杆；3—斜杆；4—水平层斜杆

高大模板支架最顶层的水平杆步距应比标准步距缩小一个盘扣间距。

模板支架可调底座调节丝杆外露长度不应大于300 mm,作为扫地杆的最底层水平杆离地高度不应大于550 mm。当单肢立杆荷载设计值不大于40 kN时,底层的水平杆步距可按标准步距设置,且应设置竖向斜杆;当单肢立杆荷载设计值大于40 kN时,底层的水平杆应比标准步距缩小一个盘扣间距,且应设置竖向斜杆。模板支架宜与周围已建成的结构进行可靠连接。

当模板支架体内设置与单肢水平杆同宽的人行通道时,可间隔抽除第一层水平杆和斜杆形成施工人员进出通道,与通道正交的两侧立杆间应设置竖向斜杆;当模板支架体内设置与单肢水平杆不同宽人行通道时,应在通道上部架设支撑横梁,如图3-16所示。横梁应按跨度和荷载确定。通道两侧支撑梁的立杆间距应根据计算设置,通道周围的模板支架应连成整体。洞口顶部应铺设封闭的防护板,两侧应设置安全网。通行机动车的洞口,必须设置安全警示和防撞设施。

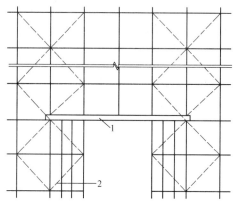

图3-16 模板支架人行通道设置图
1—支撑横梁;2—立杆加密

(2)双排外脚手架。用承插型盘扣式钢管支架搭设双排脚手架时,搭设高度不宜大于24 m。可根据使用要求选择架体几何尺寸,相邻水平杆步距宜选用2 m,立杆纵距宜选用1.5 m或1.8 m,且不宜大于2.1 m,立杆横距宜选用0.9 m或1.2 m。

首层立杆宜采用不同长度的立杆交错布置,错开立杆竖向距离不应小于500 mm,立杆底部应配置可调底座。双排脚手架沿架体外侧纵向每5跨每层应设置一根竖向斜杆或每5跨间应设置扣件钢管剪刀撑,端跨的横向每层应设置竖向斜杆。

当设置双排脚手架人行通道时,应在通道上部架设支撑横梁,横梁截面大小应按跨度以及承受的荷载计算确定,通道两侧脚手架应加设斜杆;洞口顶部应铺设封闭的防护板,两侧应设置安全网。

通行机动车的洞口,必须设置安全警示和防撞设施。对双排脚手架的每步水平杆层,当无挂扣钢脚手架板加强水平层刚度时,应每5跨设置水平斜杆。

连墙件的设置应符合下列规定:

(1)连墙件必须采用可承受拉压荷载的刚性杆件,连墙件与脚手架立面及墙体应保持垂直,同一层连墙件宜在同一平面,水平间距不应大于3跨,与主体结构外侧面距离不宜大于300 mm。

(2)连墙件应设置在有水平杆的盘扣节点旁,连接点至盘扣节点距离不应大于300 mm;采用钢管扣件作连墙杆时,连墙杆应采用直角扣件与立杆连接。

(3)当脚手架下部暂不能搭设连墙件时,宜外扩搭设多排脚手架并设置斜杆形成外侧斜面状附加梯形架,待上部连墙件搭设后方可拆除附加梯形架。

作业层设置应符合下列规定：

(1)钢脚手板的挂钩必须完全扣在水平杆上，挂钩必须处于锁住状态，作业层脚手板应满铺。

(2)作业层的脚手板架体外侧应设挡脚板、防护栏杆，并应在脚手架外侧立面满挂密目安全网；防护上栏杆宜设置在离作业层高度1 000 mm处，防护中栏杆宜设置在离作业层高度为500 mm处。

(3)当脚手架作业层与主体结构外侧面间隙较大时，应设置挂扣在连接盘上的悬挑三脚架，并应铺放能形成脚手架内侧封闭的脚手板。

3. 搭设与拆除

(1)模板支架的搭设与拆除。模板支架立杆搭设位置应按专项施工方案放线确定，应根据立杆放置可调底座，应按先立杆后水平杆再斜杆的顺序搭设，形成基本的架体单元，应以此扩展搭设成整体支架体系。可调底座和土层基础上垫板应准确放置在定位线上，保持水平，垫板应平整、无翘曲，不得采用已开裂垫板。立杆应通过立杆连接套管连接，在同一水平高度内相邻立杆连接套管接头的位置宜错开，且错开高度不宜小于75 mm。模板支架高度大于8 m时，错开高度不宜小于500 mm。水平杆扣接头与连接盘的插销应用铁锤击紧至规定插入深度的刻度线。每搭完一步支模架后，应及时校正水平杆步距，立杆的纵、横距，立杆的垂直偏差和水平杆的水平偏差。立杆的垂直偏差不应大于模板支架总高度的1/500，且不得大于50 mm。

在多层楼板上连续设置模板支架时，应保证上下层支撑立杆在同一轴线上。混凝土浇筑前，施工管理人员应组织对搭设的支架进行验收，并应确认符合专项施工方案要求后浇筑混凝土。

拆除作业应按先搭后拆、后搭先拆的原则，从顶层开始，逐层向下进行，严禁上下层同时拆除，严禁抛掷。分段、分立面拆除时，应先确定分界处的技术处理方案，并应保证分段后架体稳定。

(2)双排外脚手架搭设与拆除。脚手架立杆应定位准确，并应配合施工进度搭设，一次搭设高度不应超过相邻连墙件以上两步，连墙件应随脚手架上升在规定位置处设置，不得任意拆除。作业层应满铺脚手板，外侧应设脚板和防护栏杆，防护栏杆可在每层作业面立杆的0.5 m和1.0 m的盘扣节点处布置上、中两道水平杆，并应在外侧满挂密目安全网，与主体结构间的空隙应设置内侧防护网。

当脚手架搭设至顶层时，外侧防护栏杆高出顶层作业层的高度不应小于1 500 mm。当搭设悬挑外脚手架时，立杆的套管连接接长部位应采用螺栓作为立杆连接件固定，脚手架可分段搭设、分段使用，应由施工管理人员组织验收，并应确认符合方案要求后使用。

脚手架应经单位工程负责人确认并签署拆除许可令后拆除。拆除前，应清理脚手架上的器具、多余的材料和杂物，拆除应按后装先拆、先装后拆的原则进行，严禁上下同时作业。连墙件应随脚手架逐层拆除，分段拆除的高度差不应大于两步。如因作业条件限制，出现高度差大于两步时，应增设连墙件加固。

五、门式钢管脚手架

门式钢管脚手架是20世纪80年代初由国外引进的一种多功能型脚手架，其由门架及配件组成。门式钢管脚手架结构设计合理、受力性能好、承载能力高、装拆方便、安全可靠，是目前国际上应用较为广泛的一种脚手架。

1. 构配件

门式钢管脚手架由门式框架、剪刀撑、水平梁架或脚手板、连接棒和锁臂等构成基本单元，将基本单元连接起来即构成整片脚手架，如图3-17所示。

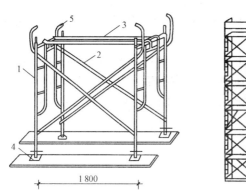 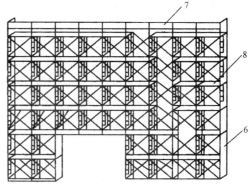

图 3-17 门式钢管脚手架

1—门式框架；2—剪刀撑；3—水平梁架；4—螺旋基脚；5—连接器；6—梯子；7—栏杆；8—脚手板

2. 构造要求

(1)门架。门架应能配套使用，在不同组合情况下，均应保证连接方便、可靠，且应具有良好的互换性。另外，不同型号的门架与配件严禁混合使用，上下榀门架立杆应在同一轴线位置上，门架立杆轴线的对接偏差不应大于 2 mm。门式脚手架的内侧立杆与墙面净距不宜大于 150 mm；当大于 150 mm 时，应采取内设挑架板或其他隔离防护的安全措施。门式脚手架顶端栏杆宜高出女儿墙上端或檐口上端 1.5 m。

(2)配件。配件应与门架配套，并应与门架连接可靠。门架的两侧应设置交叉支撑，并应与门架立杆上的锁销锁牢，上下榀门架的组装必须设置连接棒，连接棒与门架立杆配合间隙不应大于 2 mm，门式脚手架或模板支架上下榀门架应设置锁臂。当采用插销式或弹销式连接棒时，可不设锁臂。

门式脚手架作业层应连续满铺与门架配套的挂扣式脚手板，并应有防止脚手板松动或脱落的措施。当脚手板上有孔洞时，孔洞的内切圆直径不应大于 25 mm。底部门架的立杆下端宜设置固定底座或可调底座，可调底座和可调托座的调节螺杆直径不应小于 35 mm，可调底座的调节螺杆伸出长度不应大于 200 mm。

(3)加固杆。门式脚手架剪刀撑的设置必须符合下列规定：

1)当门式脚手架搭设高度在 24 m 及以下时，在脚手架的转角处、两端及中间间隔不超过 15 m 的外侧立面必须各设置一道剪刀撑，并应由底至顶连续设置。

2)当脚手架搭设高度超过 24 m 时，在脚手架全外侧立面上必须设置连续剪刀撑。

3)对于悬挑脚手架，在脚手架全外侧立面上必须设置连续剪刀撑。

如图 3-18 所示，剪刀撑的构造应符合下列规定：

1)剪刀撑斜杆与地面的倾角宜为 45°～60°。

2)剪刀撑应采用旋转扣件与门架立杆扣紧。

3)剪刀撑斜杆应采用搭接接长，搭接长度不宜小于 1 000 mm，搭接处应采用 3 个及以上旋转扣件扣紧。

4)每道剪刀撑的宽度不应大于 6 个跨距，且不应大于 10 m；也不应小于 4 个跨距，且不应小于 6 m。设置连续剪刀撑的斜杆水平间距为 6～8 m。

门式脚手架应在门架两侧的立杆上设置纵向水平加固杆，并应采用扣件与门架立杆扣紧。水平加固杆设置应符合下列要求：

1)在顶层、连墙件设置层必须设置。

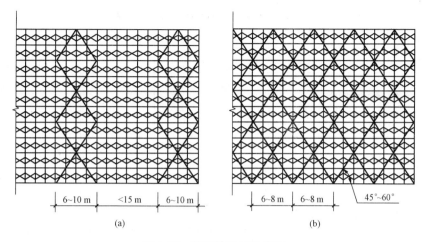

图 3-18 剪刀撑设置示意图
(a)脚手架搭设高度 24 m 及以下；(b)超过 24 m 时剪刀撑设置

2)当脚手架的每步铺设挂扣式脚手板时，至少每 4 步应设置一道，并宜在有连墙件的水平层设置。

3)当脚手架搭设高度小于或等于 40 m 时，至少每两步门架应设置一道；当脚手架搭设高度大于 40 m 时，每步门架应设置一道。

4)在脚手架的转角处、开口型脚手架端部的两个跨距内，每步门架应设置一道。

5)悬挑脚手架每步门架应设置一道。

6)在纵向水平加固杆设置层面上应连续设置。

门式脚手架的底层门架下端应设置纵、横向通长的扫地杆。纵向扫地杆应固定在距门架立杆底端不大于 200 mm 处的门架立杆上，横向扫地杆宜固定在紧靠纵向扫地杆下方的门架立杆上。

(4)转角处门架连接。在建筑物的转角处，门式脚手架内、外两侧立杆上应按步设置水平连接杆、斜撑杆，将转角处的两榀门架连成一体，如图 3-19 所示。连接杆、斜撑杆应采用钢管，其规格应与水平加固杆相同，采用扣件与门架立杆及水平加固杆扣紧。

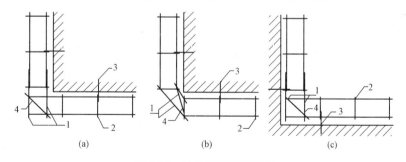

图 3-19 转角处脚手架连接
(a)、(b)阳角转角处脚手架连接；(c)阴角转角处脚手架连接；
1—连接杆；2—门架；3—连墙件；4—斜撑杆

(5)连墙件。连墙件设置的位置、数量应按专项施工方案确定，并应按确定的位置设置预埋件。连墙件的设置除应满足规范的计算要求外，还应满足表 3-5 的要求。

表 3-5 连墙件最大间距或最大覆盖面积

序号	脚手架搭设方式	脚手架高度/m	连墙件间距/m 竖向	连墙件间距/m 水平向	每根连墙件覆盖面积/m²
1	落地、密目式安全网全封闭	≤40	$3h$	$3l$	≤40
2		>40	$2h$	$3l$	≤27
3					
4	悬挑、密目式安全网全封闭	≤40	$3h$	$3l$	≤40
5		40~60	$2h$	$3l$	≤27
6		>60	$2h$	$2l$	≤20

注：1. 序号 4~6 为架体位于地面上高度。
2. 按每根连墙件覆盖面积选择连墙件设置时，连墙件的竖向间距不应大于 6 m。
3. 表中 h 为步距；l 为跨距。

在门式脚手架的转角处或开口型脚手架端部，必须增设连墙件，连墙件的垂直间距不应大于建筑物的层高，且不应大于 4.0 m。连墙件应靠近门架的横杆设置，距门架横杆不宜大于 200 mm。连墙件应固定在门架的立杆上。连墙件宜水平设置，当不能水平设置时，与脚手架连接的一端，应低于与建筑结构连接的一端，连墙杆的坡度宜小于 1：3。

3. 搭设与拆除

(1)搭设。门式脚手架的搭设顺序为：铺放垫木(垫板)→拉线，放底座→自一端起立门架，并随即装剪刀撑→装水平梁架(或脚手板)→装梯子→装通长大横杆→装连墙件→装连接棒→装上一步门架→装锁臂→重复以上步骤，逐层向上安装→装长剪刀撑→装设顶部栏杆。

(2)拆除。拆除脚手架时，应设置警戒标志，并由专职人员负责警戒。应自上而下进行，各部件拆除的顺序与安装顺序相反，不允许将拆除的部件从高空抛下，而应将拆下的部件收集分类后用垂直吊运机具运至地面，集中堆放保管。

六、其他脚手架

1. 附着升降式脚手架

附着升降式脚手架是指搭设一定高度并附着在工程结构上，依靠自身的升降设备和装置，并可随工程结构逐层爬升或下降，具有防倾覆、防坠落装置的脚手架。其包括自升降式脚手架、互升降式脚手架和整体升降式脚手架。

(1)自升降式脚手架。自升降式脚手架的升降运动是通过手动或电动倒链交替对活动架和固定架进行升降来实现的。从升降架的构造来看，活动架和固定架之间能够进行上下相对运动。

当脚手架工作时，活动架和固定架均用附墙螺栓与墙体锚固，两架之间无相对运动；当脚手架需要升降时，活动架与固定架中的一个架子仍然锚固在墙体上，使用倒链对另一个架子进行升降，两架之间便产生相对运动。

通过活动架和固定架交替附墙，互相升降，脚手架即可沿着墙体上的预留孔逐层升降，具体操作过程如下：

1)施工前准备。按照脚手架的平面布置图和升降架附墙支座的位置，在混凝土墙体上设置预留孔。预留孔尽可能与固定模板的螺栓孔结合布置，孔径一般为 40~50 mm。为使升降顺利进行，预留孔中心必须在一直线上。脚手架爬升前，应检查墙上预留孔位置是否正确。如有偏差，应预先修正。墙面突出严重时，也应预先修平。

2)安装。该脚手架的安装在起重机配合下按脚手架平面图进行。先将上、下固定架用临时螺栓连接起来,组成一片,附墙安装。一般每两片为一组,每步架上用4根 $\phi 48×3.5$ mm 钢管作为大横杆,把两片升降架连接成一跨,组装成一个与邻跨没有牵连的独立升降单元体。

附墙支座的附墙螺栓从墙外穿入,待架子校正后,在墙内紧固。对壁厚的筒仓或桥墩等,也可预埋螺母,然后用附墙螺栓将架子固定在螺母上。脚手架工作时,每个单元体共有8个附墙螺栓与墙体锚固。

为了满足结构工程施工,脚手架应超过结构一层的安全作业需要。在升降脚手架上墙组装完毕后,用 $\phi 48×3.5$ mm 钢管和对接扣件在上固定架上面再接高一步。最后,在各升降单元体的顶部扶手栏杆处设临时连接杆,使之成为整体,内侧立杆用钢管扣件与模板支撑系统拉结,以增强脚手架整体稳定。

3)爬升。爬升可分段进行,视设备、劳动力和施工进度而定,每个爬升过程提升1.5~2 m,每个爬升过程分两步进行,如图3-20所示。

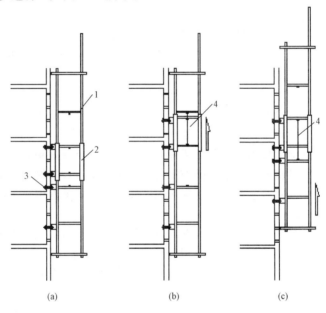

图 3-20 自升降式脚手架爬升过程
(a)爬升前的位置;(b)活动架爬升(半个层高);(c)固定架爬升(半个层高)
1—活动架;2—固定架;3—附墙螺栓;4—倒链

①爬升活动架。解除脚手架上部的连接杆,在一个升降单元体两端升降架的吊钩处,各配置1只倒链,倒链的上、下吊钩分别挂入固定架和活动架的相应吊钩内。操作人员位于活动架上,倒链受力后卸去活动架附墙支座的螺栓,活动架即被倒链挂在固定架上。然后,在两端同步提升,活动架即呈水平状态徐徐上升。爬升到达预定位置后,将活动架用附墙螺栓与墙体锚固,卸下倒链,活动架爬升完毕。

②爬升固定架。同爬升活动架相似,在吊钩处用倒链的上、下吊钩分别挂入活动架和固定架的相应吊钩内,倒链受力后卸去固定架附墙支座的附墙螺栓,固定架即被倒链挂吊在活动架上。然后,在两端同步抽动倒链,固定架即徐徐上升。同样,爬升至预定位置后,将固定架用附墙螺栓与墙体锚固,卸下倒链,固定架爬升完毕。至此,脚手架完成了一个爬升过程。待爬升一个施工高度后,重新设置上部连接杆,脚手架进入工作状态,以后按此循环操作,脚手架即可不断爬升,直至结构到顶。

4)下降。与爬升操作顺序相反,顺着爬升时用过的墙体预留孔倒行,脚手架即可逐层下降。同时,把留在墙面上的预留孔修补完毕。最后,脚手架返回地面。

5)拆除。拆除时设置警戒区,有专人监护,统一指挥。先清理脚手架上的垃圾杂物,然后自上而下逐步拆除。拆除升降架可用起重机、卷扬机或倒链。升降机拆下后要及时清理整修和保养,以利重复使用,运输和堆放均应设置地楞,防止变形。

(2)互升降式脚手架。互升降式脚手架将脚手架分为甲、乙两种单元,通过倒链交替对甲、乙两单元进行升降。当脚手架需要工作时,甲单元与乙单元均用附墙螺栓与墙体锚固,两架之间无相对运动;当脚手架需要升降时,一个单元仍然锚固在墙体上,使用倒链对相邻一个架子进行升降,两架之间便产生相对运动。通过甲、乙两单元交替附墙,相互升降,脚手架即可沿着墙体上的预留孔逐层升降。

互升降式脚手架的性能特点是:

①结构简单,易于操作控制。

②架子搭设高度低,用料省。

③操作人员不在被升降的架体上,增加了操作人员的安全性。

④脚手架结构刚度较大,附墙的跨度大。其适用于框架-剪力墙结构的高层建筑、水坝、筒体等施工,具体操作过程如下:

1)施工前的准备。施工前应根据工程设计和施工需要进行布架设计,绘制设计图。编制施工组织设计,制定施工安全操作规范。施工前,还应将互升降式脚手架所需要的辅助材料和施工机具准备好,并按照设计位置预留附墙螺栓孔或设置好预埋件。

2)安装。互升降式脚手架的组装可有两种方式:在地面组装好单元脚手架,再用塔式起重机吊装就位;或是在设计爬升位置搭设操作平台,在平台上逐层安装。爬架组装固定后的允许偏差应满足:沿架子纵向垂直偏差不超过 30 mm;沿架子横向垂直偏差不超过 20 mm;沿架子水平偏差不超过 30 mm。

3)爬升。脚手架爬升前应进行全面检查,检查的主要内容有:预留附墙连接点的位置是否符合要求,预埋件是否牢靠;架体上的横梁设置是否牢固;提升单元的导向装置是否可靠;升降单元与周围的约束是否解除,升降有无障碍;架子上是否有杂物;所适用的提升设备是否符合要求等。

当确认以上各项都符合要求后方可进行爬升,如图 3-21 所示。提升到位后,应及时将架子同结构固定;然后,用同样的方法对与之相邻的单元脚手架进行爬升操作,待相邻的单元脚手架升至预定位置后,将两单元脚手架连接起来,并在两单元操作层之间铺设脚手架。

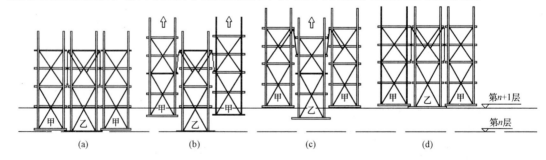

图 3-21 互升降式脚手架爬升过程

(a)第 n 层作业;(b)提升甲单元;(c)提升乙单元;(d)第 $n+1$ 层作业

4)下降。与爬升操作顺序相反,利用固定在墙体上的架子对相邻的单元脚手架进行下降操作。同时,把留在墙面上的预留孔修补完毕。最后,脚手架返回地面。

5) 拆除。爬架拆除前应清理脚手架上的杂物。拆除爬架有两种方式:一种是同常规脚手架拆除方式,采用自上而下的顺序,逐步拆除;另一种用起重设备将脚手架整体吊至地面拆除。

(3) 整体升降式脚手架。整体升降式外脚手架以电动倒链为提升机,使整个外脚手架沿建筑物外墙或柱整体向上爬升。搭设高度依建筑物施工层的层高而定,一般取建筑物标准层 4 个层高加 1 步安全栏的高度为架体的总高度。脚手架为双排,宽度以 0.8~1 m 为宜,里排杆与建筑物净距为 0.4~0.6 m。脚手架的横杆和立杆间距都不宜超过 1.8 m,可将 1 个标准层高分为两步架,以此步距为基数确定架体横、立杆的间距。

架体设计时可将架子沿建筑物外围分成若干单元,每个单元的宽度参考建筑物的开间而定,一般为 5~9 m,具体操作如下:

1) 施工前的准备。按平面图先确定承力架及电动倒链挑梁安装的位置和个数,在相应位置上的混凝土墙或梁内预埋螺栓或预留螺栓孔。各层的预留螺栓或预留孔位置要求上下相一致,误差不超过 10 mm。

加工制作型钢承力架、挑梁、斜拉杆。准备电动倒链、钢丝绳、脚手管、扣件、安全网、木板等材料。因整体升降式脚手架的高度一般为 4 个施工层层高,在建筑物施工时,由于建筑物的最下几层层高往往与标准层不一致,且平面形状也往往与标准层不同,所以,一般在建筑物主体施工到 3~5 层时开始安装整体脚手架。下面几层施工时往,往要先搭设落地外脚手架。

2) 安装。安装承力架,承力架内侧用 M25~M30 的螺栓与混凝土边梁固定,承力架外侧用斜拉杆与上层边梁拉结固定,用斜拉杆中部的花篮螺栓将承力架调平;再在承力架上面搭设架子,安装承力架上的立杆;然后,搭设下面的承力桁架。再逐步搭设整个架体,随搭随设置拉结点,并设斜撑。

在比承力架高 2 层的位置安装工字钢挑梁,挑梁与混凝土边梁的连接方法与承力架相同。电动倒链挂在挑梁下,并将电动倒链的吊钩挂在承力架的花篮挑梁上。在架体上每个层高满铺厚木板,架体外面挂安全网。

3) 爬升。短暂开动电动倒链,将电动倒链与承力架之间的吊链拉紧,使其处在初始受力状态。松开架体与建筑物的固定拉结点。松开承力架与建筑物相连的螺栓和斜拉杆,开动电动倒链开始爬升,爬升过程中应随时观察架子的同步情况,如发现不同步,应及时停机调整。

爬升到位后,先安装承力架与混凝土边梁的紧固螺栓,并将承力架的斜拉杆与上层边梁固定,然后安装架体上部与建筑物的各拉结点。待检查符合安全要求后,脚手架可开始使用,进行上一层的主体施工。

在新一层主体施工期间,将电动倒链及其挑梁摘下,用滑轮或手动倒链转至上一层重新安装,为下一层爬升做准备,如图 3-22 所示。

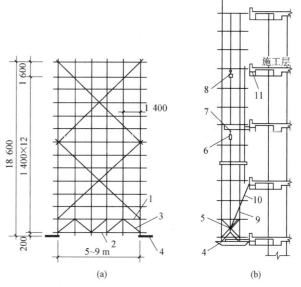

图 3-22 整体升降式脚手架
(a) 立面图;(b) 侧面图
1—上弦杆;2—下弦杆;3—承力桁架;4—承力架;
5—斜撑;6—电动倒链;7—挑梁;8—倒链;
9—花篮螺栓;10—拉杆;11—螺栓

4)下降。与爬升操作顺序相反,利用电动倒链顺着爬升用的墙体预留孔倒行,脚手架即可逐层下降。同时,把留在墙面上的预留孔修补完毕。最后,脚手架返回地面。

5)拆除。爬架拆除前应清理脚手架上的杂物。拆除方式与互升式脚手架类似。

2. 高处作业吊篮

高处作业吊篮是悬挂机构架设于建筑物或构筑物上,提升机驱动悬吊平台通过钢丝绳沿立面上下运动的一种非常设悬挂设备,常称为吊篮。高处作业吊篮多用于装修工程,特别是在应对建筑节能的要求在外墙表面做保温材料的施工现场应用非常广泛。

高处作业吊篮是由悬挂机构、吊篮平台、提升机构、防坠落机构、电气控制系统、钢丝绳和配套附件、连接件组成,如图3-23所示。

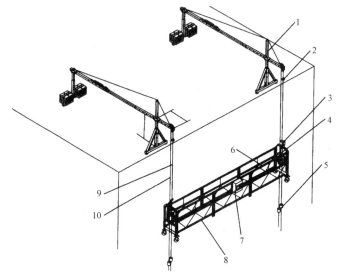

图3-23 高处作业吊篮示意图

1—悬挂机构;2—行程限位块;3—安全锁;4—提升机;5—重锤;
6—靠墙轮;7—电器箱;8—悬吊平台;9—工作钢丝绳;10—安全钢丝绳

高处作业吊篮安装时应按专项施工方案,在专业人员的指导下实施。安装作业前,应划定安全区域,并应排除作业障碍。组装前应确认结构件、紧固件已配套且完好,其规格型号和质量符合设计要求,所用的构配件应是同一厂家的产品。

在建筑物屋面上进行悬挂机构的组装时,作业人员应与屋面边缘保持2 m以上的距离。组装场地狭小时,应采取防坠落措施。

悬挂机构前,支架严禁支撑在女儿墙上、女儿墙外或建筑物挑檐边缘。悬挑横梁应前高后低,前后水平高差不应大于横梁长度的2‰,配重件稳定、可靠地安放在配重架上,并应有防止随意移动的措施。严禁使用破损的配重件或其他替代物,配重件的重量应符合设计规定。

安装时,钢丝绳应沿建筑物立面缓慢下放至地面,不得抛掷。当使用两个以上的悬挂机构时,悬挂机构吊点水平间距与吊篮平台的吊点间距应相等,其误差不应大于50 mm。

悬挂机构前,支架应与支撑面保持垂直,脚轮不得受力,安装任何形式的悬挑机构,其施加于建筑物或构筑物支承处的作用力,均应符合建筑结构的承载能力,不得对建筑物和其他设施造成破坏和不良影响。

吊篮做升降运行时,工作平台两端高差不得超过150 mm,吊篮悬挂高度在60 m及以下的,宜选用长边不大于7.5 m的吊篮平台;悬挂高度在100 m及以下的,宜选用长边不大于5.5 m

的吊篮平台；悬挂高度在 100 m 以上的，宜选用不大于 2.5 m 的吊篮平台。

3. 里脚手架

里脚手架是搭设在建筑物内部，用于砌墙、抹灰及室内装饰工程等用的脚手架，这类脚手架在使用过程中不断随楼层升高而升高，装拆频繁，因此，要求其轻便灵活，便于拆装。

里脚手架的形式很多，按其构造可分为折叠式里脚手架、支柱式里脚手架、门式里脚手架和移动式里脚手架等。

(1)折叠式里脚手架。折叠式里脚手架适用于民用建筑的内墙砌筑和内粉刷，根据材料不同，可分为角钢、钢管和钢筋折叠式里脚手架，如图 3-24 所示。角钢折叠式里脚手架的架设间距，砌墙时不超过 2 m，粉刷时不超过 2.5 m。可以搭设两步脚手架，第一步高约为 1 m，第二步高约为 1.65 m；钢管和钢筋折叠式里脚手架的架设间距，砌墙时不超过 1.8 m，粉刷时不超过 2.2 m。

(2)支柱式里脚手架。支柱式里脚手架由若干支柱和横杆组成。其适用于砌墙和内粉刷。其搭设间距，砌墙时不超过 2 m，粉刷时不超过 2.5 m。支柱式里脚手架的支柱有套管式和承插式两种形式。套管式支柱是将插管插入立管中，以销孔间距调节高度，在插管顶端的凹形支托内搁置方木横杆，横杆上铺设脚手架。架设高度为 1.5～2.1 m，如图 3-25 所示。

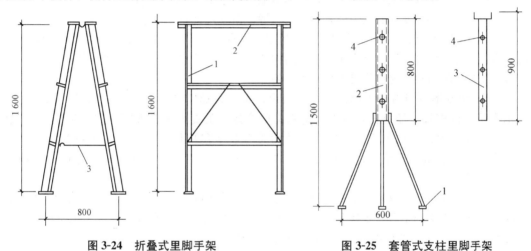

图 3-24　折叠式里脚手架
1—立柱；2—横楞；3—挂钩

图 3-25　套管式支柱里脚手架
1—支脚；2—立管；3—插管；4—销孔

(3)门架式里脚手架。门架式里脚手架由两片 A 形支架与门架组成，如图 3-26 所示。其适用于砌墙和粉刷。支架间距，砌墙时不超过 2.2 m，粉刷时不超过 2.5 m，其架设高度为 1.5～2.4 m。

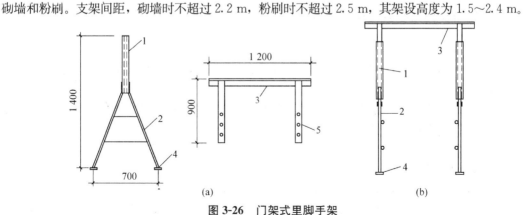

(a)　　　　　　　　　　　(b)

图 3-26　门架式里脚手架
(a)A 形支架与门架；(b)安装示意图
1—立管；2—支脚；3—门架；4—垫板；5—销孔

任务实施

一、脚手架施工方案编制的要求及内容

(1)施工单位应在脚手架施工前编制脚手架施工专项方案,专项方案应有针对性,能有效地指导施工,明确安全技术措施。其主要内容应包括:

1)工程概况:工程项目的规模、相关单位的名称情况、计划开竣工日期等。

2)编制依据:相关法律、法规、规范性文件、标准、规范及图纸(国标图集)、施工组织设计等。

3)计算书及相关图纸:应有设计计算书及卸荷方法详图,绘制架体与建筑物拉结详图,现场杆件立面、平面布置图,以及剖面图、节点详图,并说明脚手架基础做法。

4)施工计划:包括施工进度计划、材料与设备计划。

5)施工工艺技术:技术参数、工艺流程、施工方法、检查验收等。

6)施工安全保证措施:组织保障、技术措施、应急预案、监测监控等。

7)劳动力计划:专职安全生产管理人员、特种作业人员等。

(2)悬挑式脚手架专项施工方案中应对挑梁、钢索、吊环、压环、预埋件、焊缝及建筑结构的承载能力进行计算。悬挑梁应作为悬臂结构计算,不得考虑钢丝绳对悬臂结构的受力。同时,应考虑压环破坏时钢丝绳作为受力构件进行验算。

(3)专项方案应当由施工单位技术部门组织本单位施工技术、安全、质量等部门的专业技术人员进行审核。经审核合格的,由施工单位技术负责人审批签字。实行施工总承包的,专项方案应当由总承包单位技术负责人及相关专业承包单位技术负责人审批签字。经施工单位审批合格后报监理单位,由项目总监理工程师审批签字。合格后,方可按此专项方案进行现场施工。

(4)搭设高度 50 m 及以上落地式钢管脚手架、架体高度 20 m 及以上的悬挑式脚手架和提升高度 150 m 及以上的附着式整体和分片提升脚手架工程的专项方案应当由施工单位组织召开专家论证会。实行施工总承包的,由施工总承包单位组织召开专家论证会。

(5)施工单位应当严格按照专项方案组织施工,不得擅自修改、调整专项方案。如因设计、结构、外部环境等因素发生变化确需要调整的,修改后的专项方案应按第(3)条重新审核审批。需要专家论证的,应当重新组织专家进行论证。

二、脚手架技术交底包括的内容

1. 使用要求

(1)有适当的宽度(或面积)、步架高度、离墙距离,能满足工人操作,材料堆置和运输的需要。

(2)具有稳定的结构,足够的承载能力,能保证施工期间在可能出现的使用荷载(规定限值)的作用下不变形、不倾斜、不摇晃。

(3)与垂直运输设施(电梯、井字架、升降架等)和楼层或作业面高度相互适应,以确保材料垂直运输转入水平运输的需要。

(4)搭设、拆除和搬运方便,能长期周转使用,搭拆进度能满足施工安排的需要。

(5)应考虑多层作业、交叉流水作业和多工种作业的要求,减少多次搭拆。

2. 搭设和拆除要点

(1)地基处理。

1)脚手架地基应平整夯实;

2)脚手架的钢立柱不能直接立于土地面上,应加设底座和垫板(或垫木),垫板(木)厚度不小于 50 mm;

3)遇有坑槽时,立杆应下到槽底或坑槽上加设底梁;

4)脚手架地基应有可靠的排水措施,防止积水浸泡地基;

5)脚手架旁有开挖的沟槽时,应控制外立杆距沟槽边的距离:当架高在 30 m 以内时,不小于 1.5 m;架高为 30~50 m,不小于 2 m;架高在 50 m 以上时,不小于 3 m,避免槽壁坍塌危及脚手架安全;

6)位于通道外的脚手架底部垫板(木)应低于其两侧地面,并在其上加设盖板;避免扰动。

(2)铺放垫木(板)和安放底座。垫土(板)必须铺施平稳,不得悬空,安放底座时应拉线和拉尺,按规定间距尺寸摆放后加以固定(用钉子将其钉牢在垫木上)。

(3)杆件搭设。杆件搭设中的注意事项:

1)按照规定的构造方案和尺寸进行搭设;

2)及时与结构拉线或采用临时支顶,以确保搭设过程的安全;

3)注意杆件的搭设顺序;

4)拧紧扣件(拧紧程度要适当);

5)有变形的杆件和不合格的扣件(有裂纹、尺寸不合适、扣接不紧等)不能使用;

6)搭设工人必须佩挂安全带;

7)随时校正杆件垂直和水平偏差,避免偏差过大;

8)没有完成的脚手架,在每包收工时,一定要确保架子稳定,以免发生意外。

剪刀撑的搭设是将一根斜杆扣在上杆上,另一根斜杆扣在小横杆的伸出部分上,这样,可以避免两根斜杆相交时将钢管别弯,斜杆两端扣件与立杆节点(即立杆与横杆的交点)的距离不宜大于 20 cm,最下面的斜杆与立杆的连接点离地面不宜大于 50 cm,以保证架子的稳定性;脚手架各杆件相交伸出的端头,均应大于 10 cm,以防止杆件滑脱。

(4)扣件的安装及注意事项:开口朝向:用于连接大横杆的对接扣件,开口应朝架子内侧,螺栓向上,避免开口朝上,以防雨水进入。

(5)拆除扣件式钢管脚手架的注意事项:

1)画出工作区标志,禁止行人进入;

2)严格遵守拆除顺序,由上而下,后绑者先拆,先绑者后拆,一般先拆栏杆、脚手板、剪刀撑,后拆小横杆、大横杆、立杆等。

3)统一指挥,上下呼应,动作协调,当解开与另一人有关的结扣时先应先告知对方,以防坠落;

4)材料工具要用滑轮扣绳索运送,不得乱扔。

3. 安全要求

确保使用安全是脚手架工程中的首要问题,通常应考虑以下几个环节:

(1)把好材料、加工和产品质量关,加强对架设工具的管理和维修保养工作,避免使用质量不合格的架设工具和材料。

(2)确保脚手架具有稳定的结构和足够的承载力。

(3)认真处理脚手架地基。

(4)确保脚手架的搭设质量,搭设完毕后应进行严格检查验收,合格后方能使用。

(5)严格控制使用荷载,确保有较大的安全储备。
(6)要有可靠的安全防护措施,其中包括:
1)作定层的外侧面应设挡板、围栏或安全网;
2)在架高方向按规定设置多层挑出式安全网;
3)设置供人员上下使用安全扶梯、爬梯斜道,梯道上应有可靠的防滑措施;
4)在脚手架上同时进行多层作业的情况下,各作业层之间应设置可靠的防护棚挡(在作业层下挂棚布、竹色或小孔绳网等),以防止上层附物伤及下层作业人员;
5)吊、挂式脚手架使用的挑架、桁架、吊架、吊篮、钢丝绳和其他绳索,使用前要作荷载试验,均必须满足规定的安全系数;
6)必须有良好的防电、避雷装置。
(7)严格禁止以下违章作业:
1)利用脚手架吊运重物;
2)作业人员攀登架子上下;
3)推车在架子上跑动;
4)在脚手架上拉结吊装缆绳;
5)任意拆除脚手架部件和连墙杆件;
6)在脚手架底部或近旁进行开挖沟槽等影响脚手架地基稳定的施工作业;
7)起吊构件和器材时碰撞或扯动脚手架;
8)立杆沉隐或悬空。
(8)加强使用过程中的检查,发现问题及时解决。

三、脚手架检查验收与维护包括的内容

(1)验收工作。任何种类的脚手架都应该按照搭设顺序,分段、分排,或在搭设竣工后进行验收。验收由工程施工单位负责召集,由技术、安全部门和搭设班组共同进行,检查其是否按图纸、有关规范施工。验收可按下列几点进行:
1)脚手架底部基础是否稳固;
2)脚手架立柱、大横杆是否横平竖直;
3)脚手架的软、硬拉结是否层层拉牢固;
4)脚手架的剪刀撑是否全面覆盖;
5)脚手架排层内是否有剩余物料。
必要时,还可以采用随机抽样实测的方法验收,合格后填写验收单,签字归档,这时方可挂牌使用。

(2)维护工作。由于脚手架在建筑施工中担负着堆放物料、作水平运输通道以及对施工人员的安全防护等重要任务,所以当搭设完毕并经过验收合格投入使用后还应经常维修保养。因为脚手架大部分是在露天场合使用,加之施工周期一般均较长,长期的日晒雨淋、施工中各种情况造成的损坏,使得脚手架的杆件受损或产生倾斜等,使安全性大大下降。因此,脚手架在使用期间,应建立正常的维修制度。

维修工作一般有两种方式,即日常专职维修与在节假日停工期间的维修。专职维修工有义务向使用班组宣传脚手架的使用规范并进行监督与日常维修。应经常检查脚手架的各杆件、扣件、拉结点、绑扎处等完好程度,如有损坏应及时维修,以确保安全生产。

拓展实训

一、填空题

1. 扣件式钢管脚手架由_____、_____、_____、_____和_____等组成。
2. 扣件用于钢管之间的连接,其基本形式有_____、_____和_____。
3. 碗扣式钢管脚手架的核心部位是碗扣接头,由_____、_____和_____组成。

二、简答题

1. 脚手架的分类有哪些?
2. 脚手架有哪些形式?各适用于哪些场合?
3. 扣件式钢管脚手架的组成包括哪几部分?
4. 简述扣件式钢管脚手架的搭设及拆除要求。
5. 搭设多立杆脚手架为什么要设置连墙件?

任务二 垂直运输设施选用

垂直运输设施是指担负垂直输送材料和施工人员上下的机械设备和设施。在砌筑施工过程中,不仅要运输大量的砖(或砌块)、砂浆,而且还要运输脚手架、脚手板和各种预制构件。不仅有垂直运输,而且有地面和楼面的水平运输,其中垂直运输是影响砌筑工程施工速度的重要因素。

目前,砌筑工程中常用的垂直运输设施有塔式起重机、井字架、龙门架、建筑施工电梯等。

任务描述

识别各类垂直运输设施,按相关规范和工程实际进行垂直运输设施的施工方案编制和选用,组织对垂直运输设备进行安装和验收。

任务分析

垂直运输设施为在建筑施工中负责垂直运(输)送材料设备和人员的机械设备,是施工技术措施中不可或缺的重要环节。随着高层、超高层建筑、高耸工程以及超深地下工程的飞速发展,对垂直运输设施的要求也相应提高,垂直运输技术已成为建筑施工中的重要的技术领域之一。

相关知识

一、塔式起重机

塔式起重机的起重臂安装在塔身顶部且可作360°回转,其具有较高的起重高度、工作幅度和起重能力，生产效率高，机械运转安全、可靠，使用和装拆方便等优点，广泛地用于多层和高层的工业与民用建筑的结构安装。塔式起重机按起重能力可分为轻型塔式起重机（起重量为0.5～3.0 t，一般用于六层以下的民用建筑施工）、中型塔式起重机（起重量为3～15 t，适用于一般工业建筑与民用建筑施工）、重型塔式起重机（起重量为20～40 t，一般用于重工业厂房的施工和高炉等设备的安装）。

由于塔式起重机具有提升、回转和水平运输的功能，且生产效率高，在吊运长、大、重的物料时有明显的优势，故在有可能条件下宜优先采用。

塔式起重机的布置应保证其起重高度与起重量满足工程的需求。同时，起重臂的工作范围应尽可能地覆盖整个建筑，以使材料运输切实到位。另外，主材料的堆放、搅拌站的出料口等均应尽可能地布置在起重机工作半径内。

塔式起重机一般分为固定式、轨行式、附着式、内爬式等几种。

1. 固定式塔式起重机

固定式塔式起重机的底架安装在独立的混凝土基础上，塔身不与建筑物拉结。这种起重机适用于安装大容量的油罐、冷却塔等特殊构筑物。

2. 轨行式塔式起重机

轨行式塔式起重机是一种能在轨道上行驶的起重机，并能负荷在直线和弧线轨道上行走，同时，能完成垂直和水平运输，使用安全，生产效率高，但需要铺设轨道，且装拆和转移不便，台班费用较高。轨行式塔式起重机分为上回转式和下回转式两类。

3. 附着式塔式起重机

附着式塔式起重机是固定在建筑物近旁混凝土基础上的起重机械，为上回转、小车变幅或俯仰变幅起重机械。塔身由标准节组成，相互之间用螺栓连接，可以借助顶升系统随着建筑施工进度而自行向上接高。为了减少塔身的计算高度，规定每隔20 m左右将塔身与建筑物用锚固装置连接起来，以保证塔身的刚度和稳定性。

(1)附着式塔式起重机的基础。附着式塔式起重机底部应设钢筋混凝土基础，其构造方法有整体式和分块式两种。采用整体式混凝土基础时，塔式起重机通过专用塔身基础节固定在混凝土基础上。采用分块式混凝土基础时，塔式起重机通过预埋地脚螺栓固定在混凝土基础上。基础尺寸应根据地基承载力和防止塔式起重机倾覆的需要确定。

(2)附着式塔式起重机的锚固。附着式塔式起重机在塔身高度超过限定自由高度时，即应加设附着装置与建筑结构拉结。一般说来，设置2～3道锚固即可满足施工要求。第一道锚固装置在距离塔式起重机基础表面30～40 m处，自第一道锚固装置向上，每隔16～20 m设一道锚固装置。

附着装置由锚固环和附着杆组成。锚固环由两块钢板或型钢组焊成的U形梁拼装而成。锚固环宜设置在塔身标准节对接处或有水平腹杆的断面处，塔身节主弦杆应视需要加以补强。锚固环必须箍紧塔身结构，不得松脱。附着杆由型钢、无缝钢管组成，也可以是型钢组焊的桁架结构。安装和固定附着杆时，必须用经纬仪对塔身结构的垂直度进行检查，如发现塔身偏斜，可通过调节螺母来调整附着杆的长度，以消除垂直偏差。锚固装置应尽可能保持水平，附着杆件最大倾角不得大于10°。

固定在建筑物上的锚固支座，可套装在柱子上或埋设在现浇混凝土墙板里，锚固点应紧靠楼板，其距离以不大于20 cm为宜。墙板或柱子混凝土强度应提高一级，并应增加配筋。在墙板上设锚固支座时，应通过临时支撑与相邻墙板相关联，以增强墙板刚度。附着杆的布置形式如图3-27所示。

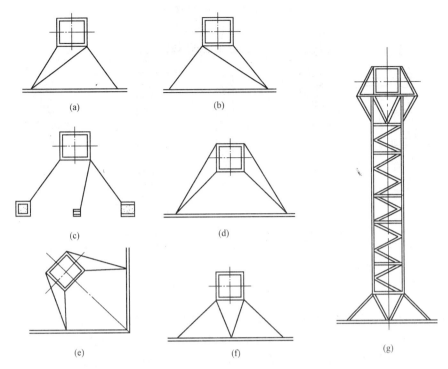

图 3-27 附着杆的布置形式
(a)、(b)、(c) 三杆式附着杆系；(d)、(e)、(f) 四杆式附着杆系；(g) 空间桁架式附着杆

(3) 附着式塔式起重机的顶升接高。附着式塔式起重机可借助塔身上端的顶升机构，随着建筑施工进度而自行向上接高。自升液压顶升机构主要由顶升套架、长行程液压千斤顶、顶升横梁及定位销组成，液压千斤顶装在塔身上部结构的底端承座上，活塞杆通过顶升横梁支承在塔身顶部。需要接高时，利用塔顶的行程液压千斤顶，将塔顶上部结构顶高，用定位销固定，千斤顶回油，推入标准节，用螺栓与下面的塔身连成整体，塔式起重机顶升过程如下：

1) 将标准节吊到摆渡小车上，并将过渡节与塔身标准节的螺栓松开，准备顶升，如图 3-28(a) 所示。

2) 开动液压千斤顶，将塔式起重机上部结构包括顶升套加向上升超过一个标准节的高度，然后用定位销将套架固定。塔式起重机上部结构的重量通过定位销传递到塔身，如图 3-28(b) 所示。

3) 液压千斤顶回缩，形成引进空间，此时将装有标准节的摆渡小车推入引进空间内，如图 3-28(c) 所示。

4) 利用液压千斤顶将待接高的标准节稍微提起，退出摆渡小车，然后将其平稳地落在下面的塔身上，并用螺栓加以连接，如图 3-28(d) 所示。

5) 再用液压千斤顶稍微向上顶起，拔出定位销，下降过渡节，使之与已接高的塔身连成整体，如图 3-28(e) 所示。

4. 内爬式塔式起重机

内爬式塔式起重机通常安装在建筑物的电梯井或特设的开间内，也可以安装在筒形结构内，依靠爬升机构随着结构的升高而升高。一般是每建造 3~8 m，起重机就爬升一次，塔身自身高度只有 20 m 左右，起重高度随施工高度而定。

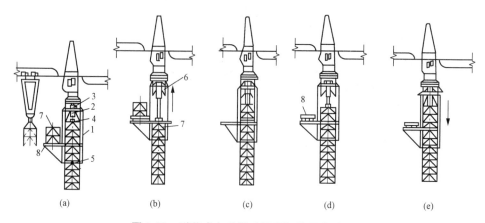

图 3-28 附着式自升塔式起重机的顶升过程
(a)准备状态；(b)顶升塔顶；(c)推入塔身标准节；(d)安装塔身标准节；(e)塔顶与塔身联成整体
1—顶升套架；2—液压千斤顶；3—支承座；4—顶升横梁；5—定位销；
6—过渡节；7—标准节；8—摆渡小车

爬升机构有液压式和机械式两种。液压式爬升机构由爬升梯架、液压缸、爬升横梁和支腿等组成。爬升梯架由上、下承重梁构成，两者相隔两层楼，工作时用螺栓固定在筒形结构的墙或边梁上，梯架两侧有踏步。其承重梁对应于起重机塔身的四根主肢，装有 8 个导向滚子，在爬升时起导向作用。塔身套装在爬升梯架内，顶升液压缸的缸体铰接于塔身横梁上，而下端铰接于活动的下横梁中部。塔身两侧安装支腿，活动横梁两侧安装支腿，依靠这两对支腿轮流支撑在爬梯踏步上，使塔身上升。爬升式起重机的优点是起重机以建筑物作为支承，塔身短，起重高度大，而且不占建筑物外围空间；缺点是司机作业往往不能看到起吊全过程，需靠信号指挥，施工结束后拆卸复杂，一般需设辅助起重机拆卸。

二、建筑施工电梯

建筑施工电梯是人货两用梯，也是高层建筑施工设备中唯一可以运送人员上下的垂直运输设备。建筑施工电梯对提高高层建筑施工效率起到十分关键的作用。

建筑施工电梯的吊笼安装在塔架的两侧。按其驱动方式建筑施工电梯可分为齿轮齿条驱动式和绳轮驱动式两种。齿轮齿条驱动式电梯是利用安装在吊箱(笼)上的齿轮与安装在塔架立杆上的齿条相咬合，当电动机经过变速机构带动齿轮转动式吊箱(笼)即沿塔架升降。齿轮齿条驱动式电梯按吊箱(笼)数量可分为单吊箱式和双吊箱式。该电梯装有高性能的限速装置，具有安全可靠、能自升接高的特点，作为货梯可载重 10 kN，可容纳 12～15 人。其高度随着建筑物主体结构施工而接高，可达 100～150 m 以上。其适用于建造 25 层特别是 30 层以上的高层建筑。绳轮驱动式是利用卷扬机、滑轮组，通过钢丝绳悬吊吊箱升降。该电梯为单吊箱，具有安全可靠、构造简单、结构轻巧、造价低的特点。其适用于建造 20 层以下的高层建筑使用。

三、井架

井架是砌筑工程垂直运输的常用设备之一。其特点是：稳定性好、运输量大，可以搭设较大的高度。井字架可为单孔、两孔和多孔，常用单孔，井架内设吊盘。井架上可根据需要设置拔杆，供吊运长度较大的构件，其起重量为 5～15 kN，工作幅度可达 10 m。

井架除用型钢或钢管加工的定型井架外，也可以用脚手架材料搭设而成，搭设高度可大于

50 m 以上。井架搭设要求垂直（垂直偏差≤总高的 1/400），支承地面应平整，各连接件螺栓需拧紧，缆风绳一般每道不少于 6 根，高度在 15 m 以下时设一道，15 m 以上时每增高 10 m 设一道，缆风绳宜采用 7～9 mm 的钢丝绳，与地面成 45°角，安装好的井架应有避雷和接地装置。

四、龙门架

龙门架是由两立柱及天轮梁（横梁）组成的门式架。龙门架上装设滑轮、导轨、吊盘、缆风绳等，进行材料、机具、小型预制构件的垂直运输。立柱是由若干个格构柱用螺栓拼装而成，而格构柱是用角钢及钢管焊接而成或直接用厚壁钢管构成门架。龙门架构造简单，制作容易，用材少，装拆方便，起升高度为 15～30 m，起重量为 0.6～1.2 t。其适用于中小型工程。

任务实施

一、塔式起重机的选用

塔式起重机的选用要综合考虑建筑物的高度、建筑物的结构类型、构件的尺寸和重量、施工进度、施工流水段的划分和工程量，以及现场的平面布置和周围环境条件等各种情况，同时，要兼顾装、拆塔式起重机的场地和建筑结构满足塔架锚固、爬升的要求。

首先，根据施工对象确定所要求的参数，包括幅度起重量、起重力矩和吊钩高度等，然后根据塔式起重机的技术性能，选定塔式起重机的型号。

其次，根据施工进度、施工流水段的划分及工程量和所需吊次、现场的平面布置，确定塔式起重机的配量台数、安装位置及轨道基础的走向等。

根据施工经验，16 层及其以下的高层建筑采用轨道式塔式起重机最为经济，25 层以上的高层建筑，宜选用附着式塔式起重机或内爬式塔式起重机。

选用塔式起重机时，应注意以下事项：

(1)在确定塔式起重机的形式及高度时，应考虑塔身锚固点与建筑物相对应的位置，以及塔式起重机平衡臂是否影响臂架正常回转等问题。

(2)在多台塔式起重机作业条件下，应协调好相邻塔式起重机塔身高度差，以防止两塔式起重机碰撞，应使彼此工作互不干扰。

(3)在考虑塔式起重机安装的同时，应考虑塔式起重机的顶升、接高、锚固，以及完工后的落塔、拆运等事项，如起重臂和平衡臂是否落在建筑上、辅机停车位置及作业条件、场内运输道路有无阻碍等。

(4)在考虑塔式起重机安装时，应保证顶升套架的安装位置及锚固环的安装位置正确无误。

(5)应注意外脚手架的支搭形式与挑出建筑物的距离，以免与下回转塔式起重机转台尾部回转时发生碰撞。

二、施工电梯的选用

高层建筑外用施工电梯的机型选择，应根据建筑体形、建筑面积、运输总重、工期要求、造价等确定。从节约施工机械费用出发，对于 20 层以下的高层建筑工程，宜使用绳轮驱动施工电梯；25 层，特别是 30 层以上的高层建筑应选用齿轮条驱动施工电梯。根据施工经验，一台单吊厢式齿条驱动施工电梯的服务面积为 2 000～4 000 m²，参考此数据可为高层建筑工地配置施工电梯，并尽可能地选用双吊厢式。

 拓展实训

1. 如何选用塔式起重机？
2. 附着式塔式起重机如何进行锚固？

任务三　砌体材料认知

砌体结构是由块体和砂浆砌筑而成的作为建筑物主要受力构件的结构，是砖砌体、砌块砌体和石砌体结构的统称。砌体工程所用材料主要是砖、石、各种砌块以及砌筑砂浆。

任务描述

总结砌体材料的种类、规格和相关的工程性能，根据设计图纸和工程实际情况，选择相应的砌筑材料。

任务分析

砌筑材料是指用来砌筑、拼装或用其他方法构成承重或非承重墙体或构筑物的材料。

我国传统的砌筑材料主要是烧结普通砖（实心黏土砖）和石块。烧结普通砖在我国砌墙材料产品构成中曾占"绝对统治"地位，是世界上烧结普通砖的"王国"。由于烧结普通砖无论从对土地的破坏、资源与能源的耗费以及对环境的污染的任何一个角度来分析，都不符合可持续发展的要求，因此，近年来，我国大力开发了节土、节能、利渣、利废、多功能、有利于环保的各类砌块、蒸养砖等砌筑材料。

相关知识

一、砌筑用砖

按所用原材料分，有黏土砖、页岩砖、煤矸石砖、粉煤灰砖、灰砂砖和炉渣砖等；按生产工艺可分为烧结砖和非烧结砖，其中非烧结砖又可分为压制砖、蒸养砖和蒸压砖等；按有无孔洞可分为空心砖和实心砖。

1. 烧结普通砖

烧结普通砖为实心砖，是以黏土、页岩、煤矸石、粉煤灰为主要原料焙烧而成的实心砖，简称砖。其品种有黏土砖（N）、页岩砖（Y）、煤矸石砖（M）和粉煤灰砖（F）等。

烧结普通砖的规格为 240 mm×115 mm×53 mm；配砖为 175 mm×115 mm×53 mm。根据砖的抗压强度分为 MU30、MU25、MU20、MU15、MU10 五个强度等级。

强度、抗风化性能和放射性物质合格的砖，根据尺寸偏差、外观质量、泛霜和石灰爆裂分为优等品（A）、一等品（B）、合格品（C）三个质量等级。优等品适用于清水墙和装饰墙；一等品和合格品可用于混水墙；中等泛霜的砖不能用于潮湿部位。

2. 烧结多孔砖

烧结多孔砖是以黏土、页岩、煤矸石、粉煤灰、淤泥(江河湖淤泥)及其他固体废弃物为主要原料经焙烧而成，孔洞率不小于25%，孔的尺寸小且数量多，主要用于承重部位的砖，简称多孔砖。

多孔砖的孔形为圆孔或非圆孔。孔洞尺寸应为：圆形孔直径≤22 mm；非圆形孔内切圆直径≤15 mm；手抓孔(30～40)mm×(75～85)mm。多孔砖的品种按主要原料区分为黏土多孔砖(N)、页岩多孔砖(Y)、煤矸石多孔砖(M)、粉煤灰多孔砖(F)、淤泥多孔砖(U)和固体废弃物多孔砖(G)。

多孔砖长度、宽度、高度应符合下列规格尺寸(mm)：290、240、190、180、140、115、90。其他尺寸由供需双方协商确定。

多孔砖根据抗压强度分为MU30、MU25、MU20、MU15、MU10五个强度等级；根据密度等级分为1 000、1 100、1 200、1 300四个等级。

3. 烧结空心砖

烧结空心砖是以黏土、页岩、煤矸石、粉煤灰、淤泥(江河湖淤泥、建筑渣土及其他固体废弃物)为主要原料，经焙烧而成的，主要用于非承重部位，简称空心砖。

空心砖有黏土空心砖(N)、页岩空心砖(Y)、煤矸石空心砖(M)、粉煤灰空心砖(F)淤泥空心砖(U)、建筑渣土空心砖(Z)、其他固体废弃物空心砖(G)。空心砖的外形为直角六面体；在与砂浆的接合面上可设有增加结合力的深度2 mm以上的粉刷槽或类似结构，空心砖的长度为390 mm、290 mm、240 mm、190 mm、180(175)mm、140 mm；宽度为190 mm、180(175)mm、140 mm、115 mm；高度为180(175)mm、140 mm、115 mm、90 mm，如240 mm×180 mm×115 mm便是其中的一种规格。

空心砖的抗压强度分为MU10.0、MU7.5、MU5.0、MU3.5。体积密度分为800级、900级、1 000级、1 100级。

4. 蒸压灰砂砖

蒸压灰砂砖是以石灰和砂为主要原料(允许掺入颜料和外加剂)，经坯料制备，压制成型，蒸压养护而成的实心砖，简称灰砂砖。灰砂砖不得用于长期受热2 000 ℃以上，温差变化较大和有酸性介质侵蚀的建筑部位。

砖的公称尺寸为：240 mm×115 mm×53 mm；其他规格尺寸产品，由供需双方协商确定。根据抗压强度和抗折强度分为MU25、MU20、MU15、MU10四级。MU25、MU20、MU15级的砖可用于基础及其他建筑；MU10级的砖仅可用于防潮层以上的建筑。

5. 蒸压粉煤灰砖

蒸压粉煤灰砖是以粉煤灰、石灰为主要原料，掺加适量石膏、外加剂、颜料和集料，经坯料制备、压制成型，高压或常压蒸汽养护而成的实心砖，简称粉煤灰砖。可用于工业与民用建筑的墙体和基础，但用于基础或用于易受冻融和干湿交替作用的建筑部位必须使用MU15及以上强度的砖。粉煤灰砖不得用于长期受热(2 000 ℃以上)、受急冷急热和有酸性介质侵蚀的建筑部位。

粉煤灰砖的公称尺寸为240 mm×115 mm×53 mm；强度等级分为MU30、MU25、MU20、MU15、MU10五级。

二、砌筑用砌块

砌块为砌筑用人造块材，一般以混凝土或工业废料作原料制成实心或空心的块材。其具有自重轻、机械化和工业化程度高施工速度快、生产工艺和施工方法简单且可大量利用工业废料等优点，因此，用砌块代替普通黏土砖是墙体改革的重要途径。

砌块按形状分为心砌块和空心砌块两种；按制作原料分为粉煤灰、加砌混凝土、混凝土、硅酸盐、石膏砌块等数种；按规格分为小型砌块、中型砌块和大型砌块。

砌块外形尺寸可达标准砖的6～60倍。砌块高度为115～380 mm的块体，一般称为小型砌块；高度为380～980 mm的块体，一般称为中型砌块；高度大于980 mm的块体，称为大型砌块。

1. 普通混凝土小型砌块

普通混凝土小型砌块是以水泥矿物掺合料、砂、石、水等及原材料，经搅拌、振动成型、养护等工艺制成的小型砌块，包括空心砌块和实心砌块。普通混凝土小型砌块的长度为390 mm，宽度为90 mm、120 mm、140 mm、190 mm、240 mm、290 mm，高度为90 mm、140 mm、190 mm。砌块按空心率分为空心砌块(H)(空心率不小于25%)和实心砌块(S)(空心率小于25%)；砌块按使用时砌筑墙体的结构和受力情况，分为承重砌块(L)和非承重砌块(N)。承重空心砌块的强度等级分为MU7.5、MU10.0、MU15.0、MU20.0、MU25.0五级；非承重空心砌块的强度等级分为MU5.0、MU7.5、MU10.0三级；承重实心砌块的强度等级分为MU15.0、MU20.0、MU25.0、MU30.0、MU35.0、MU40.0六级；非承重实心砌块强度等级分为MU10.0、MU15.0、MU20.0三级。

2. 轻集料混凝土小型空心砌块

轻集料混凝土小型空心砌块是由轻集料(黏土陶粒和陶砂、页岩陶粒和陶砂、天然轻集料、超轻陶粒和陶砂、自燃煤矸石轻集料，煤渣、膨胀珍珠岩，粉煤灰陶粒和陶砂等)混凝土制成，空心率为25%～50%的空心砌块。煤渣的含碳量不大于10%；煤渣在陶粒混凝土中的掺量，不应大于轻粗集料总量的30%。

轻集料混凝土小型空心砌块按照砌块孔的排数分为四类：单排孔、双排孔、三排孔和四排孔(4)；按砌块密度等级分为：700、800、900、1 000、1 100、1 200、1 300、1 400八级；按砌块强度等级分为：2.5、3.5、5.0、7.5、10.0五级。

轻集料混凝土小型空心砌块的主规格尺寸为390 mm×190 mm×190 mm。其他规格尺寸可由供需双方商定。

3. 蒸压加气混凝土砌块

蒸压加气混凝土砌块是用以钙质材料和硅质材料为主要原料(如水泥、水淬、矿渣、粉煤灰、石灰、石膏等)，经过磨细，并以铝粉为发气剂，按一定比例配合，再经过料浆浇筑，发气成型，坯体切割，蒸汽养护等工艺制成的一种轻质多孔建筑墙体材料，简称砌块。

砌块的强度等级有A1.0、A2.0、A2.5、A3.5、A5.0、A7.5、A10七个级别；干密度等级有B03、B04、B05、B06、B07、B08六个级别。

三、砌筑用石材

毛石砌体所用的石材应质地坚实、无风化剥落和裂纹。用于清水墙、柱表面的石材，应色泽均匀。石材表面的泥垢、水锈等杂质，砌筑前应清除干净，以利于砂浆和块石粘结。

石材按其加工后的外形程度，可分为料石和毛石。料石可分为细料石、粗细料石、粗料石、毛料石。细料石是通过细加工，外表规则；截面的宽度、高度不宜小于200 mm，且不宜小于长度的1/4；粗细料石、粗料石的规格尺寸与细料石相同；毛料石的外形大致方正，一般不加工或仅稍加修理，高度不应小于200 mm。毛石分为乱毛石和平毛石。乱毛石是指形状不规则的石块；平毛石是指形状虽不规则，但有两个平面大致平行的石块。

四、砌筑砂浆

1. 砂浆的分类

砌筑砂浆按照组成材料可以分为水泥砂浆、混合砂浆和非水泥砂浆三种。

(1)水泥砂浆是以水泥和砂为组成原料,经拌和而成的砂浆。水泥砂浆具有较高强度和耐久性,但和易性差,可用于砌筑潮湿环境和强度要求较高的砌体。

(2)混合砂浆是在水泥砂浆中掺入一定数量的石灰膏或黏土膏而成的水泥混合砂浆。混合砂浆具有一定的强度和耐久性,且和易性和保水性能好,多用于一般砌体中,可用于潮湿环境和强度要求较高的砌体中,但对于基础一般只用水泥砂浆。

(3)非水泥砂浆是指不含水泥的砂浆,如石灰砂浆、黏土砂浆等,其强度低且耐久性能差,可用于砌筑简易或临时建筑的砌体,不宜用于潮湿环境和有较高强度要求的砌体。

2. 砂浆的强度等级

砂浆的强度等级是用 70.7 mm×70.7 mm×70.7 mm 的立方体试块,按标准条件养护到 28 d 的抗压强度值确定。水泥砂浆预拌砌筑砂浆的强度等级可分为 M5、M7.5、M10、M15、M20、M25、M30;水泥混合砂浆的强度等级可分为 M5、M7.5、M10、M15。

3. 砂浆稠度和保水性能

砌筑砂浆的选用除种类和强度要求外,还应有适宜的稠度和良好的保水性能。砂浆的稠度越大,流动性越好,流动性好的砂浆便于操作,灰缝平整密实,既可以提高劳动生产率,又利于保证砌筑质量。砂浆的稠度应符合表3-6的要求。保水性能较好的砂浆被砖吸走的水分较少,可保持良好的工作性能,砌体灰缝饱满均匀密实,能够提高水硬性砂浆的强度。为了改善砂浆的保水性能,可在砂浆中掺入石灰膏、黏土膏、粉煤灰、细生石灰粉等无机塑化剂或皂化松香等有机塑化剂。

表3-6 砌筑砂浆的稠度

砌体种类	砂浆稠度/mm
烧结普通砖砌体	70~90
蒸压粉煤灰砖砌体	
混凝土实心砖、混凝土多孔砖砌体	50~70
普通混凝土小型空心砌块砌体	
蒸压灰砂砖砌体	
烧结多孔砖、空心砖砌体	60~80
轻集料混凝土小型空心砌块砌体	
蒸压加气混凝土砌块砌体	
石砌体	30~50

4. 砂浆的制备和使用

砂浆一般用砂浆搅拌机拌制,拌和时间自投料完成算起,要求拌和均匀。水泥砂浆和混合砂浆拌和时间不得少于 2 min,水泥粉煤灰砂浆和掺外加剂的砂浆拌和时间不得少于 3 min,掺有机塑化剂的砂浆应为 3~5 min。砂浆应随拌用,常温下水泥砂浆应在搅拌后 3 h 内用完,混合砂浆应在搅拌后 4 h 内用完,气温高于 30 ℃时,应分别在搅拌后 2 h 和 3 h 内用完。砂浆经运输、存放后如有泌水现象,应在砌筑前再次拌和,不得使用过夜的水泥砂浆或混合砂浆。

5. 砂浆强度的检验

砂浆强度应以标准养护 28 d 龄期的试块抗压强度试验结果为准。每一层楼或每 250 m³ 砌体中各种强度等级的砂浆，每台搅拌机至少检查一次，每次至少留一组(6 块)试块。如果砂浆强度等级或配合比变更，还应另做试块，做抗压试验。同一验收批中砂浆试块抗压强度平均值必须大于或等于砂浆设计强度等级所对应的立方体抗压强度；同一验收批中砂浆试块抗压强度最小的一组平均值不小于 0.75 倍砂浆设计强度等级所对应的立方体抗压强度。

任务实施

一、常见砌筑材料

常见的砌筑材料包括砖类、砌块类、板块类等。其中，上述所提到的三种砌筑材料又有很多不同的种类。

(1)砖类是建筑常用砌体材料之一，同时，也是最古老的建筑材料之一，其种类非常繁多，包括非黏土烧结多孔砖、非黏土烧结空心砖、混凝土多孔砖、蒸压粉煤灰砖和蒸压灰砂空心砖，除此之外，还有烧结多孔砖和烧结空心砖等。

(2)砌块类。砌块类建筑砌体材料是在现代发展起来的，它适应现代工业的发展对建筑提出的新要求，它能很好地满足建筑节能和保温等要求，是现代建筑行业当前非常提倡的建筑材料之一，同时，又由于其生产工艺更为经济和环保，现在已经越来越多地应用于建筑当中。到目前为止，常见的砌块类建筑砌体材料包括普通混凝土小型砌块、轻集料混凝土小型空心砌块、烧结空心砌块、蒸压加气混凝土砌块、石膏砌块、粉煤灰小型空心砌块。

(3)板材类。板材类的建筑砌体材料是针对大型建筑的要求而产生的一种新型的建筑砌体材料，其功能突出，适应了现在高层建筑对于建筑砌体材料的要求，与其他几种建筑砌体材料相比，它有着自己独特的优良性质。主要表现在施工工艺的简便，这样，可以节省不少的劳动力，同时，板块类建筑砌体材料的产生也有利于建筑行业的建筑工业化生产。常见的板材类砌筑材料包括蒸压加气混凝土板、建筑隔墙用轻质条板、钢丝网架聚苯乙烯夹芯板、石膏空心条板、玻璃纤维增强水泥轻质多孔隔墙条板等。

二、我国建筑砌筑材料的发展

从历史上看，我国房屋建筑的墙体材料历来是以砌筑类材料为主。早在先民脱离巢居穴处状况之初，即开始以筑土垒石建造房屋。商周之际，开始用烧土制砖建筑房屋。秦汉时期，黏土砖瓦已经是帝王将相建造华丽宫室的主要建筑材料，同时，广大百姓采用黏土砖瓦建房的也日益增多。黏土砖瓦的生产与应用的历史达 3 000 多年，对我国房屋建筑的型式、建筑营造工艺、建筑艺术风格、人们的居住习俗及建筑文化等的影响极大。迄今为止，烧结普通砖在我国墙体材料中仍占统治地位是可以理解的。建筑砌块，虽然块型比烧结普通砖略大一些，但它是砌筑类的墙体材料和建筑制品，砌块的施工类同于砌砖，砌块的许多物理力学性能同烧结普通砖也大同小异，因此，砌块用作墙体材料符合我国的建筑传统和居住习惯，容易为人们接受。

砌块能广泛用于各类建筑物。砌块块型略大于烧结普通砖，在建筑物的各部位的使用比较灵活，其材料性能、施工方法、外观形貌等类同于烧结普通砖。它既可用于民用建筑物，如住宅、公寓、别墅、商厦、办公楼、医院、学校建筑的墙体，也可用于工业建筑物单层及多层厂房、库房、筒仓等建筑物，还是建筑地坪、路面、庭院设施、挡土墙、高速公路单障、路肩、堤岸护坡等的理想建筑制品。砌块的用途十分广泛，是其他新型墙体材料难以相比的。

拓展实训

1. 砌筑工程中所采用的块材主要有哪几种？
2. 简述普通砖的规格、烧结普通砖的强度等级。
3. 砌筑砌块和石材的分类有哪些？
4. 砌筑用砂浆分为哪几类，组成如何？
5. 简述砂浆的强度评定标准和强度等级。

任务四　砖砌体施工

任务描述

按规范和工程实际，编写砖砌体施工方案，进行砖砌体施工前的技术交底，组织人员对施工质量进行检查和验收。

任务分析

砖砌体在工程建设中，特别是量大面广的住宅工程，得到了广泛的应用，其是通过人工将砖和砂浆结合在一起，按设计图纸规定的位置、形态，砌成墙、柱、垛等。由于施工操作技术、流程以及施工管理等方面的原因，存在着不同程度的质量问题，有些甚至成为质量通病，使工程的安全性、整体刚度、抗震性能、耐久性等受到影响。因此，在施工前务必要按照法律、法规的要求编制砖砌体施工的专项施工方案，并对砌筑工人做详细的技术交底，以免在施工过程中出现问题。在砌筑过程中，还应组织相关人员对已砌筑好的砌体进行质量检查，发现问题要及时处理。

相关知识

一、施工前的准备工作

砖砌体的施工准备工作包括砖的准备、砌筑砂浆的准备和施工机具的准备。

1. 砖的准备

砖要按规定及时进场，按砖的强度等级、外观、几何尺寸进行验收，并应检查出厂合格证，砖的品种、强度等级必须符合设计要求，并应规格一致；用于清水墙、柱表面的砖，外观要求应尺寸准确、边角整齐、色泽均匀，无裂纹、缺棱、掉角和翘曲等严重现象。

砌筑烧结普通砖、烧结多孔砖、蒸压灰砂砖、蒸压粉煤灰砖砌体时，为避免砌筑时由于砖吸收砂浆中过多的水分，使砂浆流动性降低，砌筑困难，影响砂浆的粘结强度。砖应提前1~2 d浇水湿润，通常以浸入砖内10~15 mm为宜。严禁采用干砖或处于吸水饱和状态的砖砌筑。

混凝土多孔砖及混凝土实心砖不需要浇水湿润，但在气候干燥炎热的情况下，宜在砌筑前对其喷水湿润。过湿过干都会影响施工速度和施工质量。

试验证明，适宜的含水率不仅可以提高砖与砂浆之间的粘结力，提高砌体的抗剪强度，也可以使砂浆强度保持正常增长，提高砌体的抗压强度。如因天气酷热，砖面水分蒸发过快，操作时揉压困难，也可在脚手架上进行二次浇水。

2. 砌筑砂浆的准备

砂浆的作用是粘结砌体、传递荷载、密实孔隙、保温隔热。砂浆的准备主要是材料的准备和砂浆的拌制。

水泥进场使用前，应分批对水泥的强度和体积安定性两项指标进行复验。强度和安定性是判断水泥是否合格的重要指标。不同品种的水泥，不得混合使用，由于成分不一，如将不同水泥混合使用，会发生材性变化或强度降低的现象，容易引起工程质量问题。

3. 施工机具的准备

在砌筑施工前，必须按施工组织设计的要求组织垂直和水平运输机械、砂浆搅拌机械进场，并进行安装和调试等工作，确定各种材料堆放场地。同时，还要准备好脚手架、砌筑工具（如皮数杆、托线板）等。

二、砖砌体的组砌形式

砖砌体的组砌要求为：上下错缝，内外搭砌，以保证砌体的整体性。同时，组砌要有规律，少砍砖，以提高砌筑效率，节约材料。砖柱不得采用包心砌法。

实心砖墙常用的厚度有半砖（120 mm）、一砖（240 mm）、一砖半（370 mm）、两砖（490 mm）等。实心砌体采用一顺一丁、三顺一丁或梅花丁的砌筑形式等，如图 3-29 所示。

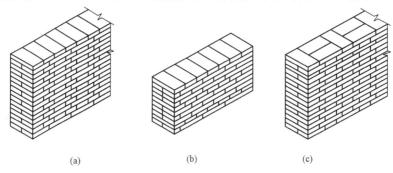

图 3-29 组砌形式
(a) 一顺一丁；(b) 三顺一丁；(c) 梅花丁

(1) 一顺一丁砌法是一皮中全部顺砖与另一皮中全部丁砖相互间隔砌成，上下皮间的竖缝相互错开 1/4 砖。砌体中无任何通缝，而且丁砖数量过多，能增强横向拉结力。这种组砌方式各皮间错缝搭接牢靠，墙面整体性好，操作中变化小，易于掌握，砌筑时墙面也容易控制平直，但竖缝不易对齐，在墙的转角、丁字接头、门窗洞口等处都要砍砖，因此，砌筑效率受到一定限制。

(2) 三顺一丁砌法是三皮中全部顺砖与一皮中全部丁砖间隔砌成。上下皮顺砖与丁砖间竖缝错开 1/4 砖，上下皮顺砖间竖缝错开 1/2 砖。这种砌法由于顺砖较多，故可提高工效，但三皮顺砖层内部纵向有通缝，整体性较差，一般使用较少，宜用于一砖半以上的墙体的砌筑或挡土墙的砌筑。

(3) 梅花丁又称沙包式、十字式。梅花丁的砌法是每皮中丁砖与顺砖相隔，上皮顶砖坐中在下皮顺砖，上下皮间竖缝相互错开 1/4 砖。这种砌法内外竖缝每皮都能错开，故抗压整体性较好,墙面容易控制平整,竖缝易于对齐,特别是当砖长、宽比例出现差异时竖缝易控制。因丁、顺砖交替砌筑,且操作时容易搞错,比较费工,砌筑效率较低。砌筑清水墙或当砖的规格不一致时,采用这种砌法较好。

另外,还有全顺砌法、全丁砌法和两平一侧砌法。全顺砌法即全部采用顺砖砌筑,每皮砖上下搭接 1/2 砖,适用于半砖墙的砌筑;全丁砌法即全部采用丁砖砌筑,每皮砖上下搭接 1/4 砖,适用于圆形烟囱和窨井的砌筑。当设计要求砌 180 mm 或 300 mm 厚砖墙时,可用两平一侧砌法,即连续砌筑两皮顺砖或丁砖,然后侧面贴砌一层侧砖,每砌筑两皮砖后,将平砌砖和侧砌砖里外互换,顺砖层上下皮搭接 1/2 砖,丁砖层上下皮搭接 1/4 砖。

多孔砖及空心砖砌体宜采用一顺一丁或梅花丁的砌筑形式,为了使砖墙的转角处各皮间竖缝相互错开,必须在外角处砌七分头砖(3/4 砖长)。当采用一顺一丁组砌时,七分头的顺面方向依次砌顺砖,丁面方向依次砌丁砖,如图 3-30(a)所示;砖墙的丁字接头处,应分皮相互砌通,内角相交处的竖缝应错开 1/4 砖长,并在横墙端头处加砌七分头砖,如图 3-30(b)所示;砖墙的十字接头处,应分皮相互砌通,交角处的竖缝相互错开 1/4 砖长,如图 3-30(c)所示。

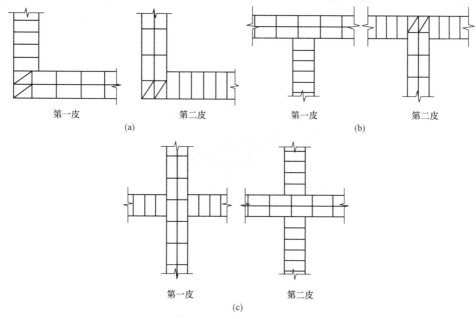

图 3-30 砖墙交接处组砌

(a)—砖墙转角(一顺一丁);(b)—砖墙丁字交接处(一顺一丁);(c)—砖墙十字交接处(一顺一丁)

三、砖砌体的施工工艺流程

砖砌体砌筑的施工工艺流程一般为抄平、放线、摆砖样、立皮数杆、盘角、挂线、砌筑、勾缝、清理、楼层轴线的引测、各层标高的控制等。

1. 抄平、放线

砌筑前,应在基础防潮层或楼面上定出标高,并用 M7.5 水泥砂浆或 C10 细石混凝土找平,使各段墙底标高符合设计要求。

根据龙门板或轴线控制桩上的标志轴线,利用经纬仪和墨线弹出基础或墙体的轴线、边线及门窗洞口的位置。二层以上墙体轴线可以用经纬仪或垂球将轴线引测。

基础放线是保证墙体平面位置的关键工序,是体现定位测量精度的主要环节,稍有疏忽就会造成错位。因此,在放线过程中要充分重视以下环节:

(1)在挖槽的过程中龙门板易被碰动。因此,在投线前要对控制桩、龙门板进行复核,避免问题的发生。

(2)对于偏中基础,要注意偏中的方向。

(3)附墙垛、烟囱、温度缝、洞口等特殊部位要标清楚,防止遗忘。

2. 摆砖样

摆砖样也称摆底,是在弹好线的基础顶面上按选定的组砌方式先用砖试摆,核对所弹出的墨线在门窗洞口、墙垛等处是否符合砖模数,以便借助灰缝调整,使砖的排列和砖缝宽度均匀合理。摆砖时,要求山墙摆成丁砖,横墙摆成顺砖,又称"山丁檐跑"。摆砖由一个大角摆到另一个大角,砖与砖留10 mm缝隙,摆砖结束后,用砂浆把干摆的砖砌好,砌筑时应注意其平面位置不得移动。摆砖样在清水墙砌筑中尤为重要。

3. 立皮数杆

砌墙前,先要立好皮数杆(又称线杆),作为砌筑的依据之一。皮数杆一般是用5 cm×7 cm的方木做成,上面划有砖的皮数、灰缝厚度、门窗、楼板、圈梁、过梁、屋架等构件位置及建筑物各种预留洞口和加筋的高度,它是墙体竖向尺寸的标志,如图3-31所示。

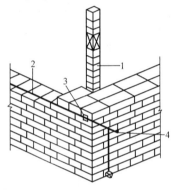

图3-31 皮数杆示意图
1—皮数杆;2—准线;3—竹片;4—圆铁钉

皮数杆一般立于房屋的四大角、内外墙交接处、楼梯间以及洞口多的地方,每隔10~15 m立一根。立皮数杆时可用水准仪测定标高,使各皮数杆立在同一标高上。

4. 盘角、挂线

砌筑时,应根据皮数杆先在墙角及交接处砌4~5皮砖,并保证垂直平整,称为盘角。然后根据皮数杆和已砌的墙角挂准线,作为砌筑中间墙体的依据,每砌一皮或两皮,准线向上移动一次,以保证墙面平整。一砖厚以内的墙单面挂线,外墙挂外边,内墙挂任何一边;一砖半及以上厚的墙都要双面挂线。

5. 砌筑

砌砖的操作方法很多,各地的习惯、使用工具也不尽相同。无论选择何种砌筑方法,首先应保证砖缝的灰浆饱满,其次还应考虑有较高的生产效率。常用的砌筑方法有"三一"砌砖法、铺浆法、刮浆法和满口灰法。其中,"三一"砌砖法和铺浆法最为常用。

(1)"三一"砌砖法是指一块砖、一铲灰、一揉压并随手将挤出的砂浆刮去的砌筑方法。这种砌法的特点是上灰后立即挤砌,灰浆不宜失水,且灰缝容易饱满、粘结性好、墙面整洁,宜于保证质量。竖缝可采用挤浆或加浆的方法,使其砂浆饱满。砌筑实心砖砌体宜采用"三一"砌砖法。

(2)铺浆法即用灰勺、大铲或铺灰器在墙顶上铺一段适当厚度的砂浆,然后双手拿砖或单手拿砖,用砖挤入砂浆中一定厚度之后把砖放平,达到下齐边、上齐线、横平竖直的要求。这种砌法的优点是效率较高,灰缝容易饱满,能保证砌筑质量。当采用铺浆法砌筑时,铺浆长度不得超过 750 mm;施工期间气温超过 30 ℃时,铺浆长度不得超过 500 mm。

6. 勾缝、清理

勾缝是砌清水墙的最后一道工序,具有保护墙面并增加墙面美观的作用。

勾缝的方法有两种:墙较薄时,可用砌筑砂浆随砌随勾缝,称为原浆勾缝;墙较厚时,待墙体砌筑完毕后,用 1∶1.5 水泥砂浆或加色砂浆勾缝,称为加浆勾缝。为了保证勾缝质量,勾缝前,应清除墙面粘结的砂浆和杂物,并洒水湿润,在墙砌完后,应画出 1 cm 的灰槽,灰槽可勾成平、斜、凹等形状。

当该层施工面墙体砌筑完成后,应及时对墙面和落地灰进行清理。

7. 楼层轴线的引测

为了保证各层轴线的重合和施工方便,在弹墙身线时,应根据龙门板上标注的轴线位置将轴线引测到房屋的外墙基上。二层以上各层墙的轴线,可用经纬仪或垂球引测到楼层上。轴线的引测是放线的关键,必须按图纸要求尺寸用钢皮尺进行校核。然后按楼层墙身中心线弹出各墙边线,划出门窗洞口位置。

8. 各层标高的控制

基础砌完之后,除要把主要墙的轴线由龙门桩或龙门板上引到基础墙上外,还要在基础墙上抄出一条 −0.1 m 或 −0.15 m 标高的水平线。楼层各层标高除立皮数杆控制外,也可用在室内弹出的水平线控制。

当砖墙砌起一步架高后,应随即用水准仪在墙内进行抄平,并弹出距离室内地面 500 mm 的线,在首层即为 0.5 m 标高线,在以上各层则为该层标高加 0.5 m 的标高线。这道水平线是用来控制层高及放置门、窗过梁高度的依据,也是室内装饰施工时作为地面标高,墙裙、踢脚线、窗台及其他有关的装饰标高的依据。

当二层墙砌到一步架高后,随即用钢尺在楼梯间处,把底层的 0.5 m 标高线引入到上层,就得到二层 0.5 m 标高线。如层高为 3.3 m,那么从底层 0.5 m 标高线往上量 3.3 m 划一铅笔痕,随后用水准仪及标尺从这点抄平,把楼层的全部 0.5 m 标高线弹出。

四、砖砌体的质量要求

砖墙是由砖块和砂浆通过各种形式的组合而搭砌成的整体,因此,砌体质量的好坏取决于组成砌体的原材料质量和砌筑方法。在砌筑时,应掌握正确的操作方法,做到横平、竖直、砂浆饱满、内外搭接、上下错缝、接槎可靠,以保证墙体与足够的强度和稳定性。

1. 横平、竖直

(1)横平,即要求每一皮砖必须在同一水平面上,每块砖必须摆平。为此,首先应将基础或楼面抄平,砌筑时严格按皮数杆层层挂准线,每块砖按准线砌平。

(2)竖直,即要求砌体表面轮廓垂直平整,且竖向灰缝垂直对齐。因而,在砌筑过程中,要随时用线锤、靠尺或者用 2 m 托线板检查墙体垂直度,做到"三皮一吊、五皮一靠",以保证砌筑质量,发现问题应及时纠正。

2. 砂浆饱满

为保证砖块均匀受力和使块体紧密结合,要求水平灰缝砂浆饱满,厚薄均匀。水平灰缝太厚,在受力时砌体的压缩变形增大,还可能使砌体产生滑移,这对墙体结构很不利。如灰缝过薄,则不能保证砂浆的饱满度,对墙体的粘结力削弱,影响整体性。砂浆的饱满程度以砂浆饱满度表示,用百格网(就是按照一块标准砖的尺寸为外边尺寸,在该矩形内均分为100分格,专用来检测砌体的砂浆饱满度,如图3-32所示)检查。

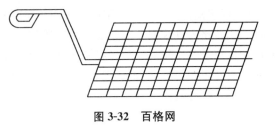

图 3-32 百格网

水平灰缝和竖向灰缝的厚度一般规定为 10 mm±2 mm。砖墙要求水平灰缝饱满度达到80%以上,竖向灰缝宜采用挤浆或加浆方法,使其砂浆饱满,不得出现透明缝、瞎缝和假缝。对于砖柱水平和竖向灰缝饱满度均不得低于90%。

3. 内外搭接、上下错缝

为保证墙体的整体性和传力效果,砖块的排列方式应遵循内外搭接、上下错缝的原则。砖块的错缝搭接长度不小于1/4砖长,避免出现垂直通缝(上下两皮砖搭接长度小于25 mm皆称通缝),确保砌筑质量,以加强砌体的整体性。为此,应采用适宜的组砌方式。

4. 接槎可靠

整个房屋的纵横墙应相互连接牢固,以增加房屋的强度和稳定性。砖砌体的转角处和交接处应同时砌筑,严禁无可靠措施的内外墙分砌施工。对于抗震设防烈度为8度及8度以上地区,不能同时砌筑而又必须留置的临时间断处应砌成斜槎,普通砖砌体斜槎水平投影长度不应小于高度的2/3,斜槎高度不得超过一步脚手架的高度。非抗震设防及抗震设防烈度为6度、7度地区的临时间断处,当不能留斜槎时,除转角处外,可留直槎,但直槎必须做成凸槎,且应加设拉结筋,拉结钢筋的数量为每120 mm的墙厚放置1ϕ6拉结钢筋(120 mm厚墙应放置2ϕ6拉结钢筋),间距沿墙高不应超过500 mm,且竖向间距偏差不应超过100 mm,埋入长度从留槎处算起每边均不应小于500 mm,对于抗震设防烈度6度、7度的地区,不应小于1 000 mm;末端应有90°的弯钩,如图3-33所示。

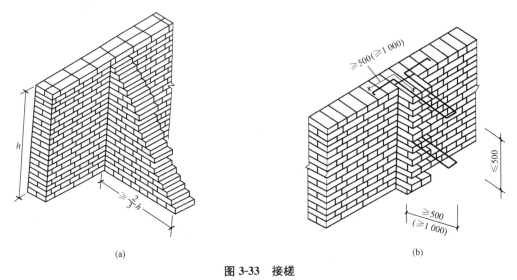

图 3-33 接槎
(a)斜槎砌筑;(b)直槎砌筑

斜槎和直槎砖砌体接槎时,必须将接槎处的表面清理干净,浇水湿润,并应填实砂浆,保持灰缝平直,使接槎处的前后砌体粘结牢固。

五、构造柱的施工

1. 构造要求

钢筋混凝土构造柱是在多层砌体房屋墙体的规定部位，按构造配筋，并按先砌墙后浇灌混凝土的施工顺序进行。应沿整个建筑物高度对正贯通，层与层之间的构造柱不能相互错位。

构造柱的混凝土强度等级不宜低于C20，构造柱的截面尺寸不宜小于240 mm×180 mm，其厚度不应小于墙厚，边柱、角柱的截面宽度宜适当加大。

构造柱内竖向受力钢筋宜采用4φ12钢筋，箍筋直径可采用6 mm，间距不宜大于250 mm，且在柱上、下端适当加密。当6度、7度超过六层，8度超过五层和9度时，构造柱纵向钢筋宜采用4φ14，箍筋间距不应大于200 mm。

所用砌砖的强度等级不应低于MU10，砌筑砂浆的强度等级不应低于M5。

砖墙与构造柱的连接处，应砌成大马牙槎，从每层柱脚开始，先退后进（两侧各60 mm），每一马牙槎沿高度方向的尺寸不宜超过300 mm，并应沿墙高每隔500 mm设置2φ6拉结筋，拉结筋每边伸入墙内不宜小于1 m，预留伸出的拉结筋，不得在施工中任意反复弯折，如有歪斜、弯曲，在浇灌混凝土之前，应校正到准确位置并绑扎牢固，如图3-34所示。

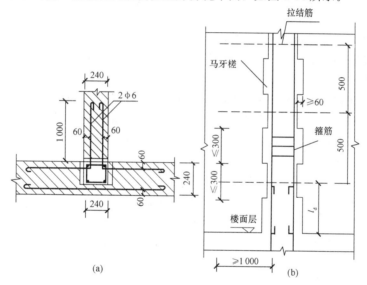

图3-34 拉结钢筋布置及马牙槎
（a）平面图；（b）立面图

构造柱与圈梁连接处，构造柱的纵筋应穿过圈梁，保证构造柱纵筋上下贯通；构造柱可不单独设置基础，但应伸入室外地面下500 mm，或与埋深小于500 mm的基础圈梁相连。

2. 施工要求

构造柱的施工程序为绑扎钢筋、砌砖墙、支模板、浇筑混凝土、拆模。

构造柱的模板可以采用木模板或组合钢模板。在每层砖墙及其马牙槎砌好后，应立即支设模板，模板必须与所在墙的两侧严密贴紧，支撑牢靠，防止模板缝漏浆。

构造柱浇筑混凝土前，必须将马牙槎部位和模板浇水湿润，将模板内的落地灰、砖渣等杂物清理干净，并在结合面处注入适量与构造柱混凝土相同的水泥砂浆。构造柱的混凝土坍落度宜为50~70 mm。构造柱的混凝土浇筑可以分段进行，每段高度不宜大于2 m。在施工条件较好并能确保混凝土浇筑密实时，也可每层一次浇筑。捣实构造柱混凝土时，宜采用插入式振动器，应分层振捣，振动棒随振随拔，每次振捣层的厚度不应超过振动棒长度的1.25倍。振捣棒应避免直接触碰砖墙，严禁通过砖墙传振。

在砌完一层墙后和浇筑该层混凝土前，应及时对已砌好的独立墙加稳定支撑，必须在该层柱混凝土浇筑完成后，才能进行向上一层的施工。

任务实施

一、一般砖砌体砌筑工程施工方案包括的内容

1. 施工准备

(1)作业条件。

1)完成室外及房心回填土，安装好沟盖板，或完成楼板结构施工。

2)办完地基、基础工程隐蔽验收手续。

3)按标高抹好水泥砂浆防潮层。

4)弹好轴线、墙身线及检查线，根据进场砖的实际规格尺寸，弹出门窗洞口位置线，经验线符合设计要求，办完验收手续。

5)按设计标高要求立好皮数杆，皮数杆的间距15~20 m，或每道墙的两端。

6)有砂浆配合比通知单，准备好砂浆试模(6块为一组)。

(2)材料要求。

1)砖：品种、规格、强度等级必须符合设计要求，并有产品合格证书、产品性能检测报告。承重结构必须做取样复试。要求砖必须有一个条面和丁面边角整齐。

2)水泥：品种及强度等级应根据砌体的部位及所处的环境条件选择。水泥必须有产品合格证、出厂检测报告和进场复验报告。

3)砂：用中砂，使用前用5 mm孔径的筛子过筛。

4)掺合料：白灰熟化时间不少于7 d，或采用粉煤灰等。

5)其他材料：墙体拉结筋、预埋件、已做防腐处理的木砖等。

(3)施工机具。应备有大铲、刨锛、托线板、线坠、小白线、卷尺、水平尺、皮数杆、小水桶、灰槽、砖夹子、扫帚等。

2. 质量要求

砖砌体工程质量要求符合《砌体结构工程施工质量验收规范》(GB 50203—2011)的规定。具体见表3-7。

表3-7 砖砌体工程项目质量指标

项目	序号	检查项目	允许偏差或允许值
主控项目	1	砖强度等级	按设计要求
	2	砂浆强度等级	按设计要求
	3	水平灰缝砂浆饱满度	≥80%
	4	斜槎留置	GB 50203—2011第5.2.3条
	5	直槎拉结钢锯及接槎处理	GB 50203—2011第5.2.4条
	6	轴线位移	≤10 mm
	7	垂直度(每层)	≤5 mm

续表

项目	序号	检查项目	允许偏差或允许值
一般项目	1	组砌方法	GB 50203—2011 第 5.3.1 条
	2	水平灰缝厚度	8～12 mm
	3	基础顶面、楼面标高	±15 mm
	4	表面平整度	清水：5 mm 混水：8 mm
	5	门窗洞口高、宽	±5 mm
	6	外墙上下窗口偏移	20 mm
	7	水平灰缝平面度	清水：7 mm 混水：10 mm
	8	清水墙游丁走缝	20 mm

3. 工艺流程

作业准备→砖浇水→砂浆搅拌→砌砖墙→验收。

4. 操作工艺

(1)砖浇水。砌体用砖必须在砌筑前一天浇水湿润，一般以水浸入砖四边 1.5 cm 为宜，含水率为 10%～15%，常温施工不得用干砖上墙；雨期不得使用含水率达到饱和状态的砖砌墙；冬期砖不得浇水，可适当增大砂浆稠度。

(2)砂浆搅拌。砂浆配合比采用质量比，计量精度水泥为±2%，砂、灰膏控制在±5%以内，机械搅拌时，搅拌时间不得少于 2 min；加入粉煤灰或外加剂，搅拌不少于 3 min；掺用有机塑化剂的砂浆搅拌 3～5 min。

(3)砌砖墙。

1)组砌方法：砌体一般采用一顺一丁砌法。砖柱不得采用先砌四周后填心的包心砌法。

2)排砖摆底：一般外墙第一层砖摆底时，两山墙排丁砖，前后檐纵墙排条砖。根据弹好的门窗口位置线及构造柱的尺寸，认真核对窗间墙、垛尺寸，其长度是否符合排砖模数，如不符合模数时，可将门窗口的位置左右移动。若留破活，七分头或丁砖排在窗口中间、附墙垛或其他不明显的部位。移动门窗口位置时，应注意暖卫立管及门窗开启时不受影响。另外，在排砖时还要考虑在门窗口上边的砖墙合拢时也不出现破活。所以，排砖时必须全盘考虑。前后檐墙排第一皮砖时，要考虑甩窗口后砌条砖，窗角上必须是七分头才是好活。

3)选砖：外墙砖要棱角整齐，无弯曲、裂纹，颜色均匀，规格基本一致。敲击时声音响亮，焙烧过火变色、变形的砖可用在基础或不影响外观的内墙上。

4)盘角：砌砖前应先盘好角，每次盘角不要超过五层，新盘的大角，及时进行吊、靠。如有偏差及时修整。盘角时要仔细对照皮数杆的砖层和标高，控制好灰缝大小，使水平缝均匀一致。大角盘好后再复查一次，平整和垂直完全符合要求后，再挂线砌墙。

5)挂线：砌筑三七墙必须挂双线，如果长墙几个人共使用一根通线，中间应设几个支点，小线要拉紧，每层砖都要穿线看平，使水平缝均匀一致，平直通顺；砌 24 墙时，可采用挂外手单线(视砖外观质量要求情况，如果质量好要求高也可挂双线，提高砌砖质量)，可照顾砖墙两面平整，为下道工序控制抹灰厚度奠定基础。

6)砌砖：砌砖采用一铲灰、一块砖、一挤揉的"三一"砌砖法。砌砖时砖要放平。里手高，墙面就要张；里手低，墙面就要背。砌砖一定要跟线，"上跟线，下跟棱，左右相邻要对平"，砌筑砂浆要随搅拌随使用，一般水泥砂浆必须在 3 h 内使完，混合砂浆必须在 4 h 内用完。

7)留槎：砖混结构施工缝一般留在构造柱处。一般情况下，砖墙上不留直槎。如果不能留斜槎时，可留直槎，但必须砌成凸槎，并应加设拉结筋。拉结筋的数量为每 120 mm 墙厚设一

根 Φ6 的钢筋，间距沿墙高不得超过 500 mm。其埋入长度从墙的留槎处算起，一般每边均不小于 500 mm，末端加 90°弯钩。

8）预埋木砖和墙体拉结筋：木砖预埋时应小头在外，大头在内，数量按洞口高度决定。洞口高在 1.2 m 以内，每边放 2 块；高 1.2~2 m，每边放 3 块；高 2~3 m，每边放 4 块，预埋木砖的部位一般在洞口上边或下边四皮砖，中间均匀分布。木砖要提前做好防腐处理，防腐材料一般用沥青油。

预埋木砖的另一种方法：按照砖的大小尺寸制作砂浆块，制作时将木砖预埋好，达到强度后，按部位要求砌在洞口。

墙体拉结筋的位置、规格、数量、间距均按设计及施工规范要求留置，不得错放、漏放。

9）安装过梁、梁垫：安装过梁、梁垫时，其标高、位置及型号必须准确，坐灰饱满。如坐灰厚度超过 2 cm 时，要用豆石混凝土铺垫，边梁安装时，两端支座长度必须一致。

10）构造柱做法：在构造柱连接处必须砌成马牙槎。每一个马牙槎高度方向为五皮砖，并且是先退后进。拉结筋按设计要求放置，设计无要求按构造要求放置。

11）每层承重墙最上一皮砖，在梁或梁垫下面。挑檐应是整砖丁砌层。

5. 成品保护

（1）墙体拉结筋，抗震构造柱钢筋，及各种预埋件、暖卫、电气管线等，均应注意保护，不得任意拆改或损坏。

（2）砂浆稠度应适宜，砌墙时应防止砂浆溅脏墙面。

（3）搭设脚手架或操作平台时，要认真操作，防止碰撞刚砌好的砖墙。

（4）尚未安装楼板或面层板的墙和柱，当可能遇到大风时，应采取临时支撑等措施，保证施工中墙体的稳定性。

6. 应注意的质量问题

（1）砖头灰未刮尽，半头砖集中使用造成通缝；一砖墙非挂线面；砖墙错层造成螺丝墙。半头砖要分散在较大的墙体上，首层或楼层的第一皮砖要查对皮数杆的标高及层高，防止到顶砌成螺丝墙。

（2）构造柱砌筑不符合要求：构造柱砖墙应砌成大马牙槎，设置好拉结筋从柱脚开始两侧都必须是先退后进。

二、砖砌体工程检验批质量验收记录表

砖砌体工程检验批质量验收记录见表 3-8。

表 3-8　砖砌体工程检验批质量验收记录

工程名称			分项工程名称		验收部位	
施工单位					项目经理	
施工执行标准名称及编号		《砌体结构工程施工质量验收规范》(GB 50203—2011)			专业工长	
分包单位					施工班组组长	
	质量验收规范的规定		施工单位检查评定记录		监理(建设)单位验收记录	
主控项目	1. 砖强度等级	设计要求 MU				
	2. 砂浆强度等级	设计要求 M				
	3. 斜槎留置	5.2.3 条				
	4. 转角、交接处	5.2.3 条				

续表

	质量验收规范的规定		施工单位检查评定记录	监理(建设)单位验收记录
主控项目	5. 直槎拉结钢筋及接槎处理	5.2.4条		
	6. 砂浆饱满度	≥80%(墙)		
		≥90%(柱)		
一般项目	1. 轴线位移	≤10 mm		
	2. 垂直度(每层)	≤5 mm		
	3. 组砌方法	5.3.1条		
	4. 水平灰缝	5.3.2条		
	5. 竖向灰缝宽度	5.3.2条		
	6. 基础、墙、柱顶面标高	±15 mm以内		
	7. 表面平整度	≤5 mm(清水)		
		≤8 mm(混水)		
	8. 门窗洞口高、宽(后塞口)	±10 mm以内		
	9. 窗口偏移	≤20 mm		
	10. 水平灰缝平直度	≤7 mm(清水)		
		≤10 mm(混水)		
	11. 清水墙游丁走缝	≤20 mm		
施工单位检查评定结果			项目专业质量检查员： 年　月　日	
监理(建设)单位验收结论			监理工程师(建设单位项目技术负责人)： 年　月　日	

拓展实训

一、填空题

1. 砌筑工程总的质量要求是_____、_____、_____、_____。
2. 砖墙的组砌形式主要有_____、_____、_____。
3. 砖墙的水平灰缝厚度和竖向缝宽度一般为_____，但不小于_____，也不大于_____，水平灰缝的饱满度应不小于_____，砂浆饱满度用_____检查。
4. 砖墙砌筑临时间断处留槎的方式有_____和_____。
5. 砖砌体施工时，砖应提前_____天浇水，以水浸入砖内深度为_____为宜。

6. "三一"砌筑法指的是_____、_____和_____。

二、简答题

1. 砖砌体主要有哪几种砌筑形式？各有哪些特点？
2. 简述砖砌体砌筑的施工工艺和施工要点。
3. 砌体工程质量有哪些要求？影响其质量的因素有哪些？
4. 皮数杆的作用是什么？应如何设置？

任务五　砌块砌体施工

任务描述

按规范和工程实际，编写砖砌体施工方案，进行砌块砌体施工前的技术交底，组织人员对施工质量进行检查和验收。

任务分析

砌块代替普通砖作为墙体材料是墙体改革的重要途径。

近年来，各地因地制宜，就地取材，以天然材料或工业废料作为原材料制作各种砌块。目前，工程中多采用中小型砌块。中型砌块施工是采用各种吊装机械及夹具将砌块安装在设计位置，一般要按建筑物的平面尺寸及预先设计的砌块排列图逐块按次序吊装、就位、固定。小型砌块施工，与传统的砖砌体砌筑工艺相似，也是手工砌筑，但在形状、构造上有一定的差异。

相关知识

一、施工准备

1. 编制砌块排列图

砌块砌筑前，应根据施工图纸的平面、立面尺寸，并结合砌块的规格，先绘制砌块排列图，砌块排列如图 3-35 所示。绘制砌块排列图时在立面图上按比例绘出纵、横墙，标出楼板、大梁、过梁、楼梯、孔洞等位置，在纵横墙上绘出水平灰缝线，然后以主规格为主、其他型号为辅，按墙体错缝搭砌的原则和竖缝大小进行排列。在墙体上大量使用的主要规格砌块，称为主规格砌块。与它相搭配使用的砌块，称为副规格砌块。小型砌块施工时，也可不绘制砌块排列

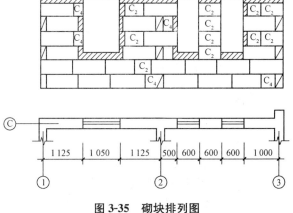

图 3-35　砌块排列图

图，但必须根据砌块尺寸和灰缝厚度计算皮数和排数，以保证砌体尺寸符合设计要求。若设计无具体规定，砌块应按下列原则排列：

(1)尽量多用主规格的砌块或整块砌块，减少非主规格砌块的种类与数量。

(2)砌块砌体应分皮错缝砌筑，上下皮搭砌长度不应小于90 mm。当搭砌长度不满足上述要求时，应在水平灰缝内设置至少2根直径不小于4 mm的焊接钢筋网片。

(3)外墙转角处及纵横交接处，应用砌块相互搭接，如不能相互搭接，则每两皮应设置一道拉结钢筋网片。

(4)水平灰缝一般为10～20 mm，有配筋的水平灰缝为20～25 mm。竖缝宽度为15～20 mm，当竖缝宽度大于40 mm时，应用与砌块同强度的细石混凝土填实。当竖缝宽度大于100 mm时，应用烧结普通砖镶砌。

(5)当楼层高度不是砌块的整数倍时，用烧结普通砖镶砌。

(6)对于空心砌块，上下皮砌块的壁、肋、孔均应垂直对齐，以提高砌体的承载能力。

2. 砌块的堆放

砌块的堆放位置应在施工总平面图上周密安排，应尽量减少二次搬运，使场内运输路线最短，以便于砌筑时起吊。堆放场地应平整夯实，使砌块堆放平稳，并做好排水工作。砌块不宜直接堆放在地面上，应堆在草袋、煤渣垫层或其他垫层上，以免砌块底面玷污。砌块的规格、数量必须配套，不同类型分别堆放。

3. 砌块的吊装方案

砌块墙的施工特点是砌块数量多，吊次也相应地多，但砌块的重量不是很大。砌块安装方案与所选用的机械设备有关，通常采用的吊装方案有两种：一是以塔式起重机进行砌块、砂浆的运输，以及楼板等构件的吊装，由台灵架吊装砌块，如工程量大，组织两栋房屋对翻流水等可采用这种方案；二是以井架进行材料的垂直运输，杠杆车进行楼板吊装，所有预制构件及材料的水平运输则用砌块车和劳动车，台灵架负责砌块的吊装。

除应准备好砌块垂直、水平运输和吊装的机械外，还要准备安装砌块的专用夹具和有关工具。

二、施工工艺

砌块施工时，需弹墙身线、立皮数杆，并按事先划分的施工段和砌块排列图逐皮安装，其安装顺序是先外后内、先远后进、先下后上。砌块砌筑时应从转角处或定位砌块处开始，并校正其垂直度，然后按砌块排列图内外墙同时砌筑并且错缝搭砌。

每个楼层砌筑完成后均应复核标高，如有偏差则应找平校正。铺灰和灌浆完成后，吊装上一皮砌块时，不允许碰撞或撬动已安装好的砌块。当相邻砌体不能同时砌筑时，应留阶梯形斜槎，不允许留直槎。

砌块施工的主要工序是铺灰、吊装砌块就位、校正、灌缝和镶砖等。

1. 铺灰

采用稠度良好的水泥砂浆，铺3～5 m长的水平缝。夏季及寒冷季节应适当缩短，铺灰应均匀平整。

2. 吊装砌块就位

采用摩擦式夹具，按砌块排列图将所需的砌块吊装就位。砌块就位应对准位置徐徐下落，使夹具中心尽可能与墙中心线处于同一垂直面上，砌块光面在同一侧，垂直落在砂浆层上，待砌块安放稳妥后，才可松开夹具。

3. 校正

用线坠和托线板检查垂直度,用拉准线的方法检查水平度,用撬棍、楔块调整偏差。

4. 灌缝

采用砂浆灌竖缝,两侧用夹板夹住砌块,超过 30 mm 宽的竖缝采用强度等级不低于 C20 的细石混凝土灌缝,收水后进行嵌缝,即原浆勾缝。一般不应再撬动砌块,以免破坏砂浆的粘结力。

5. 镶砖

当砌块之间出现较大竖缝或过梁找平时,应镶砖。采用 MU10 级以上的红砖,最后一皮用丁砖镶砌。镶砖工作必须在砌砖校正后即刻进行,镶砖时应注意使砖的竖缝灌密实。

三、混凝土小型砌块砌体施工

混凝土小型砌块包括普通混凝土小型空心砌块和轻集料混凝土小型空心砌块。

施工时所用的小砌块的产品龄期不应小于 28 d。普通混凝土小砌块饱和吸水率低、吸水速度迟缓,一般可不浇水,天气炎热时,可适当洒水湿润;轻集料混凝土小砌块的吸水率较大,宜提前浇水湿润。底层室内地面以下或防潮层以下的砌体,应采用强度等级不低于 C20 的混凝土灌实小砌块的孔洞。

小砌块墙体应对孔错缝搭砌,搭接长度不应小于 90 mm。墙体的个别部位不能满足上述要求时,应在灰缝中设置拉结钢筋或钢筋网片,但竖向通缝仍不得超过两皮小砌块。

浇灌芯柱的混凝土宜选用专用的小砌块灌孔混凝土,当采用普通混凝土时,其坍落度不应小于 90 mm。砌筑砂浆强度大于 1 MPa 时,方可浇灌芯柱混凝土。浇灌时清除孔洞内的砂浆等杂物,并用水冲洗。先注入适量与芯柱混凝土相同的去石水泥砂浆,再浇灌混凝土。

小砌块墙体转角处和纵横交接处应同时砌筑。临时间断处应砌成斜槎,斜槎水平投影长度不应小于高度的 2/3。小砌块砌体的灰缝应横平竖直,水平灰缝厚度和竖向灰缝宽度宜为 10 mm,但不应大于 12 mm,也不应小于 8 mm,砌体水平和竖向灰缝的砂浆饱满度按净面积计算,应不低于 90%。

四、蒸压加气混凝土砌块砌体施工

加气混凝土砌块可砌成单层墙或双层墙。单层墙是将加气混凝土砌块立砌,墙厚为砌块的宽度;双层墙是将加气混凝土砌块立砌两层,中间夹以空气层,两层砌层间,每隔 500 mm 墙高在水平灰缝中放置 φ4~φ6 的钢筋扒钉,扒钉间距为 600 mm,空气层厚度为 70~80 mm。

承重加气混凝土砌块墙的外墙转角处、墙体交接处均应沿高 1 m 左右,在水平灰缝中放置拉结钢筋,拉结钢筋为 φ6,钢筋伸入墙内不少于 1 000 mm。

加气混凝土砌块砌筑前,应根据建筑物的平面图、立面图绘制砌块排列图。在墙体转角处设置皮数杆,皮数杆上画出砌块皮数及砌块高度,并拉准线砌筑。

加气混凝土砌块墙的上下皮砌块的竖向灰缝应相互错开,相互错开长度宜为 300 mm,并且不小于 150 mm。

加气混凝土砌块墙的灰缝应横平竖直,砂浆饱满,水平和竖向灰缝饱满度不应小于 90%,水平灰缝厚度宜为 15 mm,竖向灰缝宽度宜为 20 mm。

加气混凝土砌块墙的转角处应使纵横墙的砌块相互搭砌,隔皮砌块露端面。加气混凝土砌块墙的 T 形交接处应使横墙砌块隔皮露端面,并坐中于纵墙砌块。

五、粉煤灰砌块砌体施工

粉煤灰砌块墙砌筑前，应按设计图绘制砌块排列图，并在墙体转角处设置皮数杆。砌筑面应适量浇水。

粉煤灰砌块的砌筑可采用"铺灰灌浆法"。先在墙顶上摊铺砂浆，然后将砌块按砌筑位置摆放到砂浆层上，并与前一块砌块靠拢，留出不大于 20 mm 的空隙。待砌完一皮砌块后，在空隙两旁装上夹板或塞上泡沫塑料条，在砌块的灌浆槽内灌砂浆，直至灌满。待砂浆开始硬化不流淌时，即可卸掉夹板或取出泡沫塑料条。

粉煤灰砌块上下皮的垂直灰缝应相互错开，错开长度应不小于砌块长度的 1/3。其灰缝厚度、砂浆饱满度及转角、交接处的要求同加气混凝土砌块。

粉煤灰砌块墙砌到接近上层楼板底时，因最上一皮不能灌浆，可改用烧结普通砖斜砌挤紧。砌筑粉煤灰砌块外墙时，不得留脚手眼。每一楼层内的砌块墙应连续砌完，尽量不留接槎。

任务实施

一、砌块砌体工程施工方案

某工程墙体采用蒸压加气混凝土砌块进行砌筑，现编制砌块砌体施工方案如下。

1. 材料要求

(1)蒸压加气混凝土砌块的质量应符合各项指标要求。
(2)水泥：采用 42.5 级普通硅酸盐水泥或 32.5 级复合硅酸盐水泥。
(3)砂子：中砂，含泥量不超过 5%，过 5 mm 孔径筛。
(4)砖：MU15 蒸养水泥砖。

2. 主要机具

搅拌机，后台计量设备，5 mm 筛子、手推车、大铲、铁锹、刀锯、镂槽工具带齿刃、手摇钻、线坠、托线板、小白线、灰桶、铺灰铲、小锤、小水桶、水平尺、砂浆吊斗及垂直运输工具等。

3. 作业条件

(1)现场存放场地应夯实，平整，不积水，码放应整齐。装运过程轻拿轻放，避免损坏。并尽量减少二次倒运。

(2)根据墙体尺寸和砌块规格，妥善安排砌筑平面排块设计，尽可能地减少现场切割量。根据砌块厚度与结构净空高度及门窗洞口尺寸切实安排好立面、剖面的排块设计，避免浪费。

(3)加气混凝土砌块的部位在结构墙体上按 +500 mm 标高线分层划出砌块的层数，安排好灰缝的厚度。在相应的部位弹好墙身门洞口尺寸线，在结构墙柱上弹好加气混凝土墙的立面边线。标注窗口位置。

(4)砌筑前应先做地面找平，加气墙底部先砌好三层实心砖(高度不小于 200 mm)。

(5)门窗洞两侧可浇筑成钢筋混凝土小立柱，作为边框，也可以在砌筑同时按规定间距砌筑水泥砖，用来固定门窗。

(6)砌墙的前一天，应将加气混凝土墙与结构相接的部位洒水湿润，保证砌体粘结牢固。

(7)遇有穿墙管线，应预先核实其位置、尺寸。以预留为主，减少事后剔凿、损害墙体。

(8)按照设计要求预先在结构墙柱上每 1 m 间距植筋预留拉结钢筋。

4. 操作工艺

工艺流程：墙体放线→基层处理→制备砂浆→砌块砌筑→校正→竖缝灌浆→勒缝→砌块与结构墙体拉结→门窗边预料门窗固定点→砌块在板底梁底的堵塞。

(1)墙体放线：砌体施工前将墙体轴线、楼层结构标高按设计要求放线，轴线控制线为200 mm控制线即轴线向外量200 mm作为控制砌块砌筑使用标准，结构标高为500 mm控制线即结构面标高上量500 mm作为控制砌块砌筑标高控制。

(2)基层处理：将结构面楼层水泥浮浆、施工垃圾清理干净，加气混凝土砌块墙根部提前浇水湿润，拉线进行找平，20 mm以内采用水泥砂浆找平，超过30 mm用细石混凝土找平，加气混凝土墙体底部用水泥砖砌筑三皮(高度不小于200 mm)。

(3)制备砂浆：按照设计图纸要求砌块墙体砂浆采用M5.0混合砂浆，进行配合比试验，换算施工配合比制备砂浆。

(4)砌筑加气混凝土砌块：

1)砌筑时按墙长度尺寸和砌块的规格尺寸，进行排列摆块，不够整块时可以锯割成需要的尺寸，要求搭接长度不小于块体长度的1/3，并且不小于150 mm。

灰缝控制竖缝宽20 mm，水平灰缝15 mm为宜。当最下一皮的水平灰缝厚度大于20 mm时，应用细石混凝土找平。砌筑时，满铺满挤，上下丁字错缝，正反手墙面均进行勾缝处理，保证灰缝宽度厚度均匀，横平竖直，灰浆饱满，饱满度不小于80%。横向灰缝的一次性铺灰长度不应大于2 m，竖向灰缝应采用临时内外夹板夹紧后灰浆灌缝。搭接长度不宜小于砌块长度的1/3，转角处相互咬砌搭接。砂浆强度按设计规定。

2)加气混凝土砌块墙与结构剪力墙柱连接处，必须按设计要求设置拉结筋。当设计无要求时，竖向间距为1 m左右，埋压2ϕ6钢筋，拉结筋的末端应做40 mm长90°弯钩。埋直平铺在水平灰缝内，伸入剪力墙内不小于100 mm。未预留拉结筋部位，需进行植筋作业。

3)有抗震要求的加气混凝土砌块墙按设计要求应设置构造柱、圈梁，构造柱的宽度由设计确定，厚度一般与墙等厚，圈梁宽度与墙等宽，高度不应小于120 mm。圈梁、构造柱的插筋宜优先预埋在结构混凝土构件中或后植筋，预留长度符合设计要求。构造柱施工时按要求应留设马牙槎，马牙槎宜先退后进，进退尺寸不小于60 mm，高度为250 mm。按设计要求，构造柱应设置在填充墙的转角处、T形交接处及端部、窗间垛，间距不大于3.0 m；当墙高大于4 m时，应在1/2墙高处加设一道系梁，外围填充墙在半层处设系梁一道。电梯井四角砌块墙体内加设构造柱，电梯井四边砌块墙体内在1/2层高处加设一道系梁。确保墙体的整体稳定性。

(5)砌块与门窗口联结：

1)如采用后塞口时，使用水泥砖按洞口高度在2 m以内每侧砌三道，洞口高度大于2 m时砌四道，砂浆要饱满密实。按照设计要求窗侧需设置构造柱的按照设计要求施工。

2)门洞上角过梁端部或其他可能出现裂缝的薄弱部位，应钉涂有防锈漆的铅丝网，减少抹灰层裂缝。

3)门窗口过梁部位，按设计要求做成钢筋混凝土圈梁。

(6)砌块与楼板(或梁底)的联结：当两者之间距离为80~100 mm时，在楼板底(梁底)斜砌一排砖，如两者之间距离小于80 mm时用膨胀混凝土堵实，以保证加气混凝土墙体顶部稳定、牢固。

5. 质量标准

(1)加气混凝土砌块填充墙砌体的灰缝砂浆饱满度应符合施工规范≥90%的要求，尤其是外墙，须防止因砂浆不饱满、假缝、透明缝等引起墙体渗漏，防止内墙的抗剪切强度不足引起质量通病。

(2)填充墙砌至接近梁底、板底时,应留一定的空隙,待填充墙砌筑完并至少间隔 7 d 后,再将其补砌挤紧,防止上部砌体因砂浆收缩而开裂。其方法为:当上部空隙小于等于 20 mm 时,用 1∶2 水泥砂浆嵌填密实;稍大的空隙用细石混凝土镶填密实;大空隙用烧结标准砖或多孔砖呈 60°角斜砌挤紧,但砌筑砂浆必须密实,不允许出现平砌、生摆(填充墙上部斜砖砌筑时出现的干摆或砌筑砂浆不密实形成孔洞等)等现象。

(3)砌筑时,应向砌筑面适量浇水湿润,砌筑砂浆有良好的保水性,并且砌筑砂浆铺设长度不应大于 2 m,避免因砂浆失水过快引起灰缝开裂。

(4)砌筑过程中,应经常检查墙体的垂直平整度,并应在砂浆初凝前用小木槌或撬杠轻轻进行修正,防止因砂浆初凝造成灰缝开裂。

(5)砌体施工应严格按施工规范的要求进行错缝搭砌,避免因墙体形成通缝削弱其稳定性。

6. 质量标准

(1)保证项目。

1)使用的原材料和加气混凝土砌块品种,强度必须符合设计要求,质量应符合相关标准的各项技术性能指标,并有出厂合格证。蒸压加气混凝土砌块施工前,其产品龄期不应少于 28 d。

2)蒸压加气混凝土砌块在运输、装卸过程中,严禁抛掷和倾倒。进场后应按品种、规格分别堆放整齐,堆置高度不应超过 2 m,并应采取措施,防止雨淋。

3)砂浆的品种强度必须符合设计要求。砌块接缝砂浆必须饱满,按规定制作砂浆试块,试块的平均抗压强度不得低于设计强度,其中任意一组的最小抗压强度不得小于设计强度的 75%。

(2)基本项目。

1)通缝:每道墙 3 皮砌块的通缝不得超过 3 处,不得出现四皮砌块及四皮砌块高度以上的通缝。灰缝均匀一致。

2)接槎:砂浆要密实,砌块要平顺,不得出现破槎、松动,做到接槎部位严实。

3)拉结筋(或钢筋混凝土拉结带):间距、位置、长度及配筋的规格、根数符合设计要求。位置、间距的偏差不得超过一皮砌块,在灰缝中设置,视砌块的厚度而调整。

(3)加气混凝土砌体允许偏差见表 3-9。

表 3-9 加气混凝土砌体允许偏差表

项次	项目	允许偏差/mm	检验方法
1	墙面垂直	5	用靠尺及线坠检查
2	墙面平整度	8	用 2 m 靠尺塞尺检查
3	轴线位移	10	尺量
4	水平灰缝平直(10 m 以内)	10	拉通长线用尺量
5	门窗洞口宽度	±5	尺量
6	门口高度	+15、-5	尺量
7	外墙窗口上下偏移	20	以底层为准用经纬仪或吊线检查

7. 成品保护

(1)砌块在装运过程中,轻装轻放,计算好各房间的用量,分别码放整齐。搭拆脚手架时不要碰坏已砌墙体和门窗口角。

(2)落地砂浆及时清除,收集再用,以免与地面粘结,影响下道工序施工。

(3)设备槽孔以预留为主,尽量减少剔凿,必要时剔凿设备孔槽不得乱剔硬凿损坏,可划准尺寸用刀刃镂划。如造成墙体砌块松动,必须进行补强处理。

8. 应注意的质量问题

(1)碎块上墙。原因是施工搬运中损坏较多,事前又不进行粘结,随意将破碎块砌墙,影响墙体的强度。应在砌筑前先将断裂块加工粘制成规格尺寸,然后再用。碎小块未经加工不得使用。

(2)墙体与板梁底部的连接不符合要求,出现较大空隙。原因是标高尺寸计算不准确,没有做好事前排版工作。

(3)粘结不牢。原因是用混合砂浆加108胶代替粘结砂浆使用,导致粘结不牢。应按操作工艺要求的配合比调制粘结砂浆,砌筑时用力挤压密实。

(4)拉结钢筋不符合规定。原因是拉结筋不按规定预留、设置,造成砌体不稳定。拉结筋应按设计要求留置,具体间距可视砌块灰缝而定。

(5)门窗洞口构造做法不符合规定。原因是未事先做好构造大样图,造成门窗洞口不牢。注意过梁梁端压接部位按规定放好四皮水泥砖。宜在门窗洞上口设钢筋混凝土带并整道墙贯通。

(6)灰缝不匀。原因是砌筑前对灰缝大小不进行计算,不作分层标记,不拉通线,使灰缝大小不一致,应先对墙体尺寸及砌块规格进行安排,适当调配皮数,将灰缝作出标记,拉通线砌筑,做到灰缝基本一致,墙面平整,灰缝饱满。

(7)排块及局部做法不合理。原因是砌筑前对整体立面、剖面及水平砌筑时不按规定排块,造成构造不合理,影响砌体质量。

二、砌块砌体工程检验批质量验收记录表

砌块砌体工程检验批质量验收记录见表3-10。

表3-10 砌块砌体工程检验批质量验收记录

工程名称		分项工程名称		验收部位	
施工单位				项目经理	
施工执行标准名称及编号	《砌体结构工程施工质量验收规范》(GB 50203—2011)			专业工长	
分包单位				施工班组组长	
	质量验收规范的规定		施工单位检查评定记录		监理(建设)单位验收记录
主控项目	1. 小砌块强度等级	设计要求 MU			
	2. 砂浆强度等级	设计要求 M			
	3. 混凝土强度等级	设计要求 C			
	4. 转角交接处	6.2.3条			
	5. 斜槎留置	6.2.3条			
	6. 施工洞口砌法	6.2.3条			
	7. 芯柱贯通楼盖	6.2.4条			
	8. 芯柱混凝土灌实	6.2.4条			
	9. 水平缝饱满度	≥90%			
	10. 竖向缝饱满度	≥90%			

续表

	质量验收规范的规定		施工单位检查评定记录	监理(建设)单位验收记录
一般项目	1. 轴线位移	≤10 mm		
	2. 垂直度(每层)	≤5 mm		
	3. 水平灰缝厚度	8~12 mm		
	4. 竖向灰缝宽度	8~12 mm		
	5. 顶面标高	±15 mm 以内		
	6. 表面平整度	≤5 mm(清水)		
		≤8 mm(混水)		
	7. 门窗洞口	±10 mm 以内		
	8. 窗口偏移	≤20 mm		
	9. 水平灰缝平直度	≤7 mm(清水)		
		≤10 mm(混水)		
施工单位检查评定结果		项目专业质量检查员：	项目专业质量(技术)负责人： 年　月　日	
监理(建设)单位验收结论		监理工程师(建设单位项目技术负责人)： 年　月　日		

1. 砌块安装前的准备工作有哪些？
2. 如何绘制砌块排列图？
3. 简述砌块的施工工艺。

任务六　石砌体施工

任务描述

按规范和工程实际，编写石砌体施工方案，进行石砌体施工前的技术交底，组织人员对施工质量进行检查和验收。

任务分析

石砌体是指用石材和砂浆或用石材和混凝土砌筑成的整体材料。石材较易就地取材，在产石地区采用石砌体比较经济，应用较为广泛。在工程中石砌体主要用作受压构件，可用作一般民用房屋的承重墙、挡土墙和基础。与其他砌筑材料相同，在施工前均需编制施工方案，按计划进行施工，同时对施工质量进行检查、验收。

一、毛石基础施工

砌筑毛石基础所用毛石应质地坚硬、无裂纹,尺寸为 200～400 mm,强度等级一般为 MU20 以上。所用水泥砂浆为 M2.5～M5 级,稠度为 50～70 mm,灰缝厚度一般为 20～30 mm,不宜采用混合砂浆。

基础砌筑前,应校核毛石基础放线尺寸。砌筑毛石基础的第一皮石块应座浆,选较大而平整的石块将大面向下,分皮卧砌,上下错缝,内外搭砌,每皮厚度约为 300 mm,搭接不小于 80 mm,不得出现通缝。毛石基础扩大部分如做成阶梯形,上级阶梯的石块应至少压砌下级阶梯的 1/2,每阶内至少砌两皮,扩大部分每边比墙宽出 100 mm。为增加整体稳定性,应大、中、小毛石搭配使用,并按规定设置拉结石,拉结石的长度应超过墙厚的 2/3。毛石砌到室内地坪以下 50 mm 时,应设置防潮层,一般用 1∶2.5 的水泥砂浆加适量防水剂铺设,厚度为 20 mm。毛石基础每日砌筑高度不应超过 1.2 m。

二、石墙施工

1. 毛石墙施工

首先应在基础顶面根据设计要求抄平放线、立皮数杆、拉准线,然后进行墙体施工。砌筑第一层石块时,应大面向下,其余各层应利用自然形状相互搭接紧密。面石应选择至少具有一面平整的毛石砌筑,较大空隙用碎石填塞。墙体砌筑每层高 300～400 mm,中间隔 1 m 左右应砌与墙同宽的拉结石,上、下层间的拉结石位置应错开。施工时,上下层应相互错缝,内外搭接,不得采用"外面侧立石块,中间填心"的砌筑方法。每日砌筑高度不应超过 1.2 m,分段砌筑时所留踏步槎高度不超过一个步架。

2. 料石墙施工

料石墙的砌筑应用铺浆法。竖缝中应填满砂浆并插捣至砂浆溢出为止,上下皮应错缝搭接,转角处或交接处应用石块相互搭砌,如确有困难,应在每楼层范围内至少设置钢筋网或拉结筋两道。

3. 石墙勾缝

石墙的勾缝形式多采用平缝或凸缝。勾缝前先将灰缝刮深 20～30 mm,将墙面喷水湿润并修整。宜用 1∶1 水泥砂浆,或青灰和白灰浆掺加麻刀勾缝,勾缝线条必须均匀一致,深浅相同。

4. 石挡土墙的砌筑

石挡土墙可采用毛石或料石砌筑。

(1)毛石挡土墙应符合下列规定:每砌 3～4 皮为一个分层高度,每个分层高度应找平一次;外露面的灰缝厚度不得大于 40 mm,两个分层高度间分层处的错缝不得小于 80 mm,如图 3-36 所示。

(2)料石挡土墙宜采用丁顺组砌的砌筑形式。当中间部分用毛石填砌时,丁砌料石伸入毛石部分的长度不应小于 200 mm。

挡土墙的泄水孔当设计无规定时,施工应符合下列规定:泄水孔应均匀设置,在每米高度上间隔 2 m 左右设置一个泄水孔;泄水孔与土体间铺设长宽各为 300 mm、厚为 200 mm 的卵石或碎石作疏水层。

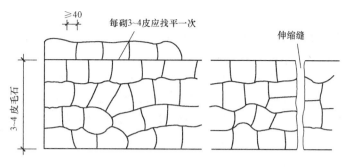

图 3-36 毛石挡土墙立面

任务实施

一、石砌体工程施工方案包括的内容

1. 浆砌石施工

(1)浆砌块石原材料。砌石材质坚实坚硬，无风化剥落层或裂纹，石材表面无污垢、水锈等杂质，且色泽均匀，其物理力学指标符合设计要求。其天然密度、抗水性、抗冻性、抗压强度等物理力学指标须符合施工规范的规定要求。砌体表层的石料必须具有一个可作砌筑表面的平整面。块石中部厚度不小于 20 cm，最小质量不小于 25 kg。小于 25 kg 的片石仅用于塞缝，其用量不得超过砌体总量的 10%。用于挡墙外层的粗料石，必须棱角分明、各面平整，长度大于50 cm，宽、厚不小于 20 cm，石料外露面应修琢加工，砌面高差小于 3 cm。在砌筑前先将石料清洗，使石料表面湿润，充分吸收水分，但不得残留积水，以便易于与水泥砂浆粘结。经验收合格后方可砌筑。

砂：砌筑砂浆采用中粗砂，粒径为 0.15~5 mm，细度模数为 2.2~3.0。

水泥和水：水泥选择 P.O 42.5 级，进场检测合格的水泥，集中堆放在不被雨淋的库房。过期和受潮结块的水泥禁止使用。使用经检测无污染的水。

砂浆材料：砂浆严格按施工图纸规定的强度和施工和易性要求，由试验室出具的配合比通知单进行配制。在施工中严格掌握配料量，配料的称量允许误差：水泥为 ±2%，砂为 ±3，水为 ±1%。砂浆采用机械拌和，翻斗车运到施工现场，机械拌和不小于 3 min，砂浆随拌随用。在运输中发生离析的砂浆，砌筑前应重新拌和，已初凝的砂浆不得使用。

(2)砌筑方法。

1)铺浆(座浆)：浆砌石护坡采用水泥砂浆作为胶结材料，铺浆厚度为设计灰缝厚度的 1.5 倍，厚为 3~5 cm，随铺浆随砌石，有利于灰缝座实。毛石砌体，要求逐块座浆，逐块安砌，避免形成空洞，缝隙需用砂浆填塞饱满，较大空隙应采用碎石填塞，不得无浆直接贴靠，严禁先堆砌石后下砂浆。

2)摆放石料：在已座浆的砌筑面上，摆放洗净湿润的石料，并用铁锤敲击石面，使座浆开始溢出为度，上下层砌石错缝砌筑，除最下一层(即第一层)块石须大面朝下外，上面的块石不一定必须大面朝下，宜做到犬牙交错，搭接紧密即可，必要时，应设置拉结石，不得采用外面侧立石块、中间填心的方法，不得有空缝，在砌下层石块时，同时，考虑上层块石如何接砌，靠外侧选用，表面较平整，尺寸大致一致的块石砌筑，无勾缝要求的结构物，边砌边平缝，同时，粘结于块石外面的砂浆及时清理干净，以便达到外露面平整美观。

3)竖缝灌浆：石料摆放就位后，及时进行竖缝灌浆，插捣密实。浆砌石砌筑时应整段均衡上升,相邻坡架之间高度差不得超过 50 mm。上升的高度原则上每天不超过 70 cm。为避免出现地基加荷过快,每 10 天上升的高度不应超过 150 cm。另外,砌体的结构尺寸和位置,必须符合施工详图规定,表面偏差不得大于 15 mm。

4)勾缝处理:水泥采用普通硅酸盐水泥,砂采用细砂,水胶比控制为 1∶1~1∶2。浆砌石外侧勾凸缝,块石砌筑时预留 2 cm 深的凹槽,勾缝前灰刀将块石表面清洗干净,勾缝顺序由而下,先勾水平缝,后勾立体缝,灰缝处用清水润湿,勾缝砂浆的强度比砌体砂浆强度高一号,勾缝形状为凸缝方形,形状基本一致,力求美观、匀称,块石形态突出,表面平整。勾缝砂浆严禁与砌体砂浆混用,单独拌制。

5)养护:砌体施工告一段落,可在收工时,用麻袋等覆盖物将砌体盖好。一般气温条件下,在砌完后的 10~12 h 以内,洒水养护,养护时间不少于 14 d;温度较低时,必须采取保温措施。

6)质量控制:石块之间较大的空隙先填塞砂浆,后用碎块或片石嵌实,不得先摆碎石后填砂浆,也不得采用外面侧立石块,中间填空的砌筑方法,石块之间不应相互接触。

浆砌石体结构尺寸和位置允许误差:轴线位移不得超过 50 mm,基础和顶面标高不得超过 20 mm,墙面坡度不得超过 0.5%,2 m 长度上表面平整度不得超过 30 mm。

2. 干砌块石施工

(1)施工程序:施工准备→铺设碎石垫层→干砌石面层砌筑→验收。

(2)施工方法。

垫层铺设:

1)垫层碎石采用人工运至铺设面,人工铺设平整、压实。

2)垫层铺设采用自下而上,分层铺设,并随砌石面的增高分段上升。

3)垫层层厚必须符合设计要求。

4)分段铺筑时,应使接缝层次清楚,防止产生层间错位、缺断、混杂现象。

5)已铺筑垫层的工段,应及时铺筑保护层,严禁人车运行。下雪天应停止铺筑,雪后复工时应防冻土。

干砌石面层:

1)垫层验收合格后,先复核样桩高程,并在沿横断面方向上加桩,或者制作 30 cm 高的样架,进行接线施工,以备在砌石时,控制砌石厚度。

2)块石垂直于坡度铺砌,除非块石最大尺寸大于所规定的砌体厚度外,块石的最大尺寸要与砌面垂直。

3)干砌石砌体缝口砌紧,底部应垫稳、填实,严禁架空,即达到"平准稳、错满紧"的要求。干砌石不得使用翘口石和飞口石。

4)干砌石宜采用立砌法,不得叠砌和浮塞;石料最小边厚度不宜小于 15 cm。

5)所用石料必须质地坚硬、新鲜、完整,无分化剥落和裂纹,几何尺寸符合设计要求。

6)对块石进行选择搭配,使块石之间接缝密实、稳定、牢固。块石之间缝隙用适合缝口大小的石料嵌实,石块粒径要严格控制,杜绝使用太小的石块,以免出现叠砌、浮塞、小石集中的现象。砌筑时应进行错缝施工,避免出现直缝、通缝,同时,施工时不得破坏碎石垫层,块石要大面朝下,表面要修平,最后封边时使用平整块石,并将边面凿平。完成一个砌筑单元段经验收合格转入下一个施工单元段的施工。

二、石砌体工程检验批质量验收记录表

石砌体工程检验批质量验收记录见表 3-11。

表 3-11 石砌体工程检验批质量验收记录

工程名称			分项工程名称		验收部位	
施工单位					项目经理	
施工执行标准名称及编号		《砌体结构工程施工质量验收规范》(GB 50203—2011)			专业工长	
分包单位					施工班组组长	
	质量验收规范的规定			施工单位检查评定记录	监理(建设)单位验收记录	
主控项目	1. 石材强度等级		设计要求 MU			
	2. 砂浆强度等级		设计要求 M			
	3. 砂浆饱满度		≥80%			
一般项目	1. 轴线位移		7.3.1条			
	2. 砌体顶面标高		7.3.1条			
	3. 砌体厚度		7.3.1条			
	4. 垂直度(每层)		7.3.1条			
	5. 表面平整度		7.3.1条			
	6. 水平灰缝平直度		7.3.1条			
	7. 组砌形式		7.3.2条			
施工单位检查评定结果			项目专业质量检查员： 项目专业质量(技术)负责人： 年 月 日			
监理(建设)单位验收结论			监理工程师(建设单位项目技术负责人)： 年 月 日			

项目四　钢筋混凝土结构工程施工

知识目标

1. 了解模板的分类、应用。
2. 熟悉定型组合钢模板的构造组成、配板设计。
3. 熟悉大模板、液压滑升模板的构造组成、平面组合方案、施工要点。
4. 掌握框架柱、梁、楼板、楼梯等部位模板的构造组成、安装工艺。
5. 了解钢筋配料单的编制内容。
6. 熟悉钢筋下料长度的计算。
7. 熟悉钢筋工程的冷拉、冷拔、调直、除锈、切断、弯曲的施工要求。
8. 熟悉钢筋工程质量检查的主控项目、一般项目及允许偏差。
9. 掌握钢筋的接长、组装的施工要求。
10. 掌握钢筋工程的加工工艺、质量要求。
11. 熟悉现浇混凝土工程质量检查主控项目、一般项目及允许偏差。
12. 掌握混凝土浇筑、振捣、养护的施工方法与要求。
13. 了解预应力混凝土的概念、分类。
14. 熟悉先张法施工预应力混凝土的施工要点。
15. 掌握后张法施工预应力混凝土的施工要点。

能力目标

1. 能说出并判断模板的类型，并能初步根据工程项目特点选择适用的模板。
2. 能编写模板工程的技术质量交底。
3. 能对一般工程项目的柱、梁、楼板、楼梯的模板进行施工设计，并编写施工方案。
4. 能完成框架柱、梁、楼板模板的模型制作。
5. 能完成框架结构柱、梁、楼板的模板工程主控项目、一般项目的质量检查，并填写检查表格。
6. 能编制钢筋工程的技术质量交底。
7. 能根据施工图完成钢筋配料单的编制。
8. 能对半成品构件进行钢筋工程质量检查，并填写检查表格。
9. 能编制现浇混凝土工程技术质量交底。
10. 能完成框架结构各部位的现浇混凝土工程主控项目、一般项目的质量检查，并填写检查表格。
11. 能编制后张法施工预应力混凝土的施工方案。

教学重点

1. 模板工程、钢筋工程、混凝土工程的技术质量交底。

2. 编制预应力混凝土的施工方案。

教学难点

模板设计及模型制作。

建议课时

36课时

钢筋混凝土结构工程包括现浇钢筋混凝土结构施工和装配式钢筋混凝土构件制作两个方面，由模板、钢筋和混凝土等多个工种工程组成。

任务一　模板工程施工

任务描述

编写模板工程的技术质量交底。

任务分析

模板工程是钢筋混凝土结构工程的重要组成部分，在现浇混凝土结构工程中，模板工程往往决定着施工方法和施工机械的选择，直接影响工程的工期和造价。所以，采用先进的模板技术，对于提高工程质量、加快施工进度、提高劳动生产率、降低工程成本都具有十分重要的意义。

我国现浇混凝土结构所用的模板技术已迅速向多体化、体系化方向发展，目前已形成组合式、工具化、永久式三大系列工业化模板体系。

相关知识

一、模板的基本要求及分类

1. 模板的基本要求

模板是使新拌混凝土在浇筑过程中保持设计要求的位置尺寸和几何形状，使之硬化成为钢筋混凝土结构或构件的模具。

模板及其支架应根据工程结构形式、荷载大小、地基土类别、施工设备和材料供应等条件进行设计，并根据施工条件编制施工技术方案。模板及其支架应符合以下要求：

(1)模板系统应具有足够的承载能力、刚度和稳定性，能可靠地承受浇筑混凝土的重量、侧压力以及施工荷载。

(2)模板系统应做到装拆方便、构造简单、便于钢筋的安装和绑扎、符合混凝土的浇筑及养护等工艺要求。

(3)宜优先推广和使用清水混凝土模板、工具式模板和快拆体系模板，提高模板周转率，减少模板一次投入量。

(4)模板制作,应保证规格尺寸准确,满足施工图纸的尺寸要求,棱角平直光洁,面层平整,拼缝严密。

(5)模板的配置必须具有良好的可拆性,以便于混凝土工程之后的模板拆除工作顺利进行。

2. 模板的分类

模板的种类很多,可按材料、结构构件类型、施工方法分类。

(1)按材料分类。模板按所用的材料不同,分为木模板、钢木(竹)组合模板、胶合板模板、组合钢模板、塑料模板、玻璃钢模板、铝合金模板等。

1)木模板。木模板的树种可按各地区实际情况选用,一般多为松木和杉木。由于木模板木材消耗量大、重复使用率低,为节约木材,在现浇钢筋混凝土结构中应尽量少用或不用木模板。

2)钢木(竹)组合模板。钢木(竹)组合模板是以角钢为边框,以木板或竹编胶合板作面板的定型模板,其优点是刚度较大、不易变形、质量轻、操作方便,可以充分利用短木料或竹材,并能多次周转使用。

3)胶合板模板。胶合板模板是以表面覆膜的胶合板为面板的定型模板,这种模板克服了木材的不同方向性的缺点;具有受力性能好,强度高,自重小,不翘曲,不开裂及板幅大、接缝少的优点。

4)组合钢模板。组合钢模板一般均做成定型模板,用连接构件拼装成各种形状和尺寸,适用于多种结构形式,在现浇钢筋混凝土结构施工中被广泛应用。钢模板一次投资量大,但周转率高,在使用过程中,应注意保管和维护、防止生锈,以延长钢模板的使用寿命。

5)塑料模板。塑料模板是用含纤维的高强塑料为原料,在熔融状态下,通过注塑工艺一次注射成型的模板,是一种节能型绿色环保产品,具有常规建筑模板的使用共性和优于常规模板的更多性能,是建筑业今后发展的方向之一,是以塑代木、以塑代钢、以塑代竹的理想建筑模板产品。其主要优点有:①表面平整光滑、强度高、省工、省料,可达到清水混凝土模板的要求,脱模后无须清洁模板表面,从而节省大量人工;②耐水性好、韧性强,长期浸水不分层;③可塑性强,能根据设计和构件尺寸要求,加工制作不同形状和不同规格的模板,有弧度构件模板制作更为简单,模板可钻钉、锯、刨等具有与木模板一样的可加工性,现场拼接简单方便;④当使用到一定程度可以全面回收,不论大小新旧,经处理后,可再加工生产出新的模板。

6)玻璃钢模板。玻璃钢模板是利用高强树脂作为胶凝材料,无碱玻璃纤维布、碳纤维织物作为增强材料制作的新型环保产品,具有质量轻、成本低、韧性好、耐冲击、强度高、表面硬度高、周转次数高的优点,组装使用时不占用施工机械,由2~3人即可组装操作。

使用该模板浇筑的混凝土圆柱成型效果好,完全达到清水柱的要求,在柱子垂直方向只有一条竖向痕迹,无横向痕迹,且不需要复杂的外部支撑体系,只需要在接口处用角钢和螺栓加以固定,之后用钢丝缆风绳的一端拉住柱筋的上端,而另一端固定在浇筑之后的混凝土楼板上即可,不用单独设置柱箍或是搭设支撑架。

7)铝合金模板。铝合金模板是新一代的建筑模板,在一些发达国家可以看到。其具有质量轻、拆装灵活、刚度高、使用寿命长、板面大、拼缝少、精度高、浇筑的混凝土平整光洁、施工对机械依赖程度低、能降低人工和材料成本、应用范围广、维护费用低、施工效率高、回收价值高等特点。

铝合金模板适合墙体模板、水平楼板、楼梯、柱、梁、爬模、桥梁模板等模板的使用,可以拼成小型、中型或大型模板;可采用全人工拼装,也可成片后用机械吊装。模板之间的距离采用拉筋调节,模板边框上的孔均按一定的间距分布,连接主要采用圆柱体插销和楔形插片,模板背后支撑可采用斜支撑,也可采用$\phi 48$ mm 钢管或方管作为背撑,方便实用,施工时通常只需要一把扳手或小铁锤,方便快捷,安装前只需对施工人员进行简单的培训即可。

铝合金模板较传统建材模板的优势有：①强度高、质量轻：每平方米的质量仅为21～24 kg，在现有金属模板中最轻，承载能力高，可达每平方米30 kN(试验荷载每平方米60 kN不破坏)；②环保、回收价值高：铝合金模板是新型的绿色环保建材，即使在使用100次以上后，其铝材也可回收循环利用，不会对环境造成污染；③施工质量精度高：使用铝合金模板成型的混凝土墙面平整光洁，板面幅面大，拼缝少，基本达到饰面及清水混凝土要求，可在保证工程质量的同时降低建筑表面装饰的成本；④使用寿命长，成本低，周转次数高：正常使用规范施工下可达100次以上，单位价格和传统模板接近；⑤应用范围广：适合各类模板的使用；⑥施工效率高：可达到4～6天一层的循环且能节省大量人工的使用，比一般模板施工快2～3倍。

(2)按结构构件类型分类。各种现浇钢筋混凝土结构构件，由于其形状、尺寸、构造不同，模板的构造及组装方法也不同，形成各自的特点。按结构构件的类型模板分为基础模板、柱模板、梁模板、楼板模板、楼梯模板、墙模板、壳模板、烟囱模板等多种。

(3)按施工方法分类。模板按施工方法分，可分为现场装拆式模板、固定式模板、移动式模板、工具式模板、永久性模板、早拆模板体系等。

1)现场装拆式模板。现场装拆式模板是指在施工现场按照设计要求的结构形状、尺寸及空间位置现场组装的模板，当混凝土达到拆模强度后拆除。现场装拆式模板多采用定型模板和工具式支撑。

2)固定式模板。固定式模板是指按照构件的形状、尺寸在现场或预制厂制作预制构件的模板，例如各种胎模(土胎模、砖胎模、混凝土胎模等)均属于固定式模板。

3)移动式模板。移动式模板是指随着混凝土的浇筑，模板可沿垂直方向或水平方向移动的模板，如烟囱、水塔、墙柱混凝土浇筑时采用的滑升模板、爬升模板等。

4)工具式模板。工具式模板是指活动式的大尺寸模板，施工时作为拼装的工具，进行机械化浇筑混凝土墙体或楼板。这种模板多用于建造高层建筑。随着建筑工业化的推广，混凝土浇筑技术和吊装机械的改进，模板式建筑得到发展。在发达国家，工具式模板的设计和制作已成为独立的行业，设计生产模板体系的部件和配件、辅助材料和专用工具，例如，生产浇筑外墙饰面用的模板里衬、辅助铁件、支撑和脱模剂等。

工具式模板的特点是使用灵活，适应性强。模板是由工厂生产的，表面平整，尺寸精确。利用模板体系可设计成各种形式，满足多种工程的需要。制造工具式模板所用的材料除钢板外，还有木制板、钢丝网水泥板等。应用工具模板，可以省去大量内外饰面的湿作业量，加快施工进度，但现场浇筑混凝土的工作量大，施工组织复杂。

常用的工具式模板有用于浇筑剪力墙的大模板、浇筑楼板的台模、浇筑密肋楼板的模壳以及浇筑涵洞的隧道模等。

5)永久性模板。永久性模板，又称一次性消耗模板，即在现浇混凝土结构浇筑后模板不再拆除，其中有的模板与现浇结构叠合后组合成共同受力构件。该模板多用于现浇钢筋混凝土楼板工程，也有用于竖向现浇结构。

永久性模板的最大特点是：简化了现浇钢筋混凝土结构的模板支拆工艺，使模板的支拆工作量大大减少，从而改善了劳动条件，节约了模板支拆用工，加快了施工进度。目前，我国用于现浇钢筋混凝土楼板工程的永久性模板有压型钢板模板及混凝土薄板模板。

压型钢板模板是采用镀锌或经防腐处理的薄钢板(不包括镀锌和饰面层一般为0.75～1.6 mm厚)，经冷轧成具有梯形截面的槽形钢板，多用于钢结构工程。

压型钢板用于永久性模板，主要是按其结构功能分为组合式和非组合式两种。组合式压型钢板既起到模板的作用，又作为现浇楼板底面受拉钢筋，不但在施工阶段承受施工荷载和现浇层自重，而且在使用阶段还承受使用荷载；非组合式只作为模板功能，只承受施工荷载和现浇层自重，不承受使用阶段荷载。

混凝土薄板模板既是现浇楼板的永久性模板，又是与楼板现浇混凝土叠合、形成组合板、构成楼板的受力结构，适用于不设置吊顶棚和一般装饰标准的工程，可以大量减少顶棚的抹灰作业，但不适用于承受动力荷载的结构工程。

当混凝土薄板模板用于结构表面温度高于60℃，或工作环境有酸碱等侵蚀性介质时，应采取有效措施。混凝土薄板模板分为预应力混凝土薄板模板、双钢筋混凝土薄板模板、冷轧扭钢筋混凝土薄板模板。

预应力混凝土薄板模板，其预应力主筋即为叠合成现浇楼板的主筋，具有与现浇预应力混凝土楼板同样的功能。

双钢筋混凝土薄板模板是以冷拔低碳钢丝焊接成梯格钢筋骨架作配筋的薄板模板，由于双钢筋在混凝土中有较大的锚着力，故能有效地提高楼板的强度、刚度和抗裂性能。

冷轧扭钢筋混凝土薄板模板是采用$\phi6\sim\phi10$的热轧圆钢，经冷拉、冷轧、冷扭成具有扁平螺旋状（麻花形状）的钢筋为配筋，它与混凝土之间的握裹力有明显的提高，从而改善了构件弹塑性阶段的性能，提高了构件的强度和刚度。

6) 早拆模板体系。早拆模板体系是利用混凝土楼板的支撑跨度小于2 m时，混凝土达到设计强度的50%即可拆模的原理，在钢支撑顶端插入早拆模板的升降柱头，其顶托板始终顶住混凝土楼板，托梁与模板块搁置在插板上方的短挑梁上。混凝土达到拆模强度后，敲击插板，插板下滑，托梁与模板块下降，但顶托板仍支撑楼板。

利用早拆模板的原理，在一般梁板支模中，可采用可调钢支柱，设置于模板块中。拆模时，将模板块及一般支撑拆除，但钢支柱保留，达到模板早拆目的。

3. 液压滑升模板

液压滑升模板施工是在建筑物或构筑物的底部，模板一次组装完成，上面设置有施工作业人员的操作平台，并从下而上采用液压或其他提升装置沿现浇混凝土表面边浇筑混凝土边进行同步滑动提升和连续作业，直到现浇结构的作业部分或全部完成。其特点是：大量节约模板和脚手架，节省劳动力，减轻劳动强度，降低施工费用；加快了施工速度，缩短了工期，提高了机械化程度；能保证结构的整体性，提高工程质量，施工安全可靠；工程耗钢量大，装置一次性投资费用较多。

液压滑升模板主要用于现浇钢筋混凝土竖向、高耸的建筑物（构筑物），如烟囱、筒仓、高桥墩、电视塔、竖井等。

液压滑升模板由模板系统、平台系统和滑升系统组成，如图4-1所示。模板系统包括模板、围圈和提升架，用于成型混凝土；平台系统包括操作平台、辅助平台、内外吊脚手架，是施工操作场所；滑升系统包括支承杆、液压千斤顶、高压油管和液压控制台，是滑升动力装置。

液压滑升模板一般高$1.5\sim1.8$ m，通过围圈与提升架相连，固定在提升架上的千斤顶通过支承杆（钢筋或钢管）承受全部荷载并提供滑升动力。施工时，依次在模板内分层（$300\sim450$ mm）绑扎钢筋、浇筑混凝土，并滑升模板。滑升模板时，整个滑模装置沿不断接长的支承杆向上滑升，直至设计标高。

4. 爬升模板

爬升模板是以建筑物的钢筋混凝土墙体为支承主体，依靠自升式爬升支架使大模板完成提升、下降、就位、校正和固定等工作，是一种适用于现浇钢筋混凝土竖向、高耸建（构）筑物施工的模板工艺，其工艺优于液压滑模。

爬升模板按爬升方式可分为"有架爬模"（模板爬架子、架子爬模板）和"无架爬模"（模板爬模板）；按爬升设备可分为电动爬模和液压爬模。

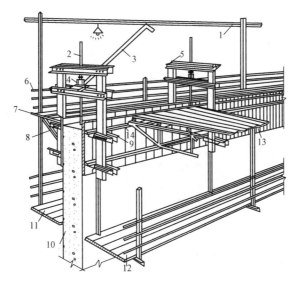

图 4-1　滑升模板系统图
1—千斤顶；2—高压油管；3—支撑杆；4—提升架；5—上下围圈；6—模板；7—桁架；
8—搁栅；9—铺板；10—外吊架；11—内吊架；12—栏杆；13—墙体；14—挑三脚架

液压自爬升模板自带液压顶升系统，液压系统可使模板架体与导轨间形成互爬，从而使液压自爬模稳步向上爬升。液压自爬升模板在施工过程中无须其他起重设备，操作方便，爬升速度快，安全系数高，既可直爬，也可斜爬，是高耸建筑物施工时的首选模板体系。液压自爬升模板具有的特点：①可整体爬升，也可单榀爬升，爬升稳定性好；②操作方便，安全性高，可节省大量工时和材料；③通常爬模架一次组装后，一直到顶不落地，节省施工场地，且减少模板碰伤损毁；④液压爬升过程平稳、同步、安全；⑤提供全方位的操作平台，不必为重新搭设操作平台而浪费材料和劳动力；⑥结构施工误差小，纠偏简单，施工误差可逐层消除；⑦爬升速度快，可以提高工程施工速度（平均 3～5 d 一层）；⑧模板自爬，原地清理，大大降低塔式起重机的吊次。

液压自爬升模板主要分为模板系统、爬升系统和工作平台系统三部分。

(1)模板系统由大模板和模板支架系统组成，主要用于混凝土的浇筑。

(2)爬升系统由埋件系统、导轨、液压系统、后移系统等组成。预埋件包括埋件板、高强度螺杆、爬锥、受力螺栓和预埋件支座等，是爬升模板的锚固装置；导轨可由钢构件组焊而成，是爬升模板的爬升装置；液压系统主要是千斤顶、油泵、操作控制箱，是爬升模板的爬升动力装置；后移系统主要由后移支架、后移轨道组成，是爬升模板的转移装置。

(3)工作平台系统为施工人员提供安全操作平台，也是小型施工机具的摆放场所。可设置多层，有的用于外模的安装、调整和安装后移装置；有的作为液压爬模系统操作平台，用于安放液压设备；有的为施工修饰及拆除爬锥和挂座的施工平台。

5. 大模板

通常用的大模板是根据某一类大量建造的建筑物的通用设计参数制造的，有一定的专用性，适用于剪力墙的模板。

(1)大模板的构造组成。大模板由面板、横肋、竖肋、支撑桁架、稳定机构和操作平台、穿墙螺栓等组成，如图 4-2 所示。

1)面板。面板是直接与混凝土接触的部分，通常采用钢面板（3～5 mm 厚的钢板制成）或胶合板面板（用 7～9 层胶合面板）。面板要求板面平整、接缝严密，具有足够的刚度。

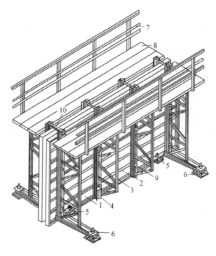

图 4-2 大模板构造示意图
1—面板；2—横肋；3—竖肋；4—支撑桁架；5—调整水平用螺旋千斤顶；
6—调整垂直用螺旋千斤顶；7—操作平台；8—防护栏杆；9—穿墙螺栓；10—固定卡具

2) 横肋。横肋的作用是固定面板，可做成水平肋或垂直肋，主要作用是把混凝土传递给面板的侧压力传递到竖肋上去。加劲肋与金属面板采用焊接固定，与胶合板面板可用螺栓固定。横肋一般采用[65或L65制作，肋的间距根据面板的大小、厚度及墙体厚度确定，一般为 300～500 mm。

3) 竖肋。竖肋的作用是加强大模板的整体刚度，承受模板传递来的混凝土侧压力和垂直力，并作为穿墙螺栓的支点。竖肋一般采用[65或[80制作，间距一般为 1.0～1.2 m。

4) 支撑桁架与稳定机构。支撑桁架采用螺栓或焊接方式与竖愣连接在一起，其作用是承受风荷载等水平力，防止大模板倾覆。桁架上部可搭设操作平台。

稳定机构为在大模板两端的桁架底部伸出支腿上设置的可调整螺旋千斤顶，在模板使用阶段，用以调整模板的垂直度，并把作用力传递到地面或楼板上；在模板堆放时，用来调整模板的倾斜度，以保证模板的稳定。

5) 操作平台。操作平台是施工人员的操作场所，有两种做法：一是将脚手板直接铺在支撑桁架的水平弦杆上形成操作平台，外侧设栏杆。这种操作平台工作面较小，但投资少、装拆方便。二是在两道横墙之间的大模板的边框上用角钢连接成为搁栅，在其上满铺脚手板。这种操作平台的优点是施工安全，但耗钢量大。

6) 穿墙螺栓。穿墙螺栓的作用是控制模板间距，承受新浇混凝土的侧压力，并能加强模板刚度。为了避免穿墙螺栓与混凝土粘结，在穿墙螺栓外边套一根硬塑料管或穿孔的混凝土垫块，其长度为墙体厚度。

穿墙螺栓一般设置在大模板的上、中、下三个部位，上穿墙螺栓距模板顶部 250 mm 左右，下穿墙螺栓距模板底部 200 mm 左右。

(2) 大模板的平面组合方案。采用大模板浇筑混凝土墙体，模板尺寸不仅要和房间的开间、进深、层高相适应，而且模板规格要少，尽可能做到定型、统一。在施工中模板要便于组装和拆卸，保证墙面平整，减少修补工作量。

大模板的平面组合方案有平模、小角模、大角模和筒形模方案等。

1) 平模方案。采用平模方案纵、横墙混凝土一般要分开浇筑，模板接缝均在纵、横墙交接的阴角处，其墙面平整，模板加工量少，通用性强，周转次数多，装拆方便。但由于纵、横墙分开浇筑，施工缝多，施工组织较麻烦。

平模的尺寸与房间每面墙大小相适应，一个墙面采用一块模板，施工时，在一个流水段范围内先支横墙模板，待拆模后再支纵墙模板。

2）小角模方案。小角模方案是在相邻的平模转角处设置角钢，使每个房间墙体的内模形成封闭的支撑体系。一个房间的模板由四块平模和四根角钢组成，角钢称为小角模。

小角模方案纵、横墙混凝土可以同时浇筑，这样，房屋整体性好、墙面平整、模板装拆方便，但浇筑的混凝土墙面接缝多，墙面修理工作量大，加工精度要求高，模板安装较困难，阴角不够平整。

3）大角模方案。大角模方案是在房屋四角设四个大角模，使之形成封闭体系，如果房屋进深较大，四角采用大角模后，较长的墙体中间可配以小平模。大角模是由两块平模组成的L形大模板，在组成大角模的两块平模连接部分装置大合页，使一侧平模以另一侧平模为支点，以合页为轴可以转动。

采用大角模方案时，纵、横墙混凝土可以同时浇筑，房屋整体性好，大角模拆装方便，且可保证自身稳定。采用大角模墙体阴角方整，施工质量好，但模板接缝在墙体中部，影响墙体平整度。

4）筒形模方案。筒形模是将房间内各墙面的独立的大模板通过挂轴悬挂在钢架上，墙角用小角钢拼接起来形成一个整体。其特点是模板可以整体吊装和拆除，因而能减少吊装次数，模板的稳定性能好，不易倾覆。但自重大，堆放时占地面积大，不如平模灵活。

6. 台模

台模又称飞模，是专门用于现浇钢筋混凝土楼板的一种大型工具式模板，一般是一个房间一个台模，由平台板、梁、支架、支撑和调节支腿等组成，如图4-3所示，可以整体脱模和转运，借助吊车从浇筑完成的楼板下飞出转移至上层重复使用。其适用于高层建筑大开间、大进深的现浇混凝土楼盖施工，也适用于冷库、仓库等建筑的无柱帽的现浇无梁楼盖施工。

台模可以整装，也可以根据需要进行散支，具有结构简单、拆装方便、布置灵活、可重复使用的特点，还可以凭借专用的台模托架对整装台模进行整体吊装，施工速度明显加快，大大节省了人力的投入。

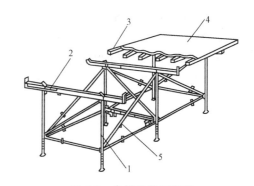

图4-3 台模构造示意图
1—支柱；2—横梁；3—檩条；4—模板；5—斜撑

台模的长度和宽度可以根据开间尺寸调整，其下面有可以上下调节的腿状支架。施工时先用大模板浇筑墙体，待墙体达到一定强度时，拆去墙模板，吊放台模支立于下层楼板上，上置钢筋网，然后浇筑楼板，如此逐层施工。

7. 模壳

模壳是用于钢筋混凝土现浇密肋楼板的一种工具式模板，目前我国的模壳，主要有塑料模壳、玻璃钢模壳、一次性水泥模壳等。其中，塑料模壳、玻璃钢模壳，按密肋楼板的规格尺寸加工成型，具有一次成型、多次周转使用的特点。

塑料模壳以改性聚丙烯塑料为基材，采用模压注塑成型工艺制成，由于受注塑机容量的限制，一般按壳体尺寸加工成四个单片，用螺栓连接，四周用角钢固定。塑料模壳具有整体性能好、不易破坏、强度好、尺寸稳定、表面硬度高、耐摩擦、易清洗等优点，如图4-4所示。其特点有：①塑料模壳耐热耐寒，抗老化，光洁度高；②温度适用范围大，可以在15 ℃～50 ℃气温条件下施工；③施工方便，支撑操作简单，有利于组织施工；④浇筑混凝土后8～10 d后即可拆除模壳，且脱模容易；⑤适合异地长途运输，更适合多层建筑周转重复使用；⑥脱模后，外形美观新颖，具有艺术欣赏价值，可省去吊顶，后处理简便。

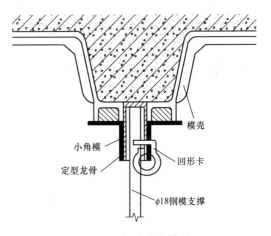

图 4-4　周转模壳支撑体系

玻璃钢模壳是以中碱方格玻璃丝布作增强材料，不饱和聚酯树脂作粘结材料，手糊成型。采用薄壁加肋构造形式，制成按设计要求尺寸的整体大型模壳，其刚度、强度和韧性均比塑料模壳好，周转次数较多。

一次性水泥模壳采用普通水泥及菱镁制作而成，具有很多优点：①耐高温，为A类耐火材料；②耐久性好，远优于普通硅酸盐水泥；③环保产品，能吸收空气中的二氧化碳，净化空气；④强度高、塑性好，相当于普通硅酸盐水泥的3～5倍；⑤防水性能好；⑥重量轻、造价低廉；⑦模壳与混凝土有较强的结合能力，塑性较好，可以随着混凝土的温度而变形，具有隔声保温的效果。水泥模壳因其优越的性价比，被广泛应用于大跨度和大荷载、大空间的多层和高层建筑，如商场、办公楼、图书馆、展览馆、车站等大中型公共建筑，也适用于多层工业厂房、仓库、地下车库及人防工程等。

8. 隧道模

隧道模（图4-5）是一种可以同时浇筑墙体和楼板的混凝土，由于这种模板的外形像隧道，故称之为隧道模。隧道模有整间对分式隧道模和分段隧道模等。

施工时，一般在下层楼板上设临时轨道，整个模板可以像抽屉一样使用，拆模后用吊装机械从轨道上抽出模板，再运到下一个作业段组装使用。

办公楼住宅等开间相同的建筑适合于用台模和隧道模施工，其结构整体性强，适用于建造高层楼房，可达30层。

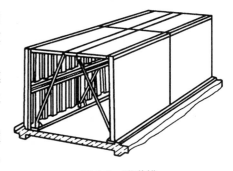

图 4-5　隧道模

二、组合钢模板

组合钢模板是一种工具式定型模板，由模板和配件组成。配件包括连接件和支承件。模板通过各种连接件和支承件可组合成多种尺寸、结构和几何形状的模板，以适应各种类型建筑物的柱、梁、墙、板、基础和楼梯等施工的需要，也可用其拼装成大模板、滑模、隧道模和台模等。施工时，可在现场直接组装，也可预拼装成大块模板或构件模板用起重机吊运安装。

定型组合钢模板组装灵活，通用性强，拆装方便，每套钢模可重复使用50～100次；加工精度高，浇筑混凝土的质量好，成型后的混凝土尺寸准确，棱角整齐，表面光滑，可以节省装修用工。

1. 模板

模板包括平面模板、阴角模板、阳角模板和连接角模。

模板采用模数制设计，宽度模数以 50 mm 进级（共有 100 mm、150 mm、200 mm、250 mm、300 mm、350 mm、400 mm、450 mm、500 mm、550 mm、600 mm 十一种规格），长度以 150 mm 进级（共有 450 mm、600 mm、750 mm、900 mm、1 200 mm、1 500 mm、1 800 mm 七种规格），可以适应横竖拼装成以 50 mm 进级的任何尺寸的模板。

平面模板用于基础、墙体、梁、板、柱等各种结构的平面部位，其由面板和肋组成，肋上设有 U 形卡孔和插销孔，可利用 U 形卡和 L 形插销等拼装成大块板；阳角模板主要用于混凝土构件的阳角部位；阴角模板用于混凝土构件的阴角部位，如内墙角、水池内角及梁板交接处阴角等；角模可用于平模板作垂直连接构成阳角。

2. 连接件

定型组合钢模板的连接件包括 U 形卡、L 形插销、钩头螺栓、对拉螺栓、紧固螺栓和扣件等，如图 4-6 所示。

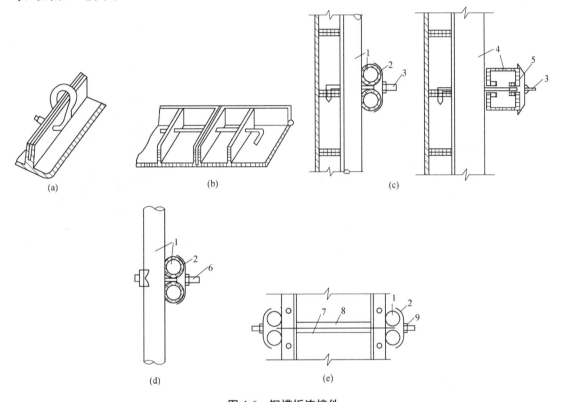

图 4-6　钢模板连接件

(a)U 形卡连接；(b)L 形插销连接；(c)钩头螺栓连接；(d)紧固螺栓连接；(e)对拉螺栓连接

1—圆钢管钢楞；2—"3"形扣件；3—钩头螺栓；4—内卷边槽钢钢楞；5—蝶形扣件；

6—紧固螺栓；7—对拉螺栓；8—塑料套管；9—螺母

U 形卡是模板的主要连接件，用于相邻模板的拼装，其安装间距不大于 300 mm，即每隔一孔卡插一个，安装方向一顺一倒相互错开，以抵消因打紧 U 形卡可能产生的位移；L 形插销用于插入两块模板纵向连接处的插销孔内，以增强模板纵向接头处的刚度和保证接头处板面平整；钩头螺栓是连接模板与支撑系统的连接件，其安装间距一般不大于 600 mm，长度应与采用的钢楞尺寸相适应；紧固螺栓用于内、外钢楞；对拉螺栓又称穿墙螺栓，用于连接墙壁两侧模板，保持墙壁厚度，承受混凝土侧压力及水平荷载，使模板不致变形。对拉螺栓宜采用工具式对拉螺栓，常用规格为 M12、M14、M16、T12、T14、T16、T18、T20；扣件用于钢楞之间或钢楞与模板之间的扣紧，按钢楞的不同形状，分别采用蝶形扣件和"3"形扣件。

3. 支承件

组合钢模板支承件的作用是将已拼成的模板组件固定并支承在它的设计位置上，承受模板传来的一切荷载。组合钢模板的支承件包括柱箍、钢楞、支架、斜撑及钢桁架等。

(1)钢楞。钢楞即模板的横挡和竖挡，分内钢楞与外钢楞，主要用于支承钢模板并提高其整体刚度。内钢楞配置方向一般应与钢模板垂直，直接承受钢模板传来的荷载，其间距一般为700～900 mm。钢楞一般用圆钢管、矩形钢管、轻型槽钢、内卷边槽钢或轧制槽钢，而以Q235圆钢管(规格：$\phi 48\times 3.5$)用得较多。

(2)柱箍。用于直接支承和夹紧各类柱模的支承件，有角钢、型钢、槽钢、钢管等多种形式，角钢柱箍由两根互相焊成直角的角钢组成，用弯角螺栓及螺母拉紧，如图4-7所示。

(3)钢支架。钢支架是梁、板底模的支撑架。常用的钢支架有钢管支架、钢管脚手架、门型脚手架(图4-8)等。

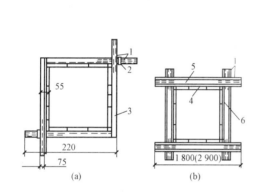
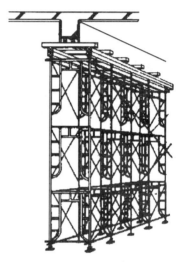

图 4-7 柱箍构造图

(a)角钢型；(b)型钢型

图 4-8 门型脚手架做梁模板支架

1—插销；2—限位器；3—夹板；4—模板；5—型钢；6—钢型

钢管支架由内外两节钢管制成，其高低调节距模数为100 mm。支架底部除垫板外，均用木楔调整标高，以利于拆卸。另一种钢管支架本身装有调节螺杆，能调节一个孔距的高度，使用方便，但成本略高。

当荷载较大、单根支架承载力不足时，可用组合钢管井架，或搭设满堂红钢管脚手架及门型脚手架。

(4)斜撑。由组合钢模板拼成的整片墙模或柱模，在吊装就位后，应由斜撑调整和固定其垂直位置，如图4-9所示。

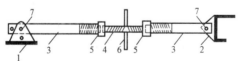

图 4-9 斜撑构造图

1—底座；2—顶撑；3—钢管斜撑；4—花篮螺丝；5—螺母；6—旋杆；7—销钉

(5)钢桁架。其两端可支承在钢筋托具、墙、梁侧模板的横挡以及柱顶梁底横挡上,以支承梁或板的模板,如图4-10所示。

(6)梁卡具。梁卡具又称梁托架,用于固定矩形梁、圈梁等模板的侧模板,可节约斜撑等材料,也可用于侧模板上口的卡固定位,如图4-11所示。

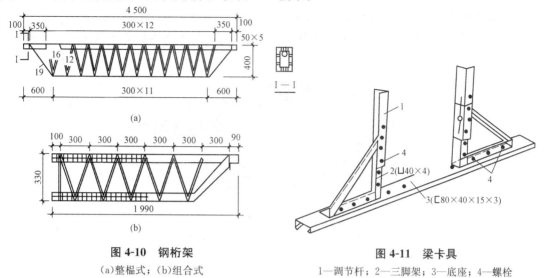

图4-10 钢桁架
(a)整榀式;(b)组合式

图4-11 梁卡具
1—调节杆;2—三脚架;3—底座;4—螺栓

三、现浇钢筋混凝土结构中常用的模板

1. 基础模板

基础的特点是高度不大而体积较大,基础模板一般利用地基或基槽(坑)进行支撑,若土质较好,可不用模板而采用原槽浇筑。安装时,要保证上下模板不发生相对位移,若为杯形基础,则还要在其中放入杯口模板。

(1)柱下独立基础模板。柱下独立基础模板一般做成阶梯形,如图4-12所示。阶梯基础模板每一台阶模板由四块侧板拼

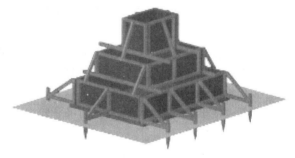

图4-12 柱下独立基础模板施工示意图

钉而成,其中两块侧板的尺寸与相应的台阶侧面尺寸相等,另两块侧板长度应比相应的台阶侧面长度大150~200 mm,高度与其相等,四块侧板拼成方框。上层台阶模板通过轿杠木,支撑在下层台阶上,下层台阶模板的四周要设斜撑和平撑。斜撑和平撑一端钉在侧板的木挡(排骨挡)上,另一端顶紧在木桩上。上层台阶模板的四周也要设斜撑和平撑,斜撑和平撑的一端钉在上层台阶侧板的木挡上,另一端可钉在下层台阶侧板的木挡顶上。

(2)杯形基础模板。杯形基础模板的构造与阶梯形基础相似,只是在杯口位置要装设杯芯模,如图4-13所

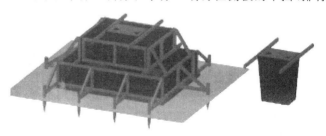

图4-13 杯形基础模板施工示意图

示。杯芯模两侧钉上轿杠，以便于搁置在上层台阶模板上。如果下层台阶顶面带有坡度，应在上层台阶模板的两侧钉上轿杠，轿杠端头下方加钉托木，以便于搁置在下层台阶模板上。近旁有基坑壁时，可贴基坑壁设垫木，用斜撑和平撑支撑侧板木挡。

杯芯模一般不装底板，这样，浇筑杯口底处混凝土比较方便，也易于振捣密实。

(3)条形基础模板。条形基础模板一般由侧板、斜撑、平撑组成，如图 4-14 所示。

带有地梁的条形基础，轿杠布置在侧板上口，用斜撑、吊木将侧板吊在轿杠上，吊木间距为 800～1 200 mm。

图 4-14 条形基础模板施工示意图

2. 柱模板

柱子的特点是断面尺寸不大而高度较大，因此，柱模板的关键是要解决垂直度、施工时的侧向稳定、混凝土浇筑时的侧压力问题，同时，方便混凝土浇筑、垃圾清理和钢筋绑扎等。柱模板由四块侧模板组成，可做成内拼板夹在两块外拼板之内，也可用短横板代替外拼板钉在内拼板上，如图 4-15 所示。

为保证模板在混凝土侧压力作用下不变形，拼板外面设木制、钢木制或钢制的柱箍，柱箍的间距与混凝土侧压力大小及模板厚度有关，侧压力越向下越大，因此，越靠近模板底端，柱箍就越多。如果柱截面尺寸较大，可在柱模内设置对拉螺栓。

若柱子断面较大，一般在柱子四周的拼条后面还加有背方。模板上端应根据实际情况开有与梁模板连接的缺口，底部开有清理模板内的清理孔，沿高度每隔约 2 m 开有灌注口(也是振捣口)。当柱高≥4 m 时，柱模应四面支撑；当柱高≥6 m 时，不宜单根柱支撑，宜几根柱同时支撑组成构架。

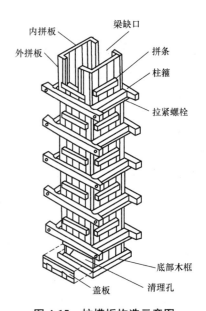

图 4-15 柱模板构造示意图

3. 梁模板

梁的特点是跨度较大、宽度小而高度大。要求梁模板及支撑系统稳定性好，有足够的强度和刚度，不产生超过规范允许的变形。梁模板主要由底模、侧模、夹木及支架系统组成，如图 4-16 所示。

梁底模下用顶撑支设，顶撑间距视梁的断面大小而定，一般为 0.8～1.2 m，顶撑之间应设水平拉杆和剪刀撑，使之互相拉撑成为一个整体，当梁底距离地面(或楼面)高度大于 6 m 时，应搭设排架或满堂红脚手架支撑；为确保顶撑支设的坚实，应在夯实的地面上设置垫板和楔块。

梁侧模下方应设置夹木,将梁侧模与底模板夹紧,并钉牢在顶撑上。梁侧模上口设置托木,托木的固定可上拉(上口对拉)或下撑(撑于顶撑上),当梁高度≥600 mm时,应在梁中部另加斜撑或对拉螺栓固定;当梁的跨度≥4 m时,梁底模跨中要起拱,起拱高度为梁跨度的1‰～3‰。

梁、柱模板的连接如图4-17所示。

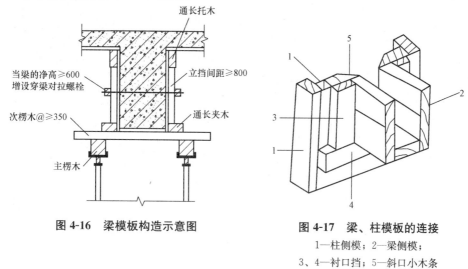

图4-16 梁模板构造示意图

图4-17 梁、柱模板的连接
1—柱侧模;2—梁侧模;
3、4—衬口挡;5—斜口小木条

4. 楼板模板

楼板的特点是面积大而厚度一般不大,因此,横向侧压力很小。楼板模板由底模及其支架系统组成,如图4-18所示,主要用于抵抗混凝土的垂直荷载和其他施工荷载,保证楼板不变形下垂。

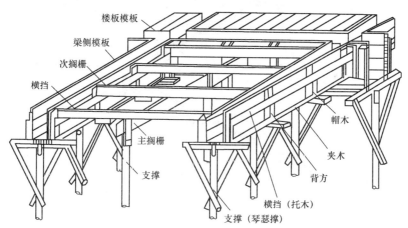

图4-18 肋形楼盖模板构造示意图

楼板底模支承在楞木(搁栅)上,楞木间距不宜大于600 mm,楞木支承在梁侧模板外的托板(背方)上,托板下安短撑,撑在固定夹板上。当跨度≥2 m时,楞木中间应增加一至几排支撑排架作为支架系统;当楼板跨度≥4 m时,模板的跨中要起拱,起拱高度为楼板跨度的1‰～3‰。

楼板模板的安装顺序是在主次梁模板安装完毕后,首先安装托板,然后安装楞木,铺定型模板。模板铺设方向从四周或墙、梁连接处向中央铺设,铺好后核对楼板标高、预留孔洞及预埋铁件等的部位和尺寸。

肋形楼盖模板一般应先支梁、墙模板，然后将桁架或搁栅按设计要求支设在梁侧模通长的横挡（托木）上，调平固定后再铺设楼板模板。

5. 墙模板

墙体的特点是高度大而厚度小，模板主要承受混凝土的侧压力，因此，必须加强墙体模板的刚度，设置足够的支撑，以确保模板不变形和发生位移。混凝土墙体的模板主要由侧模板、立杠、横杠、对拉螺栓、斜撑等组成，如图 4-19 所示。

墙模板安装时，根据边线先立一侧模板，临时用支撑撑住，用线锤校正模板的垂直度，然后钉牵杠，再用斜撑和平撑固定。待钢筋绑扎好后，按同样的方法安装另一侧模板及斜撑等。大块侧模组拼时，上下竖向拼缝要互相错开，先立两端，后立中间部分。

6. 楼梯模板

楼梯与楼板相似，但又有支设倾斜、有踏步的特点。踏步模板可分为底板及梯步两部分，如图 4-20 所示。平台、平台梁的模板同前。

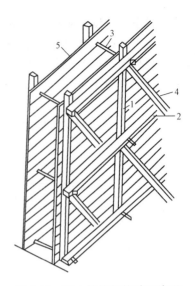

图 4-19 剪力墙模板构造示意图
1—立杠；2—横杠；3—对拉螺栓；
4—斜撑；5—侧模板

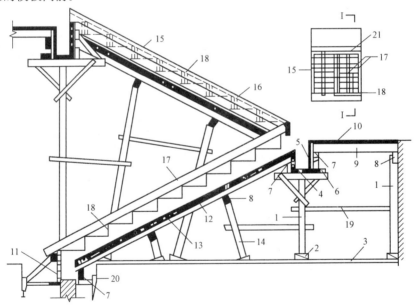

图 4-20 楼梯模板
1—支柱(顶撑)；2—木楔；3—垫板；4—平台梁底板；5—侧板；6—夹木；7—托木；
8—杠木；9—木楞；10—平台底板；11—梯基侧板；12—斜木楞；13—楼梯底板；14—斜向顶撑；
15—外帮板；16—横挡木；17—反三角板；18—踏步侧板；19—拉杆；20—木桩；21—梁侧模

安装时，先在楼梯间墙上画第一个楼梯段、楼梯踏步及平台板、平台梁的位置。在平台梁下竖起支柱，下垫木楔及垫板，在支柱上钉平台梁的底板，立侧板，钉夹板和托板。同时，在贴墙处立支柱，支柱上钉牵杠、搁木楞、铺钉平台底板，然后在楼梯基础侧板上钉托板，将楼梯斜木楞钉固在此托板和平台梁侧板外的托板上，在斜木楞上面铺钉楼梯底板，在下面立斜向支柱。

如楼梯较宽,支柱顶上设牵杠以增加牢固,支柱下也加垫木楔和垫板,再沿楼梯边立外帮板,用外帮板上的横挡木将外帮板钉固在斜木楞上。如外帮板较高,可用斜撑,下端撑在牵杠上,上端撑在外帮板的横挡木上,再把反三角板(反扶梯基)钉在外帮板的内侧面。沿楼梯踏步的侧板应钉设2~3道反三角板,防止在灌注混凝土时,踏步侧板变形。靠墙应有一道反三角板。

楼梯模板的梯步高度要一致,尤其要注意每层楼梯最上一步和最下一步的高度,防止由于面层厚度不同而形成梯步高度差异。

四、模板的拆除

混凝土成型并养护一段时间后,当强度达到一定要求时,即可拆除模板。模板的拆除日期取决于混凝土硬化的快慢、模板的用途、结构的性质及环境温度。及时拆模可提高模板周转率、加快工程进度;过早拆模,混凝土会变形,甚至断裂、造成重大质量事故。现浇结构的模板及支架的拆除,若设计无规定时,应符合下列规定:

(1)侧模应在混凝土强度能保证其表面及棱角不因拆除模板而受损坏时方可拆除;对后张法预应力混凝土结构构件,侧模宜在预应力张拉前拆除。

(2)底模及支架拆除时的混凝土强度应符合设计要求,若设计无要求时,应在与结构同条件养护的混凝土试块达到表4-1规定时方可拆除。

表4-1 底模及支架拆除时的混凝土强度要求

构件类型	构件跨度/m	达到设计的混凝土立方体抗压强度标准值的百分率/%
板	≤2	≥50
	>2,≤8	≥75
	>8	≥100
梁、拱、壳	≤8	≥75
	>8	≥100
悬臂构件	—	≥100

(3)普通模板的拆除应遵循"先支后拆、后支先拆""先非承重部位、后承重部位"以及自上而下的原则。重大复杂模板的拆除,事前应制定拆除方案。

五、现浇钢筋混凝土结构模板的设计

定型模板、常用模板和工具式支撑系统在其适用范围不需进行设计或验算,但重要结构、特殊形式的模板和超出适用范围的定型模板及支撑系统应进行设计或验算。

模板及其支架的设计应根据工程结构形式、荷载大小、地基土类别、施工设备和材料等条件进行。

1. 模板设计原则与内容

(1)模板及其支架的设计应符合下列规定:

1)应具有足够的承载能力、刚度和稳定性,应能可靠地承受新浇混凝土的自重、侧压力和施工过程中所产生的荷载及风荷载。

2)构造应简单,装拆方便,便于钢筋的绑扎、安装和混凝土的浇筑、养护等要求。

3)当验算模板及其支架在自重和风荷载作用下的抗倾覆稳定性时,应符合相应材质结构设计规范的规定。

(2)模板设计应包括下列内容:
1)根据混凝土的施工工艺和季节性施工措施,确定其构造和所承受的荷载。
2)绘制配板设计图、支撑设计布置图、细部构造和异型模板大样图。
3)按模板承受荷载的最不利组合对模板进行验算。
4)制定模板安装及拆除的程序和方法。
5)编制模板及配件的规格、数量汇总表和周转使用计划。
6)编制模板施工安全、防火技术措施及设计、施工说明书。

2. 荷载及组合

(1)荷载标准值。设计和验算模板、支架时应考虑下列荷载:
1)模板及支架自重。
2)新浇筑混凝土的自重。
3)钢筋自重。
4)施工人员及设备荷载。
5)振捣混凝土时产生的荷载。
6)新浇筑混凝土对模板侧面的压力。
7)倾倒混凝土时,对垂直面模板产生的水平荷载。

(2)荷载设计值。计算模板及支架结构或构件的强度、稳定性和连接强度时,应采用荷载设计值(荷载标准值乘以荷载分项系数)。

计算正常使用极限状态的变形时,应采用荷载标准值。

钢面板及支架作用荷载设计值可乘以系数 0.95 进行折减。当采用冷弯薄壁型钢时,其荷载设计值不应折减。

(3)荷载组合。对不同结构的模板及支架进行计算时,应分别取不同的荷载效应组合。

3. 变形值的确定

当验算模板及其支架的刚度时,其最大变形值不得超过下列容许值:
(1)对结构表面外露的模板,为模板构件计算跨度的 1/400。
(2)对结构表面隐蔽的模板,为模板构件计算跨度的 1/250。
(3)支架的压缩变形或弹性挠度,为相应的结构计算跨度的 1/1 000。

任务实施

编制模板工程技术质量交底的内容。

一、施工准备工作

班组应熟悉施工图和施工要求,了解柱、梁、板的数量,几何尺寸,模板的型号、种类和数量,做到心中有数,分门列类,并进行编号。

进场的机具设备按规定进行维修和保养,不合格和有可能危及作业人员的机具设备(圆盘锯刨木机等)不能使用,不能带病运转。

班组应根据项目部所安排的施工进度、质量的要求,根据不同时期的工作量对人员进行合理的安排,但作业人员必须保证满足施工进度的要求,班组必须选配一名安全员和质检员。

二、制作工艺和技术要求

班组采用的模板、支架要符合以下要求:

(1)保证工程结构和各部分形状尺寸及相互位置正确。

(2)模板、管件应有足够的强度、刚度和稳定性,能可靠地承受新浇混凝土的重量和侧压力,以及在施工进程中所产生的荷载。

(3)应满足构造简单、装拆方便、便于钢筋的绑扎和安装、混凝土的浇筑和养护的工艺要求,要做到合理用材、厉行节约。

(4)模板的接缝严密、牢固,不得漏浆、爆模;模板的管件、支架、支撑应严格进行检查,不应因工作的失误、疏忽大意造成质量事故。

三、施工现场安装模板时的规定

(1)按配筋板图和施工顺序进行拼装,必须保证模板系统的整体稳定。

(2)管件、支架、支撑及斜支撑下的支撑面应平整垫实,并有足够的受压面积。

(3)预埋件、预埋孔洞的位置必须准确,安装牢固。

(4)梁两侧模板均应有斜支撑调整和固定其牢固和垂直度,支架的高度与所设的水平支撑、剪力支撑应按构造与整体稳定性布置,上、下层对应的模板支撑应设在同一竖向中心线上。

四、模板拆除时的规定

(1)不承重的模板应在同强度能保证其表面积棱角不因拆除而受损坏时,也可拆除。

(2)梁、板、楼梯等拆除模板时,混凝土强度应达到规范规定方可拆除。

(3)模板拆除时严禁从上往下抛掷,以免造成安全事故和材料损坏。

五、质量要求

(1)模板接缝宽度不大于 25 mm,优良标准不大于 15 mm。

(2)梁柱轴线位移允许偏差为 5 mm。

(3)标高允许偏差为 3 mm;梁柱截面尺寸允许偏差为(+4~-5 mm)。

(4)每层垂直度允许偏差为 3 mm。

(5)相邻两板表面高低差允许偏差为 2 mm。

(6)支模时要根据已弹好的中心线进行复核,按弹出的边线支模,支模后要拉通线校正。

(7)整体式钢筋混凝土梁、板跨度等于或大于 4 m 时,模板起拱按设计要求执行,若设计无要求时,起拱高度根据梁、板跨度的大小,按全跨长度的 1‰~3‰起拱。

六、安全措施

(1)支模所用的钢管、扣件、模板和支架经检查,成品完整无损坏时予以安装。

(2)在支模中用的架杆、架板和制作台要绑扎牢固,封好板头,扎好防护栏杆,工人戴好安全帽,危险处拴好安全带。

(3)吊装模板时,吊具应安全可靠,制作员要有充分的活动余地。

(4)模板要支牢,横斜撑要求分布合理,以防跑模。

(5)拆除时应检查脚手架的牢固情况,较大和较重的模板要两人以上在顶部拴好,小心放绳,严防在高空乱丢乱扔模板,以免伤人。

(6)浇筑梁、板时必须由专人检查模板、支撑、钢管架是否牢固可靠,发现问题及时处理。

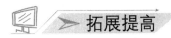 拓展提高

荷载分项系数应按表 4-2 采用。

表 4-2 荷载分项系数

荷载类别	分项系数 γ_i
模板及支架自重(G_{1k})	永久荷载的分项系数：
新浇筑混凝土自重(G_{2k})	(1)当其效应对结构不利时：对由可变荷载效应控制的组合，应取 1.2；对由永久荷载效应控制的组合，应取 1.35。
钢筋自重(G_{3k})	
新浇筑混凝土对模板侧面的压力(G_{4k})	(2)当其效应对结构有利时：一般情况应取 1；对结构的倾覆、滑移验算，应取 0.9
施工人员及施工设备荷载(Q_{1k})	可变荷载的分项系数：
振捣混凝土时产生的荷载(Q_{2k})	一般情况下取 1.4。
倾倒混凝土时产生的荷载(Q_{3k})	对标准值大于 4 kN/m² 的活荷载应取 1.3
风荷载(ω_k)	1.4

荷载组合的规定见表 4-3。

表 4-3 参与模板及支架荷载效应组合的各项荷载

模 板 类 别	参与组合的荷载项	
	计算承载能力	验算刚度
平板和薄壳的模板及支架	1+2+3+4	1+2+3
梁和拱模板的底板及支架	1+2+3+5	1+2+3
梁、拱、柱(边长≤300 mm)、墙(厚≤100 mm)的侧面模板	5+6	6
大体积结构、柱(边长>300 mm)、墙(厚>100 mm)的侧面模板	6+7	6

组合钢模板结构或其构配件的最大变形值不得超过表 4-4 的规定。

表 4-4 组合钢模板及构配件的容许变形值　　　　　　　　　　　　mm

部 件 名 称	容许变形值
钢模板的面板	≤1.5
单块钢模板	≤1.5
钢楞	$L/500$ 或≤3.0
柱箍	$B/500$ 或≤3.0
桁架、钢模板结构体系	$L/1\,000$
支撑系统累计	≤4.0

注：L 为计算跨度，B 为柱宽。

拓展实训

一、填空题

1. 模板系统包括_____、_____、_____三个部分。
2. 定型组合钢模板由_____和_____组成，配件包括_____和_____。
3. 柱模板须在底部留设清理孔，沿高度每_____开有混凝土浇筑孔和振捣孔。
4. 滑模组成包括_____、_____、_____三个系统。
5. 对于高大的梁的模板安装时，梁跨度_____时，底模应起拱，如设计无要求时，起拱高度宜为全跨长度的_____。

二、单项选择题

1. 模板按（　　）分类，可分为现场拆装式模板、固定式模板和移动式模板。
   A. 材料　　　　B. 结构类型　　　C. 施工方法　　　D. 施工顺序
2. 按模板设计要求，所设计的模板必须满足（　　）。
   A. 刚度要求　　B. 强度要求　　　C. 刚度和强度要求　D. 变形协调要求
3. 拆装方便、通用性较强、周转率高的模板是（　　）。
   A. 大模板　　　B. 组合钢模板　　C. 滑升模板　　　D. 爬升模板
4. 当梁的跨度大于或等于（　　）m 时，梁底模跨中要起拱，起拱高度为梁跨度的1‰～3‰。
   A. 3　　　　　　B. 4　　　　　　C. 5　　　　　　D. 6
5. 某梁的跨度为 6 m，采用钢模板、钢支柱支模时，其跨中起拱高度可为（　　）mm。
   A. 1　　　　　　B. 2　　　　　　C. 4　　　　　　D. 8
6. 滑模的动力装置为（　　）。
   A. 人工手拉葫芦　B. 液压千斤顶　　C. 卷扬机　　　　D. 龙门架
7. 大模板角部连接方案采用（　　）。
   A. 小角模方案　　B. 大角模方案　　C. 木板镶缝　　　D. A+B
8. 下列不影响混凝土侧压力的因素是（　　）。
   A. 混凝土浇筑速度　　　　　　B. 混凝土浇筑时的温度
   C. 混凝土的倾倒方式　　　　　D. 外加剂
9. 跨度为 6 m、混凝土强度等级为 C30 的现浇混凝土板，当混凝土强度至少应达到（　　）N/mm² 时方可拆除模板。
   A. 15　　　　　B. 21　　　　　C. 22.5　　　　D. 30
10. 悬挑长度为 1.5 m、混凝土强度为 C30 的现浇阳台板，当混凝土强度至少应达到（　　）N/mm² 时方可拆除底模。
    A. 15　　　　　B. 22.5　　　　C. 21　　　　　D. 30
11. 跨度为 6 m 的梁，底模及支架拆除时的混凝土强度应达到设计的混凝土立方体抗压强度标准值的（　　）。
    A. 50%　　　　B. 70%　　　　C. 75%　　　　D. 100%

三、简答题

1. 简述模板的作用和要求。
2. 基础、柱、梁、楼板结构的模板构造及安装要求有哪些？
3. 组合钢模板由哪些部件组成？如何进行组合钢模板的配板？

4. 模板在支撑设计时应考虑哪些荷载？
5. 模板拆除时有哪些规定？
6. 简要说明现浇混凝土的拆模时间。

课外学习指要

[1] 中华人民共和国行业标准. JGJ 74—2003 建筑工程大模板技术规程[S]. 北京：中国建筑工业出版社，2003.

[2] 中华人民共和国行业标准. JGJ 162—2008 建筑施工模板安全技术规范[S]. 北京：中国建筑工业出版社，2008.

[3] 中华人民共和国行业标准. JGJ 195—2010 液压爬升模板工程技术规程[S]. 北京：中国建筑工业出版社，2010.

任务二 钢筋工程施工

任务描述

编写钢筋工程的技术质量交底。

任务分析

钢筋是钢筋混凝土结构中受力的重要材料，钢筋的检验内容，除在进场需要对出厂质量证明书、标志和外观进行检查外，还应按国家有关标准的规定，抽取试样做力学性能校验，合格后方可使用。

相关知识

一、钢筋的种类、规格、验收和存放

1. 钢筋的种类和规格

混凝土结构和预应力混凝土结构应用的钢筋有热轧光圆钢筋、热轧带肋钢筋、热轧余热处理钢筋、预应力混凝土用螺纹钢筋、预应力混凝土用钢丝、预应力混凝土用钢绞线等。

(1) 热轧光圆钢筋。热轧光圆钢筋是经热轧成型、横截面通常为圆形、表面光滑的成品钢筋，由 HPB235、HPB300 两种牌号的钢筋组成。

(2) 热轧带肋钢筋。热轧带肋钢筋横截面通常为圆形，且表面带肋，强度等级分为 HRB335、HRB400、HRBF400、HRB500、HRBF500 级。

(3) 热轧余热处理钢筋。钢筋混凝土用余热处理钢筋是热轧后利用热处理原理进行表面控制冷却(穿水)，并利用芯部余热自身完成回火处理所得的成品钢筋，按其屈服强度特征值分为 RRB400、RRB500 级，按用途分为可焊和非可焊钢筋。

(4)预应力混凝土用螺纹钢筋。预应力混凝土用螺纹钢筋(也称精轧螺纹钢筋),是一种热轧成带有不连续的外螺纹的直条钢筋,该钢筋在任意截面处,均可用带有匹配形状的内螺纹的连接器或锚具进行连接或锚固。

预应力混凝土用螺纹钢筋以屈服强度划分级别,常用的钢筋按其屈服强度以 PSB785、PSB830、PSB930、PSB108 表示。例如,PSB830 表示屈服强度最小值为 830 MPa 的钢筋。

(5)预应力混凝土用钢丝。钢丝按加工状态分为冷拉钢丝和消除应力钢丝两类。冷拉钢丝是盘条通过拔丝模或轧辊经冷拉加工而成的产品,以盘卷供货的钢丝。消除应力钢丝按松弛性能又分为低松弛钢丝和普通松弛钢丝。其代号为 WCD(冷拉钢丝)、WLR(低松弛钢丝)、WNR(普通松弛钢丝)。

钢丝按外形又分为光圆、螺旋肋、刻痕三种。其代号为 P(光圆钢丝)、H(螺旋肋钢丝)、I(刻痕钢丝)。

(6)预应力混凝土用钢绞线。钢绞线按制作工艺不同分为标准型钢绞线、刻痕钢绞线和模拔型钢绞线三种。标准型钢绞线是由冷拉光圆钢丝捻制成的钢绞线;刻痕钢绞线是由刻痕钢丝捻制成的钢绞线;模拔型钢绞线是捻制后再经冷拔成的钢绞线。

钢纹线按结构分为五类。其代号为 1×2(用两根钢丝捻制的钢纹线)、1×3(用三根钢丝捻制的钢纹线)、1×3I(用三根刻痕钢丝捻制的钢纹线)、1×7(用七根钢丝捻制的标准型钢纹线)、(1×7)C(用七根钢丝捻制又经模拔的钢绞线)。

2. 钢筋的验收

钢筋进场时,应检查产品合格证和出厂检验报告,并按相关标准的规定进行抽样检验。由于工程量、运输条件和各种钢筋的用量等的差异,很难对钢筋进场的批量大小作出统一规定。在实际检查时,若有关标准中对进场检验作了具体规定,应遵照执行;若有关标准中只有对产品出厂检验的规定,则在进场检验时,批量应按下列情况确定:

(1)对同一厂家、同一牌号、同一规格的钢筋,当一次进场的数量大于该产品的出厂检验批量时,应划分为若干个出厂检验批量,按出厂检验的抽样方案执行。

(2)对同一厂家、同一牌号、同一规格的钢筋,当一次进场的数量小于或等于该产品的出厂检验批量时,应作为一个检验批量,然后按出厂检验的抽样方案执行。

(3)对不同时间进场的同批钢筋,当确有可靠依据时,可按一次进场的钢筋处理。

3. 钢筋的存放

钢材的保管应按钢种、规格、分批挂牌堆放,特殊钢材应专料专用、专管。钢筋应尽量堆入仓库或料棚内,条件不具备时,应选择地势较高、土质坚实、较为平坦的露天场地存放,普通钢筋下部必须垫 200 mm 以上,上部必须有防雨措施。

钢筋成品应按号挂牌排列,注明构件名称、部位、钢筋类型、尺寸、牌号、直径、根数,不能混放。

二、钢筋的加工

钢筋加工是指按配料单和料牌进行的钢筋制作。钢筋加工一般在钢筋车间或施工现场钢筋棚中进行,钢筋的加工过程取决于成品种类,一般包括冷拉、冷拔、调直、除锈、切断、弯曲成型、焊接、绑扎等,如图 4-21 所示。

钢筋的冷加工有冷拉、冷拔和冷轧,用以提高钢筋强度设计值,能节约钢材,满足预应力钢筋的需要。

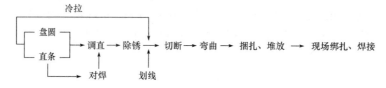

图 4-21 钢筋加工过程图

1. 钢筋的冷拉

钢筋冷拉是在常温下对钢筋进行强力拉伸,以超过钢筋的屈服强度的拉应力,使钢筋产生塑性变形,达到调直钢筋、提高强度的目的。冷拉 HPB300 级钢筋适用于混凝土结构中的受力钢筋;冷拉 HRB335、HRB400、HRBF400、HRBF500、HRB500、RRB400 级钢筋适用于预应力混凝土结构中的预应力筋。

当预应力钢筋由几段钢筋对焊而成时,应在焊接后再进行冷拉,以免因焊接而降低冷拉所获得的强度。

(1)冷拉控制方法。钢筋冷拉控制可以采用控制冷拉率或控制冷拉应力的方法。

冷拉率是指钢筋冷拉伸长值与钢筋冷拉前长度的比值。采用控制冷拉率的方法冷拉钢筋时,其最大冷拉率及冷拉控制应力,应符合表 4-5 的规定。

表 4-5 最大冷拉率及冷拉控制应力

项次	钢筋级别		冷拉控制应力/(N·mm^{-2})	最大冷拉率/%
1	HPB300	$d \leq 12$	280	10
2	HRB335	$d \leq 25$	450	5.5
		$d = 28 \sim 40$	430	
3	HRB400	$d = 8 \sim 40$	500	5
4	RRB400	$d = 10 \sim 28$	700	4

采用控制冷拉应力冷拉钢筋时,按表 4-5 规定的控制应力对钢筋进行冷拉,冷拉后检查钢筋的冷拉率,若不超过表 4-5 中规定的冷拉率,认为合格;若超过表 4-5 中规定的数值时,则应进行钢筋力学性能试验。用于预应力混凝土结构的钢筋,宜采用控制冷拉应力来冷拉。

不同炉批的钢筋,不宜用控制冷拉率的方法进行钢筋冷拉。多根连接的钢筋,用控制应力的方法进行冷拉时,其控制应力和每根的冷拉率均应符合表 4-5 的规定;当用控制冷拉率方法进行冷拉时,实际冷拉率按总长计算,但多根钢筋中每根钢筋的冷拉率不得超过表 4-5 的规定。

(2)冷拉设备。冷拉设备由拉力设备、承力结构、测量设备和钢筋夹具等部分组成。拉力设备可采用卷扬机或长行程液压千斤顶;承力结构可采用地锚;测量装置可采用弹簧测力计、电子秤或附带油表的液压千斤顶。

(3)钢筋冷拉计算。钢筋的冷拉计算包括冷拉力、拉长值、弹性回缩值和冷拉设备选择计算。

1)计算冷拉力 N_{con}。冷拉力计算的作用:一是确定按控制应力冷拉时的油压表读数;二是作为选择卷扬机的依据。冷拉力应等于钢筋冷拉前截面积 A_s 乘以冷拉时控制应力 σ_{con},即

$$N_{con} = A_s \cdot \sigma_{con}$$

2)计算拉长值 ΔL。钢筋的拉长值应等于冷拉前钢筋的长度 L 与钢筋的冷拉率 δ 的乘积,即

$$\Delta L = L \cdot \delta$$

3)计算钢筋弹性回缩值 ΔL_1。根据钢筋弹性回缩率 δ_1(一般为 0.3% 左右)计算,即

$$\Delta L_1 = (L+\Delta L)\delta_1$$

则钢筋冷拉完毕后的实际长度为：$L'=L+\Delta L-\Delta L_1$。

(4)冷拉设备的选择及计算。冷拉设备主要选择卷扬机，计算确定冷拉时油压表的读数。即

$$P=\frac{N_{con}}{F}$$

式中　N_{con}——钢筋按控制应力计算求得的冷拉力(N)；

F——千斤顶活塞缸面积(mm^2)；

P——油压表的读数(N/mm^2)。

2. 钢筋的冷拔

钢筋冷拔是用强力将 6～10 mm 的热轧光圆钢筋通过钨合金的拔丝模多次进行强力拉拔，使之产生塑性变形成为比原钢筋直径小的钢丝，如图 4-22 所示。这种经冷拔加工的钢丝称为冷拔低碳钢丝。钢筋通过拔丝模时，受到轴向拉伸与径向压缩的作用，使钢筋内部晶格变形而产生塑性变形，因而，抗拉强度标准值可提高 50%～90%，但塑性降低，硬度提高。

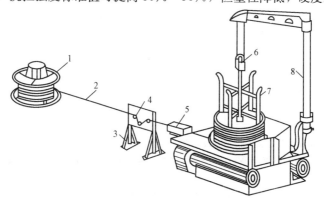

图 4-22　立式单鼓筒冷拔机
1—盘圆架；2—钢筋；3—剥壳装置；4—槽轮；5—拔丝模；
6—滑轮；7—绕丝筒；8—支架；9—电动机

冷拔低碳钢丝分为甲级和乙级。甲级钢丝主要用作预应力混凝土构件的预应力筋；乙级钢丝用于焊接网和焊接骨架、架立筋和构造钢筋。直径为 5 mm 的冷拔低碳钢丝，宜用直径为 8 mm 的圆盘条拔制；直径为 4 mm 和小于 4 mm 者，宜用直径为 6.5 mm 的圆盘条拔制。

冷拔用的拔丝机有立式和卧式两种。其鼓筒直径一般为 500 mm，冷拔速度为 0.2～0.3 m/s，速度过大易断丝。

钢筋冷拔的工艺过程为：轧头→剥壳→通过润滑剂→进入拔丝模冷拔。

钢筋表面常有一硬渣层，易损坏拔丝模，并使钢筋表面产生沟纹，因而，冷拔前要进行剥壳。其方法是使钢筋通过 3～6 个上下排列的辊子以剥除渣壳。润滑剂常用石灰、动植物油、肥皂、白蜡和水按一定配合比制成。如钢筋需要连接则应在冷拔前对焊连接。

影响冷拔低碳钢丝质量的主要因素是原材料的质量和冷拔总压缩率。冷拔低碳钢丝有时需要经过多次冷拔而成，每次冷拔的压缩率不宜太大，否则拔丝机的功率大，拔丝模易损耗，且易断丝，一般前道钢丝和后道钢丝的直径之比以 1∶0.87 为宜。冷拔次数也不宜过多，否则易使钢丝变脆。

冷拔低碳钢丝经调直机调直后，抗拉强度降低 8%～10%，塑性有所改善，使用时应注意。

3. 钢筋的调直

折曲或成盘供应的钢筋，在使用前应加以矫直或调直。钢筋调直包括盘卷钢筋的调直和直条钢筋的调直两种情况。直条钢筋每米长度的弯曲度不应大于 4 mm，总弯曲度应不大于钢筋总长的 4‰。

钢筋宜采用无延伸功能的机械设备进行调直，也可采用冷拉方法调直。当采用冷拉方法调直时，HPB235、HPB300 光圆钢筋的冷拉率不宜大于 4%；HRB335、HRB400、HRB500、HRBF335、HRBF400、HRBF500 及 RRB400 带肋钢筋的冷拉率不宜大于 1%。

钢筋调直后应进行力学性能和质量偏差的检验，其强度应符合有关标准的规定。盘卷钢筋和直条钢筋调直后的断后伸长率、质量负偏差应符合表 4-6 的规定。采用无延伸功能的机械设备调直的钢筋，可不进行钢筋调直后的断后伸长率、质量负偏差的检验。

表 4-6 盘卷钢筋和直条钢筋调直后的断后伸长率、质量负偏差要求

钢筋牌号	断后伸长率 A/%	质量负偏差/%		
		直径 6~12 mm	直径 14~20 mm	直径 22~50 mm
HPB235、HPB300	≥21	≤10	—	—
HRB335	≥16	≤8	≤6	≤5
HRB400、HBRF400	≥15			
RRB400	≥13			
HRB500、HBRF500	≥14			

注：1. 断后伸长率 A 的量测标距为 5 倍钢筋公称直径。
  2. 质量负偏差(%)按公式 $(W_0-W_d)/W_0 \times 100$ 计算，其中 W_0 为钢筋理论重量(kg/m)，W_d 为调直后钢筋的实际重量(kg/m)。
  3. 对直径为 28~40 mm 的带肋钢筋，表中断后伸长率可降低 1%；对直径大于 40 mm 的带肋钢筋，表中断后伸长率可降低 2%。

4. 钢筋的除锈

钢筋的表面必须洁净，油渍漆污、焊接处的水锈、用锤击时能剥落的浮皮铁锈等，应在使用前清除干净。预应力钢丝经除锈后仍留有麻点者，不得使用。

钢筋的锈蚀程度可由锈迹分布状况、色泽变化以及钢筋表面平滑或粗糙程度等，凭肉眼外观确定，根据锈蚀轻重的具体情况采用除锈措施。一般锈蚀现象有以下三种：

(1) 浮锈：钢筋表面附着较均匀的细粉末，呈黄色或淡红色。

(2) 陈锈：锈迹粉末较粗，用手捻略有微粒感，颜色转红，有的呈红褐色。

(3) 老锈：锈斑明显，有麻坑，出现起层的片状分离现象，锈斑几乎遍及整根钢筋表面；颜色变暗，深褐色，严重的接近黑色。

浮锈处于铁锈形成的初期(例如无锈钢筋经雨淋之后出现)，在混凝土中不影响钢筋与混凝土粘结，因此，除在焊接操作时在焊点附近需擦干净之外，一般可不作处理。有时为了防止锈迹污染，也可用麻袋布擦拭。

陈锈必须清除，应优先采用除锈机或喷砂机，另外，还有砂盘与人工钢丝刷除锈，盘圆钢筋可用除锈剂除锈。

对于出现老锈的钢筋，应禁止使用，做退场处理。

采用冷拉工艺进行钢筋除锈时，其冷拉率必须通过试验确定，冷拉后其延伸率不得大于原材料延伸指标的要求。

5. 钢筋的切断

钢筋切断前,要复核料单上的钢筋下料尺寸与成型尺寸,实行套裁下料,尽量做到长料不短用,减少料头,节约钢材。钢筋切断可用钢筋切断机或手动剪切器。

切断机接送和工作台如果是固定的,可在工作台上划尺寸刻度线(以切断机的固定刀口作为起始线)以期操作方便,尺寸正确。下第一根料后,应按料单核对,其长度误差应在±10 mm以内,合格后再批量下料。钢筋切断时要摆直,对机械连接或有对焊连接要求的断口宜用砂轮切割,防止断口呈马蹄形。

6. 钢筋的弯曲

钢筋弯曲首先应熟悉校对料单和弯曲钢筋的级别、规格、形状、尺寸,确定弯曲步骤,先试弯一根,成型后检查弯曲形状、尺寸,完全符合要求后,再画出加工标样进行成批生产。

钢筋的弯曲成型方法有手工弯曲和机械弯曲两种。手工弯曲可在设有底盘的成型台上进行。当弯曲较细钢筋时,可用手摇扳子每次弯曲成型4~8根直径为8 mm以下的钢筋;当弯曲较粗钢筋时,可采用横开和顺口的扳子。

大批量钢筋加工时,宜采用电动弯曲成型机以减轻人工体力劳动强度,提高工效。电动弯曲机可弯曲直径为6~40 mm的钢筋。操作时,当弯曲盘即将转到需要角度时,关闭开关,使弯曲盘利用惯性向前转到预定的角度。

三、钢筋的连接

钢筋的连接包括钢筋的接头、钢筋骨架的组装等。钢筋接头的连接方式有绑扎连接、焊接连接、机械连接等;钢筋骨架组装的连接方式有绑扎连接、焊接连接等。对有抗震要求的受力钢筋的接头,宜优先采用焊接或机械连接。

受力钢筋的连接方式应符合设计要求,钢筋接头宜设置在受力较小处,同一纵向受力钢筋不宜设置两个或两个以上接头,接头末端距离钢筋弯起点的距离不应小于钢筋直径的10倍。

1. 绑扎连接

钢筋绑扎安装前,应先熟悉施工图纸,核对钢筋配料单和料牌,研究钢筋安装和与有关工种配合的顺序,准备绑扎用的钢丝、绑扎工具、绑扎架等。

钢筋绑扎一般用18~22号钢丝。其中,22号钢丝只用于绑扎直径为12 mm以下的钢筋。

(1)钢筋接头的绑扎应符合下列要求:

1)钢筋绑扎接头的最小搭接长度应满足设计要求,如设计无要求时,应满足相关规范的要求。

2)在同一截面内,有绑扎接头的受力钢筋截面面积占受力钢筋总截面面积的百分率,受拉区不得超过25%,受压区不得超过50%。

(2)钢筋骨架的绑扎应符合下列要求:

1)钢筋的交叉点应用钢丝扎牢。

2)柱、梁的箍筋,除设计有特殊要求外,应与受力钢筋垂直;箍筋弯钩叠合处,应沿受力钢筋方向错开设置。

3)柱中竖向钢筋搭接时,角部钢筋的弯钩平面与模板面的夹角,矩形柱应为45°,多边形柱应为模板内角的平分角。

4)板、次梁与主梁交叉处,板的钢筋在上,次梁的钢筋居中,主梁的钢筋在下;当有圈梁或垫梁时,主梁的钢筋应放在圈梁上。主筋两端的搁置长度应保持均匀一致。

5)纵向受力钢筋绑扎搭接接头的最小搭接长度应符合有关规定。

2. 焊接连接

钢筋常用的焊接方法有电阻点焊、闪光对焊、电弧焊、电渣压力焊、气压焊、埋弧压力焊、埋弧螺柱焊等。

(1)电阻点焊。钢筋电阻点焊是将两钢筋安放成交叉叠接形式，压紧于两电极之间，利用电阻热熔化母材金属，加压形成焊点的一种压焊方法，如图4-23所示。其适用于直径为6~16 mm的HPB300、HRB335、HRB400、HRBF400级钢筋和直径为5~15 mm的CRB550级钢筋。电阻点焊的特点是焊效率高，焊接速度快，适合大量生产；初学者也可简单焊接；焊接变形小；不需要焊丝、药剂，无消耗品，生产成本低。

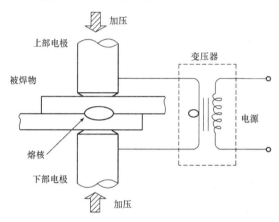

图4-23 电阻点焊原理图

混凝土结构中钢筋焊接骨架和钢筋焊接网，宜采用电阻点焊制作。当两根钢筋直径不同时，焊接骨架较小钢筋直径小于或等于10 mm时，大、小钢筋直径之比不宜大于3；当较小钢筋直径为12~16 mm时，大、小钢筋直径之比不宜大于2。

焊接网较小钢筋直径不得小于较大钢筋直径的0.6倍。

(2)闪光对焊。钢筋闪光对焊是将两钢筋以对接形式安放在对焊机上，利用电阻热使接触点金属熔化，产生强烈闪光和飞溅，迅速施加顶锻力完成的一种压焊方法。钢筋的对接焊接宜采用闪光对焊。

根据钢筋级别、直径和所用焊机的功率，闪光对焊工艺可分为连续闪光焊、预热闪光焊、闪光-预热-闪光焊三种。

1)连续闪光焊：连续闪光焊的工艺过程包括连续闪光和顶锻过程。施焊时，闭合电源使两钢筋端面轻微接触，此时端面接触点很快熔化并产生金属蒸气飞溅，形成闪光现象；接着徐徐移动钢筋，形成连续闪光过程，同时接头被加热；待接头烧平、闪去杂质和氧化膜、白热熔化时，立即施加轴向压力迅速进行顶锻，使两根钢筋焊牢。

2)预热闪光焊：预热闪光焊的工艺过程包括预热、连续闪光及顶锻过程，即在连续闪光焊前增加了一次预热过程，使钢筋预热后再连续闪光烧化进行加压顶锻。

3)闪光-预热-闪光焊：即在预热闪光焊前面增加了一次闪光过程，使不平整的钢筋端面烧化平整，预热均匀，最后进行加压顶锻。

闪光对焊的焊接工艺方法按下列规定选择：

①当钢筋直径较小，钢筋牌号较低，在表4-7规定的范围内，可采用"连续闪光焊"。

②当超过表4-7中规定，且钢筋端面较平整，宜采用"预热闪光焊"。

③当超过表4-7中规定，且钢筋端面不平整，应采用"闪光-预热闪光焊"。

表 4-7　连续闪光焊钢筋上限直径

焊机容量/(kV·A)	钢筋牌号	钢筋直径/mm
160 (150)	HPB300	22
	HRB335	22
	HRB400 HRBF400	20
	HRB500 HRBF500	20
100	HPB300	20
	HRB335	18
	HRB400 HRBF400	16
	HRB500 HRBF500	16
80 (75)	HPB300	16
	HRB335	14
	HRB400 HRBF400	12

闪光对焊时，应选择合适的调伸长度、烧化留量、顶锻留量以及变压器级数等焊接参数。

(3) 电弧焊。钢筋电弧焊包括焊条电弧焊和二氧化碳气体保护电弧焊两种工艺方法。钢筋焊条电弧焊是以焊条作为一极，钢筋为另一极，利用焊接电流通过产生的电弧热进行焊接的一种熔焊方法，如图4-24所示；钢筋二氧化碳气体保护电弧焊是以焊丝作为一极，钢筋为另一极，并以二氧化碳气体作为电弧介质，保护金属熔滴、焊接熔池和焊接区高温金属的一种钢筋电弧焊方法，如图4-25所示。

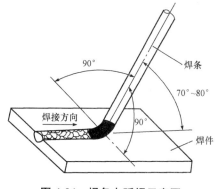

图4-24　焊条电弧焊示意图

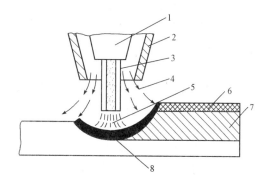

图4-25　二氧化碳气体保护电弧焊示意图
1—导电嘴；2—喷嘴；3—药芯焊丝；4—CO_2气体；
5—电弧；6—熔渣；7—焊缝；8—熔池

二氧化碳气体保护电弧焊设备应由焊接电源、送丝系统、焊枪、供气系统、控制电路五部分组成，主要的焊接工艺参数有焊接电流、极性、电弧电压(弧长)、焊接速度、焊丝伸出长度(干伸长)、焊枪角度、焊接位置、焊丝尺寸。施焊时，应根据焊机性能、焊接接头形状、焊接位置，选用正确焊接工艺参数。

钢筋电弧焊包括帮条焊、搭接焊(图4-26)、溶槽帮条焊(图4-27)、窄间隙焊、坡口焊等接头形式。焊接时，应符合下列要求：应根据钢筋牌号、直径、接头形式和焊接位置，选择焊接材料，确定焊接工艺和焊接参数。焊接时，引弧应在垫板、帮条或形成焊缝的部位进行，不得烧伤主筋。焊接地线与钢筋应接触良好。焊接过程中应及时清渣，焊缝表面应光滑，焊缝余高应平缓过渡，弧坑应填满。

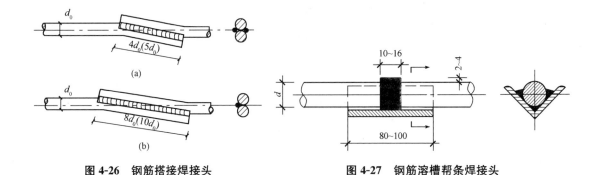

图 4-26 钢筋搭接焊接头　　　　图 4-27 钢筋溶槽帮条焊接头

1）帮条焊：进行帮条焊时，宜采用双面焊，当不能进行双面焊时，方可采用单面焊。帮条长度应符合表 4-8 的规定。当帮条牌号与主筋相同时，帮条直径可与主筋相同或小一个规格；当帮条直径与主筋直径相同时，帮条牌号可与主筋相同或低一个牌号。

表 4-8 钢筋帮条长度

钢筋牌号	焊缝形式	帮条长度 L/mm
HPB300	单面焊	$\geq 8d$
	双面焊	$\geq 4d$
HPB300、HRB335 HRB400 HRBF400、HRB500 HRBF500、RRB400	单面焊	$\geq 10d$
	双面焊	$\geq 5d$

注：d 为主筋直径（mm）。

2）搭接焊：进行搭接焊时，宜采用双面焊，当不能进行双面焊时，方可采用单面焊，搭接长度可与表 4-8 帮条长度相同。

3）溶槽帮条焊：适用于直径为 20 mm 及以上钢筋的焊接，焊接时应加角钢做垫板模。接头形式、角钢尺寸和焊接工艺应符合下列要求：角钢边长宜为 40～60 mm；钢筋端头应加工平整；从接缝处垫板引弧后应连续施焊，并应使钢筋端部溶合，防止产生焊透、气孔或夹渣；焊接过程中应停焊清渣 1 次；焊平后，再进行焊缝余高的焊接，其高度不得大于 3 mm；钢筋与角钢垫板之间，应加焊侧面焊缝 1～3 层，焊缝应饱满，表面平整。

4）窄间隙焊：适用于直径为 16 mm 及以上的钢筋的水平连接。焊接时，钢筋端部应置于铜模中，并应留出不定间隙，用焊条连接焊接，融化钢筋端面和熔敷金属填充间隙，形成接头，如图 4-28 所示。其焊接工艺应符合下列要求：钢筋端面应平整；应选用低氢型碱性焊条，焊条型号和端面间隙应按有关规程选用；从焊缝根部引弧后应连续进行焊接，左右来回运弧，在钢筋端面处应少许停留，并使熔合。

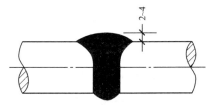

图 4-28 钢筋窄间隙焊接头

5）坡口焊：坡口焊分为平焊[图 4-29（a）]和立焊[图 4-29（b）]，焊接工艺应符合下列要求：坡口面应平顺，切口边缘不得有裂纹、钝边和缺棱；坡口角度应符合要求；钢垫板厚度宜为 4～6 mm，长度宜为 40～60 mm，平焊时，垫板宽度应为钢筋直径加 10 mm，立焊时，垫板宽度宜等于钢筋直径；焊缝的宽度应大于 V 形坡口的边缘 2～3 mm，焊缝余高不得大于 3 mm，并平缓过渡至钢筋表面；钢筋与垫板之间，应加焊二、三层侧面焊缝；当发现接头中有弧坑、气孔及咬边等缺陷时，应立即补焊。

①预埋件钢筋电弧焊 T 形接头：可分为角焊[图 4-30（a）]和穿孔塞焊[图 4-30（b）]两种，装配和焊接时，应符合下列要求：当采用 HPB300 级钢筋时，角焊缝焊脚尺寸（k）不得小于钢筋直径的 0.5 倍，采用其他钢筋时，焊脚尺寸（k）不得小于钢筋直径的 0.6 倍；施焊中，不得使钢筋咬边和烧伤。

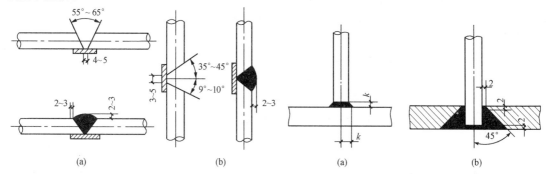

图 4-29　钢筋坡口焊接头
（a）平焊；（b）立焊

图 4-30　预埋件钢筋电弧焊 T 形接头
（a）角焊；（b）穿孔塞焊

②钢筋与钢板搭接焊：焊接接头应符合下列要求：HPB300 级钢筋的搭接长度（l）不得小于 4 倍钢筋直径，其他牌号钢筋搭接长度（l）不得小于 5 倍钢筋直径；焊缝宽度不得小于钢筋直径的 0.6 倍，焊缝厚度不得小于钢筋直径的 0.35 倍，如图 4-31 所示。

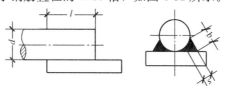

图 4-31　钢筋与钢板搭接焊接头
d—钢筋直径；l—搭接长度；b—焊缝宽度；s—焊缝厚度

（4）电渣压力焊。钢筋电渣压力焊是将两根钢筋安放成竖向对接形式，利用焊接电流通过两钢筋端面间隙，在焊剂层下形成电弧过程和电渣过程，产生电弧热和电阻热，熔化钢筋，加压完成的一种压焊方法，如图 4-32 所示。电渣压力焊适用于现浇钢筋混凝土结构中竖向或斜向（倾斜度在 4∶1 范围内）钢筋的连接。

直径为 12 mm 的钢筋电渣压力焊时，应采用小型焊接夹具，使上下两根钢筋对正不偏歪，并多做焊接工艺试验，确保焊接质量。

电渣压力焊焊接参数应包括焊接电流、焊接电压和通电时间。采用专用焊剂或自动电渣压力焊机时，应根据焊剂或焊机使用说明书中推荐数据，通过试验确定。不同直径钢筋焊接时，钢筋直径相差宜不超过 7 mm，上下两钢筋

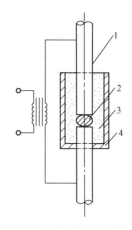

图 4-32　电渣压力焊工作原理图
1—钢筋；2—钢丝圈；3—焊剂；4—焊剂筒

轴线应在同一直线上,焊接接头上下钢筋轴线偏差不得超过 2 mm。

在焊接生产中焊工应进行自检,当发现偏心、弯折、烧伤等焊接缺陷时,应查找原因和采取措施,及时消除。

(5)气压焊。钢筋气压焊是采用氧乙炔火焰、氧液化石油气火焰或其他火焰对两根钢筋对接处加热,使其达到热塑性状态(固态)或熔化状态(熔态)后,加压完成的一种压焊方法。气压焊可用于钢筋在水平位置、垂直位置或倾斜位置的对接焊接。

气压焊按加热温度和工艺方法的不同,可分为固态气压焊和熔态气压焊两种;按加热火焰所用燃烧气体的不同,主要可分为氧乙炔气压焊和氧液化石油气气压焊两种。

(6)埋弧压力焊。预埋件钢筋埋弧压力焊是将钢筋与钢板安放成 T 形接头形式,利用焊接电流通过,在焊剂层下产生电弧,形成熔池,加压完成的一种压焊方法,如图 4-33 所示,具有焊后钢板变形小、抗拉强度高的特点。其适用于钢筋与钢板作 T 形接头焊接。

(7)埋弧螺柱焊。预埋件钢筋埋弧螺柱焊用电弧螺柱焊焊枪夹持钢筋,使钢筋垂直对准钢板,采用螺柱焊电源设备产生强电流、短时间的焊接电弧,在熔剂层保护下使钢筋焊接端面与钢板产生熔池后,适时将钢筋插入熔池,形成 T 形接头的焊接方法,如图 4-34 所示。

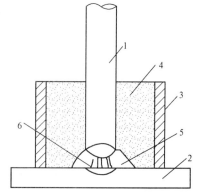

图 4-33　埋弧压力焊示意图
1—钢筋;2—钢板;3—焊剂盒;
4—焊剂;5—电弧柱;6—弧焰

预埋件钢筋埋弧螺柱焊设备包括埋弧螺柱焊机、焊枪、焊接电缆、控制电缆和钢筋夹头等。

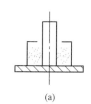 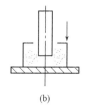 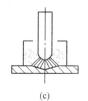 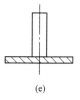

(a)　　　　　　(b)　　　　　　(c)　　　　　　(d)　　　　　　(e)

图 4-34　预埋件钢筋埋弧螺柱焊示意图
(a)套上焊剂挡圈,顶紧钢筋,注满焊剂;(b)接通电源,钢筋上提,引燃电弧;
(c)燃弧;(d)钢筋插入熔池,自动断电;(e)打掉渣壳,焊接完成

3. 机械连接

(1)机械连接的定义和类型。钢筋机械连接是通过钢筋与连接件的机械咬合作用或钢筋端面的承压作用,将一根钢筋中的力传递至另一根钢筋的连接方法。常用的钢筋机械连接类型如下:

1)套筒挤压接头。通过挤压力使连接件钢套筒塑性变形与带肋钢筋紧密咬合形成的接头。

2)锥螺纹套筒接头。通过钢筋端头特制的锥形螺纹和连接件套筒内锥螺纹咬合形成的接头。

3)镦粗直螺纹套筒接头。通过钢筋端头镦粗后制作的直螺纹和连接件套筒内螺纹咬合形成的接头。

4)滚轧直螺纹套筒接头。通过钢筋端头直接滚轧或剥肋后滚轧制作的直螺纹和连接件套筒内螺纹咬合形成的接头。

(2)接头的设计原则和性能等级。接头应满足强度及变形性能方面的要求,并以此划分性能等级。接头连接件的屈服承载力和受拉承载力的标准值应不小于被连接钢筋的屈服承载力和受拉承载力标准值的 1.10 倍。接头应根据其等级和应用场合,对单向拉伸性能、高应力反复拉

压、大变形反复拉压、抗疲劳、耐低温等各项性能确定相应的检验项目。

接头应根据极限抗拉强度、残余变形、最大力下总伸长率以及高应力和大变形条件下反复拉压性能，分为下列三个等级。

1）Ⅰ级：连接件极限抗拉强度大于或等于被连接钢筋抗拉强度标准值的1.10倍，残余变形小并具有高延性及反复拉压性能。

2）Ⅱ级：连接件极限抗拉强度不小于被连接钢筋极限抗拉强度标准值，残余变形较小并具有高延性及反复拉压性能。

3）Ⅲ级：连接件极限抗拉强度不小于被连接钢筋屈服强度标准值的1.25倍，残余变形较小并具有一定的延性及反复拉压性能。

钢筋机械连接接头的形式较多，受力性能也有差异，根据接头的受力性能将其分级，有利于按结构的重要性、接头在接头中所处的位置、接头百分率等不同的应用场合合理选择接头类型。例如，在混凝土结构中要求充分发挥钢筋强度或对延性要求高的部位应优先选用Ⅱ级或Ⅰ级接头；当在同一连接区段内钢筋接头面积百分率为100%时，应采用Ⅰ级接头；混凝土结构中钢筋应力较高但对接头延展性要求不高的部位，可采用Ⅲ级接头。

(3)接头的应用。钢筋连接件的混凝土保护层厚度宜符合现行国家标准《混凝土结构设计规范(2015年版)》(GB 50010—2010)中受力钢筋的混凝土保护层最小厚度的规定，且不应少于0.75倍钢筋最小保护层和15mm的较大值，必要时可对连接件采取防锈措施。

结构构件中纵向受力钢筋的接头宜相互错开。钢筋机械连接的连接区段长度应按$35d$计算，当直径不同的钢筋连接时，按直径较小的钢筋计算。位于同一连接区段内的钢筋机械连接接头的面积百分率应符合规定。

(4)施工现场接头的加工与安装。在施工现场加工钢筋接头时，应符合下列规定：

1)加工钢筋接头的操作工人，应经专业人员培训合格后才能上岗，人员应相对稳定。

2)钢筋接头的加工应经工艺检验合格后方可进行。

直螺纹接头的现场加工应符合下列规定：

1)钢筋端部应采用带锯、砂轮锯或带圆弧形刀片的专用钢筋切断机切平。

2)墩粗头不得有与钢筋轴线相垂直的横向裂纹。

3)钢筋丝头长度应满足企业标准中产品设计要求，公差应为$0p\sim2.0p$（p为螺距）。

4)钢筋丝头宜满足6f级精度要求，应用专用直螺纹量规检验，通规能顺利旋入并达到要求的拧入长度，止规旋入不得超过$3p$。各规格的自检数量不应少于10%，检验合格率不应小于95%。

锥螺纹接头的现场加工应符合下列规定：

1)钢筋端部不得有影响螺纹加工局部弯曲。

2)钢筋丝头长度应满足设计要求，使拧紧后的钢筋丝头不得相互接触，丝头加工长度极限偏差应为$-0.5p\sim-1.5p$。

3)钢筋丝头的锥度和螺距应使用专用锥螺纹量规检验，各规格的自检数量不应少于10%，检验合格率不应小于95%。

四、钢筋的配料计算

钢筋配料就是根据结构施工图，先绘出各种形状和规格的单根钢筋简图并加以编号，然后分别计算钢筋下料长度、根数及质量，填写配料单，作为备料、加工和结算的依据。钢筋配料是钢筋工程施工的重要一环，应由识图能力强，同时，熟悉钢筋加工工艺的人员进行。

1. 下料长度的计算

结构施工图中所指钢筋长度是钢筋外缘之间的长度,即外包尺寸,这是施工中量度钢筋长度的基本依据。钢筋加工前按直线下料,经弯曲后,外边缘伸长,内边缘缩短,而中心线不变。这样,钢筋弯曲后的外包尺寸和中心线长度之间存在一个差值,称为"量度差值",在计算下料长度时必须加以扣除。因此,钢筋下料长度应为各段外包尺寸之和减去各弯曲处的量度差值,再加上端部弯钩的增加值。

(1)混凝土保护层厚度。混凝土保护层是结构构件中钢筋外边缘至构件表面范围用于保护钢筋的混凝土,简称保护层。混凝土保护层的最小厚度按设计要求,如设计无要求时,按《混凝土结构工程施工质量验收规范》(GB 50204—2015)的规定。混凝土保护层厚度采用塑料垫块或卡具。

(2)弯曲处量度差值。不同级别的钢筋弯折90°和135°时的弯曲调整值见表4-9;弯折30°、45°、60°时的弯曲调整值见表4-10;弯起钢筋弯折30°、45°、60°时的弯曲调整值见表4-11。

表4-9 钢筋弯折90°和135°时的弯曲调整值

弯折角度	钢筋级别	弯曲调整值	
		计算式	取值
90°	热轧光圆钢筋($D=2.5d$) 热轧带肋钢筋($D=4d$) 热轧带肋钢筋($D=6d$) 热轧带肋钢筋($D=8d$)	$\Delta=0.215D+1.215d$	$1.75d$ $2d$ $2.5d$ $3d$
135°	热轧光圆钢筋($D=2.5d$) 热轧带肋钢筋($D=4d$)	$\Delta=0.822d-0.178D$	$1.9d$ $3.1d$

表4-10 钢筋弯折30°、45°、60°时的弯曲调整值

项次	弯折角度	钢筋弯曲调整值	
		计算式	按$D=5d$
1	30°	$\Delta=0.006D+0.274d$	$0.3d$
2	45°	$\Delta=0.022D+0.436d$	$0.55d$
3	60°	$\Delta=0.054D+0.631d$	$0.9d$

表4-11 弯起钢筋弯曲30°、45°、60°的弯曲调整值

项次	弯折角度	钢筋弯曲调整值	
		计算式	按$D=5d$
1	30°	$\Delta=0.012D+0.28d$	$0.34d$
2	45°	$\Delta=0.043D+0.457d$	$0.67d$
3	60°	$\Delta=0.108D+0.685d$	$1.23d$

由于钢筋加工实际操作往往不能准确地按规定的最小D值取用,有时按略偏大或略偏小取用;或成型机心轴规格不全,不能完全满足加工的需要,因此,除按以上计算方法求弯曲调整值外,也可以根据各工地实际经验确定。

(3)端部弯钩长度增加值。热轧光圆纵向钢筋末端应做180°弯钩,圆弧弯曲直径D不应小于

钢筋直径 d 的 2.5 倍，平直部分长度不应小于 $3d$，则其每个弯钩的长度增加值为 $6.25d$。

箍筋末端可做 90°、135°、180°弯钩。当端部弯钩为 90°时，对于一般结构，其平直部分长度不小于 $5d$，则其每个弯钩的长度增加值为 $5.5d$，对于有抗震要求的结构，其平直部分长度不小于 $10d$，则其每个弯钩的长度增加值为 $10.5d$；当端部弯钩为 135°时，对于一般结构，其每个弯钩的长度增加值为 $6.9d$，对于有抗震要求的结构，其每个弯钩的长度增加值为 $11.9d$；当端部弯钩为 180°，对于一般结构，其每个弯钩的长度增加值为 $8.25d$，对于有抗震要求的结构，其每个弯钩的长度增加值为 $13.25d$。

有抗震要求的箍筋，其平直段长度除满足 $10d$ 的要求外，还应同时满足 ≥ 75 mm 的要求。

(4) 钢筋下料长度计算公式

直钢筋下料长度＝直构件长度－保护层厚度＋端部弯钩增加值

弯起钢筋下料长度＝直段长度＋斜段长度－中部弯折量度差值＋端部弯钩增加值

箍筋下料长度＝箍筋外包周长－3 个中部弯曲量度差值＋2 个端部弯钩增加值

2. 钢筋配料单的编制

编制钢筋配料单之前必须熟悉图纸，把结构施工图中钢筋的品种、规格列成钢筋明细表，并读出钢筋设计尺寸，然后计算钢筋的下料长度，并汇总编制钢筋配料单。

在配料单中，要反映出钢筋所用部位、钢筋编号、钢筋简图和尺寸、钢筋直径、数量、下料长度等。

根据钢筋配料单，应将每一编号的钢筋制作一块料牌，作为钢筋加工的依据，如图 4-35 所示。

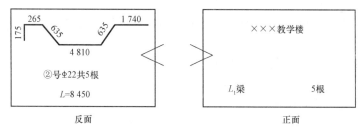

图 4-35 钢筋料牌

3. 钢筋代换

当施工中遇到钢筋品种或规格与设计要求不符时，可参照以下原则进行钢筋代换。

(1) 等强度代换方法。当构件配筋受强度控制时，可按代换前后强度相等的原则代换，称作"等强度代换"。例如，设计图中所用的钢筋设计强度为 f_{y1}，钢筋总面积为 A_{s1}，代换后的钢筋设计强度为 f_{y2}，钢筋总面积为 A_{s2}，则应满足：$A_{s1} \cdot f_{y1} \leq A_{s2} \cdot f_{y2}$。

(2) 等面积代换方法。当构件按最小配筋率配筋时，可按代换前后面积相等的原则进行代换，称"等面积代换"。代换时应满足下式要求：

$$A_{s1} \leq A_{s2}$$

(3) 按裂缝宽度或挠度验算结果代换。当构件配筋受裂缝宽度或挠度控制时，代换后应进行裂缝宽度或挠度验算。

4. 代换注意事项

钢筋代换时，应办理设计变更文件，并应符合下列规定：

(1) 对抗裂性能要求高的构件，不宜用光圆钢筋代换变形钢筋。

(2) 钢筋代换后，应满足混凝土结构设计规范中所规定的钢筋间距、锚固长度、最小钢筋直径、根数等配筋构造要求。

(3)梁的纵向受力钢筋与弯起钢筋应分别代换,以保证正截面与斜截面强度。

(4)有抗震要求的梁、柱和框架,不宜以强度等级较高的钢筋代换原设计中的钢筋;若必须代换时,其代换的钢筋检验所得的实际强度,还应符合抗震钢筋的要求。

(5)预制构件的吊环,必须采用未经冷拉的热轧光圆钢筋制作,严禁以其他钢筋代换。

(6)当构件受裂缝宽度或挠度控制时,钢筋代换后应进行刚度、裂缝验算。

任务实施

编制钢筋工程技术质量交底的内容。

一、准备工作

(1)钢筋加工前必须具有出厂合格证及试验合格后才能进行加工,进场时必须检查出厂质量证明书,经现场管理人员同意方可进行加工制作。

(2)钢筋在加工的过程,如发现脆断、焊接性能不良或力学性能显著不正常等现象,必须及时向项目部管理人员汇报并进行专项检验。

(3)加工完毕的钢筋必须分类,品种、规格及各项构件专用钢筋分类堆放。

(4)钢筋加工后、安装前必须对栋号、基础编号各规格的钢筋进行挂牌,以便安装。

二、钢筋加工

(1)钢筋加工前必须由班组长对各构件的钢筋进行放样,并由项目部施工员审核合格才能加工。

(2)必须熟悉施工图纸;钢筋加工的形状、尺寸必须符合设计要求;钢筋的表面应干净、无损伤,油渍、漆污和铁锈等应在使用前清除干净。

(3)钢筋应平直、无局部曲折。

(4)钢筋的锚固长度及钢筋的箍筋的弯钩形式必须符合设计要求。

三、钢筋绑扎与安装

(1)钢筋的绑扎应符合下列规定:

1)钢筋的交叉点应采用钢丝扎牢;板的钢筋网,除靠近外围两行钢筋的相交点全部扎牢外,中间部分交叉点可间隔交错扎牢,但必须保证受力筋不产生位移偏移;双向受力的钢筋,必须全部扎牢。

2)梁和柱的箍筋,除设计有特殊要求外,应与受力钢筋垂直设置,箍筋弯钩叠合处,应沿受力钢筋方向错开设置。

3)绑扎网和绑扎骨架外形尺寸的允许偏差应符合下列规定:网的长、宽:±10 mm;网眼尺寸:±20 mm;骨架的宽及高:±5 mm;骨架长度:±10 mm;箍筋间距:±20 mm;受力钢筋间距:±10 mm;排距:±5 mm。

(2)钢筋的绑扎接头应符合下列规定:

1)搭接长度的末端距离钢筋弯折处,不得小于钢筋直径的10倍,接头不宜位于最大弯矩处。

2)钢筋的锚固长度及搭接长度应符合设计要求及施工规范要求:C25混凝土强度的钢筋搭接长度为$40d$。

3)钢筋的搭接接头焊接接头应符合下列规定:受拉区不得超过25%;受压区不得超过50%。

(3)受力钢筋的混凝土保护层厚度,应符合设计要求。

四、安全交底

(1)进入现场必须遵守安全生产管理规定。

(2)钢筋断料、配料、弯料等工作应在地面进行,不准在高空操作。

(3)搬运钢筋要注意附近有无障碍物、架空电线和其他临时电气设备,防止钢筋在回转时碰撞电线或发生触电事故。

(4)绑扎基础钢筋时按规定摆放支架或马凳架起上部钢筋,不得任意减少,操作前应检查基坑土壁和支撑是否牢固。

(5)绑扎主柱、墙体钢筋,不得站在钢筋前架上操作和攀登骨架上下,柱筋在4 m以上时,应搭设工作台,柱、墙梁、骨架应用临时支撑拉牢,以防倾倒。

(6)现场绑扎悬空大梁钢筋时,不得站在模板上操作,必须要在脚手架上操作,绑扎独立柱头钢筋时,不准站在钢筋上绑扎,也不准将木料、管子、钢模板穿在钢箍内作为立人板。

(7)起吊钢筋骨架,下方禁止站人,必须待骨架降到距模板1 m以下才准靠近,就位支撑好方可摘钩。

(8)起吊钢筋时,规格必须统一,不准长短参差不一,不准一点吊。

(9)短钢筋应及时清理,成品堆放应整齐,工作台要稳,钢筋工作棚照明灯必须加网罩。

(10)高空作业时,不得将钢筋集中堆放在模板和脚手架板上,也不要把工具、钢箍、短钢筋随意放在脚手板上,以免滑下伤人,在必须操作时,应佩戴安全带。

(11)在雷雨时必须停止露天操作,预防雷击钢筋伤人。

(12)钢筋骨架不论其固定与否,不得在上行走,禁止从柱子上的钢箍上下。

拓展提高

【例4-1】 某建筑物简支梁L1配筋如图4-36、图4-37所示,试计算钢筋下料长度并编制钢筋配料单(钢筋保护层厚度取25 mm,共有10根L1梁)。

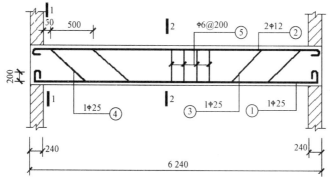

图4-36 L1配筋图

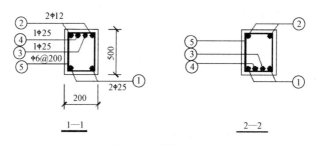

图 4-37 梁断面图

【解】

1. 绘出各种钢筋简图(表 4-12)

表 4-12 钢筋配料单

构件名称	钢筋编号	简图	品种	直径/mm	下料长度/mm	单根根数	合计根数	质量/kg
L1 梁（共10根）	①	200, 6 190	Φ	25	6 815	2	20	523.75
	②	6 190	Φ	12	6 340	2	20	112.60
	③	765, 619, 3 784	Φ	25	6 810	1	10	262.80
	④	265, 619, 4 784	Φ	25	6 810	1	10	262.80
	⑤	150, 450	Φ	6	1 311	32	320	95.32

2. 计算钢筋下料长度

①号钢筋下料长度：

$(6\ 240 + 2 \times 200 - 2 \times 25) - 2 \times 1.75 \times 25 + 2 \times 6.25 \times 25 = 6\ 815 \text{(mm)}$

②号钢筋下料长度：$6\ 240 - 2 \times 25 + 2 \times 6.25 \times 12 = 6\ 340 \text{(mm)}$

③号弯起钢筋下料长度：

上直段钢筋长度 $= 240 + 50 + 500 - 25 = 765 \text{(mm)}$

斜段钢筋长度 $= (500 - 2 \times 25 - 2 \times 6) \times 1.414 = 619 \text{(mm)}$

中间直段长度 $= 6\ 240 - 2 \times (240 + 50 + 500 + 438) = 3\ 784 \text{(mm)}$

下料长度 $= (765 + 619) \times 2 + 3\ 784 - 4 \times 0.55 \times 25 + 2 \times 6.25 \times 25 = 6\ 810 \text{(mm)}$

④号钢筋下料长度：

上直段钢筋长度 $= 240 + 50 + - 25 = 265 \text{(mm)}$

斜段钢筋长度 $= (500 - 2 \times 25 - 2 \times 6) \times 1.414 = 619 \text{(mm)}$

中间直段长度 $= 6\ 240 - 2 \times (240 + 50 + 438) = 4\ 784 \text{(mm)}$

下料长度 $= (265 + 619) \times 2 + 4\ 784 - 4 \times 0.55 \times 25 + 2 \times 6.25 \times 25 = 6\ 810 \text{(mm)}$

⑤号箍筋下料长度：

宽度：200－2×25＝150(mm)

高度：500－2×25＝450(mm)

下料长度为＝(150＋450)×2－3×1.75×6＋2×11.9×6＝1 311(mm)

【例 4-2】 某墙体设计配筋为 φ14@200，施工现场现无此钢筋，拟用 φ12 钢筋代换，试计算代换后每米几根。

【解】 因为代换前后所用钢筋的强度相同，因此，采用等面积代换。

代换前墙体每米设计配筋的根数为：$n_1=1\,000/200+1=6$(根)

代换后墙体每米所用钢筋的根数为：$n_2 \geqslant n_1 \cdot d_1^2/d_2^2 = 6 \times 14^2/12^2 = 8.2$(根)

取 $n_2=9$ 根，即代换后每米配置 9 根 φ12 的钢筋。

拓展实训

一、填空题

1. 钢筋连接的方法通常有_____、_____、_____。
2. 钢筋的冷拉控制方法有_____、_____两种方法。
3. 受力钢筋的接头宜设置在受力较_____处。在同一根钢筋上宜少接头，不宜设置两个或两个以上接头。接头末端至钢筋起点的距离不应小于钢筋直径的_____倍。

二、单项选择题

1. 钢筋冷拉时效的最终目的是(   )。
   A. 消除残余应力   B. 钢筋内部晶格完全变化
   C. 提高弹性模量   D. 提高屈服强度
2. 钢筋冷拉时，若采用冷拉应力控制，当冷拉应力为 δ，冷拉率为 γ 时，下列哪种情况是合格的(   )。
   A. δ 达到控制值，γ 未达到控制值   B. δ 达到控制值，γ 超过规定值
   C. δ 未达到控制值，γ 未达到控制值   D. δ 未达到控制值，γ 超过规定值
3. 冷拉后的 HPB300 级钢筋不得用作(   )。
   A. 梁的箍筋   B. 预应力钢筋   C. 构件吊环   D. 柱的主筋
4. 钢筋冷拔的机理是(   )。
   A. 消除残余应力   B. 轴向拉伸   C. 径向压缩   D. 抗拉强度提高
5. 闪光对焊接头用于(   )。
   A. 钢筋网片的焊接   B. 竖向钢筋接头
   C. 钢筋搭接焊接   D. 水平钢筋接头
6. 在钢筋焊接中，对于现浇钢筋混凝土框架结构中竖向钢筋的连接，最宜采用(   )。
   A. 电弧焊   B. 闪光对焊   C. 电渣压力焊   D. 电阻点焊
7. 冷拔钢丝垂直焊接宜用(   )。
   A. 对焊   B. 电弧焊   C. 搭接焊   D. 电阻点焊
8. 钢筋螺纹套管连接主要适用于(   )。
   A. 光圆钢筋   B. 变形钢筋   C. 螺纹钢筋   D. 粗大钢筋
9. 6 根 φ10 钢筋代换成 φ6 钢筋应为(   )。
   A. 10φ6   B. 13φ6   C. 17φ6   D. 21φ6

10. 已知某钢筋混凝土梁中的1号钢筋外包尺寸为5 980 mm，钢筋两端弯钩增长值共计156 mm，钢筋中间部位弯折的量度差值为36 mm，则1号钢筋下料长度为（　　）mm。
   A. 6 172　　　　B. 6 100　　　　C. 6 256　　　　D. 6 292

三、简答题

1. 什么是钢筋的冷拉？冷拉的目的是什么？
2. 钢筋接头的连接方式有哪些？各有哪些特点？
3. 钢筋代换有哪些原则？

课外学习指要

[1] 中华人民共和国行业标准. JGJ 18—2012 钢筋焊接及验收规程[S]. 北京：中国建筑工业出版社，2012.

[2] 中华人民共和国行业标准. JGJ 107—2016 钢筋机械连接技术规程[S]. 北京：中国建筑工业出版社，2016.

任务三　混凝土工程施工

任务描述

编写混凝土工程的技术质量交底。

任务分析

混凝土工程施工包括混凝土制备、运输、浇筑、养护等施工过程，各施工过程既紧密联系又相互影响，任何一个施工过程处理不当都会影响混凝土的最终质量。因此，要求混凝土构件不仅应有正确的外形，而且要获得良好的强度、密实度和整体性。

相关知识

一、混凝土的制备

1. 混凝土的原材料

混凝土由水泥、粗集料、细集料和水组成，有时掺加外加剂、外掺料等。保证原材料的质量是保证混凝土质量的前提。

（1）水泥。水泥的品种和成分不同，其凝结时间、早期强度、水化热和吸水性等性能也不相同，应按适用范围选用。在普通气候环境或干燥环境下的混凝土、严寒地区的露天混凝土应优先选用普通硅酸盐水泥；高强度混凝土（大于C40）、要求快硬的混凝土、有耐磨要求的混凝土应优先选用硅酸盐水泥；高温环境或水下混凝土应优先选用矿渣硅酸盐水泥；厚大体积的混凝土应优先选用粉煤灰硅酸盐水泥或矿渣硅酸盐水泥；有抗渗要求的混凝土应优先选用普通硅酸盐水泥或火山灰质硅酸盐水泥；有耐磨要求的混凝土应优先选用普通硅酸盐水泥或硅酸盐水泥。

对于钢筋混凝土结构、预应力混凝土结构，严禁使用含氯化物的水泥。

水泥进场应对其品种、级别、包装、出厂日期等进行检查，并对强度、安定性等指标进行复检，其质量必须符合相关国家标准，对于安定性不合格的水泥不能使用。

入库的水泥应按品种、强度等级、出厂日期分别堆放，并挂牌标识，做到先进先用，不同品种的水泥不得混掺使用。水泥应在地面上架空 150～200 mm，以防水泥受潮；袋装水泥堆高不超过 10 包，堆宽以 5～10 包为限。

(2)砂。混凝土用砂以细度模数为 2.5～3.5 的中粗砂最为合适，当混凝土强度等级高于或等于C30时(或有抗冻、抗渗要求)，含泥量不得大于 3%；当混凝土强度等级低于C30时，含泥量不大于 5%。

当采用人工砂拌制混凝土时，应满足《人工砂混凝土应用技术规程》(JGJ/T 241—2011)的规定。

(3)石子。混凝土中常用石子有卵石和碎石。卵石混凝土水泥用量少，强度偏低；碎石混凝土水泥用量大，强度较高。

石子的颗粒级配应优先采用连续级配，石子的级配越好，其空隙率及总表面积越小，不仅节约水泥，混凝土的和易性、密实性和强度也较高。

当混凝土强度等级高于或等于C30时，石子中的含泥量≤1.0%；当混凝土强度等级低于C30时，其含泥量≤2.0%(泥块含量按重量计)。

在级配合适的情况下，石子的粒径越大，对节约水泥、提高混凝土强度和密实性都有益处，但由于结构断面、钢筋间距及施工条件的限制，石子的最大粒径不得超过结构截面最小尺寸的1/4，且不得超过钢筋最小净距的3/4；对混凝土实心板不得超过板厚的1/3，且最大不超过40 mm(机拌)；在任何情况下，石子的最大粒径机械拌制不超过150 mm，人工拌制不超过 80 mm。

(4)水。拌制混凝土宜采用饮用水，当采用其他水源时，水质应符合现行国家标准《混凝土用水标准》(JGJ 63—2006)的规定。污水、工业废水不得用于混凝土中，海水不得用来拌制配筋结构的混凝土。

(5)外加剂。为改善混凝土的性能，提高其经济效果，以适应新结构、新技术的需要，外加剂已经成为混凝土的重要组成部分，混凝土中掺外加剂的质量应符合现行国家标准《混凝土外加剂》(GB 8076—2008)、《混凝土外加剂应用技术规范》(GB 50119—2013)等和有关环境保护的规定。常用的外加剂主要有以下几种。

1)减水剂。减水剂是一种表面活性材料，能显著减少拌和用水量，降低水胶比，改善和易性，增加流动性，节约水泥，有利于混凝土强度的增长及物理性能的改善，尤其适合大体积混凝土、防水混凝土、泵送混凝土等。

2)早强剂。早强剂能加速混凝土的硬化过程，提高早期强度，加快工程进度。三乙醇胺及其复合早强剂的应用较为普遍。有的早强剂(氯盐)对钢筋有锈蚀作用，在配筋结构中使用时其掺量小于或等于水泥重量的1%，并禁止用于预应力结构和大体积混凝土。

3)速凝剂。速凝剂起加速水泥的凝结硬化作用，用于快速施工、堵漏、喷射混凝土等。

4)缓凝剂。缓凝剂能延长混凝土从塑性状态转化到固体状态所需的时间，并对后期强度无影响。主要用于大体积混凝土、气候炎热地区的混凝土工程和长距离输送的混凝土。

5)膨胀剂。膨胀剂能使混凝土在水化过程中产生一定的体积膨胀。膨胀剂可配制补偿收缩混凝土、填充用膨胀混凝土、自应力混凝土。

6)防水剂。防水剂用于配制防水混凝土。用水玻璃配制的混凝土不但能防水，还有很大的粘结力和速凝作用，用于修补工程和堵塞漏水很有效果。

7)抗冻剂。在一定负温条件下,抗冻剂能保持混凝土水分不受冻结,并促使其凝结、硬化。如亚硝酸钠与硫酸盐复合剂,能适用于-10℃环境下施工。

8)加气剂:在混凝土中掺入加气剂,能产生大量微小、密闭的气泡,既能改善混凝土的和易性,减小用水量,提高抗渗、抗冻性能,又能减轻自重,增加保温隔热性能。加气混凝土是现代建筑常用的隔热、隔声墙体材料。

混凝土外加剂应检查产品合格证、出厂检验报告,并按进场的批次和产品抽样检验方案复检,其质量和应用技术应符合现行国家标准和技术规程。

(6)外掺料。采用硅酸盐水泥或普通硅酸盐水泥拌制混凝土时,为节约水泥和改善混凝土的工作性能,可掺用一定的混合材料,称为外掺料,一般为当地的工业废料或廉价地方材料。外掺料质量应符合国家现行标准的规定,其掺量应经试验确定。例如,在混凝土中掺入适量粉煤灰既可节约水泥、改善和易性,还可降低水化热、改善混凝土的耐高温、抗腐蚀等方面的性能;掺入适量火山灰既可替代部分水泥,又可提高混凝土抗海水、硫酸盐等侵蚀的能力。

2. 混凝土的和易性

混凝土的和易性及强度是衡量混凝土质量的两个主要指标。

(1)混凝土的和易性。和易性是指混凝土在搅拌、运输、浇筑等施工过程中保持成分均匀、不分层离析,成型后混凝土密实均匀的性能。其包括流动性、黏聚性和保水性三方面的性能。

和易性好的混凝土,易于搅拌均匀,运输和浇筑时不易发生离析泌水现象,捣实时流动性大,易于捣实,成型后混凝土内部质地均匀密实,有利于保证混凝土的强度与耐久性。和易性不好的混凝土,施工操作困难,质量难以保证。

(2)混凝土的和易性指标及测定。根据对和易性的需求不同,混凝土有塑性混凝土和干硬性混凝土之分。塑性混凝土的和易性一般用坍落度测定,干硬性混凝土则用工作度试验确定。各种混凝土的和易性指标见表4-13。

表4-13 混凝土的和易性指标

混凝土名称	坍落度/mm	工作度/s
流动性混凝土	50~80	5~10
低流动性混凝土	10~30	15~30
干硬性混凝土	0	30~180

坍落度测定主要反映混凝土在自重作用下的流动性,以目测和经验评定其黏聚性和保水性,采用坍落度筒测定,如图4-38所示。

当坍落度筒提起后无稀浆或只有少量稀浆自底部析出,则此混凝土保水性良好;用振捣棒在已坍落的锥体一侧轻轻敲打,如锥体慢慢下沉,则表示其黏聚性良好;如锥体突然倒塌、部分崩裂或发生离析现象,则表示其黏聚性不好。

当坍落度筒提起后有较多的稀浆从底部析出,锥体部分的混凝土也因失浆而集料外露,则此混凝土保水性差。

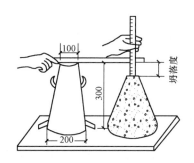

图4-38 坍落度筒的测定示意图

(3)影响混凝土和易性的因素。

1)水泥的影响。水泥颗粒越细,混凝土的黏聚性和保水性越好,如硅酸盐水泥和普通硅酸盐水泥的和易性比火山灰质水泥、矿渣水泥好。在水胶比相同的情况下,水泥用量越大,则和易性越好。

2）用水量的影响。在混凝土拌合物中，集料本身是没有流动性的，混凝土拌合物的流动性是来自水泥浆。

在保持水泥用量不变的情况下，减少拌和用水量，则水泥浆变稠，流动性变小，混凝土的黏聚性也变差，混凝土难以成型密实。反之，若加水过多，则水胶比过大，水泥浆过稀，将产生严重的分层离析和泌水现象，并严重影响混凝土的强度和耐久性。

3）砂率的影响。砂率是指混凝土中砂的质量占砂石总质量的百分率。若砂率过大，水泥浆被比表面积较大的砂粒所吸附，则流动性减小；砂率过小，砂子的体积不足填满石子间的空隙，石子之间没有足够的砂浆润滑层，会使混凝土拌合物的流动性、黏聚性和保水性均差，甚至发生混凝土集料离析、崩散现象。

4）集料性质的影响。用卵石和河砂拌制的混凝土拌合物，其流动性比碎石和山砂拌制的好，用级配好的集料拌制的混凝土拌合物和易性好。

5）外加剂的影响。混凝土拌合物掺入减水剂或引气剂，流动性明显提高。引气剂还可以有效改善混凝土拌合物的黏聚性和保水性，还分别对硬化混凝土的强度与耐久性起着十分有利的作用。

3. 混凝土的强度

混凝土以立方体抗压强度作为控制和评定其质量的主要指标。混凝土立方体抗压强度是指边长为150 mm的立方体试件，在标准条件下[温度(20 ± 3)℃、相对湿度$\geqslant 90\%$]养护28 d后，按标准试验方法测得，据此来划分混凝土强度等级。影响混凝土强度的因素有以下几项：

（1）水泥强度。在相同条件下，所用水泥强度等级越高，混凝土的强度也就越高；反之，强度则低。

（2）水胶比。混凝土在硬化过程中，与水泥起水化作用的水只占水泥质量的15%~20%，其余的水只是为满足混凝土流动性的需要。水泥石在水化过程中的孔隙率取决于水胶比，如果水胶比大，则水泥浆中多余的水在混凝土中呈游离状态，硬化时会形成许多小孔降低混凝土的密实度，从而降低混凝土强度。当混凝土混合料能被充分捣实时，混凝土的强度随水胶比的降低而提高。

（3）混凝土的振捣。浇筑混凝土时，充分捣实才能得到密实度大、强度高的混凝土。对于干硬性混凝土，可利用强力振捣、加压振捣等振捣条件提高混凝土强度；塑性混凝土则不宜利用振捣条件提高混凝土强度，过振会使混凝土产生离析泌水现象，强度降低。

（4）粗集料的尺寸与级配。当水泥用量和稠度一定时，较大的集料粒径其表面积小，所需拌和水较少，较大集料趋于形成微裂缝的弱过渡区，含较大集料粒径混凝土拌合物比含较小粒径的强度小。

粗集料级配良好比未采用连续级配的混凝土强度高。

碎石表面比卵石表面粗糙，它与水泥砂浆的粘结性比卵石强，当水胶比相等或配合比相同时，碎石配制的混凝土强度比卵石高。

（5）混凝土的养护。混凝土强度与养护温度、湿度有关。当湿度合适时，在4 ℃~40 ℃内，温度越高，水泥水化作用越快，其强度发展也越快；反之，则越慢。当温度低于0 ℃时，混凝土强度停止发展，甚至因冻胀而破坏。

混凝土浇筑后在一定时间内必须保持足够的湿度，否则，混凝土因失水而干燥，而且因水化作用未能充分完成，造成混凝土内部结构疏松，表面出现干缩裂缝。养护湿度是混凝土强度正常增长的必要条件。

（6）混凝土的龄期。混凝土的强度随着龄期的增长而逐渐提高，在正常养护条件下，混凝土在最初的 7~14 d 内发展较快,以后逐渐趋缓,28 d 达到设计强度等级,此后强度增长过程可延续数十年。

4. 混凝土的施工配料

施工配料是按现场使用搅拌机的装料容量进行搅拌一次(盘)的装料数量的计算,其是保证混凝土质量的重要环节之一。影响施工配料的因素主要有两个,一是原材料的过秤计量;二是砂石、集料要按实际含水率进行施工配合比的换算。

(1)原材料计量。混凝土配制前要严格控制混凝土配合比,严格对每盘混凝土的原材料过秤计量。每盘称量允许偏差为:水泥及掺合料±2%,砂石±3%,水及外加剂±2%。衡器应定期校验,雨天应增加砂石含水率的检测次数。

(2)施工配合比的换算。混凝土的配合比是在试验室根据初步计算的配合比经过试配和调整而确定的,称为试验室配合比。确定试验室配合比所用的砂、石都是干燥的,而施工现场使用的砂、石都具有一定的含水率,并且含水率大小随季节、气候不断变化。如果不考虑现场砂、石含水率,还按试验室配合比投料,其结果是改变了实际砂、石的用量和用水量,而造成各种原材料用量的实际比例不符合原来的配合比的要求。

为保证混凝土工程质量,在施工时要按砂、石实际含水率对原配合比进行修正,称为施工配合比。

假定试验室配合比为水泥:砂:石=1:x:y,现场测得砂含水率为 W_x,石子含水率为 W_y,则施工配合比为水泥:砂:石=1:$x(1+W_x)$:$y(1+W_y)$。

按试验室配合比 1 m³ 混凝土水泥用量为 C(kg),计算时确保水胶比 W/C(W 为用水量)不变,则换算后材料用量为:

水泥:$C'=C$

砂:$C_{砂}=C_x(1+W_x)$

石:$C_{石}=C_y(1+W_y)$

水:$W'=W-C_x \cdot W_x-C_y \cdot W_y$

(3)施工配料。施工中往往以一袋或两袋水泥为下料单位,每搅拌一次叫作一盘。因此,求出每 1 m³ 混凝土的材料用量后,还必须根据工地现有搅拌机出料容量确定每次需用几袋水泥,然后按水泥用量计算出砂、石子的每盘用量。

(4)配料机配料。配料机是一种与混凝土搅拌机配套使用的自动配料设备,可根据设计的混凝土配合比自动完成砂、石等 2~4 种物料的配制,具有称量准确、配料精度高、速度快、控制功能强、操作简便等优点。

(5)泵送混凝土的配合比要求。泵送混凝土的水泥用量不宜小于 300 kg/m³,水胶比不宜大于 0.6,掺用引气型减水剂时,混凝土含气量不宜大于 4%。

水泥不宜采用火山灰水泥,宜采用中砂,砂率宜控制为 35%~45%。

粗集料的最大粒径与输送管径之比:泵送高度在 50 m 以下时,碎石≤1:3,卵石≤1:2.5;泵送高度在 50~100 m 时,碎石≤1:4,卵石≤1:3;泵送高度在 100 m 以上时,碎石≤1:5,卵石≤1:4,以免堵管。

混凝土入泵时的坍落度应符合专门的要求,一般不小于 80 mm。

二、混凝土的搅拌

混凝土的搅拌是指将水、水泥和粗细集料进行均匀拌和及混合的过程。同时,通过搅拌还要使材料达到强化、塑化的作用。

1. 搅拌机械的选择

(1)混凝土的制备方法。除零星分散且用于非重要部位的可采用人工拌制外,均应采用机械搅拌。混凝土搅拌机按其搅拌原理可分为自落式搅拌机和强制式搅拌机两类。

1)自落式搅拌机。自落式搅拌机搅拌时,混凝土拌合料在鼓筒内作自由落体式翻转搅拌,多用于搅拌塑性混凝土和低流动性混凝土。自落式搅拌机搅拌力量小、动力消耗大、效率低,正日益被强制式搅拌机所取代。

2)强制式搅拌机。强制式搅拌机有立轴和卧轴两种。卧轴式有单轴、双轴之分;而立轴式又分为涡浆式和行星式。强制式搅拌机搅拌时,混凝土拌合料搅拌作用强烈,适宜搅拌干硬性混凝土和轻集料混凝土,具有搅拌质量好、速度快、生产效率高、操作简便安全的优点,但机件磨损较严重。

立轴式强制搅拌机不宜用于搅拌流动性大的混凝土;卧轴式搅拌机具有适用范围广、搅拌时间短、搅拌质量好等优点,是大力推广的机型。

(2)大型混凝土搅拌站。混凝土的现场拌制已属于限制技术,在规模大、工期长的工程中设置半永久性的大型搅拌站是其发展方向。将混凝土集中在有自动计量装置的混凝土搅拌站集中拌制,用混凝土运输车向施工现场供应商品混凝土,有利于实现建筑工业化、提高混凝土质量、节约原材料和能源、减少现场和城市环境污染、提高劳动生产率。

(3)选择搅拌机的注意事项。选择搅拌机时,要根据工程量的大小、混凝土的坍落度、集料尺寸等而定,既要满足技术要求,又要考虑经济效率和节约能源。施工现场常用搅拌机的规格(容量)为 250~1 000 L。

2. 混凝土搅拌制度的确定

为了获得质量优良的混凝土拌合物,除正确选择混凝土搅拌机外,还必须正确制定混凝土搅拌制度,即装料容量、搅拌时间和投料顺序等。

(1)装料容量。搅拌机容量有几何容量、进料容量和出料容量三种标示。几何容量是指搅拌筒内的几何容积;进料容量是指搅拌前搅拌筒可容纳的各种原材料的累计体积;出料容量是指每次从搅拌筒内可卸出的最大混凝土体积。

为保证混凝土得到充分的拌和,装料容量通常是搅拌机几何容量的 1/2~1/3,出料容量为装料容量的 0.55~0.72(称为出料系数)。

(2)搅拌时间。搅拌时间是指从原材料全部投入搅拌筒起,到混凝土拌合物开始卸出为止所经历的时间,它与搅拌质量密切相关。搅拌时间过短,混凝土拌和不均匀,强度及和易性将下降;搅拌时间过长,不但降低搅拌的生产效率,同时还会使不坚硬的粗集料,在大容量搅拌机中因脱角、破碎等而影响混凝土的质量,且降低混凝土的和易性或产生分层离析现象,加气混凝土还会因搅拌时间过长而使含气量下降。混凝土搅拌的最短时间可按表 4-14 采用。

表 4-14 混凝土搅拌的最短时间

混凝土坍落度/mm	搅拌机机型	最短时间/s		
		搅拌机容量<250 L	250~500 L	>500 L
≤30	自落式	90	120	150
	强制式	60	90	120
>30	自落式	90	90	120
	强制式	60	60	90

注:1. 当掺有外加剂时,搅拌时间应适当延长;
    2. 全轻混凝土、砂轻混凝土搅拌时间应延长 60~90 s。

(3)投料顺序。投料顺序应考虑提高搅拌质量，减少叶片、衬板的磨损，减少拌合物与搅拌筒的粘结，减少水泥飞扬，改善工作环境，提高混凝土强度及节约水泥等方面综合考虑确定。常用的有一次投料法、二次投料法和水泥裹砂法等。

1)一次投料法。一次投料法是在料斗中先装石子，再加水泥和砂，将水泥夹于砂与石子之间，一次投入搅拌机。

2)二次投料法。二次投料法分两次加水、两次搅拌。搅拌时先将全部的石子、砂和70%的拌和水倒入搅拌机，先拌和15 s使集料湿润，再倒入全部水泥搅拌30 s左右，然后加入剩余30%的拌和水进行糊化搅拌60 s左右即完成。与普通搅拌工艺相比，二次投料法可使混凝土强度提高10%～20%，或节约水泥5%～10%。

3)水泥裹砂法。水泥裹砂法又称SEC法，先加适量的水使砂表面湿润，再加石子与湿砂搅拌均匀，然后将全部水泥投入与砂石共同拌和，使水泥在砂石表面形成一层低水胶比的水泥浆壳，最后将剩余的水和外加剂加入搅拌成混凝土。

SEC法制备的混凝土与一次投料法相比，强度可提高20%～30%，混凝土不易产生离析和泌水现象，工作性好。

与水泥裹砂法相类似的投料方法，还有净浆法、净浆裹石法、裹砂法、先拌砂浆法等投料工艺。

3. 混凝土搅拌的注意事项

(1)混凝土配合比必须在搅拌站旁挂牌公示，接受监督和检查。

(2)严格控制施工配合比，砂、石必须严格过磅；严格控制水胶比和坍落度，未经试验人员同意不得随意加减用水量。

(3)混凝土掺用外加剂时，外加剂应与水泥同时进入搅拌机，搅拌时间相应延长50%～100%；当外加剂为粉状时，应先用水稀释，然后与水一同加入。

(4)在混凝土搅拌前，搅拌机应加适量的水运转，使搅拌筒表面润湿，然后将多余水排干。在搅拌第一盘混凝土前，考虑到筒壁上黏附砂浆的损失，只加规定石子重量的一半，俗称"减半石混凝土"。

(5)搅拌好的混凝土要基本卸尽，在全部混凝土卸出之前不得再投入拌合料。严禁采用边出料边进料的方法。

(6)当混凝土搅拌完毕或预计停歇时间超过1 h以上时，应将搅拌机内余料倒出，倒入石子和清水，搅拌5～10 min，把粘在料筒上的砂浆冲洗干净后全部卸出。料筒内不得有积水，以免料筒和叶片生锈。

每班至少应分两次检查材料的质量及每盘的用量，确保工程质量。

三、混凝土的运输

混凝土由拌制地点运至浇筑地点称为混凝土的运输。

1. 混凝土运输的要求

(1)应保证混凝土的浇筑量，在不允许留设施工缝的情况下，混凝土运输需保证浇筑工作能连续进行，应按混凝土的最大浇筑量来选择混凝土运输方法及运输设备的型号和数量。

(2)应保证混凝土在初凝前浇筑完毕，以最短的时间和最少的转换次数将混凝土从搅拌地点运至浇筑地点。混凝土从搅拌机卸出后到振捣完毕的延续时间见表4-15。

(3)应保证混凝土在运输过程中的均匀性，避免产生分层离析、水泥浆流失、坍落度变化以及产生初凝现象。

表 4-15　混凝土从搅拌机卸出后到浇筑完毕的延续时间　　　　　　　　　min

混凝土强度等级	气　温	
	≤25 ℃	>25 ℃
≤C30	120	90
>C30	90	60

注：1. 掺用外加剂或采用快硬水泥拌制混凝土时，应按试验确定；
　　2. 轻集料混凝土的运输、浇筑延续时间应适当缩短。

2. 混凝土的运输方法及运输工具

混凝土运输可分为水平运输、垂直运输两种情况。混凝土运输工具应不吸水、不漏浆、方便快捷。

(1)混凝土水平运输。混凝土地面运输工具可分为间歇式运输机具和连续式运输机具。间歇式运输机具有手推车、机动翻斗车、自卸汽车、搅拌运输车；连续式运输机具有皮带运输机、混凝土输送泵等。

手推车、机动翻斗车适用于运输距离短、运输工程量不大的混凝土；混凝土输送泵适用于水平距离在 1 500 m 内、需连续进行的混凝土输送；混凝土搅拌运输车适用于建有混凝土集中搅拌站的城市内混凝土输送；自卸汽车适用于长距离的混凝土输送。

混凝土搅拌运输车是一种长距离输送混凝土的高效机械，容量一般为 6～12 m³。运输途中搅拌筒以 2～4 r/min 的转速搅动筒内混凝土拌合料，以保证混凝土在长途运输中不致离析。在远距离运输时可将混凝土干料装入筒内，在运输途中加水搅拌。

(2)混凝土垂直运输。混凝土垂直运输机具主要是各类井架、提升机、塔式起重机和混凝土输送泵等。采用塔式起重机时，可考虑将混凝土搅拌机布置在塔式起重机工作半径内，混凝土直接卸入吊斗内，垂直提升后直接倾入混凝土浇筑点。

(3)混凝土泵运输。混凝土泵运输又称泵送混凝土，是利用混凝土泵的压力将混凝土通过管道输送到浇筑地点，可一次完成水平及垂直输送，是一种高效的混凝土运输和浇筑机具。泵送混凝土设备有混凝土输送泵、输送管及布料装置。

1)混凝土输送泵可分为拖式泵(固定式泵)和车载泵(移动式泵)两大类。拖式混凝土输送泵适合高层建(构)筑物的混凝土水平及垂直输送。车载式混凝土输送泵转场方便快捷，占地面积小，能有效减轻施工人员的劳动强度，提高生产效率，尤其适合设备租赁企业使用。

2)混凝土输送管有直管、弯管、锥形管和浇筑软管等，直管、弯管、锥形管可采用钢管，浇筑软管可采用橡胶与螺旋形弹性金属管，管的连接可采用管卡。管径的选择根据混凝土集料的最大粒径、输送距离、输送高度及其他施工条件决定，直管直径一般为 110 mm、125 mm、150 mm，标准管长为 3 m，也有 2 m、1 m 的配管；弯管的角度有 90°、45°、30°、15°等；锥形管长度一般为 1.0 m，用于两种不同管径输送管的连接；软管接在管道出口处，在不移动干管的情况下，可扩大布料范围。

3)混凝土泵连续输送的混凝土量很大，为使输送的混凝土直接浇筑到模板内，应设置具有输送和布料两种功能的布料装置，称为布料杆。布料杆应根据工地的实际情况和条件来选择，并设置在合适位置。布料杆有固定式、内爬式、移动式、船用式、塔式等。

泵送混凝土时，应保证混凝土的供应能满足泵连续工作；输送管线宜直、转弯宜缓、接头要严密；泵送前先用适量的水泥砂浆润湿管道内壁，在泵送结束或预计泵送间隙时间超过 45 min 时，及时把残留在混凝土缸体和输送管内混凝土清洗干净。

3. 混凝土运输的注意事项

(1)尽可能使运输线路短直、道路平坦,车辆行驶平稳,减少运输时的振荡,避免运输的时间和距离过长、转运次数过多。

(2)混凝土容器应平整光洁、不吸水、不漏浆,装料前用水湿润,炎热气候或风雨天气宜加盖,防止水分蒸发或进水,冬季考虑保温措施。

(3)运至浇筑地点的混凝土发现有离析或初凝现象需二次搅拌均匀后方可入模,已凝结的混凝土应报废,不得用于工程中。

(4)溜槽运输的坡度不宜大于30°,混凝土移动速度不宜大于1 m/s。如溜槽的坡度太小、混凝土移动太慢,可在溜槽底部加装小型振动器;当溜槽太斜或用皮带运输机运输,混凝土移动速度太快时,可在末端设置串筒或挡板,以保证垂直下落和落差高度。

四、混凝土的浇筑与捣实

混凝土的浇筑与捣实是混凝土工程施工的关键工序,直接影响混凝土的质量和整体性。

1. 混凝土浇筑前的准备工作

(1)检查模板的标高、位置及严密性,支架的强度、刚度、稳定性,清理模板内垃圾、泥土、积水和钢筋上的油污,高温天气模板宜浇水湿润。

(2)检查钢筋的规格、数量、位置、接头和保护层厚度是否正确。

(3)做好预留预埋管线的检查和验收,准备和检查材料、机具等。

(4)做好施工组织和技术、安全交底工作;填写隐蔽工程记录。

2. 混凝土浇筑的一般要求

(1)混凝土浇筑前不应发生初凝和离析现象,如果已经发生,则应再进行一次强力搅拌方可入模。

(2)混凝土浇筑时的自由倾落高度,对于素混凝土或少筋混凝土,由料斗、漏斗进行浇筑时,倾落高度不超过2 m;对竖向结构(柱、墙)倾落高度不超过3 m;对于配筋较密或不便于捣实的结构倾落高度不超过600 mm,否则应采用串筒、溜槽和振动串筒下料,以防产生离析。

(3)浇筑竖向结构混凝土前,底部应先浇入50~100 mm厚与混凝土成分相同的水泥砂浆,以避免产生蜂窝、麻面及烂根现象。

(4)混凝土浇筑时的坍落度应满足表4-16的要求。

表4-16 混凝土浇筑时的坍落度   mm

项次	结构种类	坍落度
1	基础或地面等的垫层、无配筋的厚大结构(挡土墙、基础或厚大的块体)或配筋稀疏的结构	10~30
2	板、梁及大、中型截面的柱子等	30~60
3	配筋密列的结构(薄壁、斗仓、筒仓、细柱等)	50~70
4	配筋特密的结构	70~90

(5)为了使混凝土振捣密实,混凝土必须分层浇筑,每层浇筑厚度与捣实方法、结构的配筋情况有关,应符合表4-17的规定。

表 4-17 混凝土浇筑层厚度　　　　　　　　　　　　　　　　　　　mm

项次	捣实混凝土的方法		浇筑层的厚度
1	插入式振捣		振捣器作用部分长度的 1.25 倍
2	表面振动		200
3	人工捣固	在基础、无筋混凝土或配筋稀疏的结构中	250
		在梁、墙板、柱结构中	200
		在配筋密列的结构中	150
4	轻集料混凝土	插入式振捣器	300
		表面振动(振动时需加荷)	200

（6）混凝土浇筑应连续进行，由于技术或施工组织上原因必须间歇时，其间歇时间应尽可能缩短，并在下层混凝土未凝结前，将上层混凝土浇筑完毕。混凝土运输、浇筑及间隙不得超过表 4-18 的允许间歇时间，当超过时，应按留置施工缝处理。

表 4-18 混凝土浇筑最大间歇时间表　　　　　　　　　　　　　　　min

混凝土强度等级	气温	
	≤25 ℃	>25 ℃
C30 及 C30 以下	210	180
C30 以上	180	150

（7）混凝土在初凝后、终凝前应防止振动，当混凝土抗压强度达到 1.2 MPa 时才允许在上面继续进行施工活动。

3. 混凝土施工缝的留设

由于施工技术或施工组织的原因，不能连续将结构整体浇筑完成，预计间隙时间将超过规定时间时，应预先选定适当的部位留置施工缝。施工缝宜留在结构受剪力较小且便于施工的部位。

柱子应留水平缝，宜留在基础的顶面、梁或吊车梁牛腿的下面、吊车梁的上面、无梁楼板柱帽的下面，如图 4-39 所示。

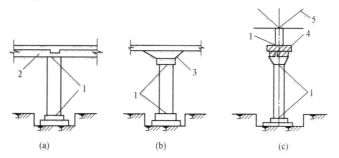

图 4-39 柱施工缝的留置位置
(a)肋形楼板柱；(b)无梁楼板柱；(c)吊车梁柱
1—施工缝；2—梁；3—柱帽；4—吊车梁；5—屋架

与板连成整体的大断面梁，施工缝留设在板底以下 20~30 mm 处；当板下有梁托时，留设在梁托下面；单向板的施工缝留在平行于板的短边的任何位置；有主次梁的楼板宜顺着次梁方向浇筑，施工缝应留设在次梁跨度的中间 1/3 范围内，如图 4-40 所示；墙体的施工缝可留设在门洞口过梁跨中 1/3 范围内，也可留设在纵、横墙的交接处；双向受力楼板、大体积混凝土结构、拱、蓄水池、多层刚架的施工缝应按设计要求留置施工缝。

4. 施工缝的处理

(1)施工缝处继续浇筑混凝土时，应待混凝土的抗压强度不小于 1.2 MPa 时方可进行。

(2)施工缝浇筑混凝土之前，应除去施工缝表面的水泥薄膜、松动石子和软弱的混凝土层，并加以充分湿润和冲洗干净，不得有积水。

(3)浇筑时，施工缝处宜先铺水泥浆（水泥∶水＝1∶0.4），或与混凝土成分相同的水泥砂浆一层，厚度为 30～50 mm，以保证接缝的质量。

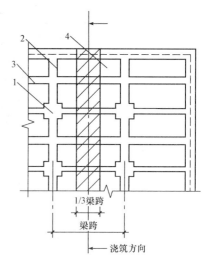

图 4-40 有主次梁的楼板的施工缝位置
1—柱；2—主梁；3—次梁；4—楼板

(4)浇筑过程中，施工缝应细致捣实，使其紧密结合。

5. 后浇带的施工

(1)后浇带是防止因温度变化和混凝土收缩导致结构产生裂缝的有效措施。后浇带的间距由设计确定，一般为 30 m，宽度一般为 700～1 000 mm。

(2)后浇带的保留时间一般为 40 d，最少应为 28 d，施工时，后浇带处的钢筋不宜断开。

(3)后浇带的接头形式有平接式、企口式、台阶式三种，如图 4-41 所示。

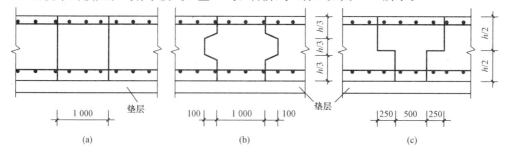

图 4-41 后浇带的接头形式
(a)平接式；(b)企口式；(c)台阶式

6. 普通混凝土的浇筑方法

(1)台阶式柱基础混凝土的浇筑。浇筑单阶柱基时可按台阶分层一次浇筑完毕，不允许留设施工缝，每层混凝土一次卸足，顺序是先边角后中间，务必使混凝土充满模板。

浇筑多阶柱基时为防止垂直交角处出现吊脚（上台阶与下口混凝土脱空），可在第一级混凝土捣固下沉 20～30 mm 暂不填平，在继续分层浇筑第二级混凝土时，沿第二级模板底圈将混凝土做成内外坡，外圈边坡的混凝土在第二级混凝土振捣过程中自动摊平，待第二级混凝土浇筑后，将第一级混凝土齐模板顶边拍实抹平，如图 4-42 所示。

(2)柱子混凝土的浇筑。柱子应分段浇筑，每段高度不大于 3.5 m。柱子高度不超过 3 m，可从柱顶直接下料浇筑，超过 3 m 时应采用串筒或在模板侧面开孔分段下料浇筑。

柱子混凝土应一次连续浇筑完毕；若柱与梁、板同时浇筑时，柱浇筑后应停歇 1～1.5 h，待柱子混凝土初步沉实再浇筑梁、板混凝土。

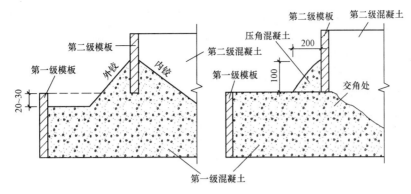

图 4-42 台阶式柱基础混凝土浇筑

浇筑整排柱子时，应由两端由外向里对称顺序浇筑，以防柱模板在横向推力下向一方倾斜。

(3) 梁、板混凝土的浇筑。肋形楼板的梁、板应同时浇筑，浇筑方法应由一端开始用"赶浆法"，即先将梁根据梁高分层浇筑成阶梯形，当达到板底位置时，再与板的混凝土一起浇筑，随着阶梯形不断延长，梁、板混凝土浇筑连续向前推进。

(4) 剪力墙混凝土的浇筑。剪力墙应分段浇筑，每段高度不大于 3 m。门窗洞口应两侧对称下料浇筑，以防门窗洞口位移或变形。窗口位置应注意先浇窗台下部，后浇窗间墙，以防窗台位置出现蜂窝孔洞。

7. 大体积混凝土的浇筑方法

大体积混凝土浇筑后水化热量大，水化热积聚在内部不易散发，而混凝土表面又散热很快，形成较大的内外温差，温差过大易在混凝土表面产生裂纹；在浇筑后期，混凝土内部又会因收缩产生拉应力，当拉应力超过混凝土当时龄期的极限抗拉强度时，就会产生裂缝，严重时会贯穿整个混凝土，因此，浇筑大体积混凝土时应制定浇筑方案，如图 4-43 所示。

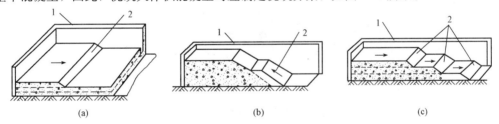

图 4-43 大体积混凝土浇筑方案
(a) 全面分层法；(b) 斜面分层法；(c) 分段分层法
1—模板；2—新浇筑混凝土

(1) 浇筑方案。大体积混凝土浇筑时，往往不允许留设施工缝，要求一次连续浇筑。可根据混凝土结构大小、混凝土供应情况采用以下三种方式。

1) 全面分层：即在第一层浇筑完毕后，在初凝前再回头浇筑第二层，施工时从短边开始，沿长边逐层进行。其适用于平面尺寸不大的混凝土结构。

2) 分段分层：混凝土从底层开始浇筑，进行 2~3 m 后再回头浇第二层，依次向前浇筑以上各层。适用于厚度不大而面积或长度较大的混凝土结构。

3) 斜面分层：浇筑工作从浇筑层的下端开始，逐渐上移。要求斜坡坡度不大于 1/3，适用于结构长度大大超过厚度 3 倍的情况。

(2) 大体积混凝土施工措施。宜优先选用低水化热的水泥，如矿渣水泥、火山灰或粉煤灰水泥；掺缓凝剂或缓凝型减水剂，也可掺入适量粉煤灰等外掺料；采用中粗砂和大粒径、级配良好的石子，尽量减少用水量；降低混凝土入模温度，减少浇筑层厚度，降低混凝土浇筑速度，必要时在混凝土内部埋设冷却水管，用循环水来降低混凝土温度；加强混凝土的保湿、保温，采取在混凝土表面覆盖保温材料养护，减少混凝土表面的热扩散。

8. 喷射混凝土的施工方法

喷射混凝土是利用压缩空气把混凝土由喷射机的喷嘴以较高的速度喷射到结构的表面，在隧道、涵洞、竖井等地下建筑物的混凝土支护结构，薄壳结构，喷锚支护结构中有广泛的应用，具有不用模板、施工简单、劳动强度低、施工进度快等优点。

喷射混凝土施工工艺分为干式和湿式两种。混凝土在"微潮"（水胶比0.1～0.2）状态下输送至喷嘴处加压喷出者，为干式；水胶比为0.45～0.50时，为湿式。湿式与干式混凝土相比，具有施工条件好、混凝土的回弹量小等优点，应用较为广泛。

(1) 材料要求。

1) 水泥：应优先选用硅酸盐水泥和普通硅酸盐水泥，强度等级不得低于42.5级。

2) 砂：宜采用质地坚硬、圆滑、洁净及颗粒级配良好的中、粗砂，细度模数为2.5～3.0为宜，含水量控制在6%左右。

3) 石子：宜采用坚硬密实、具有足够强度的卵石或碎石，粒径为5～20 mm。

4) 水：不得使用污水、酸性水、海水。

5) 外加剂：喷射混凝土多掺加速凝剂，以缩短混凝土的初凝及终凝时间，同时为增加流动性，还掺加减水剂。外加剂应根据水泥品种和集料质地经试验选定。

(2) 施工操作要点。喷射机泵送混凝土前，先将稠度为100 mm的白灰膏40～80 L泵入管内，以便湿润管路，减少管路磨损，提高工作效率。

管路应尽量缩短，避免弯曲。当混凝土注满输料管并从枪口喷出时，再加速凝剂，不得提前启动速凝装置，避免污染作业环境。

喷射机在工作过程中，泵压力表的读数不应大于2 MPa，如发现压力过大或挤压辘轮不转动，说明发生管路堵塞现象，应立即停机疏通管道。如果喷射机不能正常工作，并不能及时排堵时，应采取压缩空气或其他搭配，将管道内的混凝土疏通清洗干净，严防混凝土在泵口和管道内初凝。

9. 钢管混凝土的施工

钢管混凝土是指将普通混凝土填入薄壁圆形钢管内而形成的组合结构，如图4-44所示，可借助内填混凝土增加钢管壁的稳定性，又可借助钢管对核心混凝土的约束作用，使核心混凝土处于三向受压状态，从而使核心混凝土具有更高的抗压强度和抗变形能力，常被用于高层建筑中。

钢管混凝土具有强度高、质量轻、塑性好、耐疲劳、耐冲击等优点，在施工方面也有一定的优点：钢管本身兼作模板，可省去支模和拆模的工作；钢管兼有钢筋和箍筋的作用，且制作钢管比制作钢筋骨架省工省时；钢管混凝土内部没有钢筋，便于混凝土的浇筑和捣实；施工不受混凝土养护时间的影响。

钢管可采用焊接钢管或无缝钢管等，

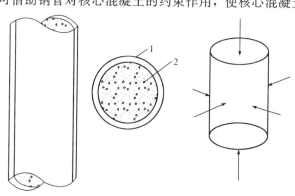

图4-44 钢管混凝土
1—钢管；2—混凝土

直径不得小于 110 mm，壁厚不宜小于 4 mm，钢管内混凝土强度等级不宜低于 C30。

施工时，混凝土自钢管上口浇筑，用振捣器振捣，若管径大于 350 mm 可采用附着式振捣器振捣。混凝土浇筑宜连续进行，需留施工缝时，应将管口封闭，以免杂物落入。当浇筑至钢管顶端时，可使混凝土稍微溢出，再将留有排气水的层间横隔板或封顶板紧压在管端，随即进行点焊。待混凝土达到设计强度的 50% 时，再将层间横隔板或封顶板按设计要求进行补焊。有时也可将混凝土浇筑至稍低于钢管端部，待混凝土达到设计强度的 50% 后，再用同强度等级砂浆填注管口，再将层间横隔板或封顶板一次施焊到位。

管内混凝土的浇筑质量，可用敲击钢管的方法进行初步检查，如有异常，可用超声脉冲技术检测。对不密实的部位，可用钻孔压浆法补强，然后将钻孔补焊封牢。

10. 混凝土的密实成型

混凝土拌合物浇筑之后，需经密实成型才能赋予混凝土制品或结构一定的外形和内部结构。混凝土的强度、抗渗性、抗冻性、耐久性等皆与混凝土的密实成型有关。

混凝土振动密实就是通过振动机械将振动能量传递给混凝土拌合物时，混凝土拌合物中所有的集料颗粒都受到强迫振动，呈现出所谓的"重质液体状态"，因而混凝土拌合物中的集料犹如悬浮在液体中，在其自重作用下向新的稳定位置沉落，排除存在于混凝土拌合物中的气体，消除孔隙，使集料和水泥浆在模板中得到致密的排列。

振动机械按其工作方式可分为内部振动器、外部振动器、表面振动器和振动台，如图 4-45 所示。

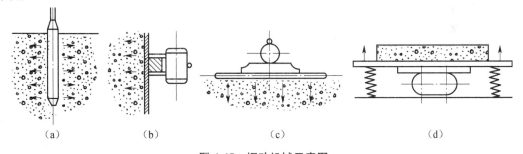

图 4-45 振动机械示意图
(a)内部振动器；(b)外部振动器；(c)表面振动器；(d)振动台

(1)内部振动器。内部振动器又称插入式振动器，常用的有振捣棒。坍落度小、集料粒径小的混凝土可采用高频振捣棒；坍落度大、集料粒径大的混凝土可采用低频振捣棒。

振捣棒振捣时可采用垂直振捣及斜向振捣。垂直振捣容易掌握插点距离、控制插入深度（不超过振捣棒长度的 1.25 倍），不易产生漏振，不易触及模板、钢筋，混凝土振捣后能自然沉实、均匀密实。斜向振捣操作省力、效率高、出浆快，易于排出空气，不会产生严重的离析现象，振动棒拔出时不会形成孔洞。

(2)外部振动器。外部振动器又称附着式振动器，其通过螺栓或夹钳等固定在模板外部，通过模板将振动传给混凝土拌合物，因而模板应有足够的刚度。其适用于振捣断面小且钢筋密的构件，如薄腹梁、箱型桥面梁等及地下密封的结构，无法采用插入式振捣器的场合，其有效作用范围可通过实测确定。

(3)表面振动器。表面振动器又称平板振动器，是将一个带偏心块的电动振动器安装在钢板或木板上，振动力通过平板传给混凝土。表面振动器的振动作用深度小，适用于振捣表面积大而厚度小的结构，如现浇楼板、地坪或预制板等。

表面振动器底板大小的确定，应以使振动器能浮在混凝土表面上为准。

表面振动器主要有平板振动器、振动梁、混凝土整平机等,平板振动器适用于楼板、地面及薄型水平构件的振捣,振动梁和混凝土整平机常用于混凝土道路的施工。

(4)振动台。振动台是一个支承在弹性支座上的工作台。工作台框架由型钢焊成,台面为钢板。工作台下面装设振动机构,振动机构转动时,即带动工作平台强迫振动,使平台上的构件混凝土被振实,适用于振捣预制构件。

振动时应将模板牢固地固定在振动台上,否则模板的振幅和频率将小于振动台的振幅和频率,振幅沿模板分布也不均匀,影响振动效果,振动时噪声也过大。

五、混凝土的养护

混凝土浇筑捣实后,逐渐凝固硬化,这个过程主要由水泥的水化作用来实现,而水化作用必须在适当的温度和湿度条件下才能完成。因此,为了保证混凝土有适宜的硬化条件,使其强度不断增长,必须对混凝土进行养护。

混凝土养护方法可分为自然养护和蒸汽养护。

1. 自然养护

自然养护是指在平均气温高于5 ℃的自然条件下,采取覆盖浇水养护或塑料薄膜养护,使混凝土在一定的时间内在湿润状态下硬化。

(1)覆盖浇水养护。覆盖浇水养护是指在混凝土浇筑完毕后的3~12 h内,用保水材料将混凝土覆盖并浇水保持湿润。

普通水泥、硅酸盐水泥和矿渣水泥拌制的混凝土养护时间不少于7 d,掺用缓凝型外加剂和抗渗混凝土的养护时间不少于14 d。

当气温在15 ℃以上时,在混凝土浇筑后的最初3 d,白天至少每3 h浇水一次,夜间应浇水两次,以后每昼夜浇水三次左右。高温或干燥气候应适当增加浇水次数。当日平均气温低于5 ℃时,不得浇水。

(2)塑料薄膜保湿养护。塑料薄膜保湿养护是以塑料薄膜为覆盖物,使混凝土与空气隔绝,水分不再蒸发,水泥靠混凝土中的水分完成水化作用而凝结硬化。其改善了施工条件,可以节省人工、节约用水,并能保证混凝土的养护质量。

保湿养护可分为塑料布养护和喷涂塑料薄膜养生液养护。塑料布养护适用于柱的养护;塑料薄膜养生液养护适用于剪力墙的养护。

2. 加热养护

加热养护是通过对混凝土加热来加速其强度的增长。加热养护的方法很多,常用的有蒸汽养护、热模养护、太阳能养护等。

(1)蒸汽养护。蒸汽养护又称常压蒸养,是将浇筑的混凝土构件放在封闭的养护室内,如养护坑、窑等,然后通入蒸汽,使混凝土构件在较高的温、湿度条件下迅速硬化,达到设计要求的强度。

蒸汽养护适用于预制构件厂生产的预制构件批量养护。

(2)热模养护。热模养护是蒸汽不与混凝土接触,而是喷射到模板后加热模板,热量通过模板传递给混凝土。此法加汽量少,加热均匀,可用于现浇框架结构柱、墙体或预制构件等的养护。

(3)太阳能养护。太阳能养护是利用太阳能养护混凝土制品,具有工艺简便、投资少、节约能源、技术经济效果好等优点。其适用于中小型预制构件厂的制造和应用。

任务实施

编制混凝土工程技术质量交底的内容。

一、准备工作

自备工具：刮杠、铁抹子、拉毛刷、雨衣、雨鞋、铁铲、手套、绝缘劳保、皮桶、电支机、振动棒、电缆、电线等。

二、质量要求

严格按混凝土的浇筑验收标准执行。

(1)必须按施工单位、公司要求确保清水冲洗，严禁出现烂根、蜂窝、气泡，杜绝出现质量大的事故漏振、孔洞。

(2)浇筑混凝土必须先润湿模板，浇筑墙、柱混凝土时必须先浇筑同混凝土强度等级50 mm厚的砂浆，楼层表面必须一次性拉毛处理(其工艺操作最低为4次过模收面)。

(3)混凝土浇筑标高控制：浇筑混凝土墙、柱标高时必须依照标准执行，分次浇筑混凝土时每次不得超过1.5 m，振动棒复位不得超过下层混凝土200 mm。

(4)墙、柱标高高出或低于现浇板底时，承担所有的处理工作。

三、混凝土浇筑与振捣的一般要求

(1)混凝土自吊斗口下落的自由倾落高度不得超过2 m，浇筑高度如超过3 m时必须采取措施，用串桶或溜管等。

(2)浇筑混凝土时，应分段分层连续进行，浇筑层高度应根据结构特点、钢筋疏密决定，一般为振捣器作用部分长度的1.25倍，最大不超过400 mm。

(3)使用插入式振捣器应快插慢拔，插点要均匀排列，逐点移动，顺序进行，不得遗漏，做到均匀振实。移动间距不大于振捣作用半径的1.5倍(一般为300~400 mm)。振捣上一层时应插入下层50 mm，以消除两层之间的接缝。表面振动器(或称平板振动器)的移动间距，应保证振动器的平板覆盖已振实部分的边缘。

(4)浇筑混凝土应连续进行，如必须间歇，其间歇时间应尽量缩短，并应在混凝土凝结之前，将次层混凝土浇筑完毕。间歇的最长时间应按所用水泥品种、气温及混凝土凝结条件确定，一般超过2 h应按施工缝处理。

(5)浇筑混凝土时应经常观察模板、钢筋、预留孔洞、预埋件和插筋等有无移动、变形或堵塞情况，发现问题应立即处理，并应在已浇筑的混凝土凝结前修正完好。

四、柱的混凝土浇筑

(1)柱浇筑前，底部应先填以50~100 mm厚与混凝土配合比相同的石子砂浆，柱混凝土应分层振捣，实用插入式振捣器时每层厚度不大于500 mm，振捣棒不得触动钢筋和预埋件，除上面振捣外，下面要有人随时敲打模板。

(2)柱高在3 m之内，可在柱顶直接下灰浇筑，超过3 m时应采取措施(用串桶)或在模板侧面开门洞安装斜溜槽分段浇筑。每段高度不得超过2 m，每段混凝土浇筑后将门洞模板封闭严实，并用箍箍牢。

(3)柱子混凝土应一次浇筑完毕，如需留施工缝时应留在主梁下面，无梁楼板应留在柱帽下面;在与梁、板整体浇筑时,应在柱浇筑完毕后停歇1~1.5 h,使其获得初步沉实,再继续浇筑。

(4)浇筑完毕后,应随时将伸出的搭接钢筋整理到位。

五、梁、板混凝土浇筑

(1)梁、板应同时浇筑,浇筑方法应由一端开始用"赶浆法",即先浇筑梁,根据梁高分层浇筑成阶梯形,当达到板底位置时再与板的混凝土一起浇筑,随着阶梯形不断延伸,梁、板混凝土浇筑连续向前进行。

(2)与板连成整体高度大于1 m的梁,允许单独浇筑,其施工缝应留在板底以下20~30 mm处。浇捣时,浇筑与振捣必须紧密配合,第一层下料慢些,梁底充分振实后再下二层料,用"赶浆法"保持水泥浆沿梁底包裹石子向前推进,每层均应振实后再下料,梁底及梁帮部位要注意振实,振捣时不得触动钢筋及预埋件。

(3)梁、柱节点钢筋较密时,浇筑此处混凝土时宜用小粒径石子同强度等级的混凝土浇筑,并用小直径振捣棒振捣。

(4)浇筑板混凝土的虚铺厚度应略大于板厚,用平板振捣器垂直浇筑方向来回振捣,厚板可用插入式振捣器顺浇筑方向拖拉振捣,并用铁插尺检查混凝土厚度,振捣完毕后用长木抹子抹平。施工缝处或有预埋件及插筋处用木抹子找平。浇筑板混凝土时不允许用振捣棒铺摊混凝土。

(5)施工缝位置:宜沿次梁方向浇筑楼板,施工缝应留置在次梁跨度的中间1/3范围内。施工缝的表面应与梁轴线或板面垂直,不得留斜槎。施工缝宜用木板或钢丝网挡牢。

(6)施工缝处须待已浇筑混凝土的抗压强度不小于1.2 MPa时,才允许继续浇筑。在继续浇筑混凝土前,施工缝混凝土表面应凿毛,剔除浮动石子,并用水清洗干净后,先浇一层水泥浆,然后继续浇筑混凝土,应细致操纵振实,使新旧混凝土紧密结合。

(7)所有浇筑的混凝土楼板面应当扫毛,扫毛时应当顺一个方向扫,严禁随意扫毛,影响混凝土表面的观感。

六、剪力墙混凝土浇筑

(1)浇筑墙体混凝土应连续进行,间隔时间不应超过2 h,每次浇筑厚度控制在600 mm左右,因此,必须预先安排好混凝土下料点位置和振捣器操作人员数量。

(2)振捣棒移动间距应小于400 mm,每一振点的延续时间以表面呈现浮浆位度,为使上下层混凝土结合成整体,振捣器应插入下层混凝土50 mm。振捣时注意钢筋密集及洞口部位,为防止出现漏振,必须在洞口两侧同时振捣,布灰高度也要大体一致。大洞口的洞底模板应开口,并在此处浇筑振捣。

(3)混凝土墙体浇筑完毕之后,将上口甩出的钢筋加以整理,用木抹子按标高线将墙上混凝土找平。

七、楼梯混凝土浇筑

(1)楼梯段混凝土自上而下浇筑,先振实底板混凝土,达到踏步位置时再与踏步混凝土一起浇筑,不断连续向上浇筑,并随时用木抹子(或塑料抹子)将踏步上表面抹平。

(2)施工缝位置:楼梯混凝土宜连续浇筑,多层楼梯的施工缝应留置在楼梯段1/3的部位。

八、养护

混凝土浇筑完毕后,应在12 h内加以覆盖和浇水,浇水次数应能保持混凝土有足够的润湿状态，养护期一般不小于7昼夜。

九、成品保护

(1)要保证钢筋和垫块的位置正确，不得踩踏楼板、楼梯的分布筋、弯起钢筋，不碰动预埋件和插筋。在楼板上搭设浇筑混凝土使用的浇筑人行道，保证楼板钢筋的负弯矩钢筋的位置。

(2)不得用重物冲击模板，不在梁或楼梯踏步侧模板上踩踏，应搭设跳板，保持模板的牢固和严密。

(3)已浇筑楼板、楼梯踏步的上表面混凝土要加以保护，必须在混凝土强度达到1.2 MPa以后，方准在面上进行操作及安装结构用的支架和模板。

(4)在浇筑混凝土时，要对已经完成的成品进行保护，对浇筑上层混凝土时流下的水泥浆要派专人及时清理干净，洒落的混凝土也要随时清理干净。

(5)对阳角等易碰坏的地方，应当有保护措施。

十、应注意的质量问题

(1)蜂窝：原因是混凝土一次下料过厚，振捣不实或漏振，模板有缝隙使水泥浆流失，钢筋较密而混凝土坍落度过小或石子过大，柱、墙根部模板有缝隙，以致混凝土中的砂浆从下部涌出。

(2)露筋：原因是钢筋垫块位移、间距过大，漏放，钢筋紧贴模板造成露筋，或梁、板底部振捣不实，也可能出现露筋。

(3)孔洞：原因是钢筋较密的部位混凝土被卡，未经振捣就继续浇筑上层混凝土。

(4)缝隙与夹渣层：施工缝处杂物清理不净或未浇底浆振捣不实等原因，易造成缝隙、夹渣层。

(5)梁、柱连接处断面尺寸偏差过大，主要原因是柱接头模板刚度差、支撑不牢固或支此部位模板时未认真控制断面尺寸。

(6)现浇楼板面和楼梯踏步上表面平整度偏差太大：主要原因是混凝土浇筑后，表面不用抹子认真抹平。冬期施工在覆盖保温层时，上人过早或未设垫板进行操作。

拓展提高

计算混凝土的施工配合比及投料量。

【例4-3】 已知强度等级为C20混凝土的试验室配合比为1∶2.55∶5.12，水胶比为0.65，经测定砂的含水率为3%，石子的含水率为1%，每1 m³混凝土的水泥用量310 kg。试计算施工配合比和每1 m³混凝土各种材料的用量；如采用JZ250型搅拌机，出料容量为0.25 m³，则每搅拌一次需要投料量是多少？

【解】 施工配合比为：1∶2.55×(1+3%)∶5.12×(1+1%)=1∶2.63∶5.17

则每1 m³混凝土中各材料用量为：

水泥：310 kg

砂子：310×2.63=815.3(kg)

石子：310×5.17=1 602.7(kg)

水：310×0.65−310×2.55×3%−310×5.12×1%≈161.9(kg)

如采用JZ250型搅拌机，出料容量为0.25 m³，则每搅拌一次的装料数量为：

水泥：310×0.25＝77.5(kg)(取一袋半水泥，即 75 kg)
砂子：75×2.63＝197.25(kg)
石子：75×5.17＝387.75(kg)
水：75×(0.65－2.55×3‰－5.12×1‰)＝39.17(kg)

拓展实训

一、填空题

1. 常用混凝土搅拌机的形式有_____，对干硬性混凝土宜采用_____。
2. 混凝土施工缝留设的原则是_____。
3. 分层浇筑大体积混凝土时，第二层混凝土要在第一层混凝土_____浇筑完毕。
4. 混凝土振捣机械按其传动振动的方式分为_____、_____、_____、_____。

二、单项选择题

1. 搅拌混凝土时，为了保证按配合比投料，要按砂、石实际(　　)进行修正，调整以后的配合比称为施工配合比。
   A. 含泥量　　　B. 称量误差　　　C. 含水量　　　D. 粒径
2. 可一次完成地面水平、垂直运输和楼面运输工作的是(　　)。
   A. 施工电梯　　B. 井架　　　C. 龙门架　　　D. 泵送混凝土
3. 下列(　　)搅拌机械宜搅拌轻集料混凝土。
   A. 鼓筒式　　　B. 卧轴式　　　C. 双锥式　　　D. 自落式
4. 混凝土搅拌时间是指(　　)。
   A. 原材料全部投入到全部卸出　　B. 开始投料到开始卸料
   C. 原材料全部投入到开始卸出　　D. 开始投料到全部卸料
5. 混凝土搅拌时间与(　　)有关。
   A. 坍落度　　　B. 搅拌机容量　　C. 外加剂　　　D. 搅拌机机型
6. 裹砂石法混凝土搅拌工艺正确的投料顺序是(　　)。
   A. 全部水泥→全部水→全部集料
   B. 全部集料→70％水→全部水泥→30％水
   C. 部分水泥→70％水→全部集料→30％水
   D. 全部集料→全部水→全部水泥
7. 在浇筑与柱和墙连成整体的梁和板时，应在柱和墙浇筑完毕后停歇(　　)h，使其获得初步沉实后，再继续浇筑梁和板。
   A. 1～2　　　B. 1～1.5　　　C. 0.5～1　　　D. 1～2
8. 浇筑柱子混凝土时，其根部应先浇(　　)。
   A. 5～10 mm 厚水泥浆　　　　　B. 5～10 mm 厚水泥砂浆
   C. 50～100 mm 厚水泥砂浆　　　D. 500 mm 厚石子增加一倍的混凝土
9. 浇筑混凝土时，为了避免混凝土产生离析，自由倾落高度不应超过(　　)m。
   A. 1.5　　　B. 2.0　　　C. 2.5　　　D. 3.0
10. 当竖向混凝土浇筑高度超过(　　)m 时，应采取串筒、溜槽或振动串筒下落。
    A. 2　　　B. 3　　　C. 4　　　D. 5

11. 某强度等级为 C25 混凝土在 30 ℃时初凝时间为 210 min,若混凝土运输时间为 60 min,则混凝土浇筑和间歇的最长时间应是( )min。
   A. 120   B. 150   C. 180   D. 90
12. 泵送混凝土的碎石粗集料最大粒径 d 与输送管内径 D 之比应( )。
   A. <1/3   B. >0.5   C. ≤2.5   D. ≤1/3
13. 以下坍落度数值中,适宜泵送混凝土的是( )mm。
   A. 70   B. 100   C. 200   D. 250
14. 大体积混凝土早期裂缝是因为( )。
   A. 内热外冷   B. 内冷外热
   C. 混凝土与基底约束较大   D. 混凝土与基底无约束
15. 当混凝土厚度不大而面积很大时,宜采用( )方法进行浇筑。
   A. 全面分层   B. 分段分层   C. 斜面分层   D. 局部分层
16. 当沿着次梁方向浇筑混凝土时,施工缝留置次梁跨中的( )范围内。
   A. 1/4   B. 1/3   C. 1/2   D. 均可
17. 施工缝宜留设在( )。
   A. 剪力较大的部位   B. 剪力较小的部位
   C. 施工方便的部位   D. 剪力较小、施工方便的部位
18. 内部振捣器振捣混凝土结束的标志是( )。
   A. 有微量气泡冒出   B. 水变浑浊
   C. 无气泡冒出且水变清   D. 混凝土大面积凹陷
19. 内部振捣器除插点要求均匀布置外,还要求( )。
   A. 快插快拔   B. 快插慢拔   C. 只插不拔   D. 慢插快拔
20. 断面小而钢筋密集的混凝土构件,振捣时宜采用( )。
   A. 外部振捣器   B. 表面振捣器   C. 内部振捣器   D. 人工振捣
21. 所谓混凝土的自然养护,是指在平均气温不低于( )℃条件下,在规定时间内使混凝土保持足够的湿润状态。
   A. 0   B. 3   C. 5   D. 10
22. 混凝土的自然养护,规范规定:混凝土浇筑完毕后,应在( )以内加以覆盖和浇水。
   A. 初凝后   B. 终凝后   C. 12 h   D. 24 h
23. 抗渗混凝土养护时间(自然养护)至少为( )d。
   A. 7   B. 12   C. 14   D. 28
24. 防水混凝土应覆盖浇水养护,其养护时间不应少于( )d。
   A. 7   B. 10   C. 14   D. 21
25. 火山灰质水泥拌制的大体积混凝土养护的时间不得少于( )d。
   A. 7   B. 14   C. 21   D. 28

三、简答题
1. 获得优质混凝土的基本条件有哪些?
2. 为什么要进行施工配合比换算?如何进行换算?
3. 对混凝土拌合物运输的基本要求是什么?
4. 混凝土浇筑基本要求有哪些?
5. 大体积混凝土施工应注意哪些问题?如何进行水下混凝土浇筑?
6. 试述泵送混凝土工艺对混凝土拌合物的基本要求。为防治管道阻塞,可采用哪些措施?

7. 什么是施工缝？为什么要留设施工缝？施工缝一般留在什么部位？
8. 在施工缝处继续浇筑混凝土应如何处理？
9. 什么是混凝土的自然养护？自然养护有哪些方法？具体怎么操作？
10. 混凝土的覆盖浇水养护有何要求？

四、计算题

某混凝土试验室配合比为 1∶2.14∶4.35，水胶比为 0.61，每立方米混凝土水用量为 300 kg，实测现场砂含水率为 2%，石子含水率为 1%。

试求：(1)施工配合比；(2)当用 350 L(出料容量)搅拌机搅拌时，每拌一盘投料需用水泥、砂、石子、水各为多少？

课外学习指要

[1] 中华人民共和国行业标准.JGJ/T 10—2011 混凝土泵送施工技术规程[S].北京：中国建筑工业出版社，2011.

[2] 中华人民共和国行业标准.JGJ 52—2006 普通混凝土用砂、石质量及检验方法标准[S].北京：中国建筑工业出版社，2006.

任务四　预应力混凝土工程施工

任务描述

编写预应力混凝土工程施工方案。

任务分析

预应力混凝土是在使用荷载作用前，预先建立内应力的混凝土。即在外荷载作用于构件之前，利用钢筋张拉后的弹性回缩，对构件受拉区的混凝土预先施加压力，产生预压应力，当构件在荷载作用下产生拉应力时，首先抵消预压应力，然后随着荷载不断增加，受拉区混凝土才受拉开裂，从而延迟了构件裂缝的出现和限制了裂缝的开展，提高了构件的抗裂度和刚度。

预应力混凝土构件与普通混凝土构件相比，除能提高构件的抗裂度和刚度外，还具有能增加构件的耐久性、节约材料、减少自重等优点。但是，在制作预应力混凝土构件时，增加了张拉工作，相应增添了张拉机具和锚固装置，制作工艺也较复杂。

相关知识

一、预应力混凝土的分类

预应力混凝土的分类有多种方法，按施加预应力的方式，可以分为先张法和后张法两类；按施加预应力的手段，可以分为机械张拉和电热张拉两类；按预应力筋与混凝土的粘结状态，可以分为有粘结预应力混凝土和无粘结预应力混凝土两类；按施加预应力大小的程度，可以分为全预应力混凝土和部分预应力混凝土两类；按施工方法，可以分为预制预应力混凝土、现浇预应力混凝土及组合预应力混凝土三类。

二、预应力混凝土的材料

预应力混凝土应采用高强度钢材，主要有钢丝、钢绞线、热处理钢筋等。其中，以钢绞线与钢丝采用最多。预应力筋的发展趋势为高强度、低松弛、粗直径、耐腐蚀。

预应力混凝土应采用高强度等级混凝土，当采用冷拉 HRB335、HRB400 级钢筋和冷轧带肋钢筋作预应力筋时，其混凝土强度等级不宜低于 C30；当采用消除应力钢丝、钢绞线、热处理钢筋作预应力筋时，混凝土强度等级不宜低于 C40。

三、先张法施工

在浇筑混凝土构件之前将预应力筋张拉到设计控制应力，用夹具将其临时固定在台座或钢模上，进行绑扎钢筋、安装铁件、支设模板，然后浇筑混凝土。待混凝土强度达到规定的强度，保证预应力筋与混凝土有足够的粘结力时，放松预应力筋，借助于它们之间的粘结力，在预应力筋弹性回缩时，使混凝土构件受拉区的混凝土获得预压应力，这种施工方法称为先张法，如图 4-46 所示。

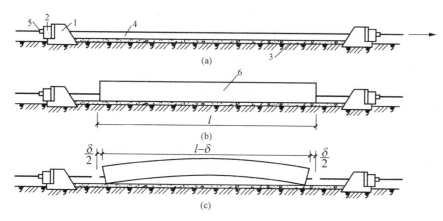

图 4-46 先张法施工示意图
(a)张拉预应力筋；(b)混凝土浇筑和养护；(c)放张预应力筋
1—台座；2—横梁；3—台面；4—预应力筋；5—夹具；6—构件

先张法施工具有以下特点：

(1)预应力筋在台座上或钢模上张拉，由于台座或钢模承载力有限，先张法一般只适合用于生产中小型构件，如预应力屋面板、中小型预应力吊车梁等。

由于制造台座或钢模一次性投资大，先张法多用于预制厂批量生产构件，可多次反复利用台座或钢模。

(2)预应力筋张拉后需要用夹具固定在台座上，当钢筋放松后，夹具可以回收利用，是一种工具锚。

(3)预应力传递靠钢筋和混凝土之间的粘结力，为此对混凝土握裹力有严格要求，在混凝土构件制作、养护时要保证混凝土质量。

四、后张法施工

后张法施工是在浇筑混凝土构件时,在放置预应力筋的位置处预留孔道,待混凝土强度达到一定强度(一般不低于设计强度标准值的75%),将预应力筋穿入孔道中并进行张拉,然后用锚具将预应力筋锚固在构件上,最后进行孔道灌浆,如图4-47所示。

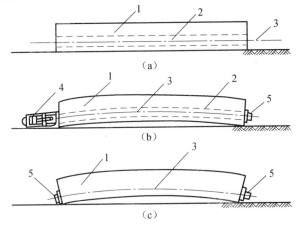

图 4-47 后张法施工示意图
(a)制作混凝土构件;(b)张拉钢筋;(c)锚固和孔道灌浆
1—混凝土构件;2—预留孔道;3—预应力筋;4—千斤顶;5—锚具

预应力筋承受的张拉力通过锚具传递给混凝土构件,使混凝土产生预压应力。

后张法施工由于直接在混凝土构件上进行张拉,故不需要固定的台座设备,不受地点限制,适用于在施工现场生产大型预应力混凝土构件,特别是大跨度构件。

后张法施工工序较多,工艺复杂,锚具作为预应力筋的组成部分,将永远留置在预应力混凝土构件上,不能重复使用。

后张法施工具有以下特点:

(1)预应力筋在构件上张拉,不需台座,不受场地限制,张拉力可达几百吨,所以,后张法适用于大型预应力混凝土构件制作。

(2)锚具作为工作锚,可重复使用。预应力筋用锚具固定在构件上,不仅在张拉过程中起作用,而且在工作过程中也起作用,永远停留在构件上,成为构件的一部分。

(3)预应力是依靠锚具传递给混凝土构件的。

五、锚具

在后张法中,预应力筋的锚具与张拉机械是配套使用的,不同类型的预应力筋形式,采用不同的锚具及其连接器。

后张法构件中所使用的预应力筋常采用单根粗钢筋、钢筋束、钢丝束、钢绞线束等。

由于后张法构件预应力传递靠锚具,因此,锚具必须具有可靠的锚固性能、足够的刚度和强度储备,而且要求构造简单、施工方便、预应力损失小、价格便宜。

锚具的常见体系分类如下:

(1)支承式锚具。此类锚具分为螺母锚具和镦头锚具,螺丝端杆锚具常用于单根粗钢筋的锚具,精轧螺纹钢筋锚具常用于精轧螺纹钢筋的张拉锚具,DM型镦头锚具体系常用于钢丝束的锚具。

(2)夹片式锚具。此类锚具具有良好的锚固性能和放张自锚性能,分为单孔和多孔夹片锚具,常用于钢筋束和钢绞线束的张拉端锚具。多孔锚具是在一块多孔的锚板上,利用每个锥形孔装一副夹片夹持一根钢绞线,其优点是任何一根钢绞线束,都不会引起整束锚固失效,并且每束钢绞线的根数不受限制。常用的有JM型锚具、XM型锚具、QM型及OVM型锚具、BM型锚具。

(3)锥塞式锚具。此类锚具包括钢质锥形锚具、锥形螺杆锚具、KT-Z型锚具等。钢质锥形锚具、锥形螺杆锚具常用作钢丝束的锚具;KT-Z型锚具常用作钢绞线束的锚具。

(4)握裹式锚具。此类锚具分为挤压锚具和压花锚具。这种锚具适用于构件端部设计应力大或端部空间受到限制的情况,使用时,按需要预埋在混凝土内,待混凝土凝固到设计强度后,再进行张拉。常用的有YM型固定端锚具,用作钢绞线的固定端锚具。

1. 单根粗钢筋的锚具

单根粗钢筋用作预应力筋时,张拉端常采用螺丝端杆锚具,固定端采用镦头锚具。

(1)螺丝端杆锚具。螺丝端杆锚具适用于直径为18~36 mm的冷拉HRB335、HRB400级钢筋,其是由螺丝端杆、螺母和垫板组成。

螺丝端杆的直径按预应力钢筋的直径对应选取,其长度一般为320 mm。当预应力构件长度大于24 m时,可根据实际情况增加螺丝端杆的长度。

使用时,将螺丝端杆与预应力筋对焊连接成一整体,用张拉设备张拉螺丝端杆,用螺母固定预应力筋。

(2)镦头锚具。镦头锚具由镦头和支承垫板组成,如图4-48所示,其工作原理是将钢筋的端部镦粗,直接锚固在支承垫板上,张拉时通过支承垫板将预压力传到混凝土上。

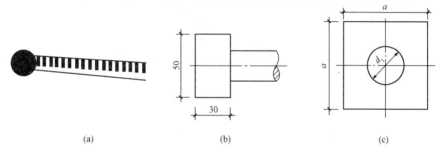

图4-48 单根粗钢筋镦头锚具
(a)钢筋镦头;(b)、(c)支承垫板

用于单根粗钢筋的镦头锚具一般直接在预应力筋端部热镦、冷镦或锻打成型。

(3)精轧螺纹钢筋锚具。精轧螺纹钢筋锚具主要用于直径为25 mm或32 mm的精轧螺纹钢筋的张拉锚固,其工作原理同螺丝端杆锚具。

2. 钢筋束、钢绞线束锚具

钢筋束或钢绞线束用作预应力筋,常用的锚具有JM型锚具、XM型锚具、QM型及OVM型锚具、BM型锚具、KT-Z型锚具等。

(1)JM型锚具。JM型锚具是一种利用楔块原理锚固多根预应力筋的锚具,属于单孔夹片式锚具,如图4-49所示。它既可作为张拉端的锚具,也可作为固定端的锚具,或作为重复使用的工具锚。

JM12型锚具适用于锚固3~6根直径为12 mm的钢筋束和4~6根直径为12 mm的钢绞线束;JM15型锚具适用于锚固直径为15 mm的钢筋或钢绞线束;JM5-6型、JM5-7型锚具适用于锚固6~7根直径为5 mm的碳素钢丝束。

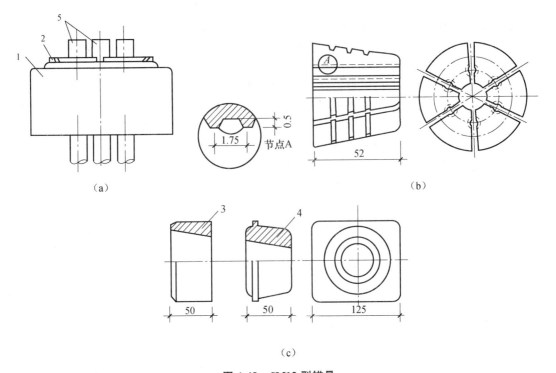

图 4-49 JM12 型锚具
(a)锚具；(b)夹片；(c)锚环
1—锚环；2—夹片；3—圆锚环；4—方锚环；5—预应力钢筋

JM 型锚具是由夹片和锚环组成，夹片呈扇形，用两侧的半圆槽锚着预应力钢筋，为增加夹片与预应力钢筋之间的摩擦，在半圆槽内刻有截面为梯形的齿痕，夹片背面的坡度与锚环一致。

锚环可分为甲形和乙形。甲形锚环为一个具有锥形内孔的圆柱体，外形比较简单，使用时直接放置在构件端部的垫板上；乙形锚环在圆柱体外部增添正方形肋板，使用时直接放置在构件端部，不另设垫板，目前常使用甲形锚环，因其加工和使用比较方便。

JM 型锚具具有良好的锚固性能，锚固时，钢筋束或钢绞线束被单根夹紧，不受直径误差的影响，且钢筋是在直线状态下被张拉和锚固，受力性能好。

(2) XM 型锚具。XM 型锚具是一种多孔夹片式锚具，由锚板与三片夹片组成，如图 4-50 所示，其既适用于锚固钢绞线束，又适用于锚固钢丝束；既可锚固单根预应力筋，又可锚固多根预应力筋。当用于锚固多根预应力筋时，XM 型锚具既可单根张拉、逐根锚固，又可成组张拉、成组锚固。

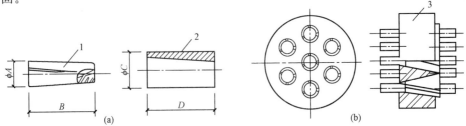

图 4-50 XM 型锚具
(a)单根 XM 型锚具；(b)多根 XM 型锚具

XM15 型锚具适用于锚固 3～37 根直径为 15 mm 的钢绞线束或 3～12 根直径为 15 mm 的钢丝束。

XM 型锚具的锚板上的锚孔沿圆周排列，间距不小于 36 mm，锚孔中心线的倾斜度为 1：20。锚板顶面应垂直于钻孔中心线，以利夹片均匀塞入。夹片采用三片式，按 120°均分开缝，沿轴向有倾斜偏转角，倾斜偏转角的方向与钢绞线的扭角相反，以确保夹片能夹紧钢绞线或钢丝束的每一根外围钢丝，形成可靠的锚固。

近年来，随着预应力混凝土结构和无粘结预应力结构的发展，XM 型锚具已得到广泛应用。实践证明，XM 型锚具具有通用性强、性能可靠、施工方便、便于高空作业的特点。

(3) QM 及 OVM 型锚具。QM 型锚具也属于多孔夹片式锚具，如图 4-51 所示，适用于锚固 4～31 根直径为 12 mm 的钢绞线或 3～9 根直径为 15 mm 的钢绞线。

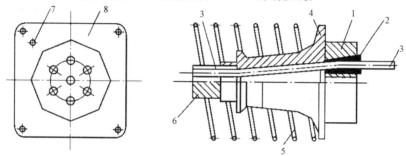

图 4-51　QM 型锚具

1—锚板；2—夹片；3—预应力筋；4—喇叭形铸铁垫板；
5—间接钢筋；6—预埋波纹管；7—灌浆孔；8—锚垫板

①该锚具由锚板与夹片组成，配有专门的工具锚，以保证每次张拉后退锲方便，并减少安装工具锚所花费的时间。

②OVM 型锚具是在 QM 型锚具的基础上，将夹片改为二片式，并在夹片背部上部锯有一条弹性槽，以提高锚固性能。

③OVM13 型锚具适用于锚固直径为 13 mm 的钢绞线，OVM15 型锚具适用于锚固直径为 15 mm 的钢绞线。

QM 型锚具与 XM 型锚具的区别如图 4-52 所示。

(4) BM 型锚具。BM 型锚具是一种新型的夹片式扁形锚具，简称扁锚。其是由扁锚头、扁形垫板、扁形喇叭管及扁形管道等组成，如图 4-53 所示。

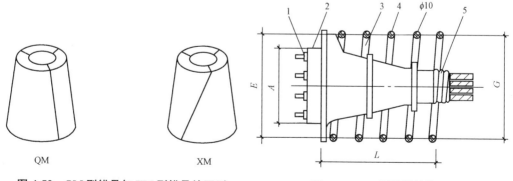

图 4-52　QM 型锚具与 XM 型锚具的区别

图 4-53　BM 型锚具结构图

1—夹片；2—扁锚板；3—扁锚形垫板；
4—扁间接钢筋；5—扁波纹管

扁锚的优点是张拉槽口扁小,可减少混凝土板厚,便于梁的预应力筋按实际需要切断后锚固,有利于减少钢材;钢绞线单根张拉,施工方便。这种锚具特别适用于空心板、低高度箱梁以及桥面横向预应力等张拉。

(5)YM型固定端锚具。YM型固定端锚具是一种握裹式锚具。其分为P型和H型。

1)P型锚具是一种挤压型锚具,它利用液压压头机将套筒挤紧在钢绞线上,套筒内衬有硬钢丝螺旋圈,在挤压后硬钢丝全部脆断,一半嵌入外钢套,另一半压入钢绞线,从而增强套筒与钢绞线之间的摩阻力。锚具下设有垫板与间接钢筋。

2)H型锚具是一种压花型锚具,它利用液压压花机将钢绞线端头压成梨形散花状头,多根钢绞线梨形头可按需要做成正方形、长方形等多种排列形式埋置在混凝土内。梨形自锚头用CYH15型压花机成形。为提高压花锚四周混凝土及散花头、根部混凝土的抗裂强度,在散花头的头部设置构造筋,在散花头的根部设置间接钢筋。

(6)KT-Z型锚具。这是一种可锻铸铁锥形锚具,可用于锚固3~6根直径为12 mm的HRB400级钢筋和直径为12 mm的钢筋束以及锚固3~6根直径为12 mm的钢绞线束。

KT-Z型锚具由锚塞和锚环组成,如图4-54所示,均用可锻铸铁成型。该锚具为半埋式,使用时先将锚环小头嵌入承压钢板中,并用断续焊缝焊牢,然后共同预埋在构件端部。

使用该锚具时,预应力筋在锚环小口处形成弯折,产生摩擦损失。

KT-Z型锚具用于锚固螺纹钢筋束时,宜用YZ型双作用千斤顶张拉;用于锚固钢绞线束时,则宜用YC-60型双作用千斤顶张拉。

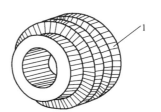 

图4-54 KT-Z型锚具
1—锚环;2—锚塞

3. 钢丝束锚具

钢丝束所用锚具常用的有锥形螺杆锚具、钢质锥形锚具、钢丝束镦头锚具等。

(1)锥形螺杆锚具。锥形螺杆锚具适用于锚固14~28根直径为5 mm的碳素钢丝束。其由锥形螺杆、套筒、螺帽和垫板组成,套筒为中间带有圆锥孔的圆柱体,如图4-55所示。

锥形螺杆锚具与YL-60型、YL-90型拉杆式千斤顶配套使用,YC-60型、YC-90型穿心式千斤顶也可应用。

(2)钢质锥形锚具。钢质锥形锚具由锚环和锚塞组成,锚塞表面刻有细齿槽,以防止被夹紧的预应力钢丝滑动,如图4-56所示。锚固时,将锚塞塞入锚环并顶紧,钢丝就夹紧在锚塞周围。

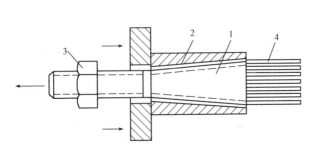 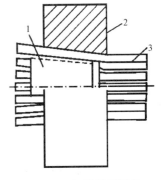

图4-55 锥形螺杆锚具
1—锥形螺杆;2—套筒;3—螺帽;4—预应力钢丝束

图4-56 钢质锥形锚具
1—锚塞;2—锚环;3—钢丝束

钢质锥形锚具适用于锚固以锥锚式双作用千斤顶张拉的钢丝束,每束由12~24根直径为5 mm的碳素钢丝组成,也可锚固直径为4 mm的碳素钢丝。

钢质锥形锚具工作时,由于钢丝锚固呈辐射状态,弯折处受力较大,易使钢丝被咬伤。若钢丝直径误差较大,易产生单根钢丝滑动,引起无法补救的预应力损失,如用加大顶锚力的办法来防止滑丝,过大的顶锚力更容易使钢丝被咬伤。

(3)DM型镦头锚具体系。DM型镦头锚具体系一般用以锚固12~54根直径为5 mm、7 mm的碳素钢丝束,包括A型、B型、C型、K型四种锚具,如图4-57所示。张拉端采用A型,由锚环和螺母组成,固定端采用B型,仅有一块锚板,中间部位的连接器采用K型连接锚杆、C型连接锚杯。

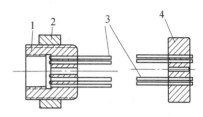

图 4-57　DM型钢丝束镦头锚具
1—A型锚环;2—螺帽;3—钢丝束;4—B型锚板

锚环的内外壁均有丝扣,内丝扣用于张拉螺杆,外丝扣用于拧紧螺母锚固钢丝束。锚环和锚板四周钻孔,用以固定镦头的钢丝,孔数及间距由锚固的钢丝根数而定。

当用锚杯时,锚杯底部则为钻孔的锚板,并在此板中部留一灌浆孔,便于从端部预留孔道灌浆。

钢丝可用液压冷镦器进行镦头,镦头器的配套张拉机采用YC系列穿心式千斤顶。

六、连接器

连接器是用于连接预应力钢筋的装置,按形式可分为圆形连接器和扁形连接器;按使用部位可分为锚头连接器和接长连接器。

(1)圆形连接器主要应用于混凝土连续结构中预应力束的接长连接。连接器有两种形式,一种为单根对接式,可用于单根预应力筋连接或成束预应力筋的逐根连接,也可用于先张法中工具式单根预应力筋的连接;另一种为周边悬挂挤压式,多用于各类连续梁结构。多孔周边悬挂挤压式连接器包括连接体、工作夹片、挤压锚具、锚垫板、约束圈、间接钢筋、保护罩等。

(2)扁形连接器是由扁形连接体、夹片、挤压头、扁形锚垫板、间接钢筋、扁形约束圈、扁形保护罩、扁形金属或塑料波纹管、预应力钢绞线组成,主要用于预应力混凝土连续梁中构件厚度较薄处的扁形预应力束的接长。

(3)锚头连接器设置在构件端部,用于锚固前段预应力筋,并连接后段预应力筋;接长连接器设置在孔道的直线区段,用于接长预应力筋。

七、张拉设备

在后张法预应力混凝土施工中,预应力筋的张拉均采用液压张拉千斤顶,并配有电动油泵和外接油管,还需装有测力仪表。

液压张拉千斤顶按机型不同可分为拉杆式千斤顶(YL)、穿心式千斤顶(YC)、锥锚式千斤顶(YZ);按使用功能不同可分为单作用千斤顶和双作用千斤顶;按张拉吨位大小可分为小吨位($\leqslant$250 kN)、中吨位(250~1 000 kN)和大吨位($\geqslant$1 000 kN)千斤顶。

由于拉杆式千斤顶是单作用千斤顶,且只能张拉吨位$\leqslant$600 kN的支承式锚具,已逐步被多功能的穿心式千斤顶代替。

1. 穿心式千斤顶(YC)

穿心式千斤顶是一种利用双液缸张拉预应力筋、具有锚固和张拉双重作用的千斤顶。其主要由张拉设备、张拉油缸、顶压油缸、顶压活塞、回程弹簧等组成。张拉前,需将预应力筋穿过千斤顶固定在其尾部的工具锚上。目前,该系列产品有YC—20D型、YC—60型和YC—120型等。

YC—60型穿心式千斤顶适用于张拉各种形式的预应力筋,是目前我国预应力混凝土构件施工中应用最为广泛的张拉机械。其适应性强,既适用于张拉需要顶压的夹片式锚具,配上撑脚与拉杆后,也可用于张拉螺丝端杆锚具和镦头锚具,在前端装上分束顶压器后还可张拉钢质锥形锚具,适用于大跨度结构、较长钢丝束等。

2. 锥锚式千斤顶(YZ)

锥锚式千斤顶是一种具有张拉、顶锚和退楔功能的作用千斤顶,仅用于张拉采用钢质锥形锚具的钢丝束。锥锚式千斤顶由张拉油缸、顶压油缸、楔形卡环、楔块和退楔装置等组成。目前,该系列产品有YZ—38型、YZ—60型、YZ—85型和YZ—150型千斤顶等。

3. YDC系列新型千斤顶

YDC系列新型千斤顶是一种将工具锚安装在千斤顶前部的穿心式千斤顶,主要用于群锚整体张拉。这种千斤顶的优点是可减小预应力筋的外伸长度,从而节约钢材,且其使用方便、操作简单、性能可靠、生产效率高。该系列产品有YDCQ型前卡式和YDCN型内卡式千斤顶,每一型号又有多种规格产品。

YDCQ型前卡式千斤顶,是一种多用途的预应力张拉设备,主要用于单孔张拉,也可用于多孔预紧、张拉和排障,并适用于多种规格的高强度钢丝束及钢绞线束。

4. 大孔径穿心式千斤顶

大孔径穿心式千斤顶又称群锚千斤顶,是一种具有一个大口径穿心孔,利用单液缸张拉预应力筋的单作用千斤顶。这种千斤顶广泛用于张拉大吨位钢绞线束,配上撑脚与拉杆后,也可作为拉杆式穿心式千斤顶。目前,该系列产品有YCD型、YCQ型、YDCW型、YCB型千斤顶,每一型号又有多种规格产品。

YDCW600型千斤顶是原YDC600型千斤顶的更新换代产品,其具有穿心式千斤顶的功能,又具有拉杆式千斤顶的特点,是采用计算机优化设计生产的穿心式千斤顶。YDCW600型千斤顶配备限位板可张拉3根以下直径为15 mm的钢绞线束,适用于$\phi32$、$\phi28$等规格型号的螺纹钢筋张拉,以及JM型、XM型、QM型、OVM型等各类夹片式锚具;配备拉杆和承脚可张拉DM型系列镦头锚具。

5. 智能张拉系统

预应力智能张拉系统,是指通过计算机软件控制,实现预应力张拉全过程自动化,杜绝人为因素干扰,能有效确保预应力张拉施工质量,是目前国内预应力张拉领域最先进的工艺。

智能张拉系统由系统主机、油泵、千斤顶三大部分组成,以应力为控制指标,伸长量误差作为校对指标。系统通过传感技术采集每台张拉设备(千斤顶)的工作压力和钢绞线的伸长量(含回缩量)等数据,并实时将数据传输给系统主机进行分析判断,同时,张拉设备(泵站)接收系统指令,实时调整变频电机工作参数,从而实现高精度实时调控油泵电机的转速,实现张拉力及加载速度的实时精确控制。系统还根据预设的程序,由主机发出指令,同步控制每台设备的每一个机械动作,自动完成整个张拉过程。

智能张拉系统具有如下特点:

(1)精确施加应力。智能张拉系统能精确控制施工过程中施加的预应力值,将误差范围由传统张拉的±15%缩小到±1%。

(2)实时校核伸长量,实现"双控"。系统传感器实时采集钢绞线数据,反馈到计算机,自动计算伸长量,及时校核伸长量误差是否在±6%以内,实现应力与伸长量"双控"。

(3)对称同步张拉。一台计算机能控制两台或多台千斤顶同时、同步对称张拉,实现"多顶同步张拉"工艺。

(4)规范张拉过程,减少预应力损失。实现了张拉程序智能控制,不受人为、环境因素影响;停顿点、加载速率、持荷时间等张拉过程要素完全符合设计和施工技术规范要求,避免或大幅减少了张拉过程中预应力的损失。

(5)自动生成报表,杜绝数据造假。自动生成张拉记录表,杜绝人为造假的可能,可进行真实的施工过程还原。同时,还省去了张拉力、伸长量等数据的计算、填写过程,提高了工作效率。

(6)远程监控功能。实现远程监控功能,方便质量管理,提高管理效率。统一业主、监理、施工、检测单位于同一互联网平台,能实时进行交互,突破了地域的限制,及时掌握预制梁场和桥梁预应力施工质量情况,实现"实时跟踪、智能控制、及时纠错"。

八、施工工艺

后张法施工步骤是先制作混凝土构件,预留孔道,待混凝土强度达到规定要求后,在孔道内穿放预应力筋,并对预应力筋进行张拉及锚固,然后进行孔道灌浆。

后张法施工工艺与预应力施工有关的是孔道留设、预应力筋张拉和孔道灌浆三部分。

1. 孔道留设

孔道留设是后张法预应力混凝土构件制作中的关键工序之一,留设孔道主要为穿预应力钢筋及张拉锚固后灌浆用。

根据预应力钢筋的形状不同,孔道的形状有直线、折线和曲线三种。

孔道留设的基本要求有:预留孔道的尺寸与位置应正确,孔道应平顺;端部的预埋垫板应垂直于孔道中心线并用螺栓或钉子固定在模板上,以防止浇筑混凝土时发生走动;孔道的直径一般应比预应力筋的外径(包括钢筋对焊接头的外径或需穿入孔道的锚具外径)大10~15 mm,以利于预应力筋穿入。

孔道留设的方法有抽芯法和预埋波纹管法等。抽芯法是预先将钢管或胶管埋设在模板内预应力筋孔道位置上,然后浇筑混凝土,待混凝土初凝后至终凝之前,抽出钢管或胶管,即在构件中形成孔道;预埋波纹管法是用钢筋井字架将波纹管固定在设计位置上,混凝土成型后不抽出的一种施工方法。

(1)钢管抽芯法。钢管抽芯法仅适用于留设直线孔道。

1)钢管抽芯法是预先将钢管敷设在模板的孔道位置上,在混凝土浇筑后每隔一定时间慢慢转动钢管,防止它与混凝土粘住,待混凝土初凝后、终凝前抽出钢管形成孔道。

2)选用的钢管要求平直、表面光滑,敷设位置准确;施工时,钢管用钢筋井字架固定,间距不宜大于1.0 m;每根钢管的长度一般不超过15 m,以便于转动和抽管;钢管两端应各伸出构件外0.5 m左右;较长的构件可采用两根钢管,中间用套管连接,如图4-58所示。

3)采用钢管抽芯法预留孔道,准确地掌握抽管时间很重要,抽管时间与水泥品种、气温和养护条件有关。

4)抽管宜在混凝土初凝后、终凝前进行,以用手指按压混凝土表面不显指纹时为宜。抽管过早,会造成坍孔事故;抽管太晚,混凝土与钢管粘结牢固,抽管困难,甚至抽不

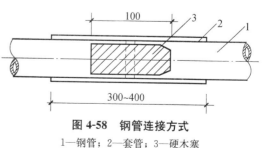

图4-58 钢管连接方式
1—钢管;2—套管;3—硬木塞

出来。常温下抽管时间在混凝土浇筑后 3~5 h。

5)抽管顺序宜先上后下进行。抽管方法可分为人工抽管或卷扬机抽管,抽管时必须速度均匀,边抽边转并始终与孔道保持在一条直线上。抽管后应及时检查孔道情况,并做好孔道清理工作,以防止以后穿筋困难。

6)留设预留孔道的同时,还要在设计规定位置留设灌浆孔和排气孔。一般在构件两端和中间每隔 12 m 左右留设一个直径 20 mm 的灌浆孔,在构件两端各留一个排气孔。留设灌浆孔和排气孔的目的是方便构件孔道灌浆。留设方法可采用木塞或白铁皮管,如图 4-59 所示。

(2)胶管抽芯法。胶管抽芯法不仅可以留设直线孔道,也可留设曲线或折线孔道,因为胶管具有一定弹性,在拉力作用下,其断面能缩小,故在混凝土初凝后即可把胶管抽拔出来。

1)胶管抽芯法采用的胶管有 5~7 层的夹布胶管和钢丝网胶管。夹布胶管质软,留设管道时必须预先在管内充入压缩空气或压力水,使管径增大 3 mm 左右,然后浇筑混凝土。待混凝土初凝后,放出压缩空气或压力水,使胶管孔径变小,并与混凝土脱离,随即抽出胶管,形成孔道。

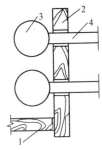

图 4-59　用木塞留灌浆孔
1—底模;2—侧模;
3—钢管;4—木塞

夹布胶管内充入压缩空气或压力水前,胶管两端应有密封装置,如图 4-60 所示。施工时,应将它预先敷设在模板中的孔道位置上,胶管每间隔不大于 0.5 m 的距离用钢筋井字架予以固定,胶管与阀门之间的连接如图 4-61 所示。

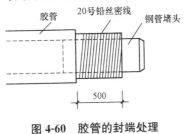

图 4-60　胶管的封端处理　　　图 4-61　胶管与阀门的连接

2)采用钢丝网胶管预留孔道时,预留孔道的方法与钢管相同。由于钢丝网胶管质地坚硬,并具有一定的弹性,抽管时在拉力作用下管径缩小,并与混凝土脱离,这时即可将钢丝网胶管抽出。

3)采用胶管抽芯法预留孔道,混凝土浇筑后不需要旋转胶管,抽管的时间一般以 200 ℃·h 作为控制时间,抽管时一般先按上后下、先曲后直的顺序将胶管抽出。

4)胶管抽芯法的灌浆孔和排气孔的留设方法同钢管抽芯法。

(3)预埋波纹管法。预埋波纹管法是用钢筋井字架将与孔道直径相同的波纹管固定在设计位置上,混凝土成型后不抽出的一种施工方法,适用于预应力筋密集或曲线预应力筋的孔道埋设。常用的预埋波纹管有金属波纹管和塑料波纹管。

金属波纹管是由镀锌薄钢带经波纹卷管机压波卷成,具有质量轻、刚度好、弯折方便、连接简单、摩阻系数小、与混凝土粘结较好等优点,可做成各种形状的孔道,是后张法施工预应力筋孔道成型用的理想材料。

波纹管的接长可采用大一号的同型波纹管,接头管长度应大于 200 mm,用密封胶带或塑料热塑管封口,如图 4-62 所示。

波纹管的固定采用钢筋井字架,间距不宜大于 0.8 m,曲线孔道时应加密,并用钢丝绑牢;

预埋波纹管时应同时留设灌浆孔,如图 4-63 所示。

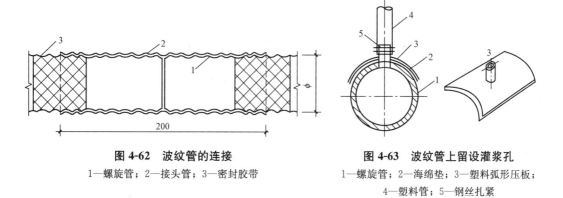

图 4-62 波纹管的连接
1—螺旋管;2—接头管;3—密封胶带

图 4-63 波纹管上留设灌浆孔
1—螺旋管;2—海绵垫;3—塑料弧形压板;
4—塑料管;5—钢丝扎紧

预埋波纹管法因省去抽管工序,且孔道留设的位置、形状也易保证,故目前应用较为普遍。

2. 预应力筋张拉

预应力筋张拉时,构件或结构的混凝土强度应符合设计要求,当设计无具体要求时,不应低于设计强度标准值的 75%。对于拼装的预应力构件,其拼缝处混凝土或砂浆强度如设计无要求时,不宜低于块体混凝土设计强度等级的 40%,且不低于 15 MPa。

(1)张拉控制应力。预应力筋的张拉控制应力按《混凝土结构设计规范(2015 年版)》(GB 50010—2010)规定取值。

(2)张拉顺序。预应力筋的张拉顺序,应使混凝土不产生超应力、构件不扭转与侧弯、结构不变位等,因此,对称张拉是一条重要的原则。

对配有多根预应力筋的预应力混凝土构件,由于不可能同时一次张拉完预应力筋,应分批、对称的进行张拉。

1)分批张拉时,要考虑后批预应力筋张拉时对混凝土产生的弹性压缩,从而引起前批张拉的预应力筋应力值降低,所以,对前批张拉的预应力筋的张拉应力应增加。分批张拉的损失也可采用对先批预应力筋逐根复拉补足的办法处理。

2)对称张拉是为了避免张拉时构件截面呈现过大的偏心受压状态。

(3)张拉方法。为了减少预应力筋与预留孔道摩擦引起的损失,对于抽芯成形孔道,曲线形预应力筋和长度大于 24 m 的直线形预应力筋,应采取两端同时张拉的方法;长度小于或等于 24 m 的直线形预应力筋,可采用一端张拉。对预埋波纹管孔道,曲线形预应力筋和长度大于 30 m 的直线形预应力筋,宜采取两端同时张拉的方法;对于长度小于 30 m 的直线形预应力筋,可一端张拉。

同一截面中有多根一端张拉的预应力筋时,张拉端宜分别设置在构件的两端。当两端同时张拉同一根预应力筋时,为减少预应力损失,施工时宜采用先张拉一端锚固后,再在另一端补足张拉力后进行锚固。

3. 孔道灌浆

预应力筋张拉锚固后,孔道应及时灌浆以防止预应力筋锈蚀,影响结构的整体性和耐久性。

孔道灌浆应采用不低于 42.5 级普通硅酸盐水泥或矿渣硅酸盐水泥配制的水泥浆,对空隙大的孔道可采用砂浆灌浆。灌浆用水泥浆及砂浆强度均不应低于 20 MPa,水泥浆的水胶比宜为 0.4 左右,搅拌后 3 h 泌水率宜控制在 0.2%,最大不超过 0.3%。纯水泥浆的收缩性较大,为了增加孔道灌浆的密实性,在水泥浆中可掺入水泥用量 0.2% 的木质素磺酸钙或其他减水剂,但不得掺入氯化物或其他对预应力筋有腐蚀作用的外加剂。

灌浆前，混凝土孔道应用压力水冲刷干净并润湿孔壁，灌浆顺序应先下后上，以避免上层孔道漏浆时把下层孔道堵塞。

孔道灌浆可采用电动灰浆泵，灌浆应缓慢均匀地进行，不得中断。灌满孔道并封闭排气孔后，宜再继续加压至 0.5～0.6 MPa 并稳压一定时间，以确保孔道灌浆的密实性。

对于不掺外加剂的水泥浆可采用二次灌浆法，以提高孔道灌浆的密实性。灌浆后孔道内水泥浆或砂浆强度达到 15 MPa 时，预应力混凝土构件即可进行起吊运输或安装。

最后，把露在构件端部外面的预应力筋及锚具，用封端混凝土保护起来。

九、无粘结预应力混凝土

在后张法预应力混凝土构件中，预应力可分为有粘结预应力和无粘结预应力两种。有粘结的预应力是后张法的常规做法，张拉后通过灌浆使预应力筋与混凝土粘结；无粘结预应力是在预应力筋表面刷涂油脂并包护套后，如同普通钢筋一样先铺设在支好的模板内，再浇筑混凝土，待混凝土达到规定的强度后，进行预应力筋的张拉和锚固。这种预应力工艺是借助两端的锚具传递预应力，无须留孔灌浆，施工简便，摩擦损失小，预应力筋易弯成多跨曲线形状等，但对锚具锚固能力要求较高。

无粘结预应力适用于大柱网整体现浇楼盖结构，尤其在双向连续平板和密肋楼板中使用最为合理经济。

1. 无粘结预应力筋的组成

无粘结预应力筋是采用专用防腐润滑涂层和塑料护套包裹的单根预应力钢绞线或单根预应力纤维增强复合材料筋，布置在混凝土构件截面之内时，其与被施加预应力的混凝土之间可保持相对滑动，无粘结预应力筋由无粘结筋、涂料层和外包层三部分组成。

(1) 无粘结筋。无粘结筋宜选用高强度低松弛的预应力钢绞线或单根预应力纤维增强复合材料筋制作。无粘结筋截面示意图如图 4-64 所示。

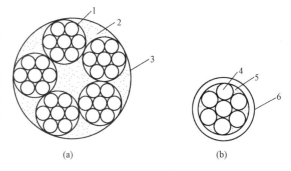

图 4-64 无粘结筋截面示意图

(a) 无粘结钢绞线束；(b) 无粘结钢丝束

1—钢绞线；2—专用防腐油脂；3—塑料布外包层；
4—钢丝；5—专用防腐油脂；6—塑料管外包层

(2) 涂料层。涂料层的作用是使无粘结筋与混凝土隔离，减少张拉时的摩擦损失，防止无粘结筋腐蚀等，应采用专用防腐油脂制作。

(3) 外包层。外包层的作用是使无粘结筋在运输、储存、铺设和浇筑混凝土等过程中不会发生不可修复的破坏，应采用高密度聚乙烯塑料带或塑料管制作，严禁使用聚氯乙烯。

2. 无粘结预应力筋的锚具

无粘结预应力筋锚具的选用，应根据无粘结预应力筋的品种、张拉力值及工程应用的环境类别选用。

无粘结预应力钢绞线张拉端锚具系统可采用圆套筒式锚具、垫板连体式夹片锚具或全封闭垫板连体式夹片锚具，埋入式固定端锚具可采用挤压锚具、垫板连体式夹片锚具或全封闭垫板连体式夹片锚具。

(1) 张拉端夹片式锚具的做法。

1) 圆套筒锚具。圆套筒锚具的构造由锚环、夹片、承压板、间接钢筋组成，如图 4-65 所示。

该锚具一般宜采用凹进混凝土表面布置。

2) 垫板连体式夹片锚具。采用垫板连体式夹片锚具凹进混凝土表面时，其构造由连体锚板、夹片、穴模、密封连接件及螺母、间接钢筋等组成，如图 4-66（a）所示。锚垫板构造如图 4-67 所示。

(2) 固定端埋入式锚具的做法。

1) 挤压锚具。挤压锚具的构造由挤压锚具、承压板和间接钢筋等构成。挤压锚具应将套筒等组装在钢绞线端部经专用设备挤压而成，挤压锚具与承压板的连接应牢固。

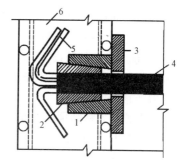

图 4-65　无粘结预应力筋圆套筒夹片式锚具

1—锚环；2—夹片；3—承压板；4—软塑料管；
5—散开的打弯钢丝；6—圈梁

2) 垫板连体式夹片锚具。垫板连体式夹片锚具的构造由连体锚板、夹片、密封盖、塑料密封套与间接钢筋组成，如图 4-66（b）所示，该锚具应预先用专用紧楔器以不低于75％预应力钢绞线强度标准值的顶紧力使夹片顶紧，并安装密封盖。

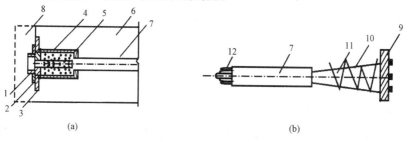

图 4-66　无粘结预应力筋垫板连体式锚具

(a) 张拉端；(b) 固定端

1—锚板；2—螺母；3—预埋件；4—塑料套筒；5—建筑油脂；6—构件；
7—软塑料管；8—C30混凝土封头；9—连体锚板；10—钢丝；11—间接钢筋；12—预应力筋

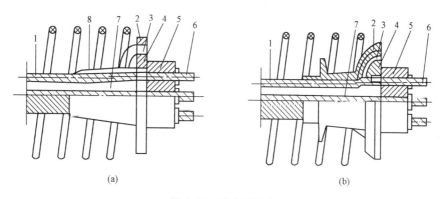

图 4-67　锚垫板示意

(a) 普通锚垫板；(b) 铸造锚垫板

1—波纹管；2—锚垫板；3—灌浆孔；4—对中止口；5—锚板；
6—钢绞线；7—钢绞线折角；8—对接喇叭口

3. 无粘结预应力混凝土的施工

无粘结预应力混凝土在施工中，主要问题是无粘结预应力筋的铺设、张拉和端部锚头的处理。

无粘结预应力筋在使用前，应逐根检查外包层的完好程度，对有轻微破损处，可采用外包防水聚乙烯胶带进行修补，对破损严重者应予以报废。

(1)无粘结预应力筋的铺设。无粘结预应力筋可采用与普通钢筋相同的绑扎方法，铺放前应通过计算确定无粘结预应力筋的位置，其垂直高度宜采用支撑钢筋控制，也可与其他钢筋绑扎；无粘结预应力筋宜保持顺直。

铺设双向配置的无粘结预应力筋时，宜避免两个方向的无粘结预应力筋相互穿插铺放，应对纵、横筋每个交叉点相应的两个标高进行比较，对各交叉点标高较低的无粘结预应力筋应先进行铺放，标高较高的次之。

敷设的各种管线不应将无粘结预应力筋的垂直位置抬高或压低。

当采用集团束配置多根无粘结预应力筋时，各根预应力筋应保持平行走向，防止相互扭结。

当采用多根无粘结预应力筋平行带状布束时，每束不宜超过 5 根无粘结预应力筋，并应采取可靠的支撑固定措施，保证同束中各根无粘结预应力筋具有相同的矢高；带状束在锚固端应平顺地张开，并应符合规定。

无粘结预应力筋采取竖向、环向或螺旋形铺放时，应有定位支架或其他构造措施控制位置。

(2)无粘结预应力筋的张拉。无粘结预应力筋的张拉机具及仪表，应由专人使用和管理，并定期维护和校验。

1)张拉控制应力。无粘结预应力钢绞线的张拉控制应力不宜超过 $0.75f_{ptk}$，最大张拉力不应大于 $0.80f_{ptk}$，并应符合设计要求。对于无粘结预应力纤维筋，张拉控制应力应符合规定。

2)张拉程序。无粘结预应力筋的张拉程序可采用一次张拉或超张拉。

当采用超张拉时，可超张拉 3%。

3)张拉顺序。无粘结预应力筋的张拉顺序应符合设计要求，如设计无要求，可采用分批、分阶段对称张拉或依次张拉。无粘结筋的张拉顺序应与其铺设顺序一致，先铺设的先张拉，后铺设的后张拉。

当无粘结预应力筋采取逐根或逐束张拉时，应保证各阶段不出现对结构不利的应力状态，同时，宜考虑后批张拉的无粘结预应力筋产生的结构构件的弹性压缩对先批张拉预应力筋的影响，确定张拉力。

4)张拉方法。由于无粘结预应力筋一般为曲线配筋，故应两端同时张拉。成束无粘结预应力筋正式张拉前，宜先用千斤顶往复抽动 1~2 次以降低张拉摩擦损失。

无粘结预应力筋的张拉过程中，当有个别钢丝发生滑脱或断裂时，可相应降低张拉力，但滑脱或断裂的数量不应超过结构同一截面无粘结预应力筋总量的 2%。

(3)无粘结预应力筋的端部锚头处理。无粘结预应力筋端部锚头的防腐处理应特别重视，当无粘结预应力筋张拉完毕后，应及时对锚固区进行保护。

1)当锚具采用凹进混凝土表面布置时，宜先切除外露无粘结预应力筋多余长度，在夹片及无粘结预应力筋外露部分应涂专用防腐油脂或环氧树脂，并罩帽盖进行封闭，该防护帽与锚具应可靠连接，然后采用后浇微膨胀混凝土或专用密封砂浆进行封闭，如图 4-68 所示。

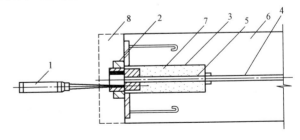

图 4-68 锚头端部处理方法

1—油枪；2—锚具；3—端部孔道；4—有涂层的无粘结预应力筋；5—无涂层的端部钢丝；6—构件；7—注入孔道的油脂；8—混凝土封闭

2)锚固区也可用后浇的钢筋混凝土外包圈梁进行封闭，但外包圈梁不宜凸出外墙面以外。当锚具凸出混凝土表面布置时，锚具的混凝土保护层厚度不应小于50 mm。

3)外露预应力筋的混凝土保护层厚度要求：处于一类室内正常环境时，不应小于30 mm，处于二类、三类易受腐蚀环境时，不应小于50 mm。

4)对不能使用混凝土或砂浆包裹层的部位，应对无粘结预应力筋的锚具全部涂以与无粘结预应力筋涂料层相同的防腐油脂，并用具有可靠防腐和防火性能的保护罩将锚具全部封闭。

任务实施

某污水处理厂是日处理 50 000 m^2 污水的大中型环保工程，一期和二期工程中共有3个直径为 38 m、高度为 4.5 m 的二次沉淀池和两个直径为 12 m 的曝气池，都采用无粘结预应力施工工艺进行施工。编制此曝气池的预应力混凝土工程施工方案。

一、工艺原理

用于圆形构筑物池壁的无粘结预应力混凝土施工工艺，就是在绑扎构筑物池壁或筒身钢筋的同时，将预应力筋按设计要求逐环固定在模板内，然后浇筑混凝土。待混凝土达到设计强度后，利用无粘结预应力筋与混凝土不粘连、可滑动的特点，在两端头进行张拉，再利用工作锚具将钢绞线锁紧固定于端头的锚固板上，用混凝土封闭锚固端，从而达到对圆形构筑物产生预压应力的效果。

二、材料要求

1. 无粘结预应力钢筋

无粘结预应力筋采用 ϕ12.7 和 ϕ15.2 单根钢绞线。

2. 锚具

本工程无粘结预应力筋采用两端同时张拉，对于常用直径为 ϕ12.7 和 ϕ15.2 的单根钢绞线环筋的无粘结预应力筋的锚具，选用单孔夹片式锚具，其构造由锚环、夹片、承压板、间接钢筋组成。

锚固采用锚具凸出混凝土表面的作法，张拉后，用工作锚具将其锚固。

锚具组装件的材料，应按设计图纸的规定采用，并应有机械性能证明书。无证明书时，应按国家标准进行质量检验，材料不得有夹渣、裂缝等缺陷。

3. 混凝土

池壁混凝土采用强度等级为 C40 以上的大流动性混凝土，浇筑时不留设施工缝，应一次连续浇灌完毕。拌制混凝土的水泥、砂、石应有出厂合格证，进场后应按规定抽样复验。

4. 池壁钢筋

池壁非预应力钢筋无特殊要求，但是由于布设预应力钢绞线的需要，因此，两排立筋中应间隔 1 000~1 200 mm 设 1 个定位支架，以便控制主筋位置。

5. 封堵

本工程主筋锚固端的封堵，采用的是 2 mm 厚的白色塑料封端帽，略比锚具大一些。

三、机具设备

1. 张拉机具

根据张拉力值选用 YCN-25 型前置内卡式液压千斤顶和与之配套的油泵。

无粘结预应力筋张拉机具及仪表,应由专人使用和管理,并定期维护和校验。

2. 其他机具

便携式钢筋砂轮切割机 1 台(备砂轮片 3~5 片),30 m 钢尺 1 把,150 mm 的钢板尺 4 把,指挥工具 1 套。

四、工艺流程及操作要点

工艺流程:施工准备→安设外侧模板→绑扎圆形构筑物池壁钢筋→架设固定无粘结预应力筋位置的支架→铺设、绑扎无粘结预应力钢筋→安放端头承压板及螺旋钢筋→隐蔽验收→安设内侧模板→浇筑混凝土→混凝土养护→安装锚具、张拉设备→预应力筋张拉→锚固封堵。

1. 无粘结预应力筋下料

钢绞线的下料长度,应按计算确定,综合考虑其曲率、张拉伸长值及混凝土压缩变形等因素,并应根据不同的张拉方法和锚固形式,适当增加预留长度 50~100 mm。

2. 端头承压板和间接钢筋的设置

端头承压板和间接钢筋的埋设位置应准确,可用螺栓固定于模板内表面,以确保承压板表面与浇筑混凝土表面平整,平整度允许偏差不宜大于 3 mm,且应保持张拉作用线与承压板面垂直。

无粘结预应力筋的外露长度应根据张拉机具所需的长度确定,曲线筋末端的切线应与承压板相垂直,曲线段的起始点至张拉锚固点应有不小于 300 mm 的直线段。

3. 无粘结预应力筋的铺设和固定

无粘结预应力筋的竖向及水平方向的位置应按设计要求进行绑扎和固定,其垂直高度可用特制的定位支架来控制主筋位置的准确性。

铺设钢绞线时,应从下部开始,每一固定点都要用钢丝绑牢。

无粘结预应力筋的位置应保持平顺,其安装偏差应符合标准要求。

4. 混凝土的浇筑和养护

无粘结预应力筋铺设完毕后,应进行隐蔽工程验收,当确认合格后方能浇筑混凝土。

混凝土宜采用大流动性的泵送混凝土施工,浇筑时严禁碰撞无粘结预应力筋、支架及端部预埋件。

混凝土应一次浇捣完毕,不得留设施工缝,端部混凝土必须振捣密实。浇筑完后,应按要求进行养护。

5. 张拉机具的检验

张拉设备的校验期限,正常使用不宜超过半年,新购置的设备和使用过程中发生异常情况的要及时进行配套校验,并出具校验报告。

6. 预应力筋的张拉

待结构混凝土强度达到设计或规范要求后,即可按设计给定的张拉顺序和张拉应力,依次进行张拉。

张拉前应在锚固肋处搭设操作平台,对锚固肋上锚固筋的埋件位置、数量以及锚固肋的混凝土质量进行检查,对承压板表面进行清理并涂刷防腐涂料。

(1)张拉顺序如下:安装锚具→安装千斤顶→给油张拉→伸长值校核→持荷顶压→二次张拉→卸荷锚固→填写记录。

(2)张拉应自下而上、逐环进行,为使池壁对称受力,应采用 4 台千斤顶对一环两根无粘结预应力筋同时张拉。

(3)采用超张拉方法,其程序为:从零应力开始张拉到 1.03 倍预应力筋的张拉控制应力,

即 $0\sim 103\%\sigma_{con}$，持荷 2 min 后锚固。

(4) 无粘结预应力筋的张拉控制应力，应符合设计要求，如需提高张拉控制应力值时，不宜大于碳素钢丝、钢绞线强度标准值的 75%。

(5) 张拉力值的控制：采用应力控制方法张拉时，应校核无粘结预应力筋的伸长值，如实际伸长值大于计算伸长值 10% 或小于计算伸长值 5%，应暂停张拉，查明原因并采取措施予以调整后，方可继续张拉。

(6) 当千斤顶的额定伸长值满足不了要求时，只需将千斤顶反复张拉，即可满足任意伸长值的需要。

7. 封堵锚固端

首先，应用无齿切割机割掉夹具外多余的钢绞线，外露长度不宜小于 30 mm，然后内灌防腐油脂，套上塑料封端帽。

按图纸要求对封闭部分的混凝土池壁和混凝土锚固肋进行凿毛，涂刷胶粘剂，再安设模板，由下往上逐层用 C40 细石膨胀混凝土封严端头。

五、安全措施

为防止张拉时预应力筋发生断裂和油管崩裂伤人现象，操作现场周围 10 m 范围内不应有闲杂人员，以防不测。

搭设的操作平台应稳固，应能承受设备及操作人员的重量。

所选用的电缆线应完好无损，如有破损应及时用防水绝缘胶带缠裹严密，以防漏电伤人。

张拉时，拉伸机应与承压板垂直，高压油管不能出现死弯现象。

拓展提高

钢筋的下料长度应由计算确定，计算时应考虑锚具的特点、焊接接头或镦头的预留量、钢筋的冷拉率和弹性回缩率、构件的长度等因素。

为了保证预应力筋下料长度有一定的精确度，在配料时，应根据钢筋的品种作冷拉率测定，作为计算钢筋下料长度的依据。

一、预应力单根粗钢筋下料长度计算

单根预应力筋根据构件长度和张拉工艺要求，可以采用一端张拉或两端张拉。两端张拉时，预应力筋两端均采用螺丝端杆锚具(或精轧螺纹钢筋锚具)；一端张拉一端固定时，张拉端采用螺丝端杆锚具(或精轧螺纹钢筋锚具)，固定端采用镦头锚具。其下料长度计算如下：

(1) 两端均采用螺丝端杆锚具(或精轧螺纹钢筋锚具)。预应力筋下料长度 L 可用式(4-1)计算：

$$L=\frac{l-2l_1+2l_2}{1+\delta-\delta_1} \tag{4-1}$$

式中　l——构件孔道长度(mm)；

　　　l_1——螺丝端杆长度，一般取 320 mm；

　　　l_2——螺丝端杆外露长度，一般取 120～150 mm；

　　　δ——钢筋的试验冷拉率；

　　　δ_1——钢筋冷拉的弹性回缩率；

　　　n——钢筋与钢筋、钢筋与螺杆的对焊接头总数；

　　　l_0——每个对焊接头的压缩量，一般取 $l_0=d$。

(2)一端采用螺丝端杆锚具(或精轧螺纹钢筋锚具),另一端采用镦头锚具。预应力筋下料长度 L 可用式(4-2)计算:

$$L=\frac{l-l_1+l_2+l_3}{1+\delta-\delta_1}+nl_0 \tag{4-2}$$

式中　l——构件孔道长度(mm);
　　　l_1——螺丝端杆长度,一般取 320 mm;
　　　l_2——螺丝端杆外露长度,一般取 120～150 mm;
　　　l_3——镦头锚具长度,取 2.25 倍钢筋直径加 15 mm(垫板厚度);
　　　δ——钢筋的试验冷拉率;
　　　δ_1——钢筋冷拉的弹性回缩率;
　　　n——钢筋与钢筋、钢筋与螺杆的对焊接头总数;
　　　l_0——每个对焊接头的压缩量,一般取 $l_0=d$。

二、预应力钢筋束(或钢绞线束)下料长度计算

预应力钢筋束(或钢绞线束)的下料长度主要与构件长度、所选择的锚具和张拉机械有关,同一根预应力筋采用不同的张拉机械,其下料长度不同。其下料长度计算如下。

(1)两端同时张拉。预应力筋下料长度 L 可用式(4-3)计算:

$$L=l+2a \tag{4-3}$$

式中　l——构件孔道长度(mm);
　　　a——张拉端预留量,与锚具和张拉千斤顶尺寸有关(mm)。

(2)一端张拉,一端锚固。预应力筋下料长度 L 可用式(4-4)计算:

$$L=l+a+b \tag{4-4}$$

式中　l——构件孔道长度(mm);
　　　a——张拉端预留量,与锚具和张拉千斤顶尺寸有关(mm);
　　　b——锚固端预留量,一般取 80 mm。

三、预应力钢丝束的下料长度计算

钢丝束的下料长度主要与所选择的锚具有关,当用钢质锥形锚具、XM 型锚具、QM 型锚具时,钢丝束的制作和下料长度计算基本上与预应力钢筋束相同;当采用镦头锚具、一端张拉时,其下料长度 L 可用式(4-5)计算:

$$L=l+2a+2b-0.5(H-H_1)-\Delta L-C \tag{4-5}$$

式中　l——构件孔道长度(mm);
　　　a——锚板厚度(mm);
　　　b——钢丝镦头预留量,取钢丝直径 2 倍(mm);
　　　H——锚杯高度(mm);
　　　H_1——螺母高度(mm);
　　　ΔL——张拉时钢丝伸长值(mm);
　　　C——混凝土弹性压缩(若很小时可忽略不计)(mm)。

拓展实训

一、填空题

1. 先张法预应力筋的张拉力,主要是由_____传递给混凝土,使混凝土产生预压应力;

后张法预应力筋的张拉力，主要是靠_____传递给混凝土，使混凝土产生预压应力。

2. 预应力筋的锚具和连接器按锚具方式不同，可分为_____、_____、_____、_____。

3. 后张法生产预应力混凝土构件，孔道留设的方法有_____、_____、_____。

4. 无粘结预应力的组成包括_____、_____、_____。

5. 对于抽芯成形孔道，曲线形预应力筋和长度大于 24 m 的直线形预应力筋，应采取两端同时张拉的方法，长度小于或等于_____ m 的直线形预应力筋，可一端张拉。对预埋波纹管孔道，曲线形预应力筋和长度大于_____ m 的直线形预应力筋，宜采取两端同时张拉的方法。

二、选择题

1. 预应力混凝土的主要目的是提高构件的（　　）。
   A. 强度　　　　B. 刚度　　　　C. 抗裂度　　　　D. B+C

2. 下列不属于预应力混凝土结构的特点的是（　　）。
   A. 抗裂性好　　B. 刚度大　　　C. 强度大　　　　D. 耐久性好

3. 预应力混凝土是在结构或构件的（　　）预先施加压应力而成。
   A. 受压区　　　B. 受拉区　　　C. 中心线处　　　D. 中性轴处

4. 预应力先张法施工适用于（　　）。
   A. 现场大跨度结构施工　　　　　B. 构件厂生产大跨度构件
   C. 构件厂生产中、小型构件　　　D. 现场构件的组拼

5. 预应力筋的超张拉程序为（　　）。
   A. $0 \rightarrow 1.03\sigma_{con} \rightarrow$ 持荷 2 min $\rightarrow \sigma_{con}$　　B. $0 \rightarrow 1.03\sigma_{con}$
   C. $0 \rightarrow \sigma_{con} \rightarrow$ 持荷 2 min $\rightarrow 1.05\sigma_{con}$　　D. $0 \rightarrow \sigma_{con}$

6. 可锚固钢绞线束、钢丝束、单根粗钢筋和多根粗钢筋的锚具是（　　）。
   A. KT-Z 型锚具　B. JM 型锚具　　C. XM 型锚具　　D. 螺丝端杆锚具

7. 预应力筋为 6 根 12 mm 的钢筋束，张拉端锚具应选用（　　）。
   A. 螺丝端杆锚具　B. JM12 型锚具　C. 帮条锚具　　D. 镦头锚具

8. 后张法施工时，预应力筋超张拉是为了（　　）。
   A. 减少预应力筋与孔道摩擦引起的损失　B. 减少预应力筋松弛引起的损失
   C. 减少混凝土徐变引起的损失　　　　　D. 建立较大的预应力值

9. 钢管抽芯法，选用的钢管要求平直、表面光滑，敷设位置准确，钢管用钢筋井字架固定，间距不宜大于（　　）m。
   A. 0.5　　　　　B. 0.8　　　　　C. 1.0　　　　　D. 1.2

10. 在后张法施工中，预应力筋张拉时，下列采用两端张拉的是（　　）。
    A. 抽芯成形孔道中，长度小于 30 m 的直线预应力筋
    B. 预埋波纹管孔道中，长度大于 24 m 的直线预应力筋
    C. 抽芯成形孔道中，曲线预应力筋
    D. 没有条件限制，可以随便选择是否两端张拉

11. 对配有多根预应力钢筋的构件，张拉时应注意（　　）。
    A. 分批对称张拉　　　　　　　B. 分批不对称张拉
    C. 分段张拉　　　　　　　　　D. 不分批对称张拉

12. 预应力后张法中，孔道灌浆的顺序是（　　）。
    A. 先下后上　　B. 先上后下　　C. 同时进行　　D. 不需考虑

13. 后张法孔道灌浆的目的主要是（　　）。
    A. 保护预应力钢筋不锈蚀　　　　B. 提高构件的承载力
    C. 提高构件的刚度　　　　　　　D. 减小构件的挠度
14. 无粘结预应力的特点是（　　）。
    A. 需留孔道和灌浆　　　　　　　B. 张拉时摩擦阻力大
    C. 易用于多跨连续梁板　　　　　D. 预应力筋沿长度方向受力不均
15. 无粘结预应力筋应（　　）铺设。
    A. 在非预应力筋安装前　　　　　B. 与非预应力筋安装同时
    C. 在非预应力筋安装完成后　　　D. 按照标高位置从上向下
16. 曲线铺设的预应力筋应（　　）。
    A. 一端张拉　　　　　　　　　　B. 两端分别张拉
    C. 一端张拉后另一端补强　　　　D. 两端同时张拉
17. 无粘结预应力筋张拉时，滑脱或断裂的数量不应超过结构同一截面预应力筋总量的（　　）。
    A. 1%　　　　B. 2%　　　　C. 3%　　　　D. 5%

三、简答题

1. 什么是夹具？什么是锚具？
2. 什么是超张拉？预应力筋为什么要超张拉？
3. 什么是先张法施工？什么是后张法施工？各有何特点？各自的适用范围如何？
4. 预应力混凝土施工中可能产生哪些预应力损失？
5. 后张法是如何预留孔道的？
6. 后张法的张拉顺序是如何确定的？
7. 对配有多根预应力筋的预应力混凝土构件，预应力筋张拉时，为什么采用分批、对称张拉？
8. 孔道灌浆的作用是什么？预应力筋张拉锚固后，为什么要及时进行孔道灌浆？

四、计算题

某预应力混凝土屋架，用机械张拉后张法施工，孔道长 29.8 m。预应力筋为冷拉 HRB400 级，直径为 20 mm，每根钢筋长为 8 m。两端均用螺丝端杆锚具，每个钢筋接头压缩量为预应力筋直径，螺丝端杆外露长度为 120 mm。求预应力筋下料长度（冷拉伸长率 5%，弹性回缩率 0.5%，螺丝端杆锚具长 320 mm）。

课外学习指要

[1] 中华人民共和国行业标准. JGJ 85—2010 预应力筋用锚具、夹具和连接器应用技术规程[S]. 北京：中国建筑工业出版社，2010.

[2] 中华人民共和国行业标准. JGJ 92—2016 无粘结预应力混凝土结构技术规程[S]. 北京：中国建筑工业出版社，2016.

项目五　结构安装工程施工

知识目标

1. 了解结构安装工程施工中常用的超重机械和索具设备的构造、性能、适用范围和使用要求。
2. 掌握装配式单层工业厂房的构件吊装工艺。
3. 掌握常见的钢结构工程的安装工艺。

能力目标

1. 能说出常用的起重机械和索具的名称、性能和适用范围。
2. 能做单层工业厂房结构吊装方案的编制工作。
3. 能做单层工业厂房结构吊装的施工技术交底工作。
4. 能统筹安排施工人员进行单层工业厂房的施工和检查验收。
5. 能做钢结构工程安装施工方案的编制工作。
6. 能做钢结构工程安装的施工技术交底工作。
7. 能统筹安排施工人员进行钢结构工程安装施工和检查验收。

教学重点

1. 单层工业厂房结构吊装施工方案的编制和施工技术交底。
2. 钢结构工程安装施工方案的编制和施工技术交底。

教学难点

1. 单层工业厂房结构吊装工艺及质量控制要点。
2. 钢结构工程安装工艺及质量控制要点。

建议课时

16课时

任务一　起重机具认知

任务描述

识别各种起重机具,掌握各起重机具的性能、构造、适用范围和使用要求。

📁 **任务分析**

起重机具是吊运或顶举重物的物料搬运工具，其是一种间歇工作、提升重物的工具。对于结构安装工程而言，起重机具是必不可少的设备。因此，作为工程技术人员务必对各类起重机具有一个深刻的认识和了解。要重点说明的是各类特种机械的作业人员必须有特种机械操作证才可以上岗。

📄 **相关知识**

一、索具设备

1. 钢丝绳

钢丝绳是吊装工作中的常用绳索，它具有强度高、韧性好、耐磨性好等优点。同时，磨损后外表产生毛刺，容易发现，便于预防事故的发生。

钢丝绳是由直径相同的光圆钢丝捻成钢丝股，再由六股钢丝股和一股绳芯搓捻而成。钢丝绳按每股钢丝的根数可分为三种规格：6×19+1，一般用作缆风绳；6×37+1，用于穿滑车组和作吊索；6×61+1，用于重型起重机械。

钢丝绳按钢丝和钢丝股搓捻方向不同可分为顺捻绳和反捻绳两种，顺捻绳一般用于拖拉或牵引装置；反捻绳多用于吊装工作。

2. 吊具

在构件安装过程中，常要使用一些吊装工具，如吊索、卡环、钢丝绳卡扣、横吊梁等。

(1)吊索。其主要用来绑扎构件以便起吊，可分为环状吊索(又称万能用索)和开式吊索(又称轻便吊索或8被头吊索)两种，如图5-1所示。

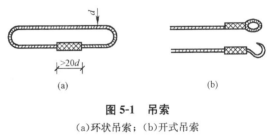

图 5-1 吊索
(a)环状吊索；(b)开式吊索

(2)卡环。其用于吊索与吊索或吊索与构件吊环之间的连接。它由销子和弯环两部分组成，按销子和弯环的连接形式分为螺栓式卡环和活络式卡环，如图5-2所示。

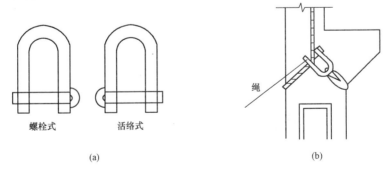

图 5-2 卡环及柱绑扎
(a)卡环；(b)柱绑扎

活络式卡环的销子端头和弯环孔眼无螺纹，可直接抽出，常用于柱的吊装。它的优点是在柱就位后，在地面用系在销子尾部的绳子将销子拉出，解开吊索，避免了高空作业。

(3)钢丝绳卡扣。钢丝绳卡扣是用来连接两根钢丝绳的，一般常用夹头固定法。通常用的钢丝绳夹头，有骑马式、压板式和拳握式三种，其中，骑马式(图5-3)连接力最强，应用也最广；压板式其次；拳握式由于没有底座，容易损坏钢丝绳，连接力也差，因此，只用于次要的地方。

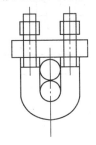

图5-3 钢丝绳卡扣

(4)吊钩。吊钩有单钩和双钩两种。在吊装施工中常用的是单钩[图5-4(a)]，双钩多用于桥式和塔式起重机上[图5-4(b)]。

(a)   (b)

图5-4 吊钩

(a)单钩；(b)双钩

(5)横吊梁。横吊梁又称铁扁担。在吊装构件时，吊索与水平面的夹角越小，吊索受力越大；吊索受力越大，则其水平分力也就越大，对构件的轴向压力也就越大。当吊装水平长度大的构件时，为使构件的轴向压力不致过大，吊索与水平面的夹角应不小于45°。但是吊索要占用较大的空间高度，增加了对起重设备起重高度的要求，降低了起重设备的使用价值。为了提高机械的利用程度，必须缩小吊索与水平面的夹角，因此而加大的轴向压力，由一金属支杆来代替构件承受，这一金属支杆就是所谓的横吊梁。

横吊梁的作用有两个：一是减少吊索高度；二是减少吊索对构件的横向压力。

横吊梁的常用形式有钢板横吊梁和钢管横吊梁，如图5-5所示。柱吊装采用直吊法时，常用钢板横吊梁，使柱保持垂直；吊屋架时，常用钢管横吊梁，可减小索具高度。

3. 滑轮组

滑轮组是由一定数量的定滑轮和动滑轮及绕过它们的绳索(钢丝绳)组成的简单起重工具，它既省力又能改变力的方向，主要用在桅杆式起重机上，用卷扬机通过滑轮吊装重大构件。

4. 倒链

倒链又称手拉葫芦(图5-6)，可用来吊起较轻构件，如配合吊装时移动构件等；也可用它拉紧桅杆的缆风绳，及运输中拉紧捆绑构件的绳索。其起重量一般常用的为3 t及5 t，大的可达

10 t、20 t。现场使用时搭三脚架，在架中心下悬钢丝绳挂吊倒链，倒链的另一钩吊重物。

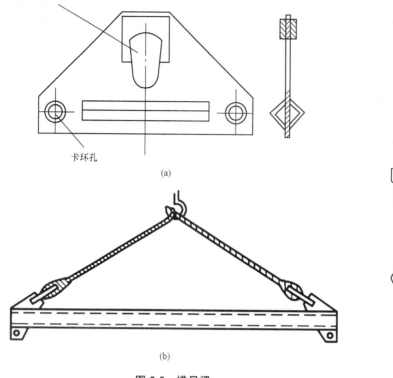
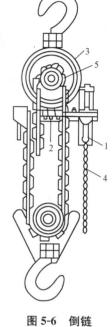

图 5-5　横吊梁

(a)钢板横吊梁；(b)钢管横吊梁

图 5-6　倒链

1—主动轮；2—蜗杆；3—蜗轮；4—拉链；5—链齿轮

5. 卷扬机

卷扬机是配合桅杆吊的起重机具，在建筑施工中常用的电动卷扬机有快速和慢速两种。快速电动卷扬机(JJK型)主要用于垂直、水平运输和打桩作业，慢速电动卷扬机(JJM型)主要用于结构吊装、钢筋冷拉和预应力钢筋张拉作业。常用的电动卷扬机的牵引能力一般为 1～10 t (10～100 kN)。

使用卷扬机时，一定要选好位置，在吊装过程中不能移动。因为它需要用地锚等锚固方法固定住，才能平衡起吊构件的重量，以防止在工作时产生滑移或倾覆。

6. 地锚

地锚是拉住卷扬机、缆风绳等的一种固定物件的装置。简单的有将木桩、铁棍桩打入土中，拴住钢丝绳拖住物件，如图 5-7 所示。还有水平地锚，几根圆木、钢管、型钢用钢丝绳捆绑后，横放在挖开的坑中，一根钢丝绳引出地面，坑用土及石子回填夯实。需用水平方向的圆木多少，应根据固定物件需用多少拉力拉住而定。当需要很大拉力时，一般还应在水平方向圆木前，放置竖向圆木或钢管，以阻止圆木向前滑移，放置竖向圆木后可使土的接触面大，而加大横向抗拉能力。

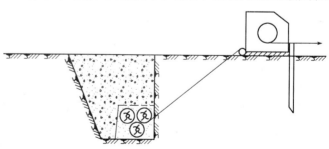

图 5-7　卷扬机的固定拉锚示意

二、起重机械

在结构安装工程中,常用的起重机械主要有桅杆式起重机、自行式起重机以及塔式起重机。

1. 桅杆式起重机

桅杆式起重机是由桅杆、转盘、底座、吊杆、起伏吊杆的滑车组、起重的滑车组和拉住桅杆的缆风钢丝绳组成的。桅杆和吊杆起重量在 10 t 左右的,可用无缝钢管做成。大多用角钢组成的格构式截面作桅杆及吊杆,起重量最大的可达 60 t 左右。桅杆及吊杆高度可根据建筑物高度组装,最高的可达 80 m 左右。

在建筑工程中常用的桅杆式起重机有:独脚拔杆(图 5-8)、悬臂拔杆(图 5-9)、人字拔杆(图 5-10)和牵缆式桅杆(图 5-11)等。

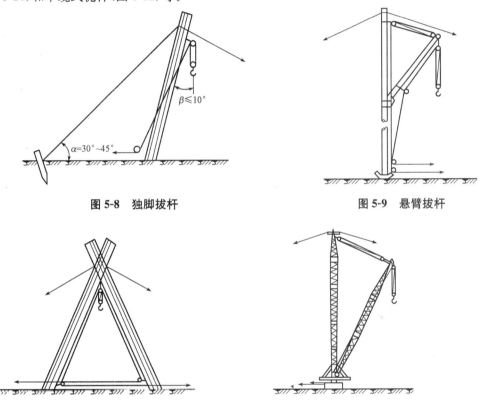

图 5-8 独脚拔杆　　　　　　图 5-9 悬臂拔杆

图 5-10 人字拔杆　　　　　　图 5-11 牵缆式拔杆

桅杆式起重机具有制作简单、装拆方便、起重量大的特点,因搭设时需设较多的缆风绳,故其移动较困难,灵活性也较差,所以,桅杆式起重机一般多用于缺乏其他起重机械或安装工程量比较集中、而构件又较重的工程。一般情况下用电源作动力,无电源时,可用人工绞盘。

2. 自行式起重机

自行式起重机是可以自己行走的起重机,按其行走方式的不同又分为履带式起重机、汽车式起重机、轮胎式起重机。

(1)履带式起重机。履带式起重机是由行走装置、回转机构、机身及起重臂等部分组成。行走装置为链式履带,以减少对地面的压力。回转机构为装在底盘上的转盘,使机身可回转 360°。机身内部有动力装置、卷扬机及操纵系统。

履带式起重机的特点是操纵灵活,本身能回转 360°,在平坦坚实的地面上能负荷行驶。由于履带的作用，可在松软、泥泞的地面上作业，且可以在崎岖不平的场地行驶。目前，在装配式结构施工中，特别是单层工业厂房结构安装中，履带式起重机得到广泛的应用。

履带式起重机的缺点是稳定性较差，不应超负荷吊装，行驶速度慢且履带易损坏路面，因而，转移时多用平板拖车装运。

目前，在结构安装工程中常用的国产履带式起重机，主要有以下几种型号：W_1-50 型、W_1-100 型、W_1-200 型、西北 78D 型等。此外，还有一些进口机型。

(2)汽车式起重机。汽车式起重机是把起重机构安装在普通载重汽车或专用汽车底盘上的一种自行式起重机。起重臂的构造形式有桁架臂和伸缩臂两种，其行驶的驾驶室与起重操纵室是分开的。

汽车式起重机的优点是行驶速度快、转移迅速、对路面破坏性小。因此，特别适用于流动性大、经常变换地点的作业。其缺点是安装作业时稳定性差，为增加其稳定性，设有可伸缩的支腿，起重时支腿落地。由于其机身长，行驶时的转弯半径较大，这种起重机不能负荷行驶。

(3)轮胎式起重机。轮胎式起重机是把起重机构安装在加重型轮胎和轮轴组成的特制底盘上的一种全回转式起重机，其上部构造与履带式起重机基本相同。为了保证安装作业时机身的稳定性，起重机设有四个可伸缩的支腿，在平坦地面上可不用支腿进行小起重量吊装及吊物低速行驶。

与汽车式起重机相比，其优点有：轮距较宽、稳定性好、车身短、转弯半径小，可在 360°范围内工作。

但其行驶时对路面要求较高，行驶速度较汽车式慢，不适于在松软泥泞的地面上工作。

3. 塔式起重机

塔式起重机具有竖直的塔身，其起重臂安装在塔身顶部与塔身组成"T"形，使塔式起重机具有较大的工作空间，其广泛应用于多层及高层建筑工程施工中。

塔式起重机种类繁多，常用的类型有附着式塔式起重机和爬升式塔式起重机。

(1)附着式塔式起重机。附着式塔式起重机是固定在建筑物近旁混凝土基础上的起重机械，它可借助顶升系统随着建筑施工进度而自行向上接高。为了减小塔身的计算长度，规定每隔 20 m 左右将塔身与建筑物用锚固装置联结起来。

这种塔式起重机宜用于高层建筑施工。

(2)爬升式塔式起重机。爬升式塔式起重机安装在高层建筑的结构部位，每吊装 1～2 层楼的构件后，向上爬升一次。这类起重机主要用于高层建筑结构安装。其特点是机身体积小、重量轻、安装简单，适于现场狭窄的高层建筑结构安装。

(3)起重机的参数。起重机主要技术性能包括三个参数：起重量 Q、起重半径 R 及起重高度 H。

其中，起重量是 Q 指起重机安全工作所允许的最大起重重物的质量，起重半径 R 指起重机回转轴线至吊钩中心的水平距离，起重高度 H 指起重吊钩中心至停机地面的垂直距离。

起重量 Q、起重半径 R、起重高度 H 这三个参数之间存在相互制约的关系，其数值的变化取决于起重臂的长度及其仰角的大小。每一种型号的起重机都有几种臂长，当臂长 L 一定时，随起重臂仰角 α 的增大，起重量 Q 和起重高度 H 也随之增大，而起重半径 R 减小。当起重臂仰角 α 一定时，随着起重臂长 L 增加，起重半径 R 及起重高度 H 增加，而起重量 Q 减小。

任务实施

识别各种起重机具，总结各起重机具的性能、构造、适用范围和使用要求。

> **拓展实训**

1. 常用的起重机的类型有哪几种?
2. 试述常用起重机各自的特点及适用范围。

任务二 单层工业厂房的安装

任务描述

单层工业厂房结构的安装方案的编制。

任务分析

单层工业厂房大多采用装配式钢筋混凝土结构,其主要承重构件除基础为现场浇筑外,其他构件(如柱、吊车梁、屋架、天窗架、屋面板等)均为钢筋混凝土预制构件。其中,尺寸大、构件重的大型构件一般在施工现场就地预制,中、小型构件多集中在预制厂制作,后运到现场吊装。结构安装工程是单层工业厂房施工中的主导工程,其施工过程是将各种预制构件按设计要求采用合理的施工方法在现场进行安装。因此,在施工前要结合工程的实际情况编制施工方案。

相关知识

一、构件安装前的准备工作

为保证单层工业厂房结构安装时的施工质量和进度,在吊装前应做好准备工作。吊装前的准备工作包括:清理及平整场地、铺设道路、敷设水电管线,准备吊具、索具,构件的运输、就位、堆放、拼装与加固、检查、弹线、编号和基础的准备等。

1. 构件的检查与清理

(1)检查构件的型号与数量。
(2)检查构件的截面尺寸。
(3)检查构件的外观质量(变形、缺陷、损伤等)。
(4)检查构件的混凝土强度。
(5)检查预埋件、预留孔的位置及质量等,并作相应清理工作。

2. 构件的弹线与编号

(1)构件的弹线。
1)柱子。在柱身三面弹出中心线(可弹两小面、一个大面),对工字形柱除在矩形截面部分弹出中心线外,为便于观察及避免视差,还需要在翼缘部分弹一条与中心线平行的线。
2)屋架。屋架上弦顶面上应弹出几何中心线,并将中心线延至屋架两端下部,再从跨度中央向两端分别弹出天窗架、屋面板的安装定位线。

3)吊车梁。在吊车梁的两端及顶面弹出安装中心线。

(2)构件编号。构件编号应编写在构件显眼的部位，并在构件上用记号标明不易辨别上下左右的构件。

3. 混凝土杯形基础的准备工作

(1)杯口弹线。先检查杯口的尺寸，在基础顶面弹出十字交叉的安装中心线，画上红三角。中心线对定位轴线的允许偏差为±10 mm。

(2)杯底抄平。浇筑基础时，杯底标高一般比设计标高降低50 mm。具体操作是：在杯口内抄上平线，一般此线比杯口设计标高低10 cm。如杯口设计标高为－0.5 m，则杯口内侧抄平线标高为－0.6 m。这条平线既是作为杯底抄平的依据，也是吊装柱子时控制底部标高的依据。抄平必须准确，操作必须认真。

4. 构件运输

(1)构件运输。一些质量不大而数量较多的定型构件，如屋面板、连系梁、轻型吊车梁等，宜在预制厂预制，用汽车将构件运至施工现场。起吊运输时，必须保证构件的强度符合要求，吊点位置符合设计规定。构件支垫的位置要正确，数量要适当，每一构件的支垫数量一般不超过2个，且上、下层支垫应在同一垂直线上。

(2)构件堆放。构件的堆放应按平面布置图所示位置堆放，避免二次搬运。构件堆放应符合下列规定：

1)堆放构件的场地应平整坚实，并具有排水措施，堆放构件时应使构件与地面之间有一定空隙。

2)应根据构件的刚度及受力情况，确定构件平放或立放，并应保持其稳定。

3)重叠堆放的构件吊环应向上，标志应向外。其堆垛高度应根据构件与垫木的承载能力及堆垛的稳定性确定，各层垫木的位置应在一条垂直线上。

二、构件的吊装方法

装配式单层工业厂房的结构安装构件有：柱、吊车梁、连系梁、屋架、天窗架、屋面板等。预制构件的吊装程序一般为绑扎、起吊、对位、临时固定、校正及最后固定等工序。对于现场预制的构件需要翻身、扶直，按吊装要求排放后再进行吊装。

1. 柱的吊装

单层工业厂房钢筋混凝土柱一般均为现场预制，其截面形式有矩形、工字形、双肢形等。当混凝土的强度达到75%混凝土强度标准值以上时方可吊装。

(1)柱的绑扎。绑扎柱用的吊具有铁扁担、吊索、卡环等。为使在高空中脱钩方便，尽量采用活络式卡环。为避免起吊时吊索磨损构件表面，要在吊索与构件之间垫以麻袋或木板。

柱在现场预制时，一般用混凝土底模平卧(大面向上)生产。在支模、浇混凝土前，就要确定绑扎方法，在绑扎点预埋吊环、预留孔洞或底模悬空，以便绑扎时能穿钢丝绳。

柱的绑扎点数目和位置应根据视的外形、长度、配筋和起重机性能确定。中、小型柱(重13 t以下)，可以绑扎一点。重型柱或配筋少而细长的柱(如抗风柱)，为防止起吊过程中柱身断裂，需绑扎两点。绑扎点位置应使两根吊索的合力作用线高于柱子中心，这样才能保证柱起吊后自行回转到直立状态。

一点绑扎时，绑扎位置常选在牛腿下100～200 mm处。工字形截面和双肢柱的绑扎点应选在实心处(工字形柱的矩形截面处和双肢柱的平腹杆处)，否则，应在绑扎位置用方木垫平。

常用的绑扎方法有:

1)一点绑扎斜吊法。当柱的宽面抗弯能力满足吊装要求时,可采用一点绑扎斜吊法,如图 5-12 所示。

这种方法的优点是:直接把柱在平卧的状态下,从底模上吊起,不需翻身,也不用铁扁担;其次,柱身起吊后呈倾斜状态,吊索在柱宽面的一侧,起重钩可低于柱顶。当柱身较长,起重杆长度不足时,可用此法绑扎。但因柱身倾斜,就位时对正比较困难。

2)一点绑扎直吊法。当柱平放起吊的抗弯强度不足时,需将柱翻身,然后起吊,这种方法叫作直吊法。采用这种方法,柱吊起后呈竖直状态,如图 5-13 所示。

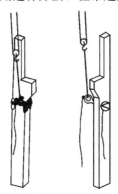
图 5-12 一点绑扎斜吊法

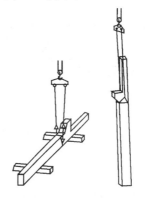
图 5-13 一点绑扎直吊法

其优点是:柱翻身后刚度大,抗弯能力强;起吊后柱与基础杯底垂直,容易对位。但采用这种绑扎吊法,柱要预先翻身。

直吊法一般应用横吊梁,起重机吊钩超过柱顶,需要的起重高度比斜吊法大,起重臂要比斜吊法长。

(2)柱的起吊。柱的吊装方法应根据柱的重量、长度、起重机性能和现场施工条件而定。采用单机吊装时,有单机吊装旋转法和单机吊装滑行法。

1)单机吊装旋转法。起重机一边升钩,一边旋转,柱绕柱脚旋转,而逐渐吊起的方法叫作旋转法,如图 5-14(a)所示。

操作:一是保持柱脚位置不动,并使吊点、柱脚和杯口中心在同一圆弧上;二是圆弧半径即为起重机起重半径。

旋转法吊装柱时,柱的平面布置要做到绑扎点、柱脚中心与柱基础杯口中心三点同弧。

在以吊柱时起重半径 R 为半径的圆弧上,柱脚靠近基础。这样,起吊时起重半径不变,起重臂边升钩,边回转。柱在直立前,柱脚不动,柱顶随起重机回转及吊钩上升而逐渐上升,使柱在柱脚位置竖直。然后,把柱吊离地面 20～30 cm,回转起重臂把柱吊至杯口上方,插入杯口。

采用旋转法吊装柱时,起重臂仰角不变,起重机位置不变,仅一面旋转起重臂,一面上升吊钩,柱脚的位置在旋转过程中是不移动的,柱受振动小,生产效率高,但对起重机的机动性要求较高,柱布置时占地面积较大。此种方法适用于中、小型柱的吊装。

2)单机吊装滑行法。起重机只升钩,不旋转,柱子沿地面滑行,而逐渐吊起的方法叫作滑行法,如图 5-14(b)所示。

采用滑行法吊装柱时,柱的平面布置要做到绑扎点、基础杯口中心二点同弧。

在以起重半径 R 为半径的圆弧上,绑扎点靠近基础杯口。这样,在柱起吊时,起重臂不动,起重钩上升，柱顶上升，柱脚沿地面向基础滑行，直至柱竖直。然后，起重臂旋转，将柱吊至柱基础杯口上方，插入杯口。

滑行法吊装柱的特点：在滑行过程中，柱受振动，但对起重机的机动性要求较低(起重机只升钩，起重臂不旋转)。当采用独脚拔杆、人字拔杆吊装柱或不能采用旋转法时，常采用此法。这种起吊方法，因柱脚滑行时柱受振动，起吊前应对柱脚采取保护措施。为了减少滑行阻力，可在柱脚下面设置托木滚筒。

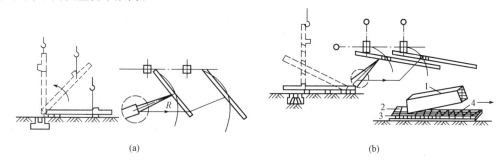

图 5-14　柱子的滑移吊装
(a)旋转法；(b)滑行法
1—柱子；2—托木；3—滚筒；4—滑行道

(3)柱的对位与临时固定。柱插入杯口后，应使柱身大体垂直。在柱脚离杯底30～50 mm时，停止吊钩下降，开始对位。对位时，先在柱基础四边各放两块楔块(共八块)，并用撬棍拨动柱脚，使柱的吊装准线对准杯口顶面的吊装准线。

对位后，将8只楔块略加打紧，放松吊钩，让柱靠自重沉至杯底。观察吊装中心线对准的情况，若已符合要求，立即用大铁锤将楔块打紧，将柱临时固定。

柱临时固定后，起重机即可完全放钩，拆除绑扎索具，将其移去吊装下一根柱。临时固定的楔块，可用硬木制作，也可用钢板焊成。钢楔可以多次重复使用，且易拔出，其一般做成两种规格，相互配合使用，如图5-15所示。

当柱基础的杯口深度与柱长之比小于1/20，或柱具有较大牛腿时，仅靠柱脚处的楔块将不能保证临时固定的稳定，这时则应采取增设缆风绳或加斜撑等措施来加强柱临时固定的稳定，即可将柱稳定地临时固定在基础上。

(4)柱的校正。柱吊装以后要做平面位置、标高及垂直度等三项内容的校正。但柱的平面位置在柱的对位时已校正好，而柱的标高在柱基础杯底抄平时已控制在允许范围内，故柱吊装后主要是校正垂直度。

柱垂直度的校正方法主要是用两台经纬仪从柱相邻两边检查柱吊装准线的垂直度。当柱垂直偏差较小时，可用打紧或放松楔块的方法或用钢楔来纠正；偏差较大时，可用螺旋千斤顶平顶或钢管支撑斜顶等方法纠正，如图5-16所示。

(5)柱的最后固定。柱校正后应立即进行最后固定，最后固定的方法是在柱脚与杯口的空隙中浇灌细石混凝土，如图5-17所示。

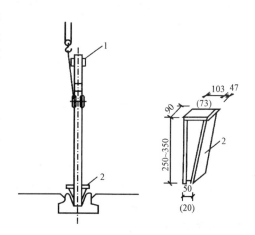

图 5-15　柱的对位与临时固定
1—安装缆风绳或挂操作台的夹箍；2—钢楔

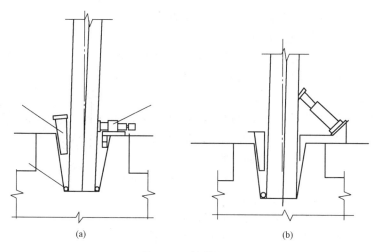

图 5-16 柱的校正
(a)螺旋千斤顶平顶法；(b)钢管支撑斜顶法

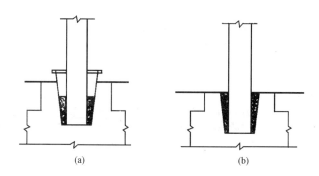

图 5-17 柱的最后固定
(a)第一次浇灌细石混凝土；(b)第二次浇灌细石混凝土

为防止柱在校正后被大风或楔块弄变形使柱产生新偏差，灌缝工作应在校正后立即进行。灌缝时，应将柱底杂物清理干净，并要洒水湿润。在浇灌混凝土和振捣时不得碰撞柱或楔块。浇灌混凝土之前，应先浇灌一层砂浆使其填满空隙，然后浇灌细石混凝土，但要分两次进行，第一次浇灌至楔块底部，待混凝土强度达到 25% 后，拔去楔块，再灌满混凝土。

第一次灌筑后，柱可能会出现新的偏差，其原因可能是振捣混凝土时碰动了楔块，或者两面相对的木楔块因受潮程度不同，膨胀变形不一产生的，故在第二次灌筑前，必须对柱的垂直度进行复查，如超过允许偏差，应予以调整。

2. 吊车梁的吊装

由于吊车梁的高度小、长度小，一般采用平吊法，即吊装时的状态与使用时工作状态一致。吊车梁、屋架吊装一般都是采用平吊法。吊车梁的临时固定不用进行，只需做校正和最后固定工作。

吊车梁的吊装必须在柱杯口二次灌注混凝土的强度达到 70% 设计强度后进行。

(1)吊车梁的绑扎、起吊、就位、临时固定。吊车梁吊起后应基本保持水平，因此，其绑扎点应对称地设在梁的两侧，吊钩应对准梁的重心。在梁的两端应绑扎溜绳以控制梁的转动，避免悬空时碰撞柱。

吊车梁对位时应缓慢降钩，使吊车梁端与柱牛腿面的横轴线对准，如图 5-18 所示。在对位过程中不宜用撬棍顺纵轴线方向撬动吊车梁,因为柱顺轴线方向的刚度较差,撬动后会使柱顶产生偏移。

在吊车梁安装过程中,应用经纬仪或线垂校正柱的垂直度,若产生了竖向偏移,应将吊车梁吊起重新进行对位,以消除柱的竖向偏移。

吊车梁本身的稳定性较好,一般对位后,无须采取临时固定措施,起重机即可松钩移走。当梁高与底宽之比大于4时,可用8号钢丝将梁捆在柱上,以防倾倒。

(2)吊车梁的校正、最后固定。吊车梁吊装后,需校正标高、平面位置和垂直度。吊车梁的标高在进行杯形基础杯底抄平时,已对牛腿面至柱脚的高度做过测量和调整,因此,误差不会太大,如存在少许误差,也可待安装轨道时,在吊车梁面上抹一层砂浆找平层加以调整。

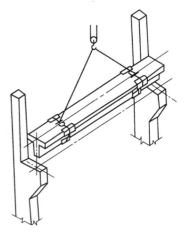

图 5-18 吊车梁的对位

吊车梁的平面位置和垂直度可在屋盖吊装前校正,也可在屋盖吊装后校正。但较重的吊车梁,由于摘钩后校正困难,则可边吊边校。

吊车梁的校正可采用平移轴线法(图 5-19)及通线法(图 5-20)。吊车梁校正之后,立即按设计图纸用电焊作最后固定,并在吊车梁与柱的空隙处,浇筑细石混凝土。

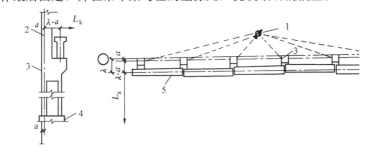

图 5-19 平移轴线法校正吊车梁

1—经纬仪;2—标志;3—柱;4—柱基础;5—吊车梁

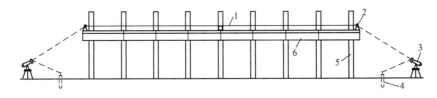

图 5-20 通线法校正吊车梁

1—通线;2—支架;3—经纬仪;4—木桩;5—柱;6—吊车梁;7—圆钢

3. 屋架的吊装

中、小型单层工业厂房屋架的跨度为 12~24 m,重量为 30~100 kN,钢筋混凝土屋架一般在施工现场平卧叠浇预制。

在屋架吊装前,先要将屋架扶直(或称翻身、起扳),所谓扶直,就是把屋架由平卧状态变为直立状态,然后将屋架平运到预定地点就位(排放)。

(1)屋架的扶直与就位。钢筋混凝土屋架的侧向刚度较差,扶直时由于自重影响,改变了杆件的重力性质,特别是上弦杆极易扭曲,造成屋架扭伤,因此,在屋架扶直时必须采取一定措施,严格遵守操作要求,才能保证安全施工。

1)屋架扶直方法。屋架扶直时,由于起重机与屋架的相对位置不同,可分为正向扶直和反向扶直。

①正向扶直。起重机位于屋架下弦一边,首先以吊钩对准屋架中心,收紧吊钩,然后略起臂使屋架脱模,接着起重机升钩并起臂,使屋架以下弦为轴,缓缓转为直立状态,如图 5-21(a)所示。

②反向扶直。起重机位于屋架上弦一边,首先以吊钩对准屋架中心,收紧吊钩。接着起重机升钩并降臂,使屋架以下弦为轴缓缓转为直立状态,如图 5-21(b)所示。

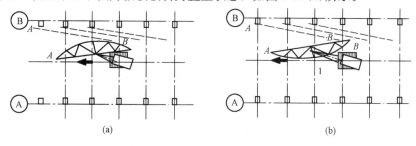

图 5-21 屋架的扶直与就位
(a)正向扶直、同侧就位;(b)反向扶直、同侧就位

正向扶直与反向扶直最主要的不同点是在扶直过程中,一为升臂,一为降臂。升臂比降臂易于操作且较安全,故应尽可能采用正向扶直。

屋架扶直后,应立即进行就位。

屋架就位的位置与屋架安装方法、起重机械性能有关。其原则是应少占场地、便于吊装,且应考虑到屋架的安装顺序、两端朝向等问题。一般靠柱边斜放或以 3~5 榀为一组,平行柱边就位。

屋架就位后,应用 8 号钢丝、支撑等与已安装的柱或已就位的屋架相互拉牢撑紧,以保持稳定。

(2)屋架的绑扎。屋架的绑扎点应选在上弦节点处或附近 500 mm 区域内,左右对称,并高于屋架重心,使屋架起吊后基本保持水平,不晃动、不倾翻,如图 5-22 所示。

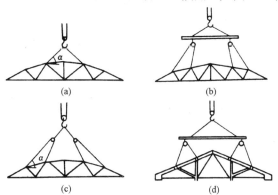

图 5-22 屋架的绑扎
(a)跨度≤18 m 时;(b)跨度>18 m 时;(c)跨度≥30 m 时;(d)三角形组合屋架

屋架吊点的数目及位置,与屋架的形式和跨度有关,一般由设计确定。绑扎时吊索与水平

线的夹角不宜小于45°,以免屋架承受过大的横向压力。当夹角小于45°时,为了减少屋架的起吊高度及所受的横向力,可采用横吊梁。

一般说来,屋架跨度小于或等于18 m时绑扎两点;当跨度大于18 m时需绑扎4点;当跨度大于30 m时,应考虑采用横吊梁,以减小绑扎高度。

对三角组合屋架等刚性较差屋架,下弦不能承受压力,故绑扎时也应采用横吊梁。

(3)屋架的吊升、对位和临时固定。屋架的吊升是先将屋架吊离地面约300 mm,并将屋架转运至吊装位置下方,然后再起钩,将屋架提升超过柱顶约300 mm,最后利用屋架端头的溜绳,将屋架调整对准柱头,并缓缓降至柱头,用撬棍配合进行对位。

屋架对位应以建筑物的定位轴线为准,因此,在屋架吊装前,应当用经纬仪或其他工具在柱顶放出建筑物的定位轴线。如柱顶截面中线与定位轴线偏差过大时,可逐渐调整纠正。

屋架对位后,立即进行临时固定,临时固定稳妥后,起重机才可摘钩离去。

第一榀屋架的临时固定必须十分可靠,因为这时它只是单片结构,而且第二榀屋架的临时固定还要以第一榀屋架作支撑。第一榀屋架的临时固定方法,通常是用4根缆风绳,从两边将屋架拉牢,也可将屋架与抗风柱连接作为临时固定。

第二榀屋架的临时固定,是用工具式支撑撑牢在第一榀屋架上,以后各榀屋架的临时固定,也都是用工具式支撑撑牢在前一榀屋架上。

(4)屋架的校正与最后固定。屋架的竖向偏差可用垂球或经纬仪检查,如图5-23所示。屋架校正垂直后,立即用电焊固定。焊接时,先焊接屋架两端成对角线的两侧边,再焊接另外两边,避免两端同侧施焊而影响屋架的垂直度。

4. 天窗架与屋面板的吊装

天窗架可以单独吊装,也可以在地面上先与屋架拼装成整体后同时吊装。后者虽然减少了高空作业,但对起重机的起重量及起重高度要求较高。天窗架单独吊装时,应在天窗架两侧的屋面板吊装后进行,其吊装过程与屋架基本相同。

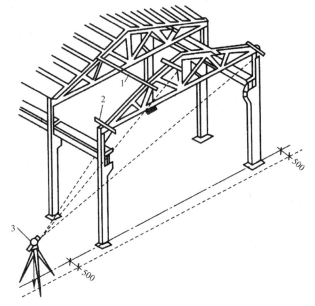

图5-23 屋架的临时固定与校正
1—工具式支撑;2—卡尺;3—经纬仪

屋面板一般埋有吊环,用带钩的吊索钩住吊环即可吊装,根据屋面板平面的尺寸大小,吊环的数目为4~6个。屋面板的吊装次序,应自两边檐口左右对称地逐块吊向屋脊,避免屋架承受半边荷载。屋面板对位后,立即进行电焊固定,一般情况下每块屋面板可焊三点。

三、结构安装方案

单层工业厂房结构的吊装方案主要解决起重机的选择、结构吊装方法、确定起重机开行路线与构件平面布置等问题。确定施工方案时应根据厂房的结构形式、构件尺寸、构件的重量及安装高度、吊装工程量及工期要求,并考虑现有起重设备条件等因素综合研究决定。

1. 起重机的选择

起重机的选择包括：选择起重机的类型、型号和数量。起重机的选择要根据施工现场的条件及现有起重设备条件，以及结构吊装方法确定。

(1)起重机类型的选择。起重机的类型主要根据厂房的结构特点、跨度、构件重量、吊装高度来确定。一般中、小型厂房跨度不大，构件的重量及安装高度也不大，可采用履带式起重机、轮胎式起重机或汽车式起重机，以履带式起重机应用最为普遍。缺乏上述起重设备时，可采用桅杆式起重机（独脚拔杆、人字拔杆等）。

重型厂房跨度大、构件重、安装高度大，根据结构特点可选用大型的履带式起重机、轮胎式起重机、重型汽车式起重机，以及重型塔式起重机或其他起重机与之配合使用等。

(2)起重机型号及起重臂长度的选择。起重机的类型确定之后，还需要进一步选择起重机的型号及起重臂的长度。起重机的型号应根据吊装构件的尺寸、重量及吊装位置而定。在具体选用起重机型号时，应使所选起重机的三个工作参数：起重量 Q、起重高度 H、起重半径 R，均应满足结构吊装的要求。

1)起重量。选择的起重机的起重量，必须大于所安装构件的重量与索具重量之和，即

$$Q \geqslant Q_1 + Q_2$$

式中　Q——起重机的起重量(kN)；

　　　Q_1——构件的重量(kN)；

　　　Q_2——索具的重量(kN)。

2)起重高度。选择的起重机的起重高度，必须满足所吊装的构件的安装高度要求，即

$$H \geqslant h_1 + h_2 + h_3 + h_4$$

式中　H——起重机的起重高度(m)，从停机面算起至吊钩中心；

　　　h_1——安装支座表面高度(m)，从停机面算起；

　　　h_2——安装间隙，视具体情况而定，但不小于 0.2 m；

　　　h_3——绑扎点至起吊后构件底面的距离(m)；

　　　h_4——索具高度(m)，自绑扎点至吊钩中心的距离，视具体情况而定。

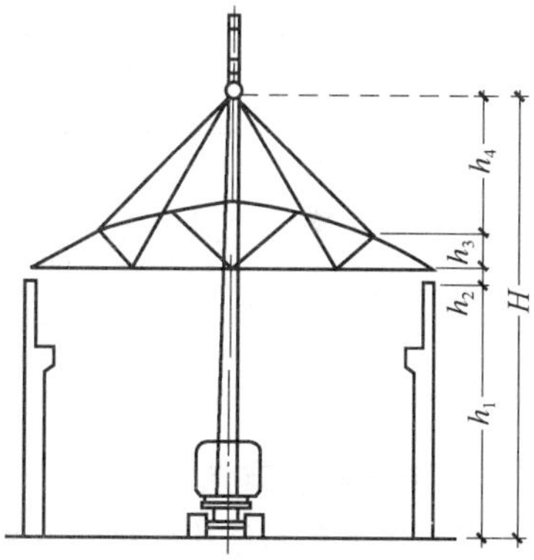

图 5-24　起重高度计算示意图

起重高度计算示意图如图 5-24 所示。

3)起重半径。起重半径的确定一般有两种情况：第一种是起重机可以不受限制地开到吊装位置附近去吊装构件时，对起重半径 R 没有要求，根据计算的起重量 Q 及起重高度 H，来选择起重机的型号及起重臂长度 L，根据 Q、H 查得相应的起重半径 R，即为起吊该构件时的起重半径。第二种是起重机不能开到构件吊装位置附近去吊装构件时，就要根据实际情况确定起吊时的起重半径 R，并根据此时的起重量 Q、起重高度 H 及起重半径 R 来选择起重机的型号及起重臂的长度。

在吊装屋面板时，起重臂要跨越已吊装好的屋架上空去吊装，此时，还要考虑起重臂是否会与已吊好的屋架相碰，以此来选择确定起吊装屋面板时的最小臂长及相应的起重半径，其计算示意图如图 5-25 所示。

最小臂长 L 可按下式计算：

$$L \geqslant l_1 + l_2 = \frac{h}{\sin\alpha} + \frac{f+g}{\cos\alpha}$$

式中　L——起重臂的最小臂长(m)；

　　　h——起重臂底铰至构件吊装支座(屋架上弦顶面)的高度(m)；

f——起重钩需跨过已吊装结构的距离(m);
g——起重臂轴线与已吊装屋架轴线间的水平距离(至少取 1 m);
$α$——起重臂仰角,可按下式计算:

$$α=\arctan\sqrt[3]{\frac{h}{f+g}}$$

则起重机的起重半径: $R=F+L\cosα$

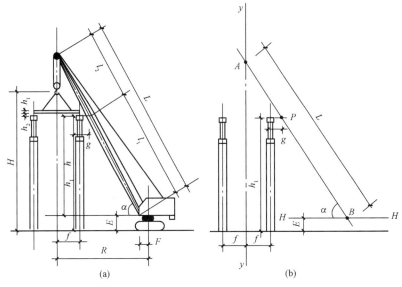

图 5-25 起重半径计算示意图
(a)数解法;(b)图解法

2. 结构吊装方法

单层工业厂房结构的吊装方法有分件吊装法和综合吊装法。

(1)分件吊装法。分件吊装法是在厂房结构吊装时,起重机每开行一次仅吊装一种或两种构件。

例如:第一次开行吊装柱,并进行校正和最后固定;第二次开行吊装吊车梁、连系梁及柱间支撑;第三次开行时以节间为单位吊装屋架、天窗架及屋面板等,如图 5-26 所示。

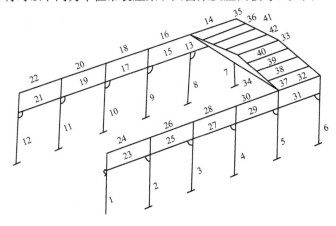

图 5-26 分件吊装时的构件吊装顺序
图中数字表示构件吊装顺序,其中 1～12—柱,13～32—单数是吊车梁,双数是连系梁;
33、34—屋架;35～42—屋面板

采用分件吊装法，起重机每次开行基本上吊装一种或两种构件，起重机可根据构件的重量及安装高度来选择，能充分发挥起重机的工作性能。而且，在吊装过程中索具更换次数少，工人操作熟练，吊装进度快，起重机工作效率高。

采用这种吊装方法，还具有构件校正时间充分、构件供应及平面布置比较容易等特点。

因此，分件吊装法是装配式单层工业厂房结构安装经常采用的方法。

(2) 综合吊装法。综合吊装法是在厂房结构安装过程中，起重机只开行一次，以节间为单位安装所有的结构构件。

这种吊装方法具有起重机开行路线短、停机次数少的优点。但是由于综合吊装法要同时吊装各种类型的构件，起重机的性能不能充分发挥；索具更换频繁，影响生产率的提高；构件校正要配合构件吊装工作进行，校正时间短，给校正工作带来困难；构件的供应及平面布置也比较复杂。因此，在一般情况下，不宜采用这种吊装方法，只有在轻型车间(结构构件重量相差不大)结构吊装时，或采用移动困难的起重机(如桅杆式起重机)吊装时，或工期紧张时才采用综合吊装法。

3. 起重机的开行路线及停机位置

起重机的开行路线及构件的平面布置与结构的吊装方法、构件尺寸及重量、构件的供应方式等因素有关。

当单层工业厂房面积比较大，或具有多跨结构时，为加速工程进度，可将建筑物划分为若干区段，选用多台起重机同时进行施工。每台起重机可以独立作业，负责完成一个区段的全部吊装工作，也可以选用不同性能的起重机协同作业，有的专门吊装柱，有的专门吊装屋盖结构，组织大流水施工。

当建筑物具有多跨并列，且有纵、横跨时，可先吊装各纵向跨，然后吊装横向跨，以保证在各纵向跨吊装时，起重机械、运输车辆的畅通。当建筑物各纵向跨具有高低跨时，则应先吊装高跨，然后逐步向两边低跨吊装。

(1) 吊装柱时，起重机的开行路线。吊装柱时，视厂房的跨度大小、柱的尺寸、柱的重量及起重机性能，可沿跨中开行或跨边开行，如图 5-27 所示。

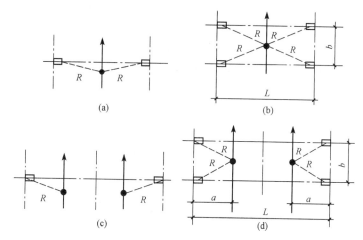

图 5-27 起重机吊装柱时的开行路线及停机位置
(a)、(b) 跨中开行；(c)、(d) 跨边开行
R—起重机的起重半径(m)；L—厂房的跨度(m)；
b—柱的间距(m)；a—起重机的开行路线到跨边的距离(m)

当柱布置在跨内时，有以下四种情况：
①若$R \geqslant L/2$时，起重机可沿跨中开行，每个停机位置可吊装2根柱。
②若$R^2 \geqslant (L/2)^2 + (b/2)^2$时，起重机可沿跨中开行，每个停机位置可吊装4根柱。
③若$R < L/2$时，起重机可沿跨边开行，每个停机位置可吊装1根柱。
④若$R^2 \geqslant a^2 + (b/2)^2$时，起重机可沿跨边开行，每个停机位置可吊装2根柱。

当柱布置在跨外时：起重机一般沿跨外开行，停机位置与跨边开行类似。

(2)吊装吊车梁时起重机的开行路线。吊装吊车梁时，可在跨内沿跨边开行，每个停机位置可吊装一根吊车梁。

(3)屋架扶直就位及吊装屋盖系统时起重机开行路线。屋架扶直就位时，起重机可按跨中开行，也可以稍微偏离一点。吊装屋架及屋盖系统时，起重机应沿跨中开行。

4. 构件平面布置与运输堆放

构件的平面布置除考虑上述因素外，现场预制构件还要考虑其预制位置。一般柱的预制位置即为吊装前就位的位置；而屋架则要考虑预制阶段及吊装阶段（扶直就位）构件的平面布置；吊车梁、屋面板等构件，要按其供应方式，确定其堆放位置。

(1)预制阶段柱的平面布置。一般用旋转法吊柱时，柱斜向布置；用滑行法吊柱时，柱纵向布置。

柱的斜向布置：柱如用旋转法起吊，可按三点共弧的作图法确定其斜向布置的位置，如图5-28所示。

其步骤如下：

1)确定起重机的开行路线到柱基中线的距离a。起重机的开行路线到柱基中线的距离a与基坑大小、起重机的性能、构件的尺寸和重量有关。a的最大值不要超过起重机吊

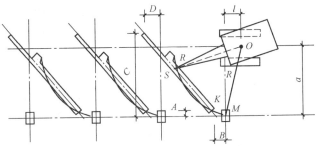

图5-28 旋转法吊装柱斜向布置方法一（三点共弧）

装该柱时的最大起重半径；a的最小值也不要取得过小，以免起重机太近基坑边而致失稳。此外，还应注意检查当起重机回转时，其尾部不致与周围构件或建筑物相碰。综合考虑这些条件后，就可定出a值（$R_{min} < a \leqslant R$），并在图上画出起重机的开行路线。

2)确定起重机的停机位置。确定起重机的停机位置是以所吊装柱的柱基中心M为圆心，以所选吊装该柱的起重半径R为半径，画弧交起重机的开行路线于O点，则O点即为起重机的停机点位置。标定O点与横轴线的距离为L。

3)确定柱在地面上的预制位置。按旋转法吊装柱的平面布置要求，使柱吊点、柱脚和柱基三者都在以停机点O为圆心、以起重机起重半径R为半径的圆弧上，且柱脚靠近基础。据此，以停机点O为圆心，以吊装该柱的起重半径R为半径画弧，在靠近基础杯口的弧上选一点K，作为预制时柱脚的位置。又以K为圆心，以绑扎点至柱脚的距离为半径画弧，两弧相交于S。再以KS为中心线画出柱的外形尺寸，此即为柱的预制位置图。标出柱顶、柱脚与柱列纵、横轴线的距离（A、B、C、D），以其外形尺寸作为预制柱的支模的依据。

布置柱时需要注意牛腿的朝向问题，应使柱吊装后，其牛腿的朝向符合设计要求。因此，当柱布置在跨内预制或就位时，牛腿应朝向起重机；若柱布置在跨外预制或就位时，则牛腿应背向起重机。

在布置柱时，有时由于场地限制或柱过长，很难做到三点共弧，则可安排两点共弧，这又有两种做法：一种是将柱脚与柱基安排在起重机起重半径R的圆弧上，而将吊点放在起重机起

重半径 R 之外，如图 5-29 所示。吊装时，先用较大的起重半径 R/吊起柱子，并升起起重臂。当起重半径由 R/变为 R 后，停升起重臂，再按旋转法吊装柱。另一种是将吊点与柱基安排在起重半径 R 的同一圆弧上，而柱脚可斜向任意方向，如图 5-30 所示。吊装时，柱可用旋转法吊升，也可用滑行法吊升。

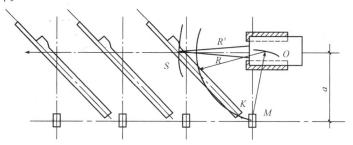

图 5-29 旋转法吊装柱斜向布置方法二（柱脚与柱基两点共弧）

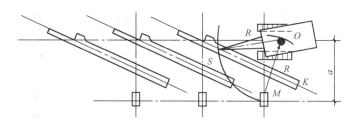

图 5-30 旋转法吊装柱斜向布置方法三（吊点与柱基两点共弧）

柱的纵向布置：当柱采用滑行法吊装时，可以纵向布置，如图 5-31 所示。若柱长小于 12 m，为节约模板及施工场地，两柱可以叠浇，排成一行；若柱长大于 12 m，则需排成两行叠浇。起重机宜停在两柱基的中间，每停机一次可吊装 2 根柱子。柱的吊点应考虑安排在起重半径 R 为半径的圆弧上。

柱叠浇时，应注意采取隔离措施，防止两柱粘结。上层柱由于不能绑扎，预制时要加设吊环。

（2）预制阶段屋架的平面布置。为节省施工场地，屋架一般安排在跨内平卧叠浇预制，每叠 3~4 榀。

屋架的布置方式有三种：斜向布置、正反斜向布置及正反纵向布置，如图 5-32 所示。

在上述三种布置形式中，应优先考虑采用斜向布置方式，因为它便于屋架的扶直就位。只有当场地受限制时，才考虑采用其他两种形式。

若为预应力混凝土屋架，在屋架一端或两端需留出抽管及穿筋所必需的长度。其预留长度：

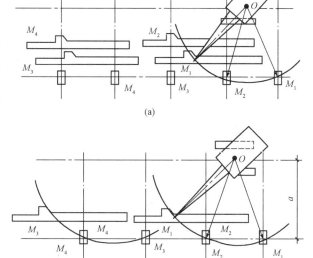

图 5-31 柱纵向布置
(a)柱两行叠浇；(b)柱一行排列

若屋架采用钢管抽芯法预留孔道，当一端抽管时需留出的长度为屋架全长另加抽管时所需工作场地 3 m；当两端抽管时需留出的长度为 1/2 屋架长度另加抽管时所需工作场地 3 m；若屋架采用胶管抽芯法预留孔道，则屋架两端的预留长度可以适当减少。

每两垛屋架之间的间隙可取 1 m 左右，以便支模板及浇筑混凝土之用。屋架之间互相搭接的长度视场地的大小及需要而定。

在布置屋架的预制位置时，还应考虑到屋架扶直就位要求及屋架扶直的先后次序，先扶直者放在上面(层)。对屋架两端的朝向也要注意，要符合屋架吊装时对朝向的要求。对屋架上预埋铁件的位置也要特别注意，不要弄错，以免影响结构吊装工作。

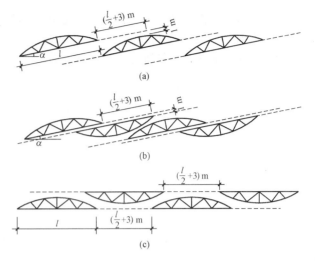

图 5-32　屋架的布置方式
(a)斜向布置；(b)正反斜向布置；(c)正反纵向布置

(3)预制阶段吊车梁的平面布置。当吊车梁安排在现场预制时，可靠近柱基顺纵向轴线或略作倾斜布置，也可插在柱子的空挡中预制。如具有运输条件，也可另行在场外集中布置预制。

(4)吊装阶段构件的就位布置及运输堆放。由于柱在预制阶段即已按吊装阶段的就位要求进行布置，当预制柱的混凝土强度达到吊装所需要求的强度后，即可先行吊装，以便空出场地来布置其他构件，故吊装阶段的就位布置一般是指柱已吊装完毕，其他构件如屋架的扶直就位、吊车梁和屋面板的运输就位等。

1)屋架的扶直就位。屋架扶直后应立即进行就位。按就位的位置不同，可分为同侧就位和异侧就位两种。同侧就位时，屋架的预制位置与就位位置均在起重机开行路线的同一侧。异侧就位时，需将屋架由预制的一边转至起重机开行路线的另一边就位。此时，屋架两端的朝向已有变动。因此，在预制屋架时，对屋架就位的位置事先应加以考虑，以便确定屋架两端的朝向及预埋件的位置等问题。

按屋架就位的方式，常用的有两种：一种是靠柱边斜向就位，另一种是靠柱边成组纵向就位。

屋架的斜向就位：

屋架斜向就位在吊装时跑车不多，节省吊装时间，但屋架支点过多，支垫木、加固支撑也多。屋架靠柱边斜向就位可按下述作图方法确定其就位位置。

①确定起重机吊装屋架时的开行路线及停机位置。起重机吊装屋架时一般沿跨中开行，也可根据吊装需要稍偏于跨度的一边开行，在图上画出开行路线。然后以拟吊装的某轴线(例如②轴线)的屋架中点 M_2 为圆心，以所选择吊装屋架的起重半径 R 为半径画弧交于开行路线于 O_2，O_2 即为吊②轴线屋架的停机位置。

②确定屋架就位的范围。屋架一般靠柱边就位，但屋架离开柱边的净距不小于200 mm，并可利用柱作为屋架的临时支撑，这样，可定出屋架就位的外边线 $P-P$。另外，起重机在吊装屋架及屋面板时需要回转，若起重机尾部至回转中心的距离为 A，则在距起重机开行路线 $A+0.5$ m 的范围内也不宜布置屋架及其他构件，以此画出虚线 $Q-Q$，在 $P-P$ 及 $Q-Q$ 两虚线的范围内可布置屋架就位。但屋架就位宽度不一定需要这样大，应根据实际需要定出屋架就位的宽度 $P-Q$。

③确定屋架的就位位置。当根据需要定出屋架实际就位宽度 $P-Q$ 后,在图上画出 $P-P$ 与 $Q-Q$ 的中线 $H-H$,屋架就位后之中点均应在此 $H-H$ 线上。因此,以吊②轴线屋架的停机点 O_2 为圆心,以吊屋架的起重半径 R 为半径,画弧交 $H-H$ 线于 G 点,则 G 点即为②轴线屋架就位之中点。再以 G 点为圆心,以屋架跨度的一半为半径,画弧交 P 及 Q 两虚线于 E、F 两点,连 E、F 即为②轴线屋架就位的位置。其他屋架的就位位置均平行此屋架,端点相距 6 m (即柱距)。唯①轴线屋架由于已安装了抗风柱,需要后退至②轴线屋架就位位置附近就位,如图 5-33 所示。

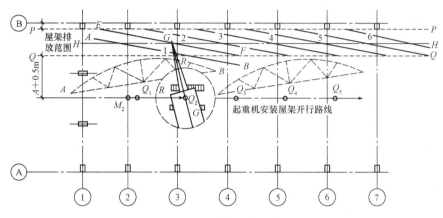

图 5-33 屋架斜向就位布置图

屋架的成组纵向就位:

纵向就位在就位时方便,支点用道木比斜向就位减少,但吊装时部分屋架要负荷行驶一段距离,故吊装费时,且要求道路平整。

屋架的成组纵向就位,一般以 4~5 榀为一组,靠柱边顺轴线纵向就位。屋架与柱之间、屋架与屋架之间的净距不小于 200 mm,相互之间用钢丝及支撑拉紧撑牢。每组屋架之间应留 3 m 左右的间距作为横向通道,应避免在已吊装好的屋架下面去绑扎吊装屋架,屋架起吊应注意不要与已吊装的屋架相碰。因此,布置屋架时,每组屋架的就位中心线,可大致安排在该组屋架倒数第二榀吊装轴线之后约 2 m 处,如图 5-34 所示。

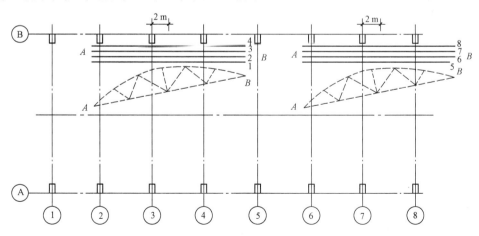

图 5-34 屋架纵向成组就位布置图

2)吊车梁、连系梁、屋面板的运输、堆放与就位。单层工业厂房除了柱和屋架一般在施工现场制作外,其他构件,如吊车梁、连系梁、屋面板等,均在预制厂或附近的露天预制场所制作,然后运至工地吊装。

构件运至现场后,应按施工组织设计所规定的位置,按编号及构件吊装顺序进行就位或集中堆放。吊车梁、连系梁的就位位置,一般在其吊装位置的柱列附近,跨内跨外均可,有时也可不用就位,而从运输车辆上直接吊至牛腿上。

屋面板的就位位置,可布置在跨内或跨外,主要根据起重机吊装屋面板时所需的起重半径而定。当屋面板在跨内就位时,应向后退3~4个节间开始堆放;当屋面板在跨外就位时,应向后退1~2个节间开始堆放。

若吊车梁、屋面板等构件在吊装时已集中堆放在吊装现场附近,也可不用就位,而采用随吊随运的方法。

任务实施

某单层、单跨为18 m的工业厂房车间,柱距为6 m,共13个节间,车间平面布置图如图5-35所示,剖面图如图5-36所示,柱尺寸图如图5-37所示,吊车梁断面图如图5-38所示,屋架尺寸图如图5-39所示,主要构件一览表见表5-1。

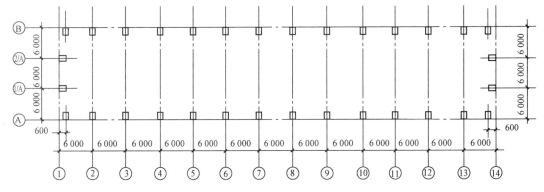

图5-35 车间平面布置图

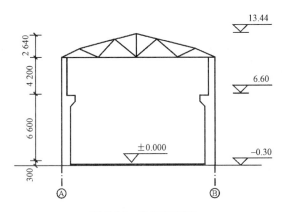

图5-36 车间剖面图

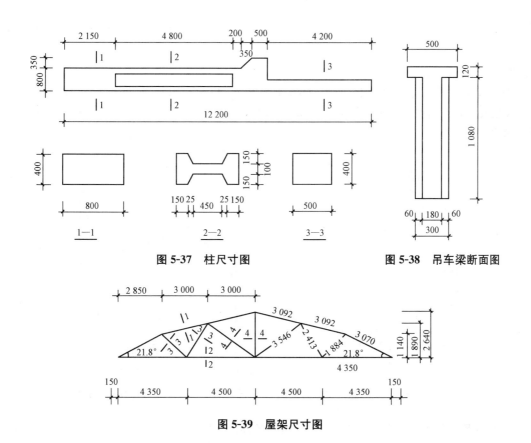

图 5-37 柱尺寸图　　　　图 5-38 吊车梁断面图

图 5-39 屋架尺寸图

表 5-1 主要构件一览表

厂房轴线	构件名称及编号	构件数量	构件质量/t	构件长度/m	安装标高/m
(A)、(B) (1)、(14)	基础梁	32	1.51	5.95	
(A)、(B)	柱 Z1	4	7.03	12.20	−1.70
(A)、(B)	柱 Z2	24	7.03	12.20	−1.70
(1/A)、(2/A)	柱 Z3	4	5.8	13.89	−1.20
(1)~(14)	屋架 YWJ18-1	14	4.95	17.70	+10.50
(A)、(B)	吊车梁 DL-8Z	22	3.95	5.95	+6.30
	吊车梁 DL-8B	4	3.95	5.95	+6.30
	屋面板 YWB	156	1.30	5.97	+13.14
(A)、(B)	天沟板 TGB	26	1.07	5.97	+11.10

1. 起重机的选择及工作参数计算

根据厂房基本概况及现有起重设备条件，初步选用 W1-100 型履带式起重机进行结构吊装。主要构件吊装的参数计算如下：

(1) 柱。柱采用一点绑扎斜吊法吊装。

取索具重量为 0.2 t，则：柱 Z1、Z2 要求起重量：$Q=Q_1+Q_2=7.03+0.2=7.23(t)$

柱 Z3 要求起重量：$Q=Q_1+Q_2=5.8+0.2=6.0(t)$

取索具高度为 2.0 m，则

柱 Z1、Z2 要求起升高度：$H=h_1+h_2+h_3+h_4=0+0.3+7.05+2.0=9.35(\mathrm{m})$（计算简图如图 5-40 所示）

柱 Z3 要求起升高度：$H=h_1+h_2+h_3+h_4=0+0.30+10.5+2.0=12.8(\mathrm{m})$

（2）屋架。取索具重量为 0.2 t，则屋架要求起重量：$Q=Q_1+Q_2=4.95+0.2=5.15(\mathrm{t})$

屋架要求起升高度：$H=h_1+h_2+h_3+h_4=(10.5+0.3)+0.3+1.14+6.0=18.24(\mathrm{m})$（计算简图如图 5-41 所示）

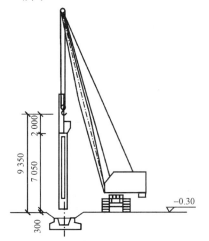 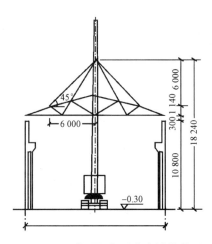

图 5-40　吊装 Z1、Z2 起重高度计算简图　　图 5-41　吊装屋架起重高度计算简图

（3）屋面板。按吊装跨中屋面板计算，计算简图如图 5-42、图 5-43 所示。

取索具重量为 0.2 t，则屋面板要求起重量：$Q=Q_1+Q_2=1.3+0.2=1.5(\mathrm{t})$

屋面板要求起升高度：$H=h_1+h_2+h_3+h_4=(13.14+0.3)+0.24+0.3+2.5=16.48(\mathrm{m})$

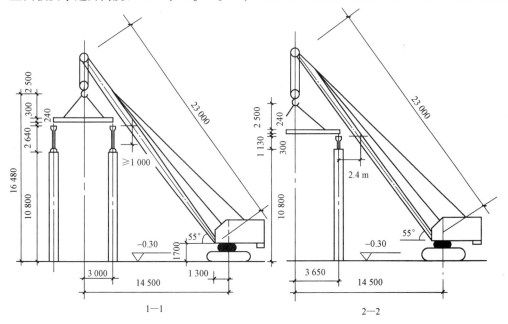

图 5-42　吊装屋面板起重半径计算简图

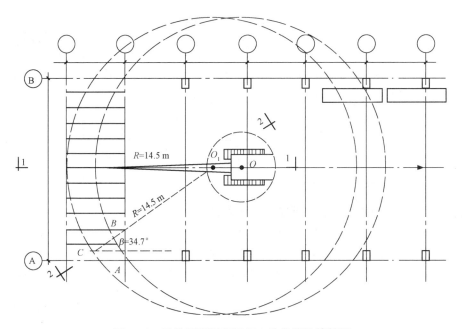

图 5-43 吊装屋面板起重机工作参数计算简图

起重机吊装跨中屋面板时，起重钩需伸过已吊装好的屋架上弦中线 $f=3$ m，且起重臂中心线与已安装好的屋架中心线至少保持 1 m 的水平距离，因此，起重机的最小起重臂长度及所需起重仰角 α 为：

$$\alpha=\arctan\sqrt[3]{\frac{h}{f+g}}=\arctan\sqrt[3]{\frac{10.8+2.64-1.7}{3+1}}=55.7°$$

$$L=\frac{h}{\sin\alpha}+\frac{f+g}{\cos\alpha}=\frac{11.74}{\sin55.7°}+\frac{4}{\cos55.7°}=21.3(\text{m})$$

根据上述计算，选 W1-100 型履带式起重机吊装屋面板，起重臂长 L 取 23 m，起重仰角 $\alpha=55°$，则实际起重半径为：$R=F+L\cos\alpha=1.3+23\times\cos55°=14.5(\text{m})$。

查 W1-100 型 23 m 起重臂的性能曲线或性能表得知：$R=14.5$ m 时，$Q=2.3$ t>1.5 t，$H=17.3$ m>16.48 m，所以，选择 W1-100 型 23 m 起重臂符合吊装跨中屋面板的要求。

以选取的 $L=23$ m，$\alpha=55°$ 复核能否满足吊装跨边屋面板的要求。

起重臂吊装Ⓐ轴线最边缘一块屋面板时起重臂与Ⓐ轴线的夹角 $\beta=34.7°$，则屋架在Ⓐ轴线处的端部 A 点与起重杆同屋架在平面图上的交点 B 之间的距离为 $0.75+3\tan\beta=0.75+3\times\tan34.7°=2.83$ m，可得 $f=3/\cos\beta=3/\cos34.7°=3.65$ m。由屋架的几何尺寸计算出 2—2 剖面屋架被截得的高度 $h=2.83\times\tan21.8°=1.13$ m

根据

$$L=\frac{h}{\sin\alpha}+\frac{f+g}{\cos\alpha}=\frac{10.8+1.13-1.7}{\sin55.7°}+\frac{3.65+g}{\cos55.7°}$$

得 $g=2.4$ m

因为 $g=2.4$ m>1 m，所以，满足吊装最边缘一块屋面板的要求。

也可以用作图法复核选择 W1-100 型履带式起重机，取 $L=23$ m，$\alpha=55°$ 时能否满足吊装最边缘一块屋面板的要求。

根据以上各种吊装工作参数的计算，列出车间主要构件吊装参数表(表 5-2)，从 W1-100 型 $L=23$ m 履带式起重机性能表可以看出，所选起重机可以满足所有构件的吊装要求。

表 5-2 车间主要构件吊装参数

构件名称	柱 Z1、Z2			柱 Z3			屋架			屋面板		
吊装工作参数	Q/T	H/m	R/m	Q/T	H/m	R/m	Q/T	H/m	R/m	Q/T	H/m	R/m
计算所需工作参数	7.23	9.35		6.0	13.8		5.15	18.24		1.5	16.48	
23 m 起重臂工作参数	8	20.5	6.5	6.9	20.3	7.26	6.9	20.3	7.26	2.3	17.5	14.5

2. 现场预制构件的平面布置与起重机的开行路线

根据本工程的特点及工期要求,采用分件吊装法进行结构安装。

(1)Ⓐ列柱预制。在场地平整及杯形基础浇筑后即可进行柱子预制。根据现场情况及起重半径 R,先确定起重机开行路线:吊装Ⓐ列柱时,跨内、跨边开行,且起重机开行路线距Ⓐ轴线的距离为 4.8 m。

以各杯口中心为圆心、以 $R=6.5$ m 为半径画弧与开行线路相交,其交点即为吊装各柱的停机点;再以各停机点为圆心、以 $R=6.5$ m 为半径画弧,该弧均通过各杯口中心,并在杯口附近的圆弧上定出一点作为柱脚中心;然后以柱脚中心为圆心、以柱脚至绑扎点的距离 7.05 m 为半径作弧与以停机点为圆心、以 $R=6.5$ m 为半径的圆弧相交,此交点即柱的绑扎点。根据圆弧上的两点(柱脚中心及绑扎点)作出柱子的中心线,并根据柱子尺寸确定出柱的预制位置。

(2)Ⓑ列柱预制。根据施工现场情况确定Ⓑ列柱跨外预制,由Ⓑ轴线与起重机的开行路线的距离为 4.2 m,定出起重机吊装Ⓑ列柱的开行路线,然后按上述同样的方法确定停机点及柱的布置位置。

(3)抗风柱的预制。抗风柱在①轴及⑭轴外跨外布置,其预制位置不能影响起重机的开行。

柱预制平面布置及起重机的开行路线,如图 5-44 所示。

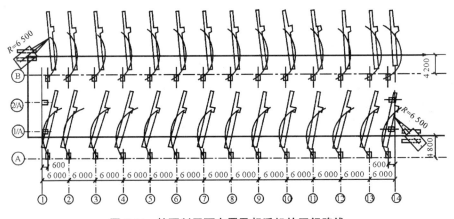

图 5-44 柱预制平面布置及起重机的开行路线

(4)屋架的预制。屋架的预制安排在跨内预制,以 3~4 榀为一叠进行叠浇。在确定屋架的预制位置之前,先定出各屋架排放的位置,据此安排屋架的预制位置。屋架预制平面布置,如图 5-45 所示。

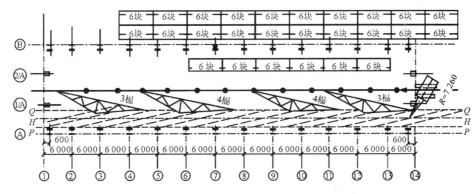

图 5-45 屋架预制阶段平面布置及屋架扶直、就位阶段起重机的开行路线

(5) 基础梁、吊车梁、屋面板、天沟板的预制。由于场地比较拥挤,基础梁、吊车梁在另外的预制场地进行预制,屋面板与天沟板采用委托加工厂加工的形式,吊装时,它们的排放位置可在场地内找空排放。

(6) 起重机的开行路线。起重机的开行路线及构件的安装顺序如下:

第一,自Ⓐ轴跨内进场,按⑭→①的顺序吊装Ⓐ列柱;第二,转至Ⓑ轴线跨外,按①→⑭的顺序吊装Ⓑ列柱;第三,转至Ⓐ轴线跨内,按⑭→①的顺序吊装Ⓐ列柱的吊车梁、连系梁、柱间支撑;第四,转至Ⓑ轴线跨内,按①→⑭的顺序吊装Ⓑ列柱的吊车梁、连系梁、柱间支撑;第五,转至跨中,按⑭→①的顺序扶直屋架,使屋架、屋面板排放就位后,吊装①轴线的两根抗风柱;第六,按①→⑭的顺序吊装屋架、屋面支撑、大型屋面板、天沟板等;最后,吊装⑭轴线的两根抗风柱后退场。

拓展实训

一、填空题

1. 柱子吊装时,其绑扎方法有_____和_____。
2. 单层工业厂房吊装方案有_____和_____。
3. 屋架预制位置的布置方式有_____、_____、_____等三种。
4. 起重机的基本参数有_____、_____、_____。
5. 柱子的吊装过程包括_____、_____、_____、_____、_____等。
6. 采用单机吊装时,柱的吊升方法有_____和_____。
7. 当柱采用旋转法吊装时,要求_____、_____、_____点共弧。

二、简答题

1. 常用的起重机的类型有哪几种?试述其各自的特点及适用范围。
2. 简述柱的直吊和斜吊绑扎法及其使用范围。
3. 单机吊装柱时,旋转法和滑行法各有什么特点?对柱的平面布置有什么要求?
4. 试述柱的最后固定方法。
5. 屋架扶直就位和吊装时,绑扎点如何确定?
6. 什么是屋架的正向扶直和反向扶直?各有什么特点?
7. 单层工业厂房结构安装方法有哪几种?各有什么特点?

三、绘图说明

1. 绘图并说明牛腿柱的三点共弧斜向布置。
2. 绘图并说明屋架扶直排放中的斜向排放。

任务三　钢结构安装

任务描述

编制钢结构安装的施工方案。

任务分析

钢结构安装前应进行图纸会审，对施工的场地条件、钢构件核查等相关作业条件进行准备布置，以便于钢结构施工安装工作的顺利开展。

钢结构安装施工中除起重机设备外，还需运用到校正构件安装偏差的千斤顶、用于垂直水平运输的卷扬机、用于固定缆风绳的地锚、用于起吊轻型构件的倒链等索具设备。

相关知识

一、钢结构安装的基础知识

1. 钢结构工程安装方法选择

钢结构工程安装方法有分件安装法、节间安装法和综合安装法。

（1）分件安装法。分件安装法是指起重机在节间内每开行一次仅安装一种或两种构件。如起重机第一次开行中先吊装全部柱子，并进行校正和最后固定，然后依次吊装地梁、柱间支撑、墙梁、吊车梁、托架、屋架、天窗架、屋面支撑和墙板等构件，直至整个建筑物吊装完成。有时屋面板的吊装也可在屋面上单独用桅杆或层面小吊车来进行。

分件吊装的优点是起重机在每次开行中仅吊装一类构件，吊装内容单一，准备工作简单，校正方便，吊装效率高，有充分时间进行校正。构件可分类在现场顺序预制、排放，场外构件可按先后顺序组织供应。构件预制吊装、运输、排放条件好，易于布置，可选用起重量较小的起重机械，可利用改变起重臂杆长度的方法，分别满足各类构件吊装起重量和起升高度的要求。缺点是起重机开行频繁；机械台班费用增加；起重机开行路线长；超重臂长度改变需一定时间；不能按节间吊装，不能为后续工程及早提供工作面，阻碍了工序的穿插；吊装工期相对较长；屋面板吊装有时需要有辅助机械设备。

分件吊装法适用于一般中、小型厂房的吊装。

（2）节间安装法。节间安装法是指起重机在厂房内一次开行中，分节间依次安装所有各类型构件，即先吊装一个节间柱子，并立即加以校正和最后固定，然后接着吊装地梁、柱间支撑、墙梁、吊车梁、走道板、柱头系统、托梁、屋架、天窗架、屋面支撑系统、屋面板和墙板等构件。一个节间的全部构件吊装完毕后，起重机行进至下一个节间，再进行下一个节间全部构件吊装，直至吊装完成。

节间安装法的优点是起重机开行路线短，起重机停机点少，停机一次可以完成一个节间全部构件的安装工作,可为后期工程及早提供工作面,可组织交叉平行流水作业,缩短工期;构件制作和吊装误差能及时发现并纠正;吊装完一节间,校正固定一节间,结构整体稳定性好,有利于保证工程质量。其缺点是需用起重量大的起重机同时吊各类构件,不能充分发挥起重机效率,无法组织单一构件连续作业;各类构件需交叉配合,场地构件堆放拥挤,吊具、索具更换频繁,准备工作复杂;校正工作零碎、困难;柱子固定时间较长,难以组织连续作业,以致吊装时间延长,降低了吊装效率;操作面窄,易发安全事故。

适用于采用回转式桅杆进行吊装,或特殊要求的结构或某种原因局部特殊施工时采用。

(3)综合安装法。综合安装法是将全部或一个人区段的柱头以下部分的构件用分件吊装法吊装,即柱子吊装完毕并校正固定,再按顺序吊装地梁、柱间支撑、吊车梁、走道板、墙梁、托架,接着按节间综合吊装屋架、天窗架、屋面支撑系统和屋面板等屋面结构构件。整个吊装过程可按三次流水进行,根据结构特性有时也可以采用两次流水,即先吊装柱子,然后分节间吊装其他构件。吊装时通常采用两台起重机,一台起重量大的起重机用来吊装柱子、吊车梁、托梁和屋面结构系统等,另一台用来吊装柱间支撑、走道板、地梁、墙梁等构件并承担构件卸车和就位排放工作。

综合安装法结合了分件安装法和节间安装法的优点,能最大限度地发挥起重机的能力和效率,缩短工期,是广泛采用的一种安装方法。

2. 钢结构工程安装工艺顺序及流水段划分

吊装顺序是先吊装竖向构件,后吊装平面构件。竖向构件吊装顺序为:柱→连系梁→柱间支撑→吊车梁→托架等;单种构件吊装流水作业既能保证体系纵列形成排架,稳定性好,又能提高生产效率;平面构件吊装顺序主要以形成空间结构稳定体系为原则。

平面流水段的划分应考虑钢结构在安装过程中的对称性和稳定性;立面流水以一节钢柱为单元。每个单元以主梁或钢支撑安装成框架为原则,其次是其他构件的安装。可以采用由一端向另一端进行的吊装顺序,既有利于安装期间结构的稳定,又有利于设备安装单位的进场施工。

3. 钢构件的运输和摆放

(1)钢结构的运输可采用公路、铁路或海路运输。运输构件时,应根据构件的长度、重量、断面形状、运输形式的要求选用合理的运输方式。

(2)大型或重型构件的运输宜编制运输方案。

(3)构件的运输顺序应满足构件吊装进度计划要求。

(4)钢构件的包装应满足构件不失散、不变形和装运稳定牢固的要求。

(5)构件装卸时,应按设计吊点起吊,并应有防止构件损伤的措施。

(6)钢构件中转堆放场应根据构件尺寸、外形、质量、运输与装卸机械、场地条件、绘制平面布置图,并尽量减少搬运次数。

(7)构件堆放场地应平整、坚实、排水良好。

(8)构件应按种类、型号、安装顺序分区堆放。

(9)构件堆放应确保不变形、不损坏、有足够稳定性。

(10)构件叠放时,其支点应在同一直线上,叠放层数不宜过高。

二、轻型钢结构的安装

轻型钢结构主要是用在不承受大荷载的承重建筑。采用轻型 H 型钢做成门形钢架支撑,C 形、Z 形冷弯薄壁型钢作檩条和墙梁,压型钢板或轻质夹芯板作屋面、墙面围护结构,采用高强度螺栓、普通螺栓及自攻螺丝等连接件和密封材料组装低层和多层预制装配式钢结构房屋体系。

1. 钢柱安装

(1)首节钢柱的安装与校正。安装前,应对建筑物的定位轴线、首节柱的安装位置、基础的标高和基础混凝土强度进行复检,合格后才能进行安装。

钢柱的吊点一般采用焊接吊耳、吊索绑扎或专用吊具等。钢柱的吊点位置及吊点数应根据钢柱的形状、断面、长度、起重机性能等具体情况确定。

钢柱安装前应设置标高观测点和中心线标志,同一工程的观测点和标志设置应一致。标高观测点的位置以牛腿支承面为基准,设在柱的便于观测处。无牛腿柱应以柱顶端与屋面梁连接的最上一个安装孔中心为基准。

钢柱安装方法有旋转吊装法和滑行吊装法两种。单层轻钢结构钢柱宜采用旋转吊装法吊升。

1)柱顶标高调整。根据钢柱的实际长度、柱底平整度,利用柱子底板下地脚螺栓上的调整螺母调整柱底标高,以精确控制柱顶标高,如图5-46所示。

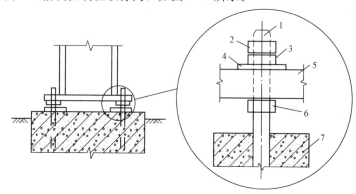

图5-46 采用调整螺母控制标高
1—地脚螺栓;2—止退螺栓;3—紧固螺栓;4—垫圈;
5—柱脚底板;6—调整螺栓;7—混凝土基础

2)纵、横十字线对正。首节钢柱在起重机吊钩不脱钩的情况下,利用制作时在钢柱上画出的中心线与基础顶面十字线对正就位。

3)垂直度调整。用两台呈90°的经纬仪投点,采用缆风法校正。在校正过程中不断调整柱底板下螺母,校毕将柱底板上面的两个螺母拧上,缆风松开,使柱身呈自由状态,再用经纬仪复核。如有小偏差,微调下螺母,无误后将螺母拧紧。柱底板与基础面间预留的空隙用无收缩砂浆以捻浆法垫实。

(2)上节钢柱的安装与校正。上节钢柱安装时,利用柱身中心线就位,为使上、下柱不出现错口,尽量做到上、下柱定位轴线重合。上节钢柱就位后,按照先调整标高,再调整位移,最后调整垂直度的顺序校正。

校正时,可采用缆风校正法或无缆风校正法。目前多采用无缆风校正法,即利用塔式起重机、钢楔、垫板、撬棍以及千斤顶等工具,在钢柱呈自由状态下进行校正。此法施工方便、校正速度快、易于吊装就位和确保安装精度。为适用无缆风校正法,应特别注意钢柱节点临时连接耳板的构造。上、下耳板的间隙宜为15~20 mm,以便于插入钢楔。

1)标高调整。钢柱一般采用相对标高安装,设计标高复核的方法。钢柱吊装就位后,合上连接板,穿入大六角高强度螺栓但不夹紧,通过吊钩起落与撬棍拨动调节上、下柱之间的间隙。量取上柱柱根标高线与下柱柱头标高线之间的距离,符合要求后在上、下耳板间隙中打入钢楔限制钢柱下落。正常情况下,标高偏差调整至零,若钢柱制造误差超过5 mm,则应分次调整。

2)位移调整。钢柱定位轴线应从地面控制轴线直接引上，不得从下层柱的轴线引上。钢柱轴线偏移时，可在上柱和下柱耳板的不同侧面夹入一定厚度的垫板加以调整，然后微微夹紧柱头临时接头的连接板。钢柱的位移每次只能调整 3 mm，若偏差过大只能分次调整。起重机至此可松吊钩。校正位移时应注意防止钢柱扭转。

3)垂直度调整。用两台经纬仪在相互垂直的位置投点，进行垂直度观测。调整时，在钢柱偏斜方向的同侧锤击钢楔或微微顶升千斤顶，在保证单节柱垂直度符合要求的前提下，将柱顶偏轴线位移校正至零，然后拧紧上、下柱临时接头的大六角高强度螺栓至额定扭矩。

(3)钢梁的安装与校正。

1)钢梁安装时，同一列柱，应先从中间跨开始对称地向两端扩展；同一跨钢梁，应先安上层梁，再安中下层梁。

2)在安装和校正柱与柱之间的主梁时，可先把柱子撑开，跟踪测量、校正，预留接头焊接收缩量。这时，柱产生的内力在焊接完毕焊缝收缩后也消失了。

3)一节柱的各层梁安装好后，应先焊上层主梁后焊下层主梁，以使框架稳固，便于施工。一节柱的竖向焊接顺序是上层主梁→下层主梁→中层主梁→上柱与下柱焊接。

每天安装的构件应形成空间稳定体系，确保安装质量和结构安全。

2. 钢梁的安装

(1)安装前的检查。主要检查定位轴线，复测梁的纵、横轴线，调整安装位置处的水平标高。

(2)梁的绑扎。梁一般绑扎两点，绑扎时吊索应等长，左右绑扎点对称。对于设有预埋吊环的梁，可用带钢钩的吊索直接钩住吊环起吊；自重较大的梁，应用卡环与吊环吊索相互连接在一起；对于未设吊环的梁，绑扎时应在梁端靠近支点处，用轻便吊索配合卡环绕梁左右对称绑扎，或用工具式吊耳吊装。

绑扎时，梁的棱角边缘处应衬以麻袋片、汽车废轮胎块、半边钢管或短方木护角。同时，在梁一端需拴好溜绳，以防就位时左右摆动，碰撞柱子。

(3)梁的起吊与就位。梁吊装须在柱子最后固定、柱间支撑安装后进行。

(4)梁的垂直度及水平度控制。梁吊装前，应测量支撑处距柱底的高度。如有偏差，可用垫铁在基础平面上或支承面上予以调整。

(5)梁的定位与校正。梁的校正内容包括中心线、轴线间距、标高垂直度等。纵向位移在就位时已校正，故校正主要为横向位移。

高低方向校正主要是对梁的端部标高进行校正，可用起重机吊空、特殊工具抬空、油压千斤顶顶空，然后在梁底填设垫块。

梁的校正顺序是先校正标高，待屋盖系统安装完成后再校正和调整其他项目。重量较大的梁也可边安装边校正。

(6)梁的固定。校正完毕后应立即将梁与柱上的埋设件焊接固定。

3. 钢屋架的安装

(1)钢屋架的绑扎。当屋架跨度小于或等于 18 m 时，采用两点绑扎；当跨度大于 18 m 时，需采用四点绑扎；当跨度大于 30 m 时，应考虑采用横吊梁，以减小绑扎高度。

绑扎时，吊索与水平线的夹角不宜小于 45°，以免屋架上弦承受压力过大。

(2)钢屋架的吊装。屋架吊装前，应用经纬仪或其他工具在柱顶放出建筑物的定位轴线。当柱顶截面中线与定位轴线偏差过大时，应调整纠正。

(3)钢屋架的校正与固定。屋架经对位、临时固定后，主要校正屋架垂直度偏差。有关规范规定：屋架上弦对通过两支座中心垂直面的偏差不得大于 $h/250$（h 为屋架高度）。

4. 檩条及墙架等构件的安装

当安装完一个单元的钢柱、梁后，即可进行屋面檩条和墙架的安装。对于薄壁轻钢檩条，由于重量轻，安装时可用起重机械或人力吊升。

檩条和墙架安装比较简单，可直接用螺栓连接在檩条挡板或墙架托板上。檩条的安装允许误差应在±5 mm 之内，弯曲的允许偏差应为 $L/750$（L 为檩条跨度），且不得大于20 mm。墙架安装后应用拉杆螺栓调整平直度，顺序应由上向下逐根进行。

三、钢网架结构的安装

网架结构是由多根杆件按照一定的网格形式通过节点连结而成的空间结构。具有空间受力、重量轻、刚度大、抗震性能好等优点，可用做体育馆、影剧院、展览厅、候车厅、体育场看台雨篷、飞机库、双向大柱距车间等建筑的屋盖。

网架的制造与安装分为三个阶段：制备杆件及节点→拼装成基本单元体→现场安装。杆件和节点的制备都在工厂中进行。基本单元体的拼装可在工厂或施工现场附近进行，单元体的大小视网格尺寸及运输条件而定，可以是一个网格，也可以是几个网格。网架的安装是网架结构施工中最重要的一项，方法有高空散装法、分条分块安装法、高空滑移法、移动支架安装法、整体吊装法、整体提升法和整体顶升法。

1. 钢网架的吊装

钢网架吊装是指网架在地面总拼装后，采用单根或多根拔杆、一台或多台起重机进行吊装就位的施工方法。此方法不常搭设拼装架，高空作业少，易于保证接头焊接质量，但要求起重能力大的设备，吊装技术较复杂。

(1) 钢网架的绑扎。网架绑扎前应确定网架绑扎点，网架绑扎点的位置和数量应满足以下要求：

1) 网架的绑扎点应与网架结构使用时的受力状况相接近。

2) 吊点的最大反力不应大于起重设备的负荷能力，各起重设备的负荷宜接近。

绑扎的常用方法有以下两种。

1) 单机吊装绑扎。对于大跨度钢立体钢网架片多采用单机吊装。吊装时一般采用六点绑扎，并加设横吊梁，以降低起吊高度和对桁架网片产生较大的轴向压力，避免网架片出现较大的侧向弯曲。

2) 双机抬吊绑扎。采用双机抬吊时，可采取在支座处两点起吊或四点起吊，另加两副辅助吊索。

(2) 钢网架的吊装。钢网架吊装分为单机吊装和双机吊装。单机吊装较简单，当网架片在跨内斜向布置时，可采用 150 kN 履带式起重机或 400 kN 轮胎式起重机垂直起吊，吊至比柱顶高 50 cm 时，可将机身就地在空中旋转，然后落于柱头上就位。其施工方法可参照一般钢屋架的吊装。

(3) 网架空中移位。多机抬吊作业中，起重机变幅容易，网架空中移位并不困难，采用多根独角拔杆进行整体吊升时，由于拔杆变幅很困难，网架在空中移位是利用拔杆两侧起重滑轮组中的水平力不等而推动网架移位的。

2. 钢网架的安装

(1) 高空散装法。高空散装法是指运输到现场的运输单元体或散体，用起重机械吊升到高空对位拼装成整体结构的方法，适用于螺栓球或高强度螺栓连接节点的网架结构。它在拼装过程中始终有一部分网架悬挑着，当网架悬挑拼接成为一个稳定体系时，不需要设置任何支架来承受其自重和施工荷载。当跨度较大、拼接到一定悬挑长度后，设置单肢柱或支架支承悬挑部分，以减少或避免自重和施工荷载而产生的挠度。

吊装分块用两台履带式或塔式起重机完成，拼装支架为钢制，可局部搭设做成活动式，也可满堂红搭设。分块拼装后，在支架上分别用方木和千斤顶顶住网架中央竖杆下方进行标高调整，其他分块则随拼装随拧紧高强度螺栓，与已拼好的分块连接即可。

当采取分块拼装时，一般采取分条进行，其顺序为：支架抄平、放线→放置下弦节点垫板→按格依次组装下弦、腹杆、上弦支座(由中间向两端，一端向另一端扩展)→连接水平系杆→撤出下弦节点垫板→总拼精度校验→喷涂油漆。

每条网架组装完，经校验无误后，按总拼顺序进行下条网架的组装，直至全部完成。

(2)高空滑移法。网架分成条状或块状单元，分别由起重机吊装至高空设计位置就位搁置，然后再拼装成整体的安装方法。

条状单元是指沿网架长跨方向分割为若干区段，每个区段的宽度是1～3个网格，而其长度即为网架的短跨或1/2短跨。块状单元是指将网架沿纵、横方向分割成矩形或正方形的单元。每个单元的重量以现有起重机能力能胜任为准。

(3)分条、分块安装法。分条、分块安装法是高空散装的组合扩大，是为适应起重机械的起重能力并减少高空拼装工作量，将屋盖划分为若干个单元，在地面拼装成条状或块状扩大组合单元体后，用起重机械或设在双肢柱顶的起重设备垂直吊升或提升到设计位置上，拼装成整体网架结构的安装方法。

(4)移动支架安装法。移动支架安装法无固定的支撑脚手架。网架结构在可移动的支撑架上进行安装，对于已安装好的结构部分有必要设置若干固定的临时支撑以分散内力和控制变位，在结构安装完毕后再搬去这些临时支撑。

(5)整体吊装法。网架整体吊装法是指网架在地面总拼后采用单根或多根拔杆、一台或多台起重机进行吊装就位的施工方法。

网架在地面总拼时可以就地与柱错位或在场外进行。当就地与柱错位总拼时，网架起升后在空中需要平移或转动1～2 m再下降就位，由于柱是穿在网架的网格中的，因此，凡与柱相连接的梁均应断开，即在网架吊装完成后再施工框架梁。而且，建筑物在地面以上的结构必须待网架制作安装完成后才能进行施工，不能平行施工。因此，当场地许可时，可在场外地面总拼网架，然后用起重机抬吊到建筑物上就位。这时，虽然解决了室内结构拖延工期的问题，但起重机必须负重行驶较长距离。

(6)整体提升法。整体提升法是指在结构柱上安装提升设备提升网架，或在提升网架的同时进行柱子滑模的施工方法。此时，网架可作为操作平台。整体提升法分为单提网架和升梁抬网法。

(7)整体顶升法。网架整体顶升法是把网架在设计位置的地面拼装成整体，然后用千斤顶将网架整体顶升到设计标高。网架整体顶升法可以利用原有结构柱作为顶升支架，也可另设专门的支架或枕木垛垫高。

网架整体顶升法的特点与整体提升法类似。首先，顶升法一般用液压千斤顶顶升，设备较小，当少支柱的大型网架采用顶升法施工时，可用专用的大型千斤顶；其次，除用专用支架外，顶升时网架支承情况与使用阶段基本一致。顶升应做到同步，各顶升点的升差不得大于相邻两个顶升用的支承结构间距的1/1 000，且不大于30 mm，在一个支承结构上有两个或两个以上千斤顶时不大于10 mm。如发现网架偏移过大，可采用在千斤顶垫斜垫或有意造成反向升差逐步纠正。同时，在顶升的过程中，网架支座中心对柱基轴线的水平偏移值不得大于柱截面短边尺寸的1/50及柱高的1/500，以免导致支承结构失稳。

四、轻型门式刚架结构工程

门式刚架结构是大跨度建筑常用的结构形式之一。轻型门式刚架结构是指主要承重结构采用实腹门式刚架，有轻型屋盖和轻型外墙的单层房屋钢结构。

1. 刚架柱的安装

轻型门式刚架钢柱的安装顺序是：吊装单根钢柱→柱标高调整→纵、横十字线位移→垂直度校正。

刚架柱一般采用一点起吊，吊耳放在柱顶处。为防止钢柱变形，也可用两点或三点起吊。对于大跨轻型门式刚架变截面 H 型钢柱，由于柱根小、柱顶大、头重脚轻且重心是偏心的，因此，安装固定后，为防止倾倒必须加临时支撑。

2. 刚架斜梁的拼接与安装

轻型门式刚架斜梁的特点是跨度大、侧向刚度小，为确保安装质量和安全施工，提高生产效率，减小劳动强度，应根据场地和起重设备条件，最大限度地将扩大拼装工作在地面完成。

刚架斜梁一般采用立放拼装，拼装程序是将要拼接的单元放在拼装平台上→找平→拉通线→安装普通螺栓定位→安装高强度螺栓→复检尺寸。

斜梁的安装顺序是先从靠近山墙的有柱间支撑的两榀刚架开始安装，刚架安装完毕后将其间的檩条、支撑、隅撑等全部装好并检查其垂直度；然后，以这两榀钢架为起点，向建筑物另一端顺序安装。除最初安装的两榀钢架外，所有其余刚架间的檩条、墙梁和檐檩的螺栓均应在校准后再拧紧。

斜梁的起吊应选好吊点，大跨度斜梁的吊点须经计算确定。斜梁可选用单机两点、三点或四点起吊，或用铁扁担，以减小索具对斜梁产生的压力。对于侧向刚度小、腹板宽厚比大的斜梁，为防止构件扭曲和损坏，应采取多点吊及双机抬升。

五、楼层压型钢板的安装

多、高层钢结构楼板一般多采用压型钢板与混凝土叠合层组合而成。一节柱的各层梁安装校正后，应立即安装本节柱范围内的各层楼梯，并铺好各层楼面的压型钢板进行叠合楼板施工。楼层压型钢板安装工艺流程是：弹线→清板→吊运→布板→切割→压合→侧焊→端焊→封堵→验收→栓钉焊接。

1. 压型钢板安装铺设

(1)在铺板区弹出钢梁的中心线。主梁的中心线是铺设压型钢板固定位置的控制线，并决定压型钢板与钢梁熔透焊接的焊点位置，次梁的中心线决定熔透焊栓钉的焊接位置。因压型钢板铺设后难以观察次梁翼缘的具体位置，故将次梁的中心线及次梁翼缘返弹在主梁的中心线上，固定栓钉时再将其返弹在压型钢板上。

(2)将压型钢板分层分区按料单清理、编号，并运至施工指定部位。

(3)用专用软吊索吊运。吊运时，应保证压型钢板板材整体不变形、局部不卷边。

(4)按设计要求铺设。压型钢板铺设应平整、顺直、波纹对正，设置位置正确；压型钢板与钢梁的锚固支承长度应符合设计要求，且不应小于 50 mm。

(5)采用等离子切割机或剪板钳裁剪边角。裁剪放线时，富余量控制在 5 mm 范围内。

(6)压型钢板固定。压型钢板与压型钢板侧板间连接采用咬口钳压合，使单片压型钢板间连成整板；然后，用点焊将整板侧边及两端头与钢梁固定，最后采用栓钉固定。为了浇筑混凝土时不漏浆，端部肋作封端处理。

2. 栓钉焊接

为使组合楼板与钢梁有效地共同工作，抵抗叠合面之间的水平剪力作用，通常采用栓钉穿过压型钢板焊于钢梁上。栓钉焊接的材料与设备有栓钉、焊接瓷环和栓钉焊机。

焊接时，先将焊接用的电源及制动器接上，把栓钉插入焊枪的长口，焊钉下端置入母材上面的瓷环内。按焊枪电钮，栓钉被提升，在瓷环内产生电弧，在电弧产生后规定的时间内，用适当的速度将栓钉插入母材熔池内。焊完后，立即除去瓷环，并在焊缝的周围去掉卷边，检查焊钉焊接部位。

栓钉焊接质量检查包括以下两项：

(1)外观检查。栓钉根部焊脚应均匀，焊脚立面的局部未熔合或焊脚不足360°的应进行修补。

(2)弯曲试验检查。栓钉焊接后应进行弯曲试验检查，可用锤击使栓钉从原来轴线弯曲30°或采用特制的导管将栓钉弯成30°，若焊缝及热影响区没有肉眼可见的裂纹即为合格。

压型钢板及栓钉安装完毕后，即可绑扎钢筋，浇筑混凝土。

任务实施

某工程为轻型钢结构厂房，现根据工程合同、图纸会审和施工现场的具体情况编制钢结构安装工程施工方案。

一、施工准备

1. 人员准备

(1)应根据劳动定额规定配备相应技术等级的铆工、起重工、火焊工、焊工等人员，特殊工种必须持证上岗。

(2)高空作业人员开工前必须经体检合格后，方可从事高空作业。

2. 施工机具准备

吊装机械的配备应从施工场地情况，构件的几何尺寸、重量大小、起吊高度，单位机械装备情况三个方面考虑。

3. 技术准备

(1)进行图纸自审、会审工作，通过熟悉、掌握图纸内容，做到准确按图施工。图纸会审可以对各专业工程之间的相关工序、尺寸等预先结合，尽量在安装前发现问题和差错，以便及时处理。安装、制作及设计单位之间的图纸会审使三方面能够沟通和了解，使问题得到协商解决。

(2)编制施工技术交底，并现场向作业人员进行施工、安全技术交底。

4. 施工现场准备

(1)施工场地要求具备三通一平。

(2)整个施工现场(包括施工用水、用电、道路、构件堆放场地)等要按标准化工地的要求规划设置。

二、施工工艺流程

(1)本工程整体施工顺序通常为：土建基础→场地回填→钢结构吊装→围护结构→室内地面→室外总体→完工。钢结构安装采用从建筑物一端开始，向另一端推进，先柱后梁的顺序进行。

(2)钢结构吊装前，先进行基础复核，以检查地脚螺栓的埋设情况和基础的土建施工情况。

三、主要项目施工方法

1. 基础检测程序
(1)安装钢结构的基础应符合下列规定:
1)交接基础至少应是一个安装单元的柱基础。
2)基础混凝土强度必须达到设计强度的75%以上。
3)基础周围回填完毕。
4)基础的行、列轴线标志和标高基准点齐全、准确。
5)基础顶面平整,预留孔清洁,地脚螺栓完好。
(2)安装前复查基础与结构安装的有关尺寸。

2. 材料进场及验收程序
(1)构件进场卸车时,要按设计吊点起吊,并要有防止损伤构件的措施。
(2)构件摆放处应平整、坚实,构件底层垫板要有足够的支承面,防止支点下沉,支点位置要合理,防止构件变形。
(3)构件摆放要整齐有序,文明施工。
(4)对进场构件要按图纸逐一核对,检查质量证明书、构件合格证、材质合格证、探伤报告等交工所必需的技术资料及附件是否齐全;并对柱子几何尺寸实测实量。
(5)检查柱子中心线标志,检查连接部位的质量情况。
(6)对高强度螺栓,进场时应有产品质量保证书,并应进行扭矩系数复试,计算高强度螺栓扭矩值时,应以复试值为准。
(7)其余零配件材料均应有产品合格证或质量保证书。

3. 垫板设置
柱底板下设置的支承垫板应符合下列规定:
(1)垫板应设置在靠近地脚螺栓的柱脚底板加劲板或柱脚下。
(2)每组垫板叠放不宜超过三块,垫板外露出柱底板小于30 mm。
(3)垫板与基础面紧贴平稳,其面积在施工作业设计中根据基础的抗压强度和栓脚底板下细石混凝土二次浇灌前,柱底承受的负载和地脚螺栓的坚固预拉力计算确定。
(4)垫板边缘应清除氧化铁渣和毛刺。
(5)垫板标高应根据实际测得的柱底面至牛腿距离决定每个基础垫板的顶面标高,其标高允许偏差为$0 \sim -3.0$ mm,水平度偏差为$L/1\,000$ mm。

4. 主钢结构吊装
(1)安装方法。
1)钢结构安装顺序应从靠近山墙的支撑跨开始,钢架安装完毕后,应立即安装檩条、围梁、支撑、隅撑等次结构。
2)在检查已安装的框架尺寸和垂直度后,进行高强度螺栓初拧。
3)当结构安装到下支撑时,对已安装的结构进行校正。
4)钢结构的柱、梁、支撑等主要构件安装就位后应立即进行校正、固定,形成稳定的空间体系。
5)安装过程中,在结构尚未形成稳定体系前,应采取临时支撑措施并有必需的强度和刚度,以确保安全性。
(2)柱子安装与校正。
1)柱子起吊前,检查吊装机械是否完好,吊绳、卡环及起吊位置的地基情况一定要符合要求,柱子吊装前应把上柱子的爬梯固定在柱子上。

2)起吊柱子时,应考虑增加临时固定,在起吊前将钢丝绳或麻绳拴在柱子中上部,吊车松钩前牢固固定。

3)柱子的校正工作:包括平面位置、标高及垂直度三个内容。

①标高的校正:对于柱子的标高,有时低于设计标高,则应在就位后用垫铁调整至准确标高。

②垂直度校正:对于柱子的垂直度,可采用二次校正,第一次在吊装时,采用靠尺等工具进行快速校正,以便吊装,在结构吊装完成后,再精确校正至误差允许范围内。

③校正方法一般采用经纬仪、水准仪、水平尺、钢尺、缆风绳、千斤顶、大型撬杠等器具进行。

4)钢柱固定。钢柱校正合格后,紧固地脚螺栓。柱子安装的允许偏差和检验标准,见表5-3。

表5-3 柱子安装的允许偏差和检验标准

序号	项 目		允许偏差/mm	检查方法
1	柱脚底座中心线对定位轴线的偏移		5.0	用吊线和钢尺检查
2	单层钢柱垂直度偏差		$H/1\,000$	经纬仪或吊线和尺量检查
3	柱子基准点标高偏差	有吊车梁	$-5.0\sim+3.0$	水准仪尺量检查
		无吊车梁	$-8.0\sim+5.0$	
4	弯曲矢高		$H/1\,200$ 且$\leqslant15.0$	吊线和钢尺检查

(3)钢梁安装。

1)吊装前,先进行试吊以确定吊点位置。钢梁起吊离地20 cm左右时,检查无误后,方可继续起吊。

2)安装第一榀钢梁时,在松开吊钩前,作初步校正,对准钢梁基座中心与定位轴线就位,并调整钢梁垂直度,检查侧面弯曲。起吊前,根据现场实际结构形式判断,若有必要,须在起吊的每榀梁中间加固临时缆风绳,吊装就位固定好后方可松开吊钩。

3)第二榀钢梁同样吊装就位好后,不要松开吊钩,临时安装几根屋面檩条和支撑系统与第一榀钢梁固定,最后校正固定的整体。

4)每日吊装完成后,应使用缆风绳作临时固定,以防止夜间刮大风。

5. 高强度螺栓连接

(1)保管和使用要求。

1)高强度螺栓、螺母、垫圈均由制造厂家配套装为一箱,从出厂至工地安装前严禁随意开包,在储运保管过程中,要轻装轻卸,防止受潮、生锈、沾污和碰伤。

2)高强度螺栓入库应按包装箱上注明的规格分类存放,工地领取时要按使用部位领取相应的规格和数量。做到当天用多少领多少,严禁随意堆放,以防扭矩系数发生变化。

3)安装时,螺栓、螺帽、垫圈只允许包内互相配用,不允许不同包相互混用。

(2)高强度螺栓应顺畅穿入孔内,不得强行敲打,穿入方向应一致,以便操作。

(3)高强度螺栓必须分两次拧紧。第一次为初拧,紧固至螺栓标准预拉力的60%~80%;第二次为终拧,紧固至螺栓标准预拉力,偏差值不大于±10%,初拧、终拧均采用扭矩扳手进行。

(4)每组高强度螺栓的拧紧宜从节点中心向边缘进行,当天安装的螺栓在24 h内终拧完毕并做好标记,其外露丝扣不得少于2扣。

6. 围护结构施工

围护结构安装一般指檩条、支撑、门窗柱等的施工。

(1)檩条、支撑等一般采用普通螺栓固定，施工时应注意调整檩条位置，使之在纵、横的各方向上保持平直。

(2)由于檩条材料相对比较薄弱，在施工现场容易破坏，故应注意现场保护和及时补漆。

(3)所有用于连接檩条、围梁和屋檐支梁的螺栓不要拧紧，以便最后调整结构。调整好以后，才全部上紧。

(4)对角斜撑通常为角钢或圆钢。对角斜撑应按照安装图安装且应拉紧，以防刮风时建筑物摇摆或振动，但同时也要注意不要拉得过紧，以防结构构件弯曲。

7. 板的安装

屋面优化后采用单层彩钢板加铝箔贴面保温棉，墙面采用双层彩板加保温棉，屋面板及墙面板品种、规格、尺寸等必须符合设计图纸、招标文件要求及现行标准的规定。

(1)屋面板的安装。

1)安装屋面板时，应注意当地的常年主导风向。

2)保温棉铺设时，先将其固定在一侧边墙檩条上并卷出，隔热层沿檩条的垂直方向展平，铝箔面应朝向于建筑物内侧，拉伸保温棉使铝箔面绷紧并平滑，两端可用双面胶带将铝箔与檩条紧粘。

3)将保温棉由屋脊铺好至檐口并安放好堵头、胶泥后，可以铺第一张屋面板。

4)堵头：堵头一般用泡沫塑料制造，加工成与屋面板轮廓相同的形状，当堵头被嵌在屋檐支撑面和屋面板之间的空间时，可以防止风尘、昆虫、鸟类、雨水进入室内，故应按图纸要求正确安装。

5)铺设顺序：每列屋面板的铺设应遵守由底部至顶部的顺序进行，安装时应注意伸出檐口长度和离开屋脊中心线的宽度。

6)板的搭接：由于运输条件和现场安装条件的限制或由于使用屋面采光板的情况，对于长跨屋面经常通过端部搭接来覆盖整个屋面长度，一般搭接长度保持在 15~30 cm。

7)设置伸缩节点：对于非常长的屋面钢板，应设置伸缩点，以便克服纵向位移；伸缩点的上层钢板一般比下层钢板高 15 mm，该处屋面板至少搭接 250 mm，并采取合适的防雨措施，落差处一般需另设檩条或支撑。

8)屋面板收头：继续施工屋面板，施工到最后，若所剩的宽度大于半片屋面板的宽度但小于整片钢板的宽度，可将超过的部分裁去，留下完整的中间肋，并固定在檩条上；若所剩的宽度小于半片屋面板的宽度，可以尝试采用屋脊盖板和泛水收边来覆盖；若不行，可以将最后一块屋面板搭接数肋于前块屋面板之上，在这种情况下，最后第二块板的自攻钉应暂缓安装。

9)过程校正：在安装屋面板过程中，应注意经常校正肋条与屋脊的垂直度和板的搭接错位，其偏差不能超过表 5-4 的规定。

表 5-4 屋面板的安装偏差

序号	项目	允许偏差/mm
1	檐口与屋脊的平行度	12.0
2	压型板波纹线对屋脊的垂直度	$L/800$，且≤25.0
3	檐口相邻两块压型板根部错位	6.0

(2)墙面板安装。

1)根据设计图纸将板就位,注意板的色差问题,确保同一面墙不会产生色差,并确定安装的起始点,一般从一侧端边往另一侧端边进行。

2)墙面板的安装可以和收边安装共同进行,一般程序为先安装收边后安装板,收边安装并调整好后再安装板可以使安装效果更好。

3)按图将第一块转角板安装上并将其固定,要保证与墙面檩条及龙骨垂直,接着安装第二块板。注意后一块板应与前一块板保持水平,通过吊线检查,保证两块板的平直、立面不产生凹凸现象后,才开始下一张板的铺设,从而保证达到视觉效果上的完美。

8. 收边系统的安装

收边系统的安装是整个围护系统安装的重要部分,将直接影响到整个工程的质量和效果,所以应特别重视。

(1)屋脊盖板的安装。

1)搭接处理:屋脊盖板的搭接长度一般在 100 mm 左右,施工时在搭接处使用密封胶来密封,并用双排防水拉铆钉固定。假设是先将前块屋脊盖板的正面和后块屋脊盖板的背面搭接宽度范围内擦拭干净,不留污渍和水分,再使用中性屋面防水专用硅胶满涂,之后将两块板搭接上,搭接时注意槽口的位置,最后使用拉铆钉固定,拉铆钉的间距宜控制在 50 mm 以内。拉铆钉拉好后,为防止可能发生漏水,宜将拉铆钉的周边用硅胶满涂。

2)固定:屋脊盖板的固定一般使用自攻钉固定在屋面板的波峰上,每个波峰上安装一颗。安装前应注意安放堵头和胶泥。

3)预先拼装:实际施工中,一般可以先预量尺寸,再将两块或三块屋脊盖板预拼装好,再将其固定于屋面板上。

4)注意点:屋脊盖板安装时,应注意波峰线的平直度,并不使搭接处有下凹现象产生,以防积水。

(2)窗泛水和收边板的安装。

1)在安装窗上泛水时,一般的搭接长度控制在 3~5 cm,并且不宜用密封胶密封。

2)当窗上收边长度超过 3.2 m 时,一般应在其底部开导流孔,每 500 mm 开一个,可以避免积水上溢,以致倒流进入厂房内。

3)窗四周收边板的安装按设计图进行,应注意四周收边交接的部位须用硅胶密封。钢结构厂房窗户漏水现象发生的常见原因就是该处未密封或未被密封好。

4)所有泛水板和收边板安装时,都应先每隔 500 mm 使用一个拉铆钉固定于檩条上。

拓展实训

1. 简述轻型钢型结构的安装工艺流程。
2. 简述网架结构的安装工艺流程。

项目六　屋面及防水工程施工

知识目标

1. 了解屋面防水工程、地下防水工程、室内防水工程的构造。
2. 熟悉屋面防水工程、地下防水工程、室内防水工程的材料、机具的准备。
3. 掌握屋面防水工程防水层下面各构造层、地下工程防水混凝土、室内防水工程的技术交底内容。
4. 了解屋面防水工程、地下防水工程卷材防水层、涂料防水层、刚性防水层的分类。
5. 熟悉屋面防水工程、地下防水工程卷材防水层、涂料防水层、刚性防水层的材料、机具的准备。
6. 掌握屋面防水工程、地下防水工程卷材防水层、涂料防水层、刚性防水层的技术交底内容。

能力目标

1. 能说出屋面防水工程等级、屋面防水层的材料类型。
2. 能做屋面防水工程防水层下面各构造层的技术交底工作。
3. 能统筹安排施工人员进行屋面卷材防水层、涂料防水层、刚性防水层的施工。
4. 能做屋面卷材防水层、涂料防水层、刚性防水层的技术交底工作。
5. 能统筹安排施工人员进行地下工程防水混凝土的施工。
6. 能做地下防水工程防水混凝土的技术交底工作。
7. 能统筹安排施工人员进行地下工程卷材防水层、涂料防水层、刚性防水层的施工。
8. 能做地下工程卷材防水层、涂料防水层、刚性防水层的技术交底工作。
9. 能统筹安排施工人员进行室内防水工程的施工。
10. 能做室内防水工程的技术交底工作。

教学重点

1. 屋面卷材防水层、涂料防水层、刚性防水层的技术交底工作。
2. 地下工程防水混凝土的技术交底工作。
3. 室内防水工程的技术交底工作。

教学难点

屋面防水工程施工工艺及质量控制要点。

建议课时

16课时

防水工程是土木工程的一个重要工程，防水工程质量的优劣，不仅关系到建筑物及构筑物的使用寿命，而且直接关系到建筑物和构筑物的使用功能。

影响防水工程质量的因素有：设计的合理性、防水材料的选择、施工工艺及施工质量、保养与维修管理等。其中，施工质量是关键因素。

防水工程按防水部位，可分为屋面防水工程、地下防水工程、室内防水工程等；按构造做法，可分为结构自防水、防水层防水；按材料的不同，可分为柔性防水（如卷材、涂膜防水等）、刚性防水（如砂浆、细石混凝土防水等）。

任务一　屋面防水工程施工

任务描述

判断屋面防水类型，编写屋面防水工程防水层下面各构造层的技术交底；编写屋面卷材防水层、涂料防水层、刚性防水层的技术交底。

任务分析

屋面防水工程是指为防止雨水或人为因素产生的水从屋面渗入建筑物所采取的一系列结构构造和建筑措施。屋面防水工程应由具备相应资质的专业队伍进行施工，作业人员应持证上岗。

屋面工程施工前应通过图纸会审，并应掌握施工图中的细部构造及有关技术要求；施工单位应编制屋面工程的专项施工方案或技术措施，并应进行现场技术安全交底。

相关知识

就我国屋面工程的现状看，屋面大体上可分为卷材防水屋面、涂膜防水屋面、保温屋面、隔热屋面、瓦屋面、金属板屋面、玻璃采光顶等种类。在每类屋面中，由于所用材料不同和构造各异，因而形成了各种屋面工程。屋面工程是一个完整的系统，主要应包括屋面基层、保温与隔热层、防水层和保护层。屋面的基本构造层次宜符合表 6-1 的要求。设计人员可根据建筑物的性质、使用功能、气候条件等因素进行组合。

表 6-1　屋面的基本构造层次

屋面类型	基本构造层次（自上而下）
卷材、涂膜屋面	保护层、隔离层、防水层、找平层、保温层、找平层、找坡层、结构层
	保护层、保温层、防水层、找平层、找坡层、结构层
	种植隔热层、保护层、耐根穿刺防水层、防水层、找平层、保温层、找平层、找坡层、结构层
	架空隔热层、防水层、找平层、保温层、找平层、找坡层、结构层
	蓄水隔热层、隔离层、防水层、找平层、保温层、找平层、找坡层、结构层
瓦屋面	块瓦、挂瓦条、顺水条、持钉层、防水层或防水垫层、保温层、结构层
	沥青瓦、持钉层、防水层或防水垫层、保温层、结构层

续表

屋面类型	基本构造层次（自上而下）
金属板屋面	压型金属板、防水垫层、保温层、承托网、支承结构
	上层压型金属板、防水垫层、保温层、底层压型金属板、支承结构
	金属面绝热夹芯板、支承结构
玻璃采光顶	玻璃面板、金属框架、支承结构
	玻璃面板、点支承装置、支承结构

注：1. 表中结构层包括混凝土基层和木基层；防水层包括卷材和涂膜防水层；保护层包括块体材料、水泥砂浆、细石混凝土保护层。
2. 有隔汽要求的屋面，应在保温层与结构层之间设隔汽层。

屋面工程的设计应遵循"保证功能、构造合理、防排结合、优选用材、美观耐用"的原则。

屋面工程的施工应遵照"按图施工、材料检验、工序检查、过程控制、质量验收"的原则。屋面工程施工的每道工序完成后，应经监理或建设单位检查验收，并应在合格后再进行下道工序的施工。当下道工序或相邻工程施工时，应对已完成的部分采取保护措施。

屋面防水工程应根据建筑物的类别、重要程度、使用功能要求确定防水等级，并应按相应等级进行防水设防；对防水有特殊要求的建筑屋面，应进行专项防水设计。屋面防水等级和设防要求应符合表 6-2 的规定。

表 6-2 屋面防水等级和设防要求

防水等级	建筑类别	设防要求
Ⅰ级	重要建筑和高层建筑	两道防水设防
Ⅱ级	一般建筑	一道防水设防

一、材料准备

屋面工程所采用的防水、保温材料应有产品合格证书和性能检测报告，材料的品种、规格、性能应符合设计和产品标准的要求。材料进场后应按规定抽样检验，提出检验报告。工程中严禁使用不合格的材料。

(一)防水卷材

卷材防水屋面是用胶粘剂粘贴卷材形成一整片防水层的屋面。

卷材防水屋面属于柔性防水屋面，它具有自重轻、防水性能较好的优点，特别是防水层的柔韧性好，能适应一定程度的振动和胀缩变形。但它的造价较高、易老化、起鼓，施工工序多、操作条件差、施工周期长、工效低，出现渗漏时修补比较困难。

卷材是以合成橡胶、树脂或高分子聚合物改性沥青经不同工序加工而成的可卷曲的片状防水材料，一般分为合成高分子防水卷材、高聚物改性沥青防水卷材两大类。新型的卷材防水材料还有光伏防水卷材，是太阳能光伏薄膜电池与防水卷材的复合体。

1. 合成高分子卷材

以合成橡胶、合成树脂或两者共混为基料，加入适量的助剂和填料，经混炼压延或挤出等工序加工而成的防水卷材。目前，合成高分子防水卷材主要分为合成橡胶防水卷材（硫化橡胶和非硫化橡胶）、合成树脂防水卷材、纤维增强防水卷材几大类。宽度为 1~1.2 m，厚度有 1 mm、1.2 mm、1.5 mm、2 mm 四种规格，长度为 10~20 m。

(1)合成橡胶类防水卷材当前最具代表性的产品有三元乙丙橡胶防水卷材(EPDM)，还有以氯丁橡胶、丁基橡胶等为原料生产的卷材；合成树脂类防水卷材的主要品种是聚氯乙烯防水卷材(PVC)，其他还有氯磺化聚乙烯防水卷材、高密度聚乙烯防水卷材等；此外，还有多种橡塑共混防水卷材，其中，氯化聚乙烯－橡胶共混卷材最具代表性，其性能指标接近三元乙丙橡胶防水卷材。

(2)聚氯乙烯防水卷材(PVC)拉伸强度高，延伸率也大，对基层的伸缩和开裂变形适应性强，可焊性能好，施工时常采取焊接的方法。

(3)三元乙丙橡胶防水卷材(EPDM)和氯化聚乙烯－橡胶共混卷材因为分子结构稳定、拉伸强度高、抗撕裂强度高、耐穿刺性好、耐热性能好、低温柔性好、耐腐蚀性好、耐候性特别优异，因而得到广泛应用，是公认的防水卷材的佼佼者，其施工时采用冷粘法进行粘贴。

2. 高聚物改性沥青卷材

以高分子聚合物改性石油沥青为涂盖层，聚酯毡、玻纤毡或聚酯玻纤复合为胎基，细砂、矿物粉料或塑料膜为隔离材料而制成的防水卷材，俗称改性沥青油毡，是防水材料中使用比例最高的一类，在防水材料中占有重要地位。

(1)高聚物改性沥青防水卷材主要有弹性体改性沥青防水卷材(SBS)、塑性体改性沥青防水卷材(APP)、高聚物改性沥青聚乙烯胎防水卷材(PEE)、PVC改性焦油沥青防水卷材、再生胶改性沥青防水卷材、废橡胶粉改性沥青防水卷材等。其中，以弹性体改性沥青防水卷材(SBS)和塑性体改性沥青防水卷材(APP)应用最为广泛。

(2)SBS改性沥青防水卷材属于弹性体，具有弹性高、抗拉强度高、不易变形、塑性好、稳定性高、使用寿命长等优点，特别是其具有冷不变脆、耐寒性高等优良性能，其能在寒冷气候热熔搭接，故广泛应用于工业建筑和民用建筑，尤其适用于低温寒冷地区和结构变形频繁的建筑防水工程。

(3)APP改性沥青防水卷材属于塑性体，具有良好的防水性能、耐高温性能和较好的柔韧性能，耐老化性能优良，使用寿命长，适用于腐殖质土下防水层、碎石下防水层、地下墙防水等。广泛用于工业与民用建筑的屋面和地下防水工程，尤其适用于较高气温环境和高湿地区建筑工程防水。

高聚物改性沥青防水卷材施工方便，可以采用冷粘法叠层施工。对于厚度大于3 mm的高聚物改性沥青防水卷材，还可以采用热熔法施工。

高聚物改性沥青卷材具有纵、横向拉力大，延伸率好，韧性强，耐低温，耐老化，耐紫外线、耐温差变化，自愈力强等优良性能。

3. 自粘防水卷材

在高分子卷材和聚合物改性沥青卷材下敷一层自粘胶，高分子卷材和聚合物改性沥青卷材就成为自粘防水卷材。

高分子自粘胶主要成分由各种丁基橡胶加填料(一定量沥青)组成，其低温柔性好，自粘力强，耐久；聚合物改性沥青自粘胶是以沥青为主，采用高分子聚合物橡胶进行改性，温感性大，低温粘结力和耐久性能较差。

自粘防水卷材施工方便，与基层粘结好，耐穿刺性强；当自粘胶较厚时，自愈能力也较强。施工时，常采用自粘法。

4. 胶粘剂

高聚物改性沥青卷材的胶粘剂主要有氯丁橡胶改性沥青胶粘剂、CCTP抗腐耐水冷胶料，氯丁橡胶改性沥青胶粘剂主要用于卷材基层、卷材与卷材的粘结，CCTP抗腐耐水冷胶料具有抗腐蚀、耐酸碱、防水和耐低温等特殊性能。

合成高分子卷材的胶粘剂主要有氯丁系胶粘剂(404胶)、丁基胶粘剂、BX-12胶粘剂等。此类胶粘剂均由厂家配套供应。

5. 基层处理剂

基层处理剂与卷材和基层的相容性好、干燥快、渗透力强，适用于对粘结力有特殊要求的卷材防水工程。

采用基层处理剂时，其配制与施工应符合下列规定：

(1)基层处理剂应与卷材相容。

(2)基层处理剂应配比准确，并应搅拌均匀。

(3)喷、涂基层处理剂前，应先对屋面细部进行涂刷。

(4)基层处理剂可选用喷涂或涂刷等施工工艺，喷、涂应均匀一致，干燥后应及时进行卷材施工。

6. 沥青胶

沥青胶是以沥青按一定配比掺入填充料混合熬制脱水而成，用于粘贴油毡防水层或作为沥青防水涂层或接头填缝之用。

(二)防水涂料

防水涂料有薄质涂料和厚质涂料之分，薄质涂料主要是高聚物改性沥青防水涂料和合成高分子防水涂料，厚质涂料主要是沥青基涂料。按其形态又可分为溶剂型、反应型和水乳型三类。溶剂型涂料成膜迅速，但易燃、有毒；反应型涂料是由两个组分构成，涂料成膜时体积不收缩，但配制须精确；水乳型涂料可在较潮湿的基面上施工，但粘结力较差，并且低温时成膜困难。

1. 合成高分子防水涂料

合成高分子防水涂料是以合成橡胶或合成树脂为成膜物质，配制成的反应型、水乳型或溶剂型防水涂料，具有高弹性、防水性、耐久性和优良的耐高温、低温性能。常见的合成高分子防水涂料有聚氨酯防水涂料、丙烯酸防水涂料、有机硅防水涂料。

2. 高聚物改性沥青防水涂料

高聚物改性沥青防水涂料是以沥青为基料，用高分子聚合物进行改性配制成的水乳型或溶剂型防水涂料，其柔韧性、抗裂性、强度、耐高、低温性能及寿命均有较大改善，常见的高聚物改性沥青防水涂料有氯丁橡胶改性沥青涂料、SBS改性沥青涂料、APP改性沥青涂料、再生橡胶改性沥青涂料、PVC改性煤焦油涂料。

3. 沥青基涂料

沥青基涂料是以沥青为基料配制成的水乳型或溶剂型防水涂料。常见的有石灰乳化沥青涂料、石棉乳化沥青涂料和膨润土乳化沥青涂料。其属于限制和淘汰产品。

4. 胎体增强材料

胎体增强材料亦称为加筋材料或加筋布，主要是指聚酯、化纤无纺布和玻璃纤维网格布。

防水涂料和胎体增强材料的储运、保管，应符合下列规定：

(1)防水涂料包装容器应密封，容器表面应标明涂料名称、生产厂家、执行标准号、生产日期和产品有效期，并应分类存放。

(2)反应型和水乳型涂料储运和保管环境温度不宜低于5℃。

(3)溶剂型涂料储运和保管环境温度不宜低于0℃，并不得日晒、碰撞和渗漏；保管环境应干燥、通风，并应远离火源、热源。

(4)胎体增强材料储运、保管环境应干燥、通风，并应远离火源、热源。

(三)结构刚性自防水

结构自防水混凝土是以调整混凝土配合比或掺外加剂的方法来提高混凝土的密实度、抗渗性、抗蚀性,满足设计对地下建筑的抗渗要求,从而达到防水的目的。结构自防水具有施工简便、工期短、造价低、耐久性好等优点,是地下建筑防水工程的一种主要方法。常用的防水混凝土有普通防水混凝土、外加剂防水混凝土。

1. 普通防水混凝土

普通防水混凝土是通过控制材料选择和混凝土拌制、浇筑、振捣的施工质量,减少混凝土内部的空隙和消除空隙间的连通,从而达到防水要求。

2. 外加剂防水混凝土

外加剂防水混凝土是在混凝土中掺入一定的外加剂,改善混凝土的性能和结构组成,提高混凝土的密实性和抗渗性,从而达到防水的目的。常用的外加剂防水混凝土有:三乙醇胺防水混凝土,加气剂防水混凝土,减水剂防水混凝土,氯化铁防水混凝土。

3. 止水带

止水带是变形缝的必用防水配件,作用是阻止地下水沿沉降缝渗入室内,当缝两侧建筑沉降不一致时,止水带可以变形继续起阻水的作用,一旦沉降缝渗水,又可依托止水带进行堵漏修补。止水带的材料有橡胶止水带、塑料止水带、钢板止水带和橡胶加钢边止水带等,我国多用橡胶止水带。

(四)防水砂浆

防水砂浆有水泥砂浆、素灰(纯水泥浆)。水泥品种应按设计要求选用,其强度等级不应低于 32.5 级,不得使用过期或受潮结块的水泥;砂宜用粒径在 3 mm 以下、含泥量不得大于 1% 的中砂,硫化物和硫酸盐含量不得大于 1%。

二、找坡层和找平层施工

保温屋面构造层次如图 6-1 所示,倒置式屋面构造层次如图 6-2 所示。

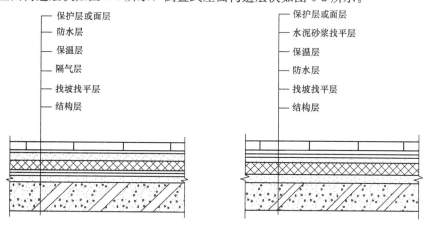

图 6-1 保温屋面构造层次示意图　　图 6-2 倒置式屋面构造层次示意图

为了便于铺设隔气层和防水层,必须在结构层或保温层表面做找平处理。在找坡层、找平层施工前,首先要检查其铺设的基层情况,如屋面板安装是否牢固,有无松动现象;基层局部是否凹凸不平,凹坑较大时应先填补;保温层表面是否平整,厚薄是否均匀;板状保温材料是否铺平垫稳;用保温材料找坡是否准确等。

基层检查并修整后，应进行基层清理，以保证找坡层、找平层与基层能牢固结合。当基层为混凝土时，表面清扫干净后，应充分洒水湿润，但不得积水；当基层为保温层时，基层不宜大量浇水。基层清理完毕后，在铺抹找坡、找平材料前，宜在基层上均匀涂刷一遍素水泥浆，使找坡层、找平层与基层更好地粘结。

目前，屋面找平层主要是采用水泥砂浆、细石混凝土两种，在水泥砂浆中掺加抗裂纤维，可提高找平层的韧性和抗裂能力，有利于提高防水层的整体质量。水泥砂浆采用体积比，水泥：砂为1:2.5；细石混凝土强度等级为C20；混凝土随浇随抹时，应将原浆表面抹平、压光。找坡层、找平层的施工，应做到所用材料的质量符合设计要求，计量准确和机械搅拌。找平层的种类及技术要求见表6-3。

表6-3 找平层的种类及技术要求

类别	基层种类	厚度/mm	技术要求
水泥砂浆找平层	整体现浇混凝土	10～20	1:2.5～1:3(水泥:砂) 体积比，宜掺抗裂纤维
	整体或板状材料保温层	20～25	
	装配式混凝土板	20～30	
细石混凝土找平层	板状材料保温层	30～35	混凝土强度等级为C20
混凝土随浇随抹	整体现浇混凝土	—	原浆表面抹平、压光

混凝土结构层宜采用结构找坡，坡度不应小于3%。

当采用材料找坡时，坡度宜为2%，因此，基层上应按屋面排水方式，采用水平仪或坡度尺进行拉线控制，以获得合理的排水坡度。找坡层最薄处的厚度不宜小于20mm，找坡材料宜采用质量轻、吸水率低和有一定强度的材料，通常是将适量水泥浆与陶粒、焦渣或加气混凝土碎块拌和而成。由于一些单位对找平层质量不够重视，致使找平层的表面有酥松、起砂、起皮和裂缝的现象，直接影响防水层和基层的粘结质量并导致防水层开裂。对找平层的质量要求，除排水坡度满足设计要求外，还应通过收水后二次压光等施工工艺来减少收缩开裂，使表面坚固、密实、平整；水泥终凝后，应采取浇水、湿润覆盖、喷养护剂或涂刷冷底子油等方法充分养护。

卷材防水层的基层与突出屋面结构的交接处和基层的转角处，是防水层应力集中的部位。找平层圆弧半径的大小应根据卷材种类来定。圆弧半径当防水层为沥青防水卷材时，$R=100\sim150$ mm；高聚物改性沥青防水卷材时，$R=50$ mm；合成高分子防水卷材时，$R=20$ mm。内部排水的落水口周围，找平层应做成略低的凹坑。高、低跨变形缝处理如图6-3所示，伸出屋面管道防水处理如图6-4所示，直式水落口如图6-5所示。

找平层宜设分格缝，并嵌填密封材料。分格缝应留设在板端缝处，其纵、横缝的最大间距，水泥砂浆或细石混凝土找平层不宜大于6 m，沥青砂浆不宜大于4 m。

找坡、找平层施工环境温度不宜低于5 ℃。在负温度下施工，需采取必要的冬期施工措施。

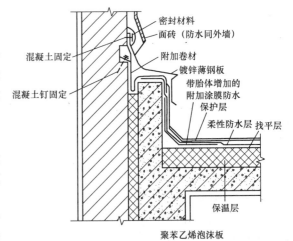

图6-3 高低跨变形缝处理

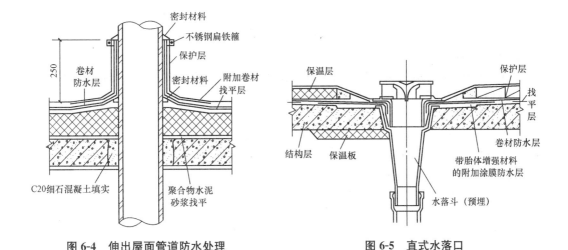

图 6-4 伸出屋面管道防水处理　　　　图 6-5 直式水落口

三、保温层施工

保温材料可分为三类：一是松散材料，如炉渣、膨胀蛭石、膨胀珍珠岩等，目前已较少使用；二是板状材料，如膨胀蛭石、膨胀珍珠岩块，泡沫水泥，加气混凝土块，岩棉板、EPS聚苯板、XPS挤塑板；三是整体现浇（喷）保温层，如沥青膨胀蛭石、沥青膨胀珍珠岩、聚氨酯硬泡防水保温一体化系统等。

进场的保温材料应检验下列项目：

(1)板状保温材料应检验表观密度或干密度、压缩强度或抗压强度、导热系数、燃烧性能。

(2)纤维保温材料应检验表观密度、导热系数、燃烧性能。

保温材料的储运、保管应符合下列规定：

(1)保温材料应采取防雨、防潮、防火的措施，并应分类存放。

(2)板状保温材料搬运时，应轻拿、轻放。

(3)纤维保温材料应在干燥、通风的房屋内储存，搬运时，应轻拿、轻放。

保温层施工前基层应平整、干燥和干净，保温板紧贴（靠）基层、铺平垫稳、分层铺设时上、下层接缝错开，拼缝严密，板间隙应采用同类型材料嵌填密实，粘贴应贴严粘牢，找坡正确。

倒置式屋面保温层施工应符合下列规定：

(1)施工完的防水层，应进行淋水或蓄水试验，并应在合格后再进行保温层的铺设。

(2)板状保温层的铺设应平稳，拼缝应严密。

(3)保护层施工时，应避免损坏保温层和防水层。

隔汽层施工应符合下列规定：

(1)隔汽层施工前，基层应进行清理，宜进行找平处理。

(2)屋面周边隔汽层应沿墙面上连续铺设，高出保温层上表面不得小于 150 mm。

(3)采用卷材做隔汽层时，卷材宜空铺，卷材搭接缝应满粘，其搭接宽度不应小于80 mm。采用涂膜做隔汽层时，涂料涂刷应均匀，涂层不得有堆积、起泡和露底现象。

(4)穿过隔汽层的管道周围应进行密封处理。

板状材料保温层施工应符合下列规定：

(1)基层应平整、干燥、干净。

(2)相邻板块应错缝拼接，分层铺设的板块上、下层接缝应相互错开，板间缝隙应采用同类材料嵌填密实。

(3)采用干铺法施工时,板状保温材料应紧靠在基层表面上,并应铺平垫稳。

(4)采用粘结法施工时,胶粘剂应与保温材料相结,板状保温材料应贴严、粘牢,在胶粘剂固化前不得上人踩踏。

(5)采用机械固定法施工时,固定件应固定在结构层上,固定件的间距应符合设计要求。

纤维材料保温层施工应符合下列规定:

(1)基层应平整、干燥、干净。

(2)纤维保温材料在施工时,应避免重压,并应采取防潮措施。

(3)纤维保温材料铺设时,平面拼接缝应贴紧,上、下层拼接应相互错开。

(4)屋面坡度较大时,纤维保温材料宜采用机械固定法施工。

(5)在铺设纤维保温材料时,应做好劳动保护工作。

喷涂硬泡聚氨酯保温层施工应符合下列规定:

(1)基层应平整、干燥、干净。

(2)施工前应对喷涂设备进行调试,并应喷涂试块进行材料性能检测。

(3)喷涂时,喷嘴与施工基面的间距应由试验确定。

(4)喷涂硬泡聚氨酯的配比应准确计量,发泡厚度应均匀一致。

(5)一个作业面应分遍喷涂完成,每遍喷涂厚度不宜大于15 mm,硬泡聚氨酯喷涂后20 min内严禁上人。

(6)喷涂作业时,应采取防止污染的遮挡措施。

现浇泡沫混凝土保温层施工应符合下列规定:

(1)基层应清理干净,不得有油污、浮尘和积水。

(2)泡沫混凝土应按设计要求的干密度和抗压强度进行配合比设计,拌制时应计量准确,并应搅拌均匀。

(3)泡沫混凝土应按设计的厚度设定浇筑面标高线,找坡时宜采取挡板辅助措施。

(4)泡沫混凝土应分层浇筑,一次浇筑厚度不宜超过200 mm,终凝后应进行保湿养护,养护时间不得少于7 d。

干铺的保温材料可在负温度下施工;用水泥砂浆粘贴的板状保温材料的施工环境温度不宜低于5 ℃;喷涂硬泡聚氨酯的施工环境温度宜为15 ℃~35 ℃,空气相对湿度宜小于85%,风速不宜大于三级;现浇泡沫混凝土的施工环境温度宜为5 ℃~35 ℃。

四、防水层施工

(一)卷材防水层施工

1. 卷材的铺贴方向

卷材防水层施工时,应先进行细部构造处理,然后由屋面最低标高向上铺贴;檐沟、天沟卷材施工时,宜顺檐沟、天沟方向铺贴,搭接缝应顺流水方向;卷材宜平行屋脊铺贴,其目的是保证卷材长边接缝顺流水方向;上、下层卷材不得相互垂直铺贴,主要是避免接缝重叠,即重叠部位的上层卷材接缝造成间隙,接缝密封难以保证。卷材水平铺贴搭接如图6-6所示。

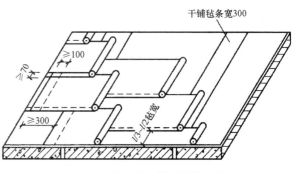

图6-6 卷材水平铺贴搭接要求

2. 卷材的搭接

铺贴卷材采用搭接法，卷材搭接宽度，分长边、短边和不同的铺贴工艺以及不同的卷材类别综合考虑，目的是使接缝防水质量得到保证，不允许开裂渗漏，见表6-4。

表6-4 卷材的搭接宽度

卷材种类	铺贴方法	短边搭接		长边搭接	
		满粘	空铺、点粘、条粘	满粘	空铺、点粘、条粘
高聚物改性沥青防水卷材		80	100	80	100
自粘聚合物改性沥青防水卷材		60	—	60	—
合成高分子防水卷材	胶粘剂	80	100	80	100
	胶粘带	50	60	50	60
	单缝焊	60，有效焊接宽度不小于25			
	双缝焊	80，有效焊接宽度10×2+空腔宽			

3. 卷材的铺贴方法

卷材的铺贴可以采用满粘法、机械固定法、空铺压顶法施工。

(1) 防水层满粘法施工。细石混凝土、水泥砂浆、不燃材料覆盖板、复合绝热板材可作为粘结基层。粘结基层应坚实、平整、干净、干燥。防水卷材的收头部位、屋面周边及穿出屋面设施部位，应采用压条或紧固件固定，并应进行密封处理。满粘法施工防水卷材应符合下列规定：

1) 防水卷材粘结面、粘结基层表面均应涂刷胶粘剂。
2) 胶粘剂应涂刷均匀、不露底、不堆积。
3) 防水卷材铺贴时，应排除卷材与粘结面间的空气，辊压粘贴牢固。
4) 当绝热材料覆盖有保护层时，可在保护层上用胶粘剂粘结防水卷材。

满粘法施工防水卷材，在基层应力集中易开裂部位，宜选用空铺、点粘、条粘或机械固定等施工方法；在坡度较大和垂直面上粘贴防水卷材时，宜采用机械固定法固定卷材，固定点应密封。三元乙丙橡胶防水卷材应采用密封胶带密封。

(2) 防水层机械固定法施工。机械固定法施工防水卷材应符合下列规定：

1) 固定件数量和间距应符合设计要求；固定件应在压型钢板的波峰上固定，并应垂直于屋面板，与防水卷材结合紧密；在收边和开口部位，当固定件不能设在波峰上时，应增设收边加强钢板，固定钉应固定在加强钢板上。
2) 螺钉穿出金属屋面板的有效长度不应小于20 mm；当基层为混凝土时，嵌入混凝土的有效深度不应小于30 mm；当基层为木板时，嵌入木板的有效深度不应小于25 mm。
3) 卷材的铺贴和固定方向宜垂直于屋面压型钢板的波峰方向。
4) 当高分子防水卷材搭接部位采用热风焊接法施工时，搭接部位不应漏焊或过焊。
5) 当改性沥青防水卷材搭接部位采用热风焊接时，应均匀加热、满粘，不得漏焊或过焊；当采用热熔法焊接时，绝热材料的防火等级为A级。

机械固定法施工可采用电式固定或线性固定等方式。防水卷材的固定应采用专用固定件。施工过程中不应采用点焊方式临时固定防水卷材。

(3) 防水层空铺压顶法施工。空铺压顶法施工的基层包括现浇混凝土、水泥砂浆、硬制绝热板材等，基层应坚实、平整、干净、干燥，不应有疏松、开裂、空鼓等现象。压铺层铺设前，防水层上应设置保护层，保护层可空铺在防水层上，搭接宽度不应小于80 mm，并应完全覆盖防水层。

防水卷材的收头部位、屋面周边及穿出屋面设施部位，应采用压条或垫片与基层固定，或与基层满粘，粘结宽度不应小于800 mm。块体压铺材料的拼缝宽度宜为10 mm，板缝处理应先用砂浆填缝至一半高度，再用1∶2水泥砂浆勾成凹缝。

4. 卷材防水层的施工工艺

(1)冷粘法。冷粘法施工是指在常温下采用胶粘剂(带)将卷材与基层或卷材之间粘结的施工方法。一般来说，合成高分子卷材采用胶粘剂、胶粘带粘贴施工，聚合物改性沥青采用胶粘剂粘贴施工。

该工艺在常温下作业，不需要加热或明火，施工方便、安全，但要求基层干燥，胶粘剂的溶剂(或水分)充分挥发，否则不能保证粘结质量。

施工工艺流程：清理基层→涂刷基层处理剂→铺贴附加层卷材→涂刷基层胶粘剂→粘贴防水卷材→卷材接缝的粘结→卷材末端收头的处理→蓄水试验→保护层施工→质量验收。

1)涂刷基层处理剂。基层处理剂是为了增强防水材料与基层之间的粘结力，在防水层施工前，预先涂刷在基层上的稀质涂料。它是与卷材配套使用的粘结材料，应与卷材的材性相容，以免与卷材发生腐蚀或粘结不良。

基层处理剂可采取喷涂法或涂刷法施工，喷、涂应均匀一致，不得有露底现象，待其干燥后应及时铺贴卷材。

喷、涂基层处理剂前，应用毛刷对屋面节点、周边、转角等处先行涂刷。

2)涂刷基层胶粘剂。待基层处理剂干燥后，应立即铺贴卷材。铺贴前，先在卷材表面涂刷胶粘剂。

涂刷胶粘剂可采用滚涂或刷涂法施工，胶粘剂应均匀涂刷在卷材的背面，不得涂刷得太薄而露底，也不能涂刷过多而产生聚胶。涂刷时，切忌在一处来回涂滚，以免将底胶"咬起"，形成凝胶而影响质量。

条粘法、点粘法应按规定的位置和面积涂刷胶粘剂。

注意：在搭接缝部位不得涂刷胶粘剂，留置宽度即卷材搭接宽度。

对于阴阳角、平立面转角处、卷材收头处、排水口、伸出屋面管道根部等节点部位，有增强层时应采用接缝胶粘剂，涂刷工具宜用油漆刷。

3)粘贴防水卷材。各种胶粘剂的性能和施工环境不同，有的可以在涂刷后立即粘贴卷材，有的需待溶剂挥发一部分后才能粘贴卷材，尤以后者居多，因此，要控制好胶粘剂涂刷与卷材铺贴的间隔时间。一般要求基层及卷材上涂刷的胶粘剂达到表干程度，通常为10～30 min，施工时可凭经验确定，用指触不粘手时即可开始粘贴卷材。

卷材防水搭接缝的粘结质量，关键是搭接宽度和粘结密封性能。搭接缝平直、不扭曲，才能使搭接宽度有起码的保证；涂满胶粘剂、粘结牢固、溢出胶粘剂，才能证明粘结牢固、封闭严密。为保证搭接尺寸，一般在已铺卷材上以规定的搭接宽度弹出粉线作为标准。卷材铺贴时应对准已弹好的粉线，并且在铺贴好的卷材上弹出搭接宽度线，以便第二幅卷材铺贴时，能以此为准进行铺贴。

叠层铺贴的各层卷材，在天沟与屋面的交接处，应采用叉接法搭接，搭接缝应错开；接缝宜留在屋面或天沟侧面，不宜留在沟底；在平面、立面交接处，先粘贴好平面，经过转角，由下向上粘贴卷材。

铺贴卷材时切勿拉紧，应轻轻压紧压实，同时排出卷材下面的空气，最后用手持压辊滚压密实，使卷材粘贴牢固。

卷材铺贴后，要求接缝口用宽10 mm的密封材料封严，以提高防水层的密封抗渗性能。

4)卷材接缝的粘结。

①卷材接缝的粘结可采用胶粘剂或胶粘带。

胶粘剂：卷材铺好压粘后，应将搭接部位的结合面清除干净，可用棉纱沾少量汽油擦洗，然后采用油漆刷均匀涂刷接缝胶粘剂，不得出现露底、堆积现象。

涂胶量可按产品说明控制，待胶粘剂表面干燥后(指触不粘)即可进行粘合。粘合时应从一端开始，边压合边驱除空气，不许有气泡和皱折现象，然后用手持压辊顺边认真仔细辊压一遍，使其粘结牢固。三层重叠处最不易压严，要用密封材料预先加以填封，否则将会成为渗水通道。

搭接缝全部粘贴后，缝口要用密封材料封严，密封时用刮刀沿缝刮涂，不能留有缺口，密封宽度不应小于10 mm。

②胶粘带：卷材搭接部位采用胶粘带粘结时，结合面应清理干净，再粘贴胶粘带(必要时可涂刷与卷材及胶粘带材性相容的基层处理剂)，撕去隔离纸后应及时粘合上层卷材，并辊压粘牢。

低温施工时，宜采用热风机加热，使其粘结牢固、封闭严密。

5)卷材末端收头的处理。卷材铺到天沟、檐口、泛水立面时端头应固定牢固，在卷材末端800 mm范围内均应满粘。尤其在泛水立面，在卷材末端处要用金属压条对卷材端头钉压固定，然后再用密封胶将其封严，并沿女儿墙用聚合物水泥砂浆抹压，以避免翘边、开口。

(2)热熔法。热熔法是指将热熔型防水卷材底层加热熔化后，进行卷材与基层或卷材之间粘结的施工方法。对于厚度超过3 mm的高聚物改性沥青热熔卷材常采用这种方法进行施工。

施工工艺流程：清理基层→涂刷基层处理剂→铺贴附加层卷材→加热卷材→粘贴卷材→卷材接缝的粘结→卷材末端收头的处理→蓄水试验→保护层施工→质量验收。

1)加热卷材。热熔法施工的设备是火焰加热器。

操作时，火焰加热器的喷嘴距卷材面的距离应适中，一般保持50~100 mm的距离。将火焰对准卷材与基层交接处，喷嘴与基层呈30°~45°角来回摆动火焰，如图6-7所示，保持幅宽内加热均匀，直到卷材表面熔融至光亮黑色且稍有微泡出现为止。

采用条粘法时，只需加热两侧边，加热宽度各为150 mm左右。

卷材端部加热时如图6-8所示。

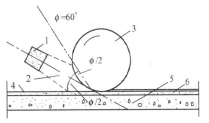

图6-7 火焰的喷射方向
1—喷嘴；2—火焰；3—卷材；
4—找平层；5—结构层；6—卷材

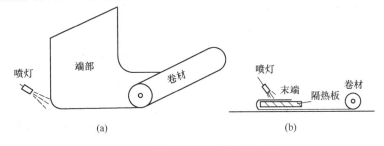

图6-8 热熔卷材端部铺贴示意图
(a)卷材端部加热；(b)卷材末端加热

2)粘贴卷材。

①滚铺法：采用满粘法铺贴卷材时常采取滚铺法施工。

将卷材置于起始位置，对好长、短方向搭接缝，滚展卷材1 000 mm左右，掀开已展开的部分，开启喷枪点火。当卷材表面热熔后应立即滚铺卷材，边加热边滚推，并用刮板用力推刮排出卷材下的空气，使卷材铺平、不皱折、不起泡，与基层粘贴牢固。当起始端铺贴至剩下 300 mm 左右长度时，将其翻放在隔热板上，用火焰加热余下起始端基层后，再加热卷材起始端余下部分，然后将其粘贴于基层。

推刮或辊压时，以卷材两边接缝处溢出沥青热熔胶为最适宜，并将溢出的热熔胶回刮封边。溢出的改性沥青宽度以 2 mm 左右并均匀、顺直为宜。

②展铺法：如果采用条粘法铺贴卷材，可以采取展铺法施工。展铺法是先将卷材平铺于基层，再沿边掀起卷材予以加热粘贴。

施工时，先将卷材展铺在基层上，对好搭接缝，按滚铺法的要求先铺贴好起始端卷材。拉直整幅卷材，使其无皱折、无波纹，能平坦地与基层相贴，并对准长边搭接缝，然后对末端作临时固定，防止卷材回缩。

由起始端开始熔贴卷材，掀起卷材边缘约 200 mm 高，将喷枪头伸入侧边卷材底下，加热卷材边宽约 200 mm 的底面热熔胶和基层，边加热边向后退。同时，用棉纱团等由卷材中间向两边赶出气泡，抹压平整，持辊压实两侧边卷材，并用刮刀将溢出的热熔胶刮压平整。

当铺贴到距末端 1 000 mm 左右长度时，撤去临时固定，按上述滚压法铺贴末端卷材。

3）卷材接缝的粘结。热熔卷材表面一般有一层防粘隔离纸，因此，在热熔粘结接缝之前，应先将下层卷材表面的隔离纸烧掉，以使搭接牢固、严密。

操作时，由持枪人手持烫板（隔火板）柄，将烫板沿搭接粉线后退，喷枪火焰随烫板移动，喷枪应离开卷材 50～100 mm，贴近烫板。

移动速度要控制合适，以刚好熔去隔离纸为宜。烫板和喷枪要密切配合，以免烧损卷材。排气和辊压方法与上述相同。

当整个防水层熔贴完毕后，所有搭接缝应用密封材料涂封严密。

(3) 自粘法。自粘法是指采用带有自粘胶的防水卷材进行粘结的施工方法。

自粘型卷材在工厂生产时，在其底面涂有一层压敏胶，胶粘剂表面敷有一层隔离纸，施工时只要剥去隔离纸，即可直接铺贴。

施工工艺流程：清理基层→涂刷基层处理剂→铺贴附加层卷材→粘贴卷材→卷材接缝的粘结→卷材末端收头的处理→蓄水试验→保护层施工→质量验收。

1）粘贴卷材。自粘型卷材施工一般可采用满粘法和条粘法进行铺贴。采用条粘法时，需与基层脱离的部位可在基层上刷一层石灰水或加铺一层撕下的隔离纸。

铺贴时，应按基线的位置，缓缓剥开卷材背面的防粘隔离纸，将卷材直接粘贴于基层上，排除卷材下面的空气，并辊压粘结牢固。铺贴应随撕隔离纸，随即将卷材向前滚铺。如图 6-9 所示。

铺贴的卷材应平整顺直，搭接尺寸准确，不得扭曲、皱折。卷材搭接部位宜用热风枪加热，加热后粘贴牢固，溢出的自粘胶刮平封口。

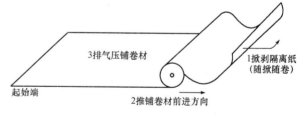

图 6-9 自粘法施工示意图

2）卷材接缝的粘结。所有卷材接缝处应用密封膏封严，宽度不应小于 10 mm。

(4) 热风焊接法。热风焊接法是指采用热风或热锲焊接进行热塑性卷材粘合搭接的施工方法，主要适用于树脂型（塑料）卷材。

目前，采用焊接工艺的材料有 PVC 卷材、高密度和低密度聚乙烯卷材。这类卷材热收缩值较高，它强度大，耐穿刺好，焊接后整体性好。

施工工艺流程：清理基层→涂刷基层处理剂→铺贴附加层卷材→粘贴卷材→卷材接缝的焊接→卷材末端收头的处理→蓄水试验→保护层施工→质量验收。

卷材接缝的焊接：

热风焊接卷材的搭接缝宜采用单缝焊或双缝焊。

焊接前，卷材应铺放平整、顺直，搭接尺寸准确，焊接缝的结合面应清扫干净，不能有油污、泥浆等。如果采取机械固定的，应先行用射钉固定；若采用胶粘剂粘结的，也需要先行粘结，留准搭接宽度。焊接时，应先焊长边搭接缝，后焊短边搭接缝；施工环境温度不宜低于-10℃。

5. 卷材防水层的质量验收

(1)进场材料检验项目应符合表6-5的要求。

表6-5　进场材料检验项目

材料类别	材料名称	现场抽检数量	外观质量检验	性能检验
防水材料	聚氯乙烯防水卷材	每10 000 m²卷材为一批，不足10 000 m²也可作为一批，每批抽3卷进行规格尺寸和外观质量检验。在外观质量检验合格的卷材中，任取一卷裁取样品进行物理性能检验	表面平整、边缘整齐，无裂纹、孔洞、粘结、气泡和疤痕，每卷卷材的接头	拉伸性能、热处理尺寸变化率、低温弯折性、不透水性、抗冲击性能、接缝剥离强度、直角撕裂强度、梯形撕裂强度、吸水率、热老化、耐化学性、人工气候加速老化
	热塑性聚烯烃防水卷材			
	三元乙丙橡胶防水卷材	每8 000 m²卷材为一批，不足8 000 m²也可作为一批，每批抽3卷进行规格尺寸和外观质量检验。在外观质量检验合格的卷材中，任取一卷裁取样品进行物理性能检验	表面平整，无影响使用性能的杂质、机械损伤、折痕及异常粘着等缺陷，无气泡、凹痕	最大拉力、拉伸强度、最大拉力时延长率、断裂伸长率、钉杆撕裂强度（横向）、撕裂强度、低温弯折性、臭氧老化、热处理尺寸变化率、接缝剥离强度、浸水后接缝剥离强度保持率、热空气老化、耐碱性、人工气候加速老化
	弹性体改性沥青防水卷材	每10 000 m²为一批，不足10 000 m²也可作为一批，每批抽5卷进行规格尺寸和外观质量检验。在外观质量检验合格的卷材中，任取一卷裁取样品进行物理性能检验	表面平整，无孔洞、缺边和裂口、疙瘩，矿物粒料粒度，每卷卷材接头	可溶物含量、耐热性、低温柔性、不透水性、拉力、第二峰时延伸率、浸水后质量增加、热老化、渗油性、接缝剥离强度、钉杆撕裂强度、矿物粒料黏附性、人工气候加速老化
	塑性体改性沥青防水卷材			
绝热材料	绝热用挤塑聚苯乙烯泡沫塑料	同类型、同规格每100 m²为一批，不足100 m²按一批计。在每批产品中随机抽取10块进行规格尺寸和外观质量检验。从规格尺寸和外观质量检验合格的产品中，随机抽样进行性能检测	表面平整，无夹杂物，颜色均匀；无明显起泡、裂口、变形	压缩强度、导热系数、尺寸稳定性、渗湿系数、体积吸水率、绝热性能

续表

材料类别	材料名称	现场抽检数量	外观质量检验	性能检验
绝热材料	硬质聚氨酯泡沫塑料绝热板材	同原料、同配方、同工艺条件按100 m² 为一批,不足100 m² 按一批计。在每批产品中随机抽取10块进行规格尺寸和外观质量检验。从规格尺寸和外观质量检验合格的产品中,随机抽样进行性能检测	表面平整,无严重凹凸不平	芯密度、压缩强度、导热系数、尺寸稳定性、水蒸气渗透系数、吸水率、压缩蠕变
	硬质泡沫聚异氰脲酸酯绝热板材	同原料、同工艺、同品种按2 000 m² 为一批,不足2 000 m² 按一批计。在每批产品中随机抽取10块进行规格尺寸和外观质量检验。从规格尺寸和外观质量检验合格的产品中,随机抽样进行性能检测	表面平整,无伤痕、污迹、破损	压缩强度、导热系数、尺寸稳定性、透湿系数、体积吸水率
	岩棉	同原料、同工艺、同品种、同规格按2 000 m² 为一批,不足2 000 m² 按一批计。在每批产品中随机抽取10块进行规格尺寸和外观质量检验。从规格尺寸和外观质量检验合格的产品中,随机抽样进行性能检测	表面平整,无伤痕、污迹、破损,外覆层与基层粘贴	压缩强度、点荷载强度、导热系数、酸度系数、尺寸稳定性、质量吸湿率、憎水率、短期吸水量
胶粘材料	高分子防水卷材胶粘剂	每5 t产品为一批,不足5 t按一批抽样	均匀液体,无杂质、无分散颗粒或凝胶	黏度、不挥发物含量、剪切状态下的粘结性、剥离强度
	搭接胶带	每1 000 m为一批,不足1 000 m按一批抽样,抽取满足检验用量的样品	表面平整,无固团、杂物、空洞、外伤及色差	在黏性土、耐热性、低温柔性、剪切状态下粘结性、剥离强度、剥离强度保持率

(2)主控项目。防水卷材及其配套材料的质量应符合设计要求。检验方法:观察检查和检查出场合格证、质量检验报告和进场抽样复验报告。

采用机械固定法施工的防水卷材固定件的规格、布置方式、位置和数量应符合设计要求。检验方法:观察检查和尺量检查。

防水卷材屋面竣工后不应有渗漏和积水现象。检验方法:雨后或进行淋水2 h、蓄水24 h,观察检查。

防水卷材的搭接方式和搭接宽度应符合设计要求。检验方法:观察检查和尺量检查。

卷材防水层在天沟、檐沟、檐口、水落口、泛水、变形缝和穿出屋面设施的细部构造,应符合设计要求。检验方法:观察检查或检查隐蔽工程验收记录。

(3)一般项目。防水卷材的铺贴方向应正确,卷材搭接宽度允许正偏差。检验方法:观察检查和尺量检查。

防水卷材搭接部位应可靠、均匀、平整。检验方法:观察检查。

防水卷材短边接头部位相互错开不应少于 300 mm。检验方法:尺量检查。

(二)涂膜防水层施工

涂膜防水是在屋面或地下室外墙面等基层上涂刷防水涂料,经固化后形成一层有一定厚度和弹性的整体涂膜,从而达到防水目的的一种防水形式。

1. 涂膜防水工程的优点

(1)能在立面、阴阳角及各种复杂表面,形成无接缝的、完整的防水层。

(2)采用冷施工,改善施工条件,减少环境污染。

(3)自重小,适用于轻型防水屋面等防水。

(4)有较好的延伸性、耐久性和耐候性。

(5)既是防水层又是胶粘剂。

(6)操作简单,施工速度快,易于修补且价格低廉。

2. 涂膜防水的施工顺序

涂膜防水的施工与卷材防水层相同,也必须按照"先高后低、先远后近"的原则进行,即遇有高、低跨屋面,一般先涂布高跨屋面,后涂布低跨屋面。

在相同高度的大面积屋面上,要合理划分施工段,施工段的交接处应尽量设在变形缝处,以便于操作和运输顺序的安排。

在每段中要先涂布离上料点较远的部位,后涂布较近的部位;先涂布排水较集中的水落口、天沟、檐口,再往高处涂布至屋脊或天窗下;先作节点、附加层,然后再进行大面积涂布。

3. 涂膜防水层的施工工艺

涂膜防水层的基层应坚实、平整、干净,应无孔隙、起砂和裂缝。基层的干燥程度应根据所选用的防水涂料特性确定。

双组分或多组分防水涂料应按配合比准确计量,应采用电动机具搅拌均匀,已配制的涂料应及时使用。配料时,可加入适量的缓凝剂或促凝剂调节固化时间,但不得混合已固化的涂料。

涂膜防水常规施工程序是:施工准备工作→基层施工→基层检查及处理→涂刷基层处理剂→节点和特殊部位附加增强处理→涂布防水涂料、铺贴胎体增强材料→防水层清理与检查整修→保护层施工。

其中,基层施工及检查处理是保证涂膜防水施工质量的基础,防水涂料的涂布和胎体增强材料的铺设是最主要与最关键的工序,这道工序的施工方法取决于涂料的性质和设计方法。

防水涂料应多遍均匀涂布,涂膜总厚度应符合设计要求;涂膜间夹铺胎体增强材料时,宜边涂布边铺胎体,胎体间应铺贴平整,应排出气泡,并应与涂料粘结牢固。在胎体上涂布涂料时,应使涂料浸透胎体,并应覆盖完全,不得有胎体外露现象,最上面的涂膜厚度不应小于 1.0 mm;涂膜施工应先做好细部处理,再进行大面积涂布;屋面转角及立面的涂膜应薄涂多遍,不得流淌和堆积。

水乳型及反应型涂料的施工环境温度宜为 5 ℃~35 ℃;溶剂型涂料的施工环境温度宜为 -5 ℃~35 ℃;热熔型涂料的施工环境温度不宜低于 -10 ℃;聚合物水泥涂料的施工环境温度宜为 5 ℃~35 ℃。

(1)施工准备工作。涂布前,应根据屋面面积、涂膜固化时间和施工速度估算好一次涂布用量,确定配料的多少,在固化干燥前用完,已固化的涂料不能与未固化的涂料混合使用。

涂布的遍数应按设计要求的厚度事先通过试验确定，以便控制每遍涂料的涂布厚度和总厚度。胎体增强材料上层的涂布不应少于两遍。

(2)涂刷基层处理剂。为增加基层与防水层间的粘结能力，需要在基层上涂刷基层处理剂，基层处理剂可采用稀释后的防水涂料。

基层处理剂应配比准确，充分搅拌、涂刷均匀、覆盖完全，干燥后方可涂膜施工。

(3)细部节点的附加增强处理。屋面细部节点，如天沟、檐沟、檐口、泛水、出屋面管道根部、阴阳角和防水层收头等部位均应加铺有胎体增强材料的附加层；找平层分格缝增设带有胎体增强材料的空铺附加层，其空铺宽度宜为100 mm。

一般先涂刷1～2遍涂料，铺贴裁剪好的胎体增强材料，使其贴实、平整，干燥后再涂刷一遍涂料。

(4)涂布防水涂料。

1)涂布方法。根据防水涂料种类的不同，防水涂料可以采用涂刷、刮涂或机械喷涂的方法涂布。

水乳型及溶剂型防水涂料宜选用滚涂或喷涂施工；反应固化型防水涂料宜选用刮涂或喷涂施工；热熔型防水涂料宜选用刮涂施工；聚合物水泥防水涂料宜选用刮涂法施工；所有防水涂料用于细部构造时，宜选用涂刷或喷涂施工。

涂刷法是指采用滚刷或棕刷将涂料涂刷在基层上的施工方法，喷涂法是指采用带有一定压力的喷涂设备使从喷嘴中喷出的涂料产生一定的雾化作用，涂布在基层表面的施工方法，这两种方法一般用于固含量较低的水乳型或溶剂型涂料。刮涂法是指采用刮板将涂料涂布在基层上的施工方法，一般用于高固含量的双组分涂料的施工。

涂刷应采用蘸刷法，不得采用将涂料倒在屋面上，再用滚刷或棕刷涂刷的方法，以免涂料产生堆积现象。

刮涂法施工时，由于涂层较厚，可以先将涂料倒在屋面上，然后用刮板将涂料刮开。刮涂时应注意控制涂层厚薄的均匀程度，最好采用带齿的刮板进行刮涂，以齿的高度来控制涂层的厚度。

喷涂时应根据喷涂压力的大小，选用合适的喷嘴，使喷出的涂料成雾状均匀喷出，喷涂时应控制好喷嘴移动速度，保持匀速前进，使喷涂的涂层厚薄均匀。

2)技术要求。防水涂膜应分遍涂布，待先涂布的涂料干燥成膜后，方可涂布后一遍涂料，且前后两遍涂料涂布方向应相互垂直。

涂料涂布应分条或按顺序进行。分条进行时，每条的宽度应与胎体增强材料的宽度相一致，以免操作人员踩踏刚涂好的涂层。每次涂布前应仔细检查前一遍涂层是否有缺陷，如是否有气泡、露底、漏刷、胎体增强材料皱折、翘边、杂物混入等现象，如发现上述问题，应先进行修补，再涂布下一遍涂层。

立面部位涂层应在平面涂布前进行，而且应采用多次薄层涂布，尤其是流平性好的涂料，否则会产生流坠现象，使上部涂层变薄，下部涂层增厚，影响防水性能。

涂布时应控制好每遍涂层的厚度，即要控制好每遍涂层的用量和厚薄均匀程度。

涂布方向应顺屋脊方向，如有胎体增强材料时，涂布方向应与胎体增强材料的铺贴方向一致。

涂层间加铺胎体增强材料时，宜边涂布边铺胎体。胎体应铺贴平整、排出气泡，并与涂料粘贴牢固。在胎体上涂布涂料时，应使涂料浸透胎体、覆盖完全，不得有胎体外露现象，面层厚度不应小于1.0 mm。

(5)铺贴胎体增强材料。

1)铺贴方向。胎体增强材料的铺设方向与屋面坡度有关,屋面坡度小于15%时可平行屋脊铺设,屋面坡度大于15%时,应垂直屋脊铺设。

采用两层胎体增强材料时,由于胎体增强材料的纵向和横向延伸率不同,因此,上、下层胎体应同方向铺设,使两层胎体材料有一致的延伸性。

2)铺贴顺序。铺设时由屋面最低标高处开始向上操作,使胎体增强材料搭接顺流水方向,避免呛水。

3)搭接宽度。胎体增强材料搭接时,其长边搭接宽度不得小于50 mm,短边搭接宽度不得小于70 mm。

4)铺贴方法。胎体增强材料的铺设可采用湿铺法或干铺法施工。

当涂料的渗透性较差或胎体增强材料比较密实时,宜采用湿铺法施工,以便涂料可以很好地浸润胎体增强材料。

5)技术要求。铺贴叠层胎体增强材料时,相邻上、下层的搭接缝应错开,其间距不得小于1/3幅宽,以避免产生重缝。

铺贴时切忌拉伸过紧,刮平时也不能用力过大。

铺设后应严格检查表面,不得有皱折、翘边、空鼓等缺陷,也不得有露白现象。

4. 涂膜防水层的质量验收

进场的防水涂料和胎体增强材料应检验下列项目:

(1)高聚物改性沥青防水涂料的固体含量、耐热性、低温柔性、不透水性、断裂伸长率或抗裂性。

(2)合成高分子防水涂料和聚合物水泥防水涂料的固体含量、低温柔性、不透水性、拉伸强度、断裂伸长率等。

(3)胎体增强材料的拉力、延伸率。

(三)刚性防水层施工

刚性防水屋面是采用普通细石混凝土、补偿收缩混凝土、钢纤维混凝土等材料作屋面防水层,依靠防水层自身的密实性并采取一定的构造措施,以达到防水的目的。与卷材和涂膜防水层相比,刚性防水层取材容易、价格便宜、耐久性好、维修方便,但对地基不均匀沉降、温度变化、结构振动等因素都非常敏感,因而容易产生变形开裂,易发生渗漏现象。

补偿收缩混凝土是在细石混凝土中掺入膨胀剂拌制而成,钢纤维混凝土是在细石混凝土中掺入了钢纤维拌制而成。

1. 刚性防水层材料要求

(1)水泥。水泥宜用普通硅酸盐水泥或硅酸盐水泥,强度等级不低于42.5级,当采用矿渣硅酸盐水泥时,应采取减小泌水性的措施,不得使用火山灰质水泥。

(2)集料。粗集料的最大粒径不宜大于15 mm,含泥量不应大于1%;细集料应采用中砂或粗砂,含泥量不应大于3%。

(3)水。水采用自来水或可饮用的天然水。

(4)外加剂。为满足一些功能要求,防水层中可掺入膨胀剂、减水剂、防水剂等外加剂。

外加剂应分类保管,不得混杂,并应存放于阴凉、通风、干燥处,运输时应避免雨淋、日晒和受潮。

2. 刚性防水屋面的一般规定

(1)混凝土。细石混凝土防水屋面的厚度不小于40 mm,混凝土强度等级不低于C20,每立方米混凝土水泥用量不少于330 kg,水胶比不大于0.55。混凝土应机械搅拌、机械振捣。

(2)分格缝。为避免受温度影响产生裂缝,细石混凝土防水层应设置分格缝,分格缝设在屋面板的支承端、屋面转折处、防水层与突出屋面结构的交接处,并与板缝对齐,其纵、横间距不宜大于 6 m。分格缝采用木条留设,上口宽为 30 mm,下口宽为 20 mm,待混凝土初凝后取出,分格缝内嵌填油膏等密封材料,缝口上还需做覆盖保护层。

(3)钢筋网片。防水层内应配置直径为 4～6 mm、间距为 100～200 mm 的双向钢筋网片,位置以居中偏上为宜。钢筋网片在分格缝处应断开,钢筋保护层不小于 10 mm。

(4)隔离层。为减少结构变形和温度应力对防水层的不利影响,应在防水层与基层之间设置隔离层,让防水层能自由伸缩并提高抗伸缩变形能力。隔离层一般采用铺一层 5～8 mm 干细砂滑动层并干铺一层卷材,或在找平层上直接铺塑料薄膜的方法。

(5)与立墙及凸出屋面结构的连接。刚性防水层应在与女儿墙等立墙及凸出屋面结构部位留设缝隙,并用柔性密封材料进行处理,防止刚性防水层的温度变形推裂女儿墙。

(6)施工条件。刚性防水层施工环境气温宜为 5 ℃～35 ℃,应避免在负温度或烈日暴晒下施工。

3. 刚性防水屋面的施工工艺

(1)工艺流程。施工准备工作→基层处理→隔离层施工→安放分格条→铺设钢筋网片→浇筑防水层混凝土→抹面处理→养护。

(2)基层处理。刚性防水屋面的基层宜为整体现浇的钢筋混凝土板,在施工防水层前,应保证屋面的洁净,并清除屋面上的杂物。当屋面结构采用装配式钢筋混凝土板时,应用强度等级不小于 C20 的细石混凝土灌缝,并宜掺入适量的膨胀剂。若板缝宽度大于 40 mm 或上窄下宽时,缝内应设置构造钢筋,板缝进行密封处理。

(3)隔离层施工。黏土砂浆隔离层施工:将石灰膏、砂、黏土按 1∶2.4∶3.6 的比例均匀拌和,在基层上铺抹厚度为 10～20 mm 并压平抹光,待砂浆基本干燥后,进行防水层施工。

卷材隔离层施工:用 1∶3 水泥砂浆找平结构层,在干燥的找平层上铺一层干细砂后,再在其上铺一层卷材隔离层。

(4)安放分格条。在施工防水层前,先在隔离层上定好分格缝的位置,然后安放分格条。分格条可采用木条,放前先浸水并涂刷隔离剂,再用砂浆固定。

(5)铺设钢筋网片。防水层中的钢筋网片,施工时应放置在混凝土中的上部。钢筋网片在分格缝处应断开,其保护层厚度不应小于 10 mm。

(6)浇筑防水层。防水层混凝土应用机械搅拌和机械振捣,搅拌时间不应少于 2 min。

钢纤维混凝土宜采用强制式搅拌机搅拌,搅拌时宜先将钢纤维、水泥、粗细集料干拌 1.5 min,再加入水湿拌,也可采用在混合料拌和过程中加入钢纤维拌和的方法,搅拌时间应比普通混凝土延长 1～2 min。钢纤维混凝土拌合物从搅拌机卸出到浇筑完毕的时间不宜超过 30 min。

每个分格板块的混凝土应一次浇筑完成,不得留施工缝。

(7)抹面处理。抹压时不得在表面洒水、加水泥浆或撒干水泥,混凝土收水后应进行二次压光。

(8)养护。混凝土浇筑后应进行养护,可采用覆盖保湿材料浇水养护的方法,养护时间不宜少于 14 d,养护初期屋面不得上人。

五、保护层和隔离层施工

施工完的防水层应进行雨后观察、淋水或蓄水试验,并应在合格后再进行保护层和隔离层的施工;施工前,防水层或保温层的表面应平整、干净;施工时应避免损坏防水层或保温层;块体材料、水泥砂浆、细石混凝土保护层表面的坡度应符合设计要求,不得有积水现象。

1. 块体材料保护层

在砂结合层上铺设块体时，砂结合层应平整，块体间应预留 10 mm 的缝隙，缝内应填砂，并应用 1∶2 水泥砂浆勾缝；在水泥砂浆结合层上铺设块体时，应先在防水层上做隔离层，块体间应预留 10 mm 的缝隙，缝内应用 1∶2 水泥砂浆勾缝。

块体表面应洁净、色泽一致，应无裂纹、掉角和缺棱等缺陷。

块体材料的施工环境温度：干铺不宜低于 −5 ℃，湿铺不宜低于 5 ℃。

2. 水泥砂浆及细石混凝土保护层

水泥砂浆及细石混凝土保护层铺设前，应在防水层上做隔离层。细石混凝土铺设不宜留施工缝；当施工间隙超过时间规定时，应对接槎进行处理。水泥砂浆及细石混凝土表面应抹平压光，不得有裂纹、脱皮、麻面、起砂等缺陷。

水泥砂浆及细石混凝土的施工环境温度宜为 5 ℃～35 ℃。

3. 浅色涂料保护层

浅色涂料应与卷材、涂膜相容，材料用量应根据产品说明书的规定使用。

施工时，浅色涂料应多遍涂刷，当防水层为涂膜时，应在涂膜固化后进行。涂层应与防水层粘结牢固，厚薄应均匀，不得漏涂；涂层表面应平整，不得有流淌和堆积。

浅色涂料的施工环境温度不宜低于 5 ℃。

4. 隔离层

隔离层干铺塑料膜、土工布、卷材时，其搭接宽度不应小于 50 mm，铺设应平整，不得有皱折，可在负温下施工；低强度等级砂浆铺设时，其表面应平整、压实，不得有起壳和起砂等现象，施工环境温度宜为 5 ℃～35 ℃。

隔离材料的储运、保管应符合下列规定：

(1)塑料膜、土工布、卷材储运时，应防止日晒、雨淋、重压。

(2)塑料膜、土工布、卷材保管时，应保证室内干燥、通风。

(3)塑料膜、土工布、卷材保管环境应远离火源、热源。

任务实施

一、建筑工程施工技术交底的要求

(1)工程施工技术交底必须符合建筑工程施工及验收规范、技术操作规程(分项工程工艺标准)、质量检验评定标准的相应规定。同时，也应符合各行业制定的有关规定、准则以及所在省(区)市地方性的具体政策和法规的要求。

(2)工程施工技术交底必须执行国家各项技术标准，包括计量单位和名称。有的施工企业还制定企业内部标准，如建筑分项工程施工工艺标准、混凝土施工管理标准等。这些企业标准在技术交底时，应认真贯彻实施。

(3)技术交底还应符合设计施工图中的各项技术要求，特别是当设计图纸中的技术要求和技术标准高于国家施工及验收规范的相应要求时，应作为更详细的交底和说明。

(4)应符合和体现上一级技术领导技术交底中的意图和具体要求。

(5)应符合和实施施工组织设计或施工方案的各项要求，包括技术措施和施工进度等要求。

(6)对不同层次的施工人员，其技术交底深度与详细程度不同，也就是说对不同人员交底的内容深度和说明的方式要求具有针对性。

(7)技术交底应全面、准确，并突出重点；应详细说明怎么做，执行什么标准，其技术要求如何，施工工艺与质量标准和安全注意事项等应分项具体说明，不能含糊其辞。

(8) 在施工中使用的新技术、新工艺、新材料，应进行详细交底。

二、建筑工程施工技术交底包括的内容

1. 施工单位总工程师或主任工程师向施工队或工区施工负责人进行技术交底的内容

(1) 工程概况和各项技术经济指标和要求。
(2) 主要施工方法，关键性的施工技术及施工中存在的问题。
(3) 特殊工程部位的技术处理细节及其注意事项。
(4) 新技术、新工艺、新材料、新结构施工技术要求与实施方案及注意事项。
(5) 施工组织设计网络计划、进度要求、施工部署、施工机械、劳动力安排与组织。
(6) 总包与分包单位之间互相协作配合关系及其有关问题的处理。
(7) 施工质量标准和安全技术。

2. 施工队技术负责人向单位工程负责人、质量检查员、安全员技术交底的内容

(1) 工程概况和当地地形、地貌、工程地质及各项技术经济指标。
(2) 设计图纸的具体要求、做法及其施工难度。
(3) 施工组织设计或施工方案的具体要求及其实施步骤与方法。
(4) 施工中的具体做法，采用的工艺标准；关键部位及其实施过程中可能遇到的问题与解决方法。
(5) 施工进度要求、工序搭接、施工部署与施工班组任务确定。
(6) 施工中所采用主要施工机械型号、数量及其进场时间、作业程序安排等有关问题。
(7) 新工艺、新结构、新材料的有关操作规程、技术规定及其注意事项。
(8) 施工质量标准和安全技术具体措施及其注意事项。

3. 单位工程负责人或技术主管工程师向各作业班组长和各工种工人进行技术交底的内容

(1) 每一个作业班组负责施工的分部分项工程的具体技术要求和采用的施工工艺标准。
(2) 各分部分项工程施工质量标准。
(3) 质量通病预防办法及其注意事项。
(4) 施工安全交底和介绍以往同类工程的安全事故教训及应采取的具体安全对策。

 拓展提高

高聚物改性沥青防水卷材的主要性能指标应符合表 6-6 的要求。

表 6-6　高聚物改性沥青防水卷材的主要性能指标

项　目	指　标				
	聚酯毡胎体	玻纤毡胎体	聚乙烯胎体	自粘聚酯胎体	自粘无胎体
可溶物含量 /(g·m^{-2})	3 mm 厚≥2 100 4 mm 厚≥2 900		—	2 mm 厚≥1 300 3 mm 厚≥2 100	—
拉力 (N/50 mm)	≥500	纵向≥350	≥200	2 mm 厚≥350 3 mm 厚≥400	≥150

续表

项目		指标				
		聚酯毡胎体	玻纤毡胎体	聚乙烯胎体	自粘聚酯胎体	自粘无胎体
延伸率/%		最大拉力时 SBS≥30 APP≥25	—	断裂时≥120	最大拉力时 ≥30	最大拉力时≥200
耐热度 (℃,2h)		SBS卷材90,APP卷材100, 无滑动、流淌、滴落		PEE卷材90, 无流淌、起泡	70,无滑动、 流淌、滴落	70,滑动 不超过2 mm
低温柔性/℃		SBS卷材−20;APP卷材−7; PEE卷材−20			−20	
不透水性	压力/MPa	≥0.3	≥0.2	≥0.4	≥0.3	≥0.2
	保持时间/min	≥30			≥120	

合成高分子防水卷材的主要性能指标应符合表6-7的要求。

表6-7 合成高分子防水卷材的主要性能指标

项目		指标			
		硫化橡胶类	非硫化橡胶类	树脂类	树脂类(复合片)
断裂拉伸强度/MPa		≥6	≥3	≥10	≥60 N/10 mm
扯断伸长率/%		≥400	≥200	≥200	≥400
低温弯折/℃		−30	−20	−25	−20
不透水性	压力/MPa	≥0.3	≥0.2	≥0.3	≥0.3
	保持时间/min	≥30			
加热收缩率/%		<1.2	<2.0	≤2.0	≤2.0
热老化保持率 (80℃×168 h,%)	断裂拉伸强度	≥80		≥85	≥80
	扯断伸长率	≥70		≥80	≥70

基层处理剂、胶粘剂、胶粘带的主要性能指标应符合表6-8的要求。

表6-8 基层处理剂、胶粘剂、胶粘带的主要性能指标

项目	指标			
	沥青基防水卷材 用基层处理剂	改性沥青 胶粘剂	高分子 胶粘剂	双面 胶粘带
剥离强度(N/10 mm)	≥8	≥8	≥15	≥6
浸水168 h剥离强度保持率/%	≥8N/10 mm	≥8N/10 mm	70	70
固体含量/%	水性≥40 溶剂性≥30	—	—	—
耐热性	80℃无流淌	80℃无流淌	—	—
低温柔性	0℃无裂纹	0℃无裂纹	—	—

高聚物改性沥青防水涂料主要性能指标应符合表6-9的要求。

表6-9 高聚物改性沥青防水涂料主要性能指标

项目		指标	
		水乳型	溶剂型
固体含量/%		≥45	≥48
耐热性(80℃,5h)		无流淌、起泡、滑动	
低温柔性(℃,2h)		−15,无裂纹	−15,无裂纹
不透水性	压力/MPa	≥0.1	≥0.2
	保持时间/min	≤30	≥30
断裂伸长率		≥600	—
抗裂性/min		—	基层裂缝0.3mm,涂膜无裂纹

合成高分子防水涂料(反应型固化)的主要性能指标应符合表6-10的要求。

表6-10 合成高分子防水涂料(反应型固化)的主要性能指标

项目		指标	
		Ⅰ类	Ⅱ类
固体含量/%		单组分≥80;多组分≥92	
拉伸强度/MPa		单组分,多组分≥1.9	单组分,多组分≥2.45
断裂伸长率/%		单组分≥550;多组分≥450	单组分,多组分≥450
低温柔性(℃,2h)		单组分−40;多组分−35;无裂纹	
不透水性	压力/MPa	≥0.3	
	保持时间	≥30	

合成高分子防水涂料(挥发固化型)的主要性能指标应符合表6-11的要求。

表6-11 合成高分子防水涂料(挥发固化型)的主要性能指标

项目		指标
固体含量/%		≥65
拉伸强度/MPa		≥1.5
断裂伸长率/%		≥300
低温柔性(℃,2h)		−20,无裂纹
不透水性	压力/MPa	≥0.3
	保持时间/min	≥30

聚合物水泥防水涂料的主要性能指标应符合表6-12的要求。

表6-12 聚合物水泥防水涂料的主要性能指标

项目	指标
固体含量/%	≥70
拉伸强度/MPa	≥1.2

续表

项　　目		指　　标
断裂伸长率/%		≥200
低温柔性(℃，2 h)		—10，无裂纹
不透水性	压力/MPa	≥0.3
	保持时间/min	≥30

聚合物水泥防水胶结材料的主要性能指标应符合表 6-13 的要求。

表 6-13　聚合物水泥防水胶结材料的主要性能指标

项　　目		指　　标
与水泥基层的拉伸粘结强度/MPa	常温 7 d	≥0.6
	耐水	≥0.4
	耐冻融	≥0.4
可操作时间/h		≥2
抗渗性(MPa，7 d)	抗渗性	≥1.0
	抗压强度/MPa	≥9
柔韧性 28 d	抗压强度/抗折强度	≤3
剪切状态下的粘合性(N/mm，常温)	卷材与卷材	≥2.0
	卷材与基底	≥1.8

胎体增强材料的主要性能指标应符合表 6-14 的要求。

表 6-14　胎体增强材料的主要性能指标

项　　目		指　　标	
		聚酯无纺布	化纤无纺布
外观		均匀，无团状，平整、无皱折	
拉力(N/50 mm)	纵向	≥150	≥45
	横向	≥100	≥35
延伸率/%	纵向	≥10	≥20
	横向	≥20	≥25

合成高分子密封材料的主要性能指标应符合表 6-15 的要求。

表 6-15　合成高分子密封材料的主要性能指标

项　　目		指　　标						
		25LM	25HM	20LM	20HM	12.5E	12.5P	7.5P
拉伸模量/MPa	23 ℃	≤0.4	>0.4	≤0.4	>0.4	—		
	−20 ℃	和≤0.6	或>0.6	和≤0.6	或>0.6			
定伸粘结性		无破坏					—	
浸水后定伸粘结性		无破坏					—	
热压冷拉后粘结性		无破坏					—	
拉伸压缩后粘结性		—					无破坏	

续表

项 目	指 标						
	25LM	25HM	20LM	20HM	12.5E	12.5P	7.5P
断裂伸长率/%	—					≥100	≥20
浸水后断裂伸长率/%	—					≥100	≥20

拓展实训

一、填空题

1. 屋面工程应根据建筑物的性质、重要程度、使用功能要求以及防水层耐用年限等，将屋面防水分为_____个等级。
2. 我国目前屋面保温层按形式可分为_____、_____。
3. 泛水即在屋面的转角处，做成半径不小于 100 mm 的圆角或斜边长度_____的钝角垫坡。
4. 卷材防水屋面施工时，平屋面的排水坡度：对于结构找坡宜为_____，材料找坡宜为_____。

二、简答题

1. 找平层有哪些质量要求？
2. 怎样采用简单方法检查基层的干燥程度？
3. 屋面保护层的做法有哪些？各自的适用范围是什么？
4. 常用防水卷材有哪些种类？
5. 卷材防水层对基层有哪些要求？
6. 卷材防水屋面基层如何处理？为什么找平层要留分格缝？分格缝的做法是什么？
7. 简述刚性防水屋面的特点。

课外学习指要

屋面工程用防水材料标准应按表 6-16 选用。

表 6-16　屋面工程用防水材料标准

类别	标准名称	标准编号
改性沥青防水卷材	1. 弹性体改性沥青防水卷材	GB 18242
	2. 塑性体改性沥青防水卷材	GB 18243
	3. 改性沥青聚乙烯胎防水卷材	GB 18967
	4. 带自粘层的防水卷材	GB/T 23260
	5. 自粘聚合物改性沥青防水卷材	GB 23441
高分子防水卷材	1. 聚氯乙烯防水卷材	GB 12952
	2. 氯化聚乙烯防水卷材	GB 12953
	3. 高分子防水材料　第1部分：片材	GB 18173.1
	4. 氯化聚乙烯-橡胶共混防水卷材	JC/T 684

续表

类别	标准名称	标准编号
防水涂料	1. 聚氨酯防水涂料	GB/T 19250
	2. 聚合物水泥防水涂料	GB/T 23445
	3. 水乳型沥青防水涂料	JC/T 408
	4. 溶剂型橡胶沥青防水涂料	JC/T 852
	5. 聚合物乳液建筑防水涂料	JC/T 864
密封材料	1. 硅酮建筑密封胶	GB/T 14683
	2. 建筑用硅酮结构密封胶	GB 16776
	3. 建筑防水沥青嵌缝油膏	JC/T 207
	4. 聚氨酯建筑密封胶	JC/T 482
	5. 聚硫建筑密封胶	JC/T 483
	6. 混凝土建筑接缝用密封胶	JC/T 881
	7. 幕墙玻璃接缝用密封胶	JC/T 882
	8. 金属板用建筑密封胶	JC/T 884
瓦	1. 玻纤胎沥青瓦	GB/T 20474
	2. 烧结瓦	GB/T 21149
	3. 混凝土瓦	JC/T 746
配套材料	1. 高分子防水卷材胶粘剂	JC/T 863
	2. 丁基橡胶防水密封胶粘带	JC/T 942
	3. 坡屋面用防水材料 聚合物改性沥青防水垫层	JC/T 1067
	4. 坡屋面用防水材料 自粘聚合物沥青防水垫层	JC/T 1068
	5. 沥青基防水卷材用基层处理剂	JC/T 1069
	6. 自粘聚合物沥青泛水带	JC/T 1070
	7. 种植屋面用耐根穿刺防水卷材	JC/T 1075

任务二 地下防水工程施工

任务描述

编写地下工程卷材防水层、涂料防水层、水泥砂浆防水层的技术交底。

任务分析

地下防水工程是对工业与民用建筑的地下工程、防护工程、隧道及地下铁道等建筑物和构筑物,进行防水设计、防水施工和维护管理的工程,主要是防止地下水对地下构筑物或建筑物基础的长期浸透,确保地下构筑物和建筑物基础能正常发挥其使用功能。

地下防水工程按照防水内容来划分,可分为地下工程混凝土结构主体防水、地下工程混凝土结构细部构造防水、地下工程排水等;按防水工程的做法分,可分为防水混凝土结构自防水和设置附加防水层进行防水两类。

地下防水工程附加防水层可采用防水砂浆、卷材、防水涂料、塑料防水板、金属板和膨润土防水材料等。

其中,最常用的是防水混凝土结构自防水和用防水卷材做附加外防水层。

相关知识

一、防水混凝土施工

防水混凝土是指通过采用调整混凝土配合比或掺外加剂等方法,提高自身的密实性,而具有一定防水能力的不透水性混凝土,它兼有承重、围护和抗渗功能。

规范规定,地下工程迎水面主体结构应采用防水混凝土,并应根据防水等级的要求采取其他防水措施。

(一)一般规定

(1)防水混凝土可通过调整配合比,或掺外加剂、掺合料等措施配置而成,其抗渗等级不得小于 P6。

(2)防水混凝土的施工配合比应通过试验确定,试配混凝土的抗渗等级应比设计要求提高 0.2 MPa。

(3)防水混凝土应满足抗渗等级要求,并应根据地下工程所处的环境和工作条件,满足抗压、抗冻和抗侵蚀性等耐久性要求。

(二)材料准备

1. 水泥

水泥品种宜采用硅酸盐水泥、普通硅酸盐水泥,采用其他品种水泥时应经试验确定;在受侵蚀性介质作用,应按介质的性质选用相应的水泥品种;不得使用过期或受潮结块的水泥,并不得将不同品种或强度等级的水泥混合使用。

2. 矿物掺合料

(1)粉煤灰的品质应符合现行国家标准《用于水泥和混凝土中的粉煤灰》(GB 1596)的有关规定,粉煤灰的级别不应低于Ⅱ级,烧失量不应大于5%,用量宜为胶凝材料总量的20%~30%,当水胶比小于0.45时,粉煤灰用量可适当提高。

(2)硅粉的品质应符合表6-17的要求,用量宜为胶凝材料总量的2%~5%。

表6-17 硅粉品质要求

项目	指标
比表面积(m^2/kg)	≥15 000
二氧化硅含量/%	≥85

(3)粒化高炉矿渣粉的品质要求应符合现行国家标准《用于水泥和混凝土中的粒化高炉矿渣粉》(GB/T 18046)的有关规定。

(4)使用复合掺合料时,其品种和用量应通过试验确定。

3. 砂、石

(1)宜选用坚固耐久、粒形良好的洁净石子;最大粒径不宜大于40 mm,泵送时其最大粒径不应大于输送管径的1/4;吸水率不应大于1.5%;不得使用碱活性集料;石子的质量要求应符合现行行业标准《普通混凝土用砂、石质量及检验方法标准》(JGJ 52)的有关规定。

(2)砂宜选用坚硬、抗风化性强、洁净的中粗砂,不宜使用海砂;砂的质量要求应符合现行行业标准《普通混凝土用砂、石质量及检验方法标准》(JGJ 52)的有关规定。

4. 水

水应为洁净水,可采用饮用水,应符合现行行业标准《混凝土用水标准》(JGJ 63)的规定。

5. 外加剂

防水混凝土可根据工程需要掺入减水剂、膨胀剂、防水剂、密实剂、引气剂、复合型外加剂及水泥基渗透结晶型材料,其品种和用量应经试验确定,所用外加剂的技术性能应符合国家现行有关标准的质量要求。

严禁使用对人体产生危害、对环境产生污染的外加剂。

6. 纤维

防水混凝土可根据工程抗裂需要掺入合成纤维或钢纤维,纤维的品种及掺量应通过试验确定。

7. 碱含量及氯含量

防水混凝土中各类材料的总碱量(Na_2O 当量)不得大于 3 kg/m^3,氯离子含量不应超过胶凝材料总量的 0.1%。

(三)防水混凝土的施工

防水混凝土施工前应做好降水工作,不得在有积水的环境中浇筑混凝土。

1. 防水混凝土的配料

防水混凝土的配合比,应符合下列规定:

(1)胶凝材料用量应根据混凝土的抗渗等级和强度等级等选用,其总用量不宜小于 320 kg/m^3;当强度要求较高或地下水有腐蚀性时,胶凝材料用量可通过试验调整。

(2)在满足混凝土抗渗等级、强度等级和耐久性条件下,水泥用量不宜小于 260 kg/m^3。

(3)砂率宜为 35%~40%,泵送时可增至 45%。

(4)灰砂比宜为 1∶1.5~1∶2.5。

(5)水胶比不得大于 0.50,有侵蚀性介质时水胶比不宜大于 0.45。

(6)防水混凝土采用预拌混凝土时,如泵坍落度控制在 120~160 mm,坍落度每小时损失值不应大于 20 mm,坍落度总损失值不应大于 40 mm。

(7)掺加引起剂或引气型减水剂时,混凝土含气量应控制在 3%~5%。

(8)预拌混凝土的初凝时间宜为 6~8 h。

防水混凝土的配料应按配合比精确称量,其计量允许偏差应符合表 6-18 的规定。

表 6-18 防水混凝土配料计量允许偏差

混凝土组成材料	每盘计量/%	累计计量/%
水泥、掺合料	±2	±1
粗、细集料	±3	±2
水、外加剂	±2	±1

使用减水剂时,减水剂宜配制成一定浓度的溶液。

2. 防水混凝土的施工要求

(1)防水混凝土应分层连续浇筑,分层厚度不得大于 500 mm。

(2)用于防水混凝土的模板应拼缝严密、支撑牢固。

(3)防水混凝土拌合物应采用机械搅拌,搅拌时间不宜小于 2 min。掺外加剂时,搅拌时间应根据外加剂的技术要求确定。

(4)防水混凝土拌合物在运输后如出现离析,必须进行二次搅拌。当坍落度损失后不能满足施工要求时,应加入原水胶比的水泥浆或掺加同品种的减水剂进行搅拌,严禁直接加水。

(5)防水混凝土应采用机械振捣,避免漏振、欠振和超振。

(6)防水混凝土终凝后应立即进行养护,养护时间不得少于 14 d。

3. 防水混凝土的施工缝

防水混凝土应连续浇筑,宜少留施工缝。当留设施工缝时,应符合下列规定:

(1)墙体水平施工缝。墙体水平施工缝不应留在剪力最大处或底板与侧墙的交接处,应留在高出底板表面不小于 300 mm 的墙体上。拱(板)墙结合的水平施工缝,宜留在拱(板)墙接缝线以下 150~300 mm 处。墙体有预留孔洞时,施工缝距孔洞边缘不应小于 300 mm。

(2)垂直施工缝。垂直施工缝应避开地下水和裂隙水较多的地段,并宜与变形缝相结合。

(3)施工缝处防水措施。施工缝的防水措施有很多种,如外贴止水带、外贴防水卷材、外涂防水涂料、中埋止水带、中埋腻子型遇水膨胀止水条或遇水膨胀橡胶止水条等。

中埋式止水带用于施工缝的防水效果一直不错,中埋式止水带从材质上看,有钢板和橡胶两种,从防水角度上这两种材料均可使用,但从防水效果看,宜采用钢板止水带。止水钢板可采用 2 mm 厚、200 mm 宽,在浇筑混凝土前放置于施工缝处。

目前,预埋注浆管用于施工缝的防水做法应用较多,防水效果明显,但采用此种方法时要注意注浆时机,一般在混凝土浇灌 28 d 后、结构装饰施工前注浆或使用过程中施工缝出现漏水时注浆更好。

施工缝防水构造形式宜按图 6-10、图 6-11 选用,当采用两种以上构造措施时可进行有效组合。

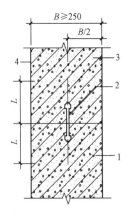

图 6-10 施工缝防水构造(一)
钢板止水带 L≥150;橡胶止
水带 L≥200;砂浆 L=200;
1—先浇混凝土;2—中埋止水带;
3—后浇混凝土;4—结构迎水面

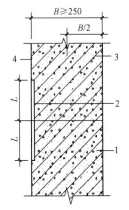

图 6-11 施工缝防水构造(二)
外贴止水带 L≥150;
外涂防水涂料 L=200;
外抹防水钢板橡胶止水带 L≥120;
1—先浇混凝土;2—外贴止水带;
3—后浇混凝土;4—结构迎水面

(4)施工缝的处理。水平施工缝浇筑混凝土前,应将其表面浮浆和杂物清除,然后铺设净浆或涂刷混凝土界面处理剂、水泥基渗透结晶型防水涂料等材料,再铺 30~50 mm 厚的 1:1 水泥砂浆,并应及时浇筑混凝土。

垂直施工缝浇筑混凝土前，应将其表面清理干净，再涂刷混凝土界面处理剂或水泥基渗透结晶型防水涂料，并应及时浇筑混凝土。

遇水膨胀止水条(胶)应与接缝表面密贴；采用中埋式止水带或预埋式注浆管时，应定位准确、固定牢靠。

4. 大体积防水混凝土的施工

大体积防水混凝土的施工，应符合下列规定：

(1)在设计许可的情况下，掺粉煤灰混凝土设计强度等级的龄期宜为 60 d 或 90 d。

(2)宜选用水化热低和凝结时间长的水泥。

(3)宜掺入减水剂、缓凝剂等外加剂和粉煤灰、磨细矿渣粉等掺合料。

(4)炎热季节施工时，应采取降低原材料温度、减少混凝土运输时吸收外界热量等降温措施，入模温度不应大于 30 ℃。

(5)混凝土内部预埋管道，宜进行水冷散热。

(6)应采取保温保湿养护。混凝土中心温度与表面温度的差值不应大于 25 ℃，表面温度与大气温度的差值不应大于 20 ℃，温降阶梯不得大于 3 ℃/d，养护时间不应少于 14 d。

(四)质量验收

1. 主控项目

(1)防水混凝土的原材料、配合比及坍落度必须符合设计要求。检验方法：检查产品合格证、产品性能检测报告、计量措施和材料进场检验报告。

(2)防水混凝土的抗压强度和抗渗性能必须符合设计要求。检验方法：检查混凝土抗压强度、抗渗性能检验报告。

(3)防水混凝土结构的施工缝、变形缝、后浇带、穿墙管、埋设件等设置和构造必须符合设计要求。检验方法：观察检查和检查隐蔽工程验收记录。

2. 一般项目

(1)防水混凝土结构表面应坚实、平整，不得有露筋、蜂窝等缺陷；埋设件位置应准确。检验方法：观察检查。

(2)防水混凝土结构表面的裂缝宽度不应大于 0.2 mm，且不得贯通。检验方法：用刻度放大镜检查。

(3)防水混凝土结构厚度不应小于 250 mm，其允许偏差应为 +8 mm，−5 mm；主体结构迎水面钢筋保护层厚度不应小于 50 mm，其允许偏差为 ±5 mm。检验方法：尺量检查和检查隐蔽工程验收记录。

二、卷材防水层施工

卷材防水层宜用于经常处在地下水环境，且受侵蚀性介质作用或受振动作用的地下工程。

(一)一般规定

1. 铺贴要求

防水卷材应铺贴在地下工程混凝土结构的迎水面，即外防水。

卷材防水层用于建筑物地下室时，卷材应从结构底板垫层连续铺设至外墙顶部防水设防高度(即高出室外地坪高程 500 mm 以上)的结构基面上；用于单建式的地下工程时，应从结构底板垫层铺设至顶板基面，并应在外围形成封闭的防水层。

基层阴、阳角处应做圆弧或 45°坡角，并增做卷材加强层，加强层宽度宜为 300～500 mm。

铺贴双层卷材时，上下两层和相邻两幅卷材的接缝应错开1/3～1/2幅宽，且两层卷材不得相互垂直铺贴。

卷材搭接处和接头部位应粘贴牢固，接缝口应封严或采用材性相容的密封材料封缝。

铺贴立面卷材防水层时，应采取防止卷材下滑的措施。

2. 搭接宽度

不同品种防水卷材的搭接宽度，应符合表6-19的要求。

表6-19 防水卷材的搭接宽度

卷材品种	搭接宽度/mm
弹性体改性沥青防水卷材	100
改性沥青聚乙烯胎防水卷材	100
自粘聚合物改性沥青防水卷材	80
三元乙丙橡胶防水卷材	100/60（胶粘剂/胶带）
聚氯乙烯防水卷材	60/80（单焊缝/双焊缝）
	100（胶粘剂）
聚乙烯丙纶复合防水卷材	100（粘结料）
高分子自粘胶膜防水卷材	70/80（自粘胶/胶粘带）

3. 铺贴方法

结构底板垫层混凝土部位的卷材可采用空铺法或点粘法施工，其粘结位置、点粘面积应按设计要求确定。

侧墙采用外防外贴法的卷材及顶板部位的卷材应采用满粘法施工。

聚乙烯丙纶复合防水卷材与基层粘贴应采用满粘法，粘结面积不应小于90%。

4. 保护层

卷材防水层完工并经验收合格后应及时做保护层，顶板和底板保护层可采用细石混凝土，侧墙采用软质材料或铺抹1:2.5水泥砂浆做保护层。软质保护材料可采用沥青基防水保护板、塑料排水板或聚苯乙烯泡沫板等材料。

顶板的细石混凝土保护层与防水层之间宜设置隔离层，保护层厚度机械回填时不宜小于70 mm，人工回填时不宜小于50 mm；底板的细石保护层厚度不应小于50 mm。

卷材防水层采用预铺反粘法施工时，可不作保护层。

5. 施工条件

铺贴卷材严禁在雨天、雪天、五级及以上大风中施工；冷粘法、自粘法施工的环境气温不宜低于5 ℃，热熔法、焊接法施工的环境气温不宜低于-10 ℃。

施工过程中下雨或下雪时，应做好已铺卷材的防护工作。

(二)材料准备

防水卷材的品种规格和层数，应根据地下工程防水等级、地下水位高低及水压力作用状况、结构构造形式和施工工艺等因素确定。

卷材防水层的卷材品种可按表6-20选用。卷材的外观质量、品种规格应符合国家现行有关标准的规定，卷材及其胶粘剂应具有良好的耐久性、耐刺穿性、耐腐蚀性和耐菌性。

表 6-20 卷材防水层的卷材品种

类别	品种名称
高聚物改性沥青类防水卷材	弹性体改性沥青防水卷材
高聚物改性沥青类防水卷材	改性沥青聚乙烯胎防水卷材
高聚物改性沥青类防水卷材	自粘聚合物改性沥青防水卷材
合成高分子类防水卷材	三元乙丙橡胶防水卷材
合成高分子类防水卷材	聚氯乙烯防水卷材
合成高分子类防水卷材	聚乙烯丙纶复合防水卷材
合成高分子类防水卷材	高分子自粘胶膜防水卷材

卷材防水层的厚度应符合表 6-21 的规定。

表 6-21 卷材防水层的厚度

卷材品种	高聚物改性沥青类防水卷材			合成高分子类防水卷材			
	弹性体改性沥青防水卷材、改性沥青聚乙烯胎防水卷材	自粘聚合物改性沥青防水卷材		三元乙丙橡胶防水卷材	聚氯乙烯防水卷材	聚乙烯丙纶复合防水卷材	高分子自粘胶膜防水卷材
		聚酯毡胎体	无胎体				
单层厚度/mm	≥4	≥3	≥1.5	≥1.5	≥1.5	卷材：≥0.9 粘结料：≥1.3 芯材厚度≥0.6	≥1.2
双层总厚度/mm	≥(4+3)	≥(3+3)	≥(1.5+1.5)	≥(1.2+1.2)	≥(1.2+1.2)	卷材：≥(0.7+1.7) 粘结料：≥(1.3+1.3) 芯材厚度≥0.5	—

阴、阳角处应做成圆弧或 45°坡角，其尺寸应根据卷材品种确定。在阴、阳角等特殊部位，应增做卷材加强层，加强层宽度宜为 300～500 mm。

高聚物改性沥青类防水卷材的主要物理性能，应符合表 6-22 的要求。

表 6-22 高聚物改性沥青类防水卷材的主要物理性能

项 目		性能要求				
		弹性体改性沥青防水卷材			自粘聚合物改性沥青防水卷材	
		聚酯毡胎体	玻纤毡胎体	聚乙烯膜胎体	聚酯毡胎体	无胎体
可溶物含量/(g·m^{-2})		3 mm 厚≥2 100 4 mm 厚≥2 900			3 mm 厚 ≥2 100	—
拉伸性能	拉力 (N/50 mm)	≥800 (纵横向)	≥500 (纵横向)	≥140 (纵向) ≥120 (横向)	≥450 (纵横向)	≥180 (纵横向)
拉伸性能	延伸率/%	最大拉力时 ≥40 (纵横向)	—	断裂时 ≥250 (纵横向)	最大拉力时 ≥30 (纵横向)	断裂时 ≥200 (纵横向)

续表

项　目	性能要求				
	弹性体改性沥青防水卷材			自粘聚合物改性沥青防水卷材	
	聚酯毡胎体	玻纤毡胎体	聚乙烯膜胎体	聚酯毡胎体	无胎体
低温柔度/℃	−25,无裂纹				
热老化后低温柔度/℃	−20,无裂纹			−22,无裂纹	
不透水性	压力 0.3 MPa,保持时间 120 min,不透水				

合成高分子防水卷材的主要物理性能,应符合表 6-23 的要求。

表 6-23　合成高分子防水卷材的主要物理性能

项　目	性能要求			
	三元乙丙橡胶防水卷材	聚氯乙烯防水卷材	聚乙烯丙纶复合防水卷材	高分子自粘胶膜防水卷材
断裂拉伸强度	≥7.5 MPa	≥12 MPa	≥60 N/10 mm	≥10 N/10 mm
断裂伸长率	≥450%	≥250%	≥300%	≥400%
低温弯折性	−40 ℃,无裂纹	−20 ℃,无裂纹	−20 ℃,无裂纹	−20 ℃,无裂纹
不透水性	压力 0.3 MPa,保持时间 120 min,不透水			
撕裂强度	≥25 kN/m	≥40 kN/m	≥20 N/10 mm	≥120 N/10 mm
复合强度(表层与芯层)	—	—	≥1.2 N/mm	—

粘贴各类防水卷材应采用与卷材材性相容的胶结材料,其粘结质量应符合表 6-24 的要求。

表 6-24　防水卷材粘结质量要求

项　目		自粘聚合物改性沥青防水卷材粘合面		三元乙丙橡胶和聚氯乙烯防水卷材胶粘剂	合成橡胶胶粘带	高分子自粘胶膜防水卷材粘合面
		聚酯毡胎体	无胎体			
剪切状态下的粘合性(卷材-卷材)	标准试验条件(N/10 mm)≥	40 或卷材断裂	20 或卷材断裂	20 或卷材断裂	20 或卷材断裂	40 或卷材断裂
粘结剥离强度(卷材-卷材)	标准试验条件(N/10 mm)≥	15 或卷材断裂	15 或卷材断裂	15 或卷材断裂	24 或卷材断裂	—
	浸水 168 h 后保持率/% ≥	70	70	70	80	—
与混凝土粘结强度(卷材-卷材)	标准试验条件(N/10 mm)≥	15 或卷材断裂	15 或卷材断裂	15 或卷材断裂	6 或卷材断裂	20 或卷材断裂

聚乙烯丙纶复合防水卷材应采用聚合物水泥防水粘结材料,其物理性能应符合表 6-25 的要求。

表 6-25 聚合物水泥防水粘结材料的物理性能

项　　目		性能要求
与水泥基面的粘结拉伸强度/MPa	常温 7 d	≥0.6
	耐水性	≥0.4
	耐冻性	≥0.4
可操作时间/h		≥2
抗渗性(MPa,7 d)		≥1.0
剪切状态下的粘合性（N/mm,常温）	卷材与卷材	≥2.0 或卷材断裂
	卷材与基面	≥1.8 或卷材断裂

(三)卷材防水层的施工工艺

卷材防水层的基面应坚实、平整、清洁,阴阳角处应做圆弧或折角,并应符合所用卷材的施工要求。

铺贴卷材严禁在雨天、雪天、五级及以上大风中施工;冷粘法、自粘法施工的环境气温不宜低于 5 ℃,热熔法、焊接法施工的环境气温不宜低于 -10 ℃。施工过程中下雨或下雪时,应做好已铺卷材的防护工作。

不同品种防水卷材的搭接宽度,应符合表 6-26 的要求。

表 6-26 防水卷的材搭接宽度

卷材品种	搭接宽度/mm
弹性体改性沥青防水卷材	100
改性沥青乙烯胎防水卷材	100
自粘聚合物改性沥青防水卷材	80
三元乙丙橡胶防水卷材	100/60(胶粘剂/胶粘带)
聚氯乙烯防水卷材	60/80(单焊缝/双焊缝)
	100(胶粘剂)
聚乙烯丙纶复合防水卷材	100(粘结料)
高分子自粘胶膜防水卷材	70/80(自粘胶/胶粘带)

1. 外防外贴法施工

在垫层上铺好底面防水层后,先进行底板和墙体结构的施工,再把底面防水层延伸铺贴在墙体结构的外侧表面上,最后,在防水层外侧砌保护墙,这种施工方法叫作外贴法。

(1)施工程序。工艺流程为：做混凝土垫层→砌筑永久性保护墙→砌筑临时保护墙→抹砂浆找平层→涂刷基层处理剂→分层铺贴卷材→做卷材保护层→施工底板和墙体→铺贴墙体卷材。

首先浇筑需防水结构的底面混凝土垫层,并在垫层上砌筑永久性保护墙,墙下干铺卷材一层,墙高不小于底板厚度另加 200~500 mm；在永久性保护墙上用石灰砂浆砌筑临时保护墙,墙高为 150 mm×(卷材层数+1);在永久性保护墙上和垫层上抹 1:3 水泥砂浆找平层,临时保护墙上用石灰砂浆找平;待找平层基本干燥后,即在其上满涂基层处理剂,然后分层铺贴立面和平面卷材防水层,将顶端临时固定,并在铺贴好的卷材表面做好保护层后,进行需防水结构的底板和墙体施工。底板和墙体施工结束后,将临时固定的接槎部位的各层卷材揭开并清理干净,再在该区段的外墙表面上补抹水泥砂浆找平层,将卷材分层错槎搭接向上铺贴在结构墙上。

(2)施工要点。外贴法施工应先铺平面,后铺立面,交接处应交叉搭接,如图 6-12 所示。

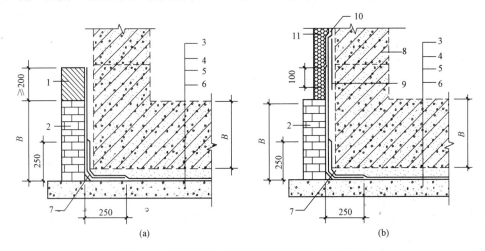

图 6-12　外贴法施工卷材防水层甩槎、接槎构造
(a)甩槎；(b)接槎
1—临时性保护墙；2—永久性保护墙；3—细石混凝土保护层；4—卷材防水层；5—水泥砂浆找平层；
6—混凝土垫层；7—卷材加强层；8—结构墙体；9—卷材加强层；10—卷材防水层；11—卷材保护层

临时性保护墙宜采用石灰砂浆砌筑,内表面宜做找平层。

从底面折向立面的卷材与永久性保护墙的接触部位,应采用空铺法施工;卷材与临时性保护墙或围护结构模板的接触部位,应将卷材临时贴附在该墙上或模板上,并应将顶端临时固定。

当不设保护墙时,从底面折向立面的卷材接槎部位应采取可靠的保护措施。

混凝土结构完成,铺贴立面卷材时,应先将接槎部位的各层卷材揭开,并应将其表面清理干净,如卷材有局部损伤,应及时进行修补。

卷材接槎的搭接长度,高聚物改性沥青类卷材应为 150 mm,合成高分子类卷材应为 100 mm。

2. 外防内贴法施工

在垫层边上先砌筑保护墙,卷材防水层一次铺贴在垫层和保护墙上,最后,进行底板和墙体结构的施工,这种施工方法称为内贴法。

(1)施工程序。工艺流程：做混凝土垫层→砌筑永久性保护墙→墙上抹砂浆找平层→涂刷基层处理剂→分层铺贴立面及平面卷材→做卷材保护层→施工底板和墙体。

首先浇筑需防水结构的底面混凝土垫层,在垫层上砌筑永久性保护墙,然后在垫层及保护墙上抹 1∶3 水泥砂浆找平层,待其基本干燥后满涂基层处理剂,沿保护墙与垫层铺贴防水层。卷材防水层铺贴完后,在立面防水层上涂刷最后一层胶粘剂时,趁热粘上干净的热砂或散麻丝,待冷却后,随即抹一层厚度为 10～20 mm 的 1∶3 水泥砂浆保护层；在平面上铺设一层厚度为 30～50 mm 的 1∶3 水泥砂浆或细石混凝土保护层。最后,进行需防水结构的底板和墙体的施工。

(2)施工要点。内贴法施工应先铺立面,然后铺平面；铺贴立面时,应先铺转角,再铺大面。

混凝土结构的保护墙内表面应抹厚度为 20 mm 的 1∶3 水泥砂浆找平层,然后铺贴卷材。

(四)质量验收

1. 主控项目

(1)卷材防水层所用卷材及其配套材料必须符合设计要求。检验方法：检查产品合格证、产品性能检测报告和材料进场检验报告。

(2)卷材防水层在转角处、变形缝、施工缝、穿墙管等部位做法必须符合设计要求。检验方法：观察检查和检察隐蔽工程验收记录。

2. 一般项目

(1)卷材防水层的搭接接缝应粘贴或焊接牢固，密封严密，不得有扭曲、折皱、翘边和起泡等缺陷。检验方法：观察检查。

(2)采用外防外贴法铺贴卷材防水层时，立面卷材接槎的搭接宽度，高聚物改性沥青类卷材应为 150 mm，合成高分子类卷材应为 100 mm，且上层卷材应盖过下层卷材。检验方法：观察和尺量检查。

(3)侧墙卷材防水层的保护层与防水层应结合紧密，保护层厚度应符合设计要求。检验方法：观察和尺量检查。

(4)卷材搭接宽度的允许偏差应为 −10 mm。检验方法：观察和尺量检查。

三、水泥砂浆防水层施工

水泥砂浆防水层是用纯水泥浆和水泥砂浆分层交叉涂抹而成，防水层涂抹的遍数由设计确定，较常采用的是 5 遍做法。

(一)一般规定

防水砂浆应包括聚合物水泥防水砂浆、掺外加剂或掺合料的防水砂浆，宜采用多层抹压法施工，可用于地下工程主体结构的迎水面或背水面，不应用于受持续振动或温度高于 80 ℃ 的地下工程防水。

水泥砂浆防水层应在基础垫层、初期支护、维护结构及内衬结构验收合格后施工。

(二)材料准备

水泥砂浆防水层应使用硅酸盐水泥、普通硅酸盐水泥或特种水泥，不得使用过期或受潮结块的水泥；砂宜采用中砂，含水量不应大于 1%，硫化物和硫酸盐的含量不应大于 1%；拌制水泥砂浆用水，应符合现行国家标准《混凝土用水标准》(JGJ 63)的有关规定；外加剂的技术性能应符合现行国家有关标准的质量要求。

防水砂浆的主要性能应符合表 6-27 的要求。

表 6-27 防水砂浆的主要性能指标

防水砂浆种类	粘结强度/MPa	抗渗性/MPa	抗折强度/MPa	干缩率/%	吸水率/%	冻融循环/次	耐碱性	耐水性/%
掺外加剂、掺合料的防水砂浆	≥0.6	≥0.8	同普通砂浆	同普通砂浆	≤3	>50	10%NaOH溶液浸泡14 d无变化	—
聚合物水泥防水砂浆	≥1.2	≥1.5	≥8.0	≤0.15	≤4	>50	—	≥80

(三)水泥砂浆防水层的施工要求

基层表面应平整、坚实、清洁,并应充分湿润、无明水,基层表面的孔洞、缝隙,应采用与防水层相同的防水砂浆堵塞并抹平。

施工前应将预埋件、穿墙管预留凹槽内嵌填密封材料后,再施工水泥砂浆防水层。

防水砂浆的配合比和施工方法应符合所掺材料的规定,其中,聚合物水泥防水砂浆的用水量应包括乳液中的含水量。

水泥砂浆防水层应分层铺抹或喷射,铺抹时应压实、抹平,最后一层表面应提浆压光,各层应紧密粘合,每层宜连续施工,必须留设施工缝时,应采用阶梯坡形槎,但离阴阳角处的距离不得小于200 mm。

水泥砂浆防水层不得在雨天、五级及以上大风中施工。冬期施工时,气温不应低于5 ℃。夏季不宜在30 ℃以上或烈日照射下施工。

聚合物水泥防水砂浆拌和后应在规定时间内用完,施工中不得任意加水。

水泥砂浆防水层终凝后,应及时进行养护,养护温度不宜低于5 ℃,并应保持砂浆表面湿润,养护时间不得少于14 d。聚合物水泥防水砂浆未达到硬化状态时,不得浇水养护或直接受雨水冲刷,硬化后应采用干湿交替的养护方法。潮湿环境中,可在自然条件下养护。

(四)质量验收

1. 主控项目

(1)防水砂浆的原材料及配合比必须符合设计要求。检验方法:检查产品合格证、产品性能检测报告、计量措施和材料进场检验报告。

(2)防水砂浆的粘结强度和抗渗性能必须符合设计规定。检验方法:检查砂浆粘结强度、抗渗性能检验报告。

(3)水泥砂浆防水层与基层之间应结合牢固,无空鼓现象。检验方法:观察和用小锤轻击检查。

2. 一般项目

(1)水泥砂浆防水层表面应密实、平整,不得有裂纹、起砂、麻面等缺陷。检验方法:观察检查。

(2)水泥砂浆防水层施工缝留槎位置应正确,接槎应按层次顺序操作,层层搭接紧密。检验方法:观察检查和检查隐蔽工程验收记录。

(3)水泥砂浆防水层的平均厚度应符合设计要求,最小厚度不得小于设计厚度的85%。检验方法:用针测法检查。

(4)水泥砂浆防水层表面平整度的允许偏差应为5 mm。检验方法:用2 m靠尺和楔形塞尺检查。

四、地下工程混凝土结构细部构造防水

(一)变形缝

设置变形缝是为了适应地下工程由于温度、湿度作用及混凝土收缩、徐变而产生的水平变位,以及地基不均匀沉降而产生的垂直变位,以保证工程结构的安全和满足密封防水的要求。

对于地下防水工程来说,变形缝是防水的薄弱环节,防水处理比较复杂,为此,在选用材料、做法及结构形式上,应考虑变形缝处的沉降、伸缩的可变性,并且还应保证其在形态中的密闭性。

1. 一般规定

用于伸缩的变形缝宜少设，可根据不同的工程结构类别、工程地质情况采用后浇带、加强带、诱导缝等替代措施。

变形缝的宽度宜为 20～30 mm，变形缝处混凝土结构的厚度不应小于 300 mm。

2. 止水措施

变形缝处的止水处理主要采用止水带和接缝密封材料。

止水带分为刚性（金属）止水带和柔性（橡胶或塑料）止水带两类。金属止水带一般可选择不锈钢、紫铜等材料制作，厚度宜为 2～3 mm；橡胶止水带以氯丁橡胶、三元乙丙橡胶为主。因为橡胶止水带质量稳定、适应能力强，国内外采用较普遍。

对于结构厚度大于或等于 300 mm 的变形缝，应采用中埋式橡胶止水带或采用 2 mm 厚的紫铜片或 3 mm 厚的不锈钢片等中间呈圆弧形的金属止水带。

对于环境温度高于 50℃处的变形缝，宜采用 2 mm 厚的不锈钢片或紫铜片止水带。

重要的地下防水工程可选用钢边橡胶止水带。钢边橡胶止水带是在止水带的两边加有钢板，使用时可起到增加止水带的渗水长度和加强止密封材料应采用混凝土接缝用密封胶，迎水面宜采用低模量的密封材料、背水面宜采用高模量的密封材料。

3. 构造形式

止水带的构造形式通常有嵌缝式、粘贴式、附贴式、埋入式等。

金属止水带通常采用中埋式，也可与其他材料复合使用，采用多种防水构造形式，如图 6-13～图 6-16 所示。

4. 材料要求

不锈钢片或紫铜片止水带应是整条的，接缝应采用焊接方式，焊接应严密平整，并经检验合格后方可安装。

密封胶应具有一定弹性、粘结性、耐候性和位移能力。同时，由于密封胶是不定型的膏状体，因此，还应具有一定的流动性和挤出性。

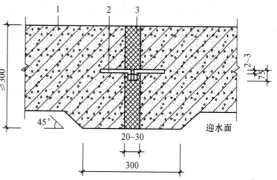

图 6-13 中埋式金属止水带

1—混凝土结构；2—金属止水带；3—填缝材料

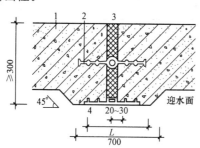

图 6-14 中埋式止水带与外贴防水层复合使用

外贴式止水带 $L \geqslant 300$
外贴式防水卷材 $L \geqslant 400$
外涂防水涂层 $L \geqslant 400$

1—混凝土结构；2—中埋式止水带；
3—填缝材料；4—外贴止水带

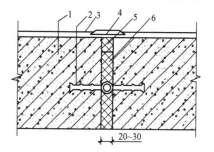

图 6-15 中埋式止水带与嵌缝材料复合使用

1—混凝土结构；2—中埋式止水带；3—防水层；
4—隔离层；5—密封材料；6—填缝材料

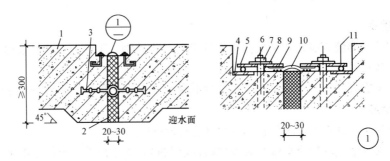

图 6-16 中埋式止水带与可卸式止水带复合使用
1—混凝土结构；2—填缝材料；3—中埋式止水带；4—预埋钢板；5—紧固件压板；
6—预埋螺栓；7—螺母；8—垫圈；9—紧固件压块；10—Ω形止水带；11—紧固件圆钢

(二)后浇带

后浇带是在地下工程不允许留设变形缝，而实际长度超过了伸缩缝的最大间距时所设置的一种刚性接缝。

1. 一般规定

后浇带宜用于不允许留设变形缝的工程部位，在其两侧混凝土龄期达到 42 d 后再施工。

后浇带应采用补偿收缩混凝土浇筑，其抗渗和抗压强度等级不应低于两侧混凝土。

补偿收缩混凝土是在混凝土中加入一定量的膨胀剂的混凝土。混凝土膨胀剂与水泥、水拌和后经水化反应生成钙矾石或氢氧化钙，可以使混凝土产生膨胀，混凝土中加入膨胀剂后，在有配筋的情况下，能够补偿混凝土的收缩，提高混凝土抗裂性和抗渗性。

2. 材料要求

用于补偿收缩混凝土的水泥、砂、石、拌和水及外加剂、掺合料等应符合有关规定的要求。

混凝土膨胀剂的物理性能应符合要求，膨胀剂掺量应以胶凝材料总量的百分比表示，不宜大于 12%。

采用膨胀剂的补偿收缩混凝土，其性能指标应在不影响抗压强度的条件下膨胀率要尽量增大且干缩落差要小。

3. 构造形式

后浇带两侧的留缝形式，根据施工条件可做成平直缝或阶梯缝，其构造形式如图 6-17 ～ 图 6-19 所示。

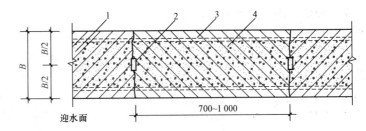

图 6-17 后浇带防水构造(一)
1—先浇混凝土；2—遇水膨胀止水条(胶)；
3—结构主筋；4—后浇补偿收缩混凝土

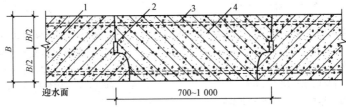

图 6-18 后浇带防水构造(二)
1—先浇混凝土；2—遇水膨胀止水条(胶)；3—结构主筋；4—后浇补偿收缩混凝土

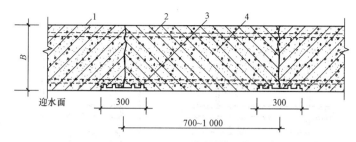

图 6-19 后浇带防水构造(三)
1—先浇混凝土；2—结构主筋；3—外贴式止水带；4—后浇补偿收缩混凝土

(三)穿墙管(盒)

预先埋设穿墙管(盒)，主要是为了避免浇筑混凝土完成后，再重新凿洞破坏防水层，以形成工程渗漏水的隐患。

1. 一般规定

穿墙管(盒)应在浇筑混凝土前预埋，与内墙角、凹凸部位的距离应大于 250 mm。

2. 构造形式

结构变形或管道伸缩量较小时，穿墙管可采用主管直接埋入混凝土内的固定式防水法，主管应加焊止水环或环绕遇水膨胀止水圈，并应在迎水面预留凹槽，槽内应采用密封材料嵌填密实。止水环的形状以方形为宜，以避免管道安装时所加外力引起穿墙管的转动。

结构变形或管道伸缩量较大或有更换要求时，应采用套管式防水法，套管应加焊止水环。

固定式穿墙套管防水构造如图 6-20、图 6-21 所示；套管式穿墙管防水构造如图 6-22 所示；穿墙群管防水构造如图 6-23 所示。

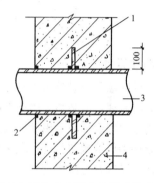

图 6-20 固定式穿墙套管防水构造(一)
1—止水环；2—密封材料；
3—主管；4—混凝土结构

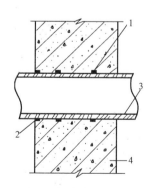

图 6-21 固定式穿墙套管防水构造(二)
1—遇水膨胀止水圈；2—密封材料；
3—主管；4—混凝土结构

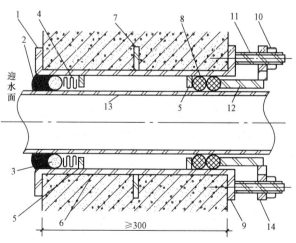

图 6-22 套管式穿墙套管防水构造
1—翼环；2—密封材料；3—背衬材料；4—充填材料；5—挡圈；
6—套管；7—止水环；8—橡胶圈；9—翼盘；10—螺母；
11—双头螺栓；12—短管；13—主管；14—法兰盘

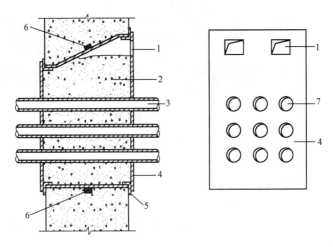

图 6-23 穿墙群管防水构造
1—浇注孔；2—柔性材料或细石混凝土；3—穿墙管；4—封口钢板；
5—固定角钢；6—遇水膨胀止水条；7—预留孔

(四)埋设件

埋设件的预先埋设是为了避免破坏地下工程的防水层，如采用滑模式钢模施工确无预埋条件时，方可后埋，但必须采用有效的防水措施。

结构上的埋设件应采用预埋或预留孔(槽)等。

埋设件端部或预留孔(槽)底部的混凝土厚度不得小于 250 mm，当厚度小于 250 mm 时，应采取局部加厚或其他防水措施。

预留孔(槽)内的防水层，宜与孔(槽)外的结构防水层保持连续。

任务实施

编写地下工程卷材防水层、涂料防水层、刚性防水层的技术交底。

拓展提高

一、涂料防水层施工

涂料防水层应包括无机防水涂料和有机防水涂料。无机防水涂料可选用掺外加剂、掺合料的水泥基防水涂料、水泥基渗透结晶型防水涂料。有机防水涂料可选用反应型、水乳型、聚合物水泥等涂料。

无机防水涂料宜用于结构主体的背水面，有机防水涂料宜用于地下工程主体结构的迎水面，用于背水面的有机防水涂料应具有较高的抗渗性，且与基层有较好的粘结性。

无机防水涂料基层表面应干净、平整、无浮浆和明显积水。有机防水涂料基层表面应基本干燥，不应有气孔、凹凸不平、蜂窝麻面等缺陷，施工前，基层阴阳角应做成圆弧形。

涂料防水层严禁在雨天、雾天和五级及以上大风时施工，不得在施工环境温度低于 5 ℃ 及高于 35 ℃ 或烈日暴晒下时施工。涂膜固化前如有降雨可能时，应及时做好已完涂层的保护工作。

防水涂料应分层刷涂或喷涂,涂层应均匀,不得有漏刷、漏涂现象;接槎宽度不应小于100 mm。

二、金属防水层施工

金属防水层可用于长期浸水、水压较大时的水工及过水隧道,所用的金属板和焊条的规格及材料性能,应符合设计要求。

金属板的拼接应采用焊接,拼接焊缝应严密。竖向金属板的垂直接缝,应相互错开。

主体结构内侧设置金属防水层时,金属板应与结构内的钢筋焊牢,也可在金属防水层上焊接一定数量的锚固件;主体结构外侧设置金属防水层时,金属板应焊在混凝土结构的预埋件上。金属板经焊缝检查合格后,应将其与结构间的空隙用水泥砂浆灌实。

金属板防水层应用临时支撑加固。金属板防水层底板上应预留浇捣孔,并应保证混凝土浇筑密实,待底板混凝土浇筑完成后应补焊严密。

金属板防水层如先焊成箱体,再整体吊装就位时,应在其内部加设临时支撑。金属板防水层应采取防锈措施。

拓展实训

1. 地下防水工程有哪几种防水方案?
2. 防水混凝土的配制要求有哪些?
3. 防水混凝土的施工缝有哪几种构造形式?再次浇筑前应如何处理?
4. 地下防水层的卷材铺贴方案有哪些?各具有什么特点?
5. 什么是外防外贴法?有何特点?
6. 简述防水混凝土中水泥的材料要求。
7. 防水混凝土的配比应符合哪些规定?
8. 大体积防水混凝土的施工应符合哪些规定?
9. 简述卷材防水层外防内贴法施工的施工程序。

课外学习指要

1. 中华人民共和国国家标准. GB 50108—2008 地下工程防水技术规范[S]. 北京:中国建筑工业出版社,2009.
2. 中华人民共和国国家标准. GB 50208—2011 地下防水工程质量验收规范[S]. 北京:中国建筑工业出版社,2011.

任务三　室内防水工程施工

任务描述

编写室内防水工程的技术交底。

📁 **任务分析**

室内防水工程是指对室内有防水要求的部位施工防水层的措施,主要指卫生间、厨房等部位。室内防水工程的基本特征有以下几点:

(1)与屋面、地下防水工程相比,不受自然气候的影响,温差变形及紫外线影响小,耐水压力小,因此,对防水材料的温度及厚度要求较小。

(2)受水的侵蚀具有长久性或干湿交替性,要求防水材料的耐水性、耐久性优良,不易水解、霉烂。

(3)室内防水工程较复杂,存在施工空间相对狭小、空气流通不畅、厕浴间和厨房等处穿楼板(墙)管道多、阴阳角多等不利因素,防水材料施工不易操作,防水效果不易保证,选择防水材料应充分考虑可操作性。

(4)从使用功能上考虑,室内防水工程选用的防水材料直接或间接与人接触,要求防水材料无毒、难燃、环保,满足施工和使用的安全要求。

📁 **相关知识**

一、住宅室内防水工程

(一)防水材料

1. 防水涂料

住宅室内防水工程宜使用聚氨酯防水涂料、聚合物乳液防水涂料、聚合物水泥防水涂料和水乳型沥青防水涂料等水性或反应型防水涂料。

住宅室内防水工程不得使用溶剂型防水涂料。对于住宅室内长期积水的部位,不宜使用遇水产生溶胀的防水涂料。

聚氨酯防水涂料的性能指标应符合表 6-28 的规定。

表 6-28 聚氨酯防水涂料的性能指标

项 目		性能指标	
		单组分	双组分
拉伸强度/MPa		≥1.9	
断裂伸长率/%		≥450	
撕裂强度/(N·mm^{-1})		≥12	
不透水性(0.3 MPa,30 min)		不透水	
固体含量/%		≥80	≥92
加热伸缩率/%	伸长	≤1.0	
	缩短	≤4.0	
热处理	拉伸强度保持率/%	80~150	
	断裂伸长率/%	≥400	
碱处理	拉伸强度保持率/%	60~150	
	断裂伸长率/%	≥400	

续表

项　　目		性能指标	
		单组分	双组分
酸处理	拉伸强度保持率/%	80～150	
	断裂伸长率/%	≥400	

注：对于加热伸缩率及热处理后的拉伸强度保持率和断裂伸长率，仅当聚氨酯防水涂料用于地面辐射采暖工程时才作要求。

聚合物乳液防水涂料的性能指标应符合表6-29的规定。

表6-29　聚合物乳液防水涂料的性能指标

项　　目		性能指标
拉伸强度/MPa		≥1.0
断裂延伸率/%		≥300
不透水性(0.3 MPa，30 min)		不透水
固体含量/%		≥65
干燥时间/h	表干时间	≤4
	实干时间	≤8
处理后的拉伸强度保持率/%	加热处理	≥80
	碱处理	≥60
	酸处理	≥40
处理后的断裂延伸率/%	加热处理	≥200
	碱处理	≥200
	酸处理	≥200
加热伸缩率/%	伸长	≤1.0
	缩短	≤1.0

注：对于加热伸缩率及热处理后的拉伸强度保持率和断裂伸长率，仅当聚合物乳液防水涂料用于地面辐射采暖工程时才作要求。

聚合物水泥防水涂料的性能指标应符合表6-30的规定。

表6-30　聚合物水泥防水涂料的性能指标

项　　目		性能指标		
		Ⅰ型	Ⅱ型	Ⅲ型
固体含量		≥70	≥70	≥70
拉伸强度	无处理/MPa	≥1.2	≥1.8	≥1.8
	加热处理后的保持率/%	≥80	≥80	≥80
	碱处理后的保持率/%	≥60	≥70	≥70
断裂伸长率	无处理/%	≥200	≥80	≥30
	加热处理/%	≥150	≥65	≥20
	碱处理/%	≥150	≥65	≥20

续表

项　　目		性能指标		
		Ⅰ型	Ⅱ型	Ⅲ型
粘结强度	无处理/MPa	≥0.5	≥0.7	≥1.0
	潮湿基层/MPa	≥0.5	≥0.7	≥1.0
	碱处理/MPa	≥0.5	≥0.7	≥1.0
	浸水处理/MPa	≥0.5	≥0.7	≥1.0
不透水性(0.3 MPa，30 min)		水透水	水透水	不透水
抗渗性(砂浆背水面)/MPa		—	≥0.6	≥0.8
注：对于加热处理后的拉伸强度和断裂伸长率，仅当聚合物水泥防水涂料用于地面辐射采暖工程时才作要求。				

水乳型沥青防水涂料的性能指标应符合表6-31的规定。

表6-31　水乳型沥青防水涂料的性能指标

项　　目		性能指标
固体含量/%		≥45
耐热度/℃		80±2，无流淌、滑移、滴落
不透水性(0.1 MPa，30 min)		水透水
粘结强度/MPa		≥0.30
断裂伸长率/%	标准条件	≥600
	碱处理	≥600
	热处理	≥600
注：对耐热度及热处理后的断裂伸长率，仅当水乳型沥青防水涂料用于地面辐射采暖工程时才作要求。		

防水涂料中有害物质含量指标应分别符合表6-32和表6-33的规定。

表6-32　水性防水涂料中有害物质含量指标

项　　目		水性防水涂料
挥发性有机化合物(VOC)/(g·L^{-1})		≤120
游离甲醛/(mg·kg^{-1})		≤200
苯、甲苯、乙苯和二甲苯总和/(mg·kg^{-1})		≤300
氨/(mg·kg^{-1})		≤1 000
可溶性重金属/(mg·kg^{-1})	铅	≤90
	镉	≤75
	铬	≤60
	汞	≤60
注：对于无色、白色、黑色防水涂料，不需测定可溶性重金属。		

表6-33　反应型防水涂料中有害物质含量指标

项　　目	反应型防水涂料
挥发性有机化合物(VOC)/(g·L^{-1})	≤200
甲苯+乙苯+二甲苯/(g·kg^{-1})	≤1.0
苯/(mg·kg^{-1})	≤200

续表

项 目		反应型防水涂料
苯酚/(mg·kg^{-1})		≤500
蒽/(mg·kg^{-1})		≤100
萘/(mg·kg^{-1})		≤500
游离 TDI/(g·kg^{-1})		≤7
可溶性重金属/(mg·kg^{-1})	铅	≤90
	镉	≤75
	铬	≤60
	汞	≤60

注：1. 离 TDI 仅适用于聚氨酯类防水涂料。
2. 于无色、白色、黑色防水涂料，不需测定可溶性重金属。

用于附加层的胎体材料宜选用(30～50)g/m² 的聚酯纤维无纺布、聚丙烯纤维无纺布或耐碱玻璃纤维网格布。

住宅室内防水工程采用防水涂料时，涂膜防水层厚度应符合表 6-34 的规定。

表 6-34　涂膜防水层厚度

防水涂料	涂膜防水层厚度/mm	
	水平面	垂直面
聚合物水泥防水涂料	≥1.5	≥1.2
聚合物乳液防水涂料	≥1.5	≥1.2
聚氨酯防水涂料	≥1.5	≥1.2
水乳型沥青防水涂料	≥2.0	≥1.5

2. 防水卷材

住宅室内防水工程可选用自粘聚合物改性沥青防水卷材和聚乙烯丙纶复合防水卷材。
自粘聚合物改性沥青防水卷材的性能指标应符合表 6-35 和表 6-36 的规定。

表 6-35　无胎基(N 类)自粘聚合物改性沥青防水卷材的性能指标

项 目		性能指标	
		PE 类	PET 类
拉伸性能	拉力(N/50 mm)	≥150	≥150
	最大拉力时延伸率/%	≥200	≥30
耐热性		70 ℃滑动不超过 2 mm	
不透水性		0.2 MPa，120 min 不透水	
剥离强度/(N·mm^{-1})	卷材与卷材	≥1.0	
	卷材与铝板	≥1.5	
热老化	拉力保持率/%	≥80	
	最大拉力时延伸率/%	≥200	≥30
	剥离强度/(N·mm^{-1})	≥1.5	

续表

项 目		性能指标	
		PE类	PET类
热稳定性	外观	无起鼓、皱折、滑动、流淌	
	尺寸变化/%	≤2	

注：对于耐热性、热老化和热稳定性，仅当N类自粘聚合物改性沥青防水卷材用于地面辐射采暖工程时才作要求。

表6-36　聚酯胎基(PY类)自粘聚合物改性沥青防水卷材性能指标

项 目			性能指标
可溶物含量 (g·m^{-2})	2.0 mm		≥1 300
	3.0 mm		≥2 100
	4.0 mm		≥2 900
拉伸性能	拉力 (N/50 mm)	2.0 mm	≥350
		3.0 mm	≥450
		4.0 mm	≥450
	最大拉力时延伸率/%		≥30
耐热性			70℃滑动不超过2 mm
不透水性			0.3 MPa，120 min 不透水
剥离强度 /(N·mm^{-1})	卷材与卷材		≥1.0
	卷材与铝板		≥1.5
热老化	最大拉力时延伸率/%		≥30
	剥离强度/(N·mm^{-1})		≥1.5

注：对于耐热性和热老化，仅当PY类自粘聚合物改性沥青防水卷材用于地面辐射采暖工程时才作要求。

聚乙烯丙纶复合防水卷材应采用与之配套的聚合物水泥防水粘结料，共同组成符合防水层。

3. 防水砂浆

防水砂浆应使用由专业生产厂家生产的商品砂浆。掺防水剂的防水砂浆的性能指标应符合表6-37的规定。

表6-37　掺防水剂的防水砂浆的性能指标

项 目		性能要求
净浆安定性		合格
凝结时间	初凝/min	≥45
	终凝/h	≤10
抗压强度比	7/%	≥95
	28 d/%	≥85
渗水压力比/%		≥200
48 h 吸水量比/%		≤75

聚合物水泥防水砂浆的性能指标应符合表6-38的规定。

表 6-38 聚合物水泥防水砂浆的性能指标

项　目		性能指标	
		干粉类（Ⅰ类）	乳液类（Ⅱ类）
凝结时间	初凝/min	≥45	≥45
	终凝/h	≤12	≤24
抗渗压力/MPa	7 d	≥1.0	
	28 d	≥1.5	
抗压强度/MPa	28 d	≥24.0	
抗折强度/MPa	28 d	≥8.0	
压折比		≤3.0	
粘结强度/MPa	7 d	≥1.0	
	28 d	≥1.2	
耐碱性[饱和 $Ca(OH)_2$ 溶液，168 h]		无开裂，无剥落	
耐热性(100 ℃水，5h)		无开裂，无剥落	

注：1. 凝结时间可根据用户需要及季节变化进行调整。
　　2. 耐热性，仅当聚合物水泥防水砂浆用于地面辐射采暖工程时才作要求。

防水砂浆的厚度应符合表 6-39 的规定。

表 6-39 防水砂浆的厚度

防水砂浆		砂浆层厚度/mm
掺防水剂的水砂浆		≥20
聚合物水泥防水砂浆	涂刮型	≥3.0
	抹压型	≥15

4. 防水混凝土

用于配制防水混凝土的水泥宜采用硅酸盐水泥、普通硅酸盐水泥，并应符合现行国家标准《通用硅酸盐水泥》(GB 175)的规定。不得使用过期或受潮结块的水泥，不得将不同品种或强度等级的水泥混合使用。

用于配制防水混凝土的化学外加剂、矿物掺合料、砂、石及拌和用水等应符合现行国家有关标准的规定。

5. 密封材料

住宅室内防水工程的密封材料宜采用丙烯酸建筑密封、聚氨酯建筑密封胶或硅酮建筑密封胶。

对于地漏、大便器、排水立管等穿越楼板的管道根部，宜使用丙烯酸酯建筑密封、聚氨酯建筑密封胶。

对于热水管管根部、套管与穿墙管间隙及长期浸水的部位，宜使用硅酮建筑密封胶（F类）嵌填。

6. 防潮材料

墙面、顶棚宜采用防水砂浆、聚合物水泥防水涂料做防潮层；无地下室的地面可采用聚氨酯防水涂料、聚合物乳液防水涂料、水乳型沥青防水涂料和防水卷材做防潮层。

(二)防水施工

1. 一般规定

(1)住宅室内防水工程施工单位应有专业的施工资质,作业人员应持证上岗。
(2)住宅室内防水工程应按设计施工。
(3)施工前,应通过图纸会审和现场勘察,明确细部构造和技术要求,并应编制施工方案。
(4)进场的防水材料,应抽样复验,并应提供检验报告。严禁使用不合格材料。
(5)防水材料及防水施工过程不得对环境造成污染。
(6)穿越楼板、防水墙面的管道和预埋件等,应在防水施工前完成安装。
(7)住宅室内防水工程的施工环境温度宜为 5 ℃~35 ℃。
(8)住宅室内防水工程施工,应遵守过程控制和质量检验程序,并应有完成检查记录。
(9)防水层完成后,应在进行下一道工序前采取保护措施。

2. 基层处理

(1)基层应符合设计的要求,并应通过验收。基层表面应坚实平整,无浮浆、起砂、裂缝现象。
(2)与基层相连接的各类管道、地漏、预埋件、设备支座等应安装牢固。
(3)管根、地漏与基层的交接部位,应预留宽 10 mm、深 10 mm 的环形凹槽,槽内应嵌填密封材料。
(4)基层的阴、阳角部位宜做成圆弧形。
(5)基层表面不得有积水,基层的含水率应满足施工要求。

3. 防水涂料施工

(1)防水涂料施工时,应采用与涂料配套的基层处理剂。基层处理剂涂刷应均匀、不流淌、不堆积。
(2)防水涂料在大面积施工前,应先在阴阳角、管根、地漏排水口、设备基础根等部位施做附加层,并应夹铺胎体增强材料,附加层的宽度和厚度应符合设计要求。
(3)双组分涂料应按配比要求在现场配制,并应使用机械搅拌均匀,不得有颗粒悬浮物。
(4)防水涂料应薄涂、多遍施工,前后两遍的涂刷方向应相互垂直,涂层厚度应均匀,不得有漏刷或堆积现象。
(5)应在前一遍涂层实干后,再涂刷下一遍涂料。
(6)施工时宜先涂刷立面,后涂刷平面。
(7)夹铺胎体增强材料时,应使防水涂料充分浸透胎体层,不得有折皱、翘边现象。
(8)防水涂膜最后一遍施工时,可在涂层表面撒砂。

4. 防水卷材施工

防水卷材与基层因满粘施工,防水卷材搭接缝应采用与基材相容的密封材料封严。
涂刷基层处理剂应符合下列规定:
(1)基层潮湿时,应涂刷湿固化胶粘剂或潮湿界面隔离剂。
(2)基层处理剂不得在施工现场配制或添加溶剂稀释。
(3)基层处理剂应涂刷均匀,无露底、堆积现象。
(4)基层处理剂干燥后应立即进行下道工序的施工。
防水卷材的施工应符合下列规定:
(1)防水卷材应在阴阳角、管根、地漏等部位先铺设附加层,附加层材料可采用与防水层同品种的卷材或与卷材相容的涂料。

(2)卷材与基层应满粘施工，表面应平整、顺直，不得有空鼓、起泡、皱折现象。
(3)防水卷材应与基层粘结牢固，拼接缝处应粘结牢固。
聚乙烯丙纶复合防水卷材施工时，基层应湿润，但不得有明水。
自粘聚合物改性沥青防水卷材在低温施工时，搭接部位宜采用热风加热。

5. 防水砂浆施工

(1)防水砂浆施工前应洒水湿润基层，但不得有明水，并宜做界面处理。
(2)防水砂浆应用机械搅拌均匀，并应随拌随用。
(3)防水砂浆宜连续施工，当需留施工缝时，应采用坡形接槎，相邻两层接槎应错开100 mm以上，距转角不得小于200 mm。
(4)水泥砂浆防水层终凝后，应及时进行保湿养护，养护湿度不宜低于5 ℃。
(5)聚合物防水砂浆，应按产品的使用要求进行养护。

6. 密封施工

(1)基层应干净、干燥，可根据需要涂刷基层处理剂。
(2)密封施工宜在卷材、涂料防水层施工之前，刚性防水层施工之后完成。
(3)双组分密封材料应配比准确，混合均匀。
(4)密封材料施工宜采用胶枪挤注施工，也可用腻子刀等嵌填压实。
(5)密封材料应根据预留凹槽的尺寸、形状和材料的性能采用一次或多次嵌填。
(6)密封材料嵌填完成后，在硬化前应避免灰尘、破损及污染等。

(三)质量验收

室内防水工程质量验收的程序和组织，应符合现行国家标准《建筑工程施工质量验收统一标准》(GB 50300)的规定。

住宅室内防水施工的各种材料应有产品合格证书和性能检测报告。材料的品种、规格、性能等应符合现行国家有关标准和防水设计的要求。

防水涂料、防水卷材、防水砂浆和密封胶等防水、密封材料应进行见证取样复验。

住宅室内防水工程分项工程的划分应符合表6-40的规定。

表6-40 住宅室内防水工程分项工程的划分

部位	分项工程
基层	找平层、找坡层
防水与密封	防水层、密封、细部构造
面层	保护层

住宅室内防水工程应以每一个自然间或每一个独立水容器作为检验批，逐一检验。
室内防水工程验收后，工程质量验收记录应进行存档。

二、卫生间、厨房防水施工

(一)卫生间、厨房防水构造

卫生间、厨房防水工程是最常见的室内防水工程，其防水构造一般如下。

1. 防水基层(找平层)

防水基层应采用配合比为1∶2.5或1∶3.0水泥砂浆找平，厚度为20 mm，抹平压光。

2. 墙面与顶板防水

墙面与顶板应做防水处理，墙体宜设置高出楼地面150 mm以上的现浇混凝土泛水，四周墙根防水层泛水高度不应小于 250 mm。

有淋浴设施的卫生间墙面，防水层高度不应小于 2.0 m，并与楼地面防水层交圈。

顶板防水处理由设计确定。

3. 地面与墙面阴角处理

地面四周与墙体连接处，防水层往墙面上返 200～300 mm 以上；阴角处先做附加层处理，再做四周立墙防水层。

4. 管根防水

在管道穿过楼板面四周，防水材料应向上铺涂，并超过套管的上口。

管根平面与管根周围立面转角处应做防水附加层。

二次埋置的套管，其周围混凝土强度等级应比原混凝土提高一级，并应掺膨胀剂；二次浇筑的混凝土结合面应清理干净后进行界面处理，混凝土应浇捣密实；加强防水层应覆盖施工缝，并超出边缘不小于 150 mm。

5. 地漏

地漏周围应增设防水附加层，做法应满足设计及规范要求。

(二) 卫生间防渗漏措施

从实际工程反映来看，卫生间等部位的渗漏极大部分发生在管根、墙根、排水口这些细部节点处，因此，在这些部位将防水做到位，是整个室内防水工程的重要工作之一。

卫生间用水频繁，防水处理不好就会出现渗漏水，其主要现象有楼板管道滴（漏）水、地面积水、墙壁潮湿、渗水，甚至下层顶板和墙壁也出现潮湿滴水现象。

因渗漏而导致室内及下层天棚潮湿、霉变、滴水，不仅严重影响住户使用，还会侵蚀建筑物结构实体，缩短建筑物寿命，因此，必须在施工前制定好预防措施，避免发生渗漏现象。

1. 施工图设计不合理导致渗漏

(1) 渗漏原因。卫生间坡度不合理，且有反坡；地漏位置靠近门口离浴缸或淋浴过远，造成积水；地面泛水坡度不够，导致室内地面积水，水沿混凝土蜂窝、裂缝或墙底空隙渗出。

(2) 防治措施。施工图设计应详细标明统一坡向地漏的排水坡度不宜小于 1%，并标明地漏在水平与垂直方向上与墙体的准确位置关系；地漏位置应尽量靠近排水点。

卫生间四周墙体与楼地面交接处应设不小于 250 mm 高度、与墙体同宽的泛水带，并与楼板同时浇筑，以免形成施工缝。

设计图纸应注明管道穿楼板的详细位置和洞口详细尺寸，应有防水构造说明；卫生间楼面应有防水止漏要求；洞口直径应控制在比管道大 60 mm 左右，不可太大，也不要太小。

2. 施工质量差是卫生间渗漏的主要原因

(1) 渗漏原因。首先土建与水电安装施工未同步，土建施工员只看建筑、结构图纸，水电施工员只看水电图纸，当土建与设备图纸有矛盾时，引起事后管道接口的重新处理，导致渗水。

管道穿楼板洞口位置及尺寸未严格按图施工，洞口填缝不规范，往往用水泥纸袋等杂物代替支模。在浇筑管道周围混凝土前，未认真清理基层，新旧混凝土结合不良，导致水沿施工缝处渗漏。

穿过楼板面的塑料排水管未按规定设置套管和伸缩节，伸缩节定位环取得过早或不取，承插口粘结剂粘结不牢，排水管甩口高度不够，大便器排水高度过低，大便器出口插入排水管的深度不够，水从连接处漏出，蹲位出口与排水管连接处有缝隙，蹲位上水进口连接胶皮碗与冲洗管连接方法不当。

(2) 防治措施。结构层混凝土应严格按照规范要求进行施工，振捣应密实；模板拆除应符合施工规范规定的混凝土强度要求，施工中不得超载；泛水带应与楼板同时浇筑，以免形成施工缝。

卫生间楼地面、浴盆的侧面及地面的基层均应采用必要而有效的防水做法，防水层施工完毕后，不得在上面开槽打洞，面层施工前，先按设计要求找好泛水高度，拉线做坡高控制点，重点做好地漏及出水点周围的坡度，使水能迅速排出。

管道穿楼板灌缝前应将预留洞口清洗干净，不应有浮灰、积砂和其他垃圾粘在洞口边缘；支模时应用铅丝将吊模固定好，封堵严密并洒水保湿，略干后刷上一道纯水泥砂浆结合层，浇筑比楼板混凝土强度高一个等级的细石混凝土，最后分两次用密实细石混凝土捣实；堵洞后应注意养护，时间为七昼夜，避免振动及碰撞。

穿过楼面的塑料排水管应在楼层处设置套管，套管必须在浇筑楼面混凝土时预埋，套管应高出楼面 50 mm，在套管周围作出高于楼面面层 20 mm 左右的水泥砂浆阻水圈。

伸缩节应按规范要求每层设置一个，伸缩节的定位环应在排水管安装完毕后及时取出，取得过早或过晚都会使伸缩节失去作用。

塑料排水管承插口应使用质量合格的胶粘剂，按要求粘结牢固，安装完毕后，应按规范要求做灌水通水试验，发现漏水、堵塞现象要重新处理，直到不漏、畅通为止。

大便器排水管甩口高度应根据地面高度确定，使之上口高出地面 10～20 mm，安装蹲坑时，排水管甩口高度要选择内径较大，内口平整的承口或套袖，以保证蹲坑出口插入足够的深度；蹲坑出口与排水管连接处应认真填抹严密，防止污水外漏。

蹲位胶皮碗应使用 14 号铜丝两道错绑扎拧紧，不得用铁丝代替铜丝，以免锈蚀断裂导致皮碗松动；冲洗管插入胶皮碗角度应合适，施工完毕应经过试水渗漏试验后，再做水泥抹面。

3. 选材不合理导致渗漏

（1）渗漏原因。卫生间墙体使用混合砂浆；管道安装完，洞口嵌填时不吊模，不用细石混凝土捣实，而用粉刷砂浆；所用防水材料质量不过关，个别下沉式卫生间埋地给水管材质量有问题，严重锈蚀、砂眼引起渗漏。

（2）防治措施。卫生间墙体应用抗渗性能好的水泥砂浆；管道安装完，洞口嵌填时应吊模，应用细石混凝土捣实；所用防水材料使用前应做检验，不能因量小而不做检验，防水材料质量应过关。

任务实施

编写室内防水工程的技术交底。

拓展实训

1. 简述室内防水工程的特点。
2. 防水卷材的施工应符合哪些规定？

课外学习指要

中华人民共和国行业标准.JGJ 298—2013 住宅室内防水工程技术规范[S].北京：中国建筑工业出版社，2013.

项目七 装饰装修工程施工

知识目标

1. 熟悉抹灰工程、吊顶工程、门窗工程、饰面工程、涂料工程、墙体保温工程的分类。
2. 熟悉抹灰工程、吊顶工程、门窗工程、饰面工程、涂料工程、墙体保温工程的材料、机具准备、施工工艺及质量控制要点。
3. 掌握抹灰工程、吊顶工程、门窗工程、饰面工程、涂料工程、墙体保温工程的技术交底内容。
4. 熟悉抹灰工程、吊顶工程、门窗工程、饰面工程、涂料工程、墙体保温工程的质量验收项目、方法。

能力目标

1. 能统筹安排施工人员进行抹灰工程、吊顶工程、门窗工程、饰面工程、涂料工程、墙体保温工程的施工。
2. 能做抹灰工程、吊顶工程、门窗工程、饰面工程、涂料工程、墙体保温工程的技术交底工作。

教学重点

抹灰工程、吊顶工程、门窗工程、饰面工程、涂料工程、墙体保温工程的技术交底工作。

教学难点

抹灰工程、吊顶工程、门窗工程、饰面工程、涂料工程、墙体保温工程的施工工艺及质量控制要点。

建议课时

22课时

装饰装修是指为保护建筑物或构筑物的主体结构、完善使用功能和达到美化效果,采用装饰装修材料或饰物,对其内、外表面及空间进行的各种处理。

1. 作用

保护结构构件免受大自然的侵蚀、提高围护结构的耐久性、增加建筑物的美观和艺术形象、改善清洁卫生条件、美化城市和居住环境,有隔热、隔声、防腐、防潮的功能。

2. 分类

建筑装饰装修工程按用途可分为保护装饰、功能装饰、饰面装饰;按具体装饰装修的部位,可分为室外和室内两大部分;按施工工艺和建筑部位的不同,可分为抹灰工程、饰面板(砖)工程、楼地面工程、门窗工程、幕墙工程、轻质隔墙工程、吊顶工程、涂饰工程、裱糊与软包工程、细部木作工程及花饰安装工程等。

3. 施工特点

(1)工期长：一般占总工期的30%～40%，高级装修占50%以上。

(2)手工作业量大。

(3)材料贵、造价高：一般占30%，高者占50%以上。

(4)要求高：满足功能要求，讲究色彩、造型、质感等外观效果。

4. 发展方向

(1)结构和饰面合一：发展"清水混凝土"，利用模板的不同造型，采用"正打""反打"工艺，对结构混凝土表面进行饰面处理，使外墙板表面形成有装饰性的凸肋、漏花、线角、图案或浮雕等质感，使结构的功能、耐久性与装饰相互统一。

(2)大力发展新型装饰材料和制品：大力发展符合建筑节能和环保要求的新型装饰材料、制品，配套的施工技术和施工机具。

(3)干法施工：发展裱糊墙纸，发展采用喷涂、滚涂、弹涂工艺施工涂料，采用胶粘剂粘贴面砖，石材采用干挂法施工。

(4)装饰工程满足环保、防火、节能要求。

任务一　抹灰工程施工

任务描述

编制抹灰工程的技术交底。

任务分析

将砂浆涂抹在建筑物表面的饰面工程称为抹灰工程。

抹灰工程按工种部位可分为室内抹灰和室外抹灰；按抹灰的材料和装饰效果可分为一般抹灰和装饰抹灰；按功能要求还有特种砂浆抹灰(是指采用保温砂浆、防水砂浆、耐酸砂浆等材料进行的有特殊要求的抹灰工程)；按工程部位分为顶棚抹灰、墙面抹灰、地面抹灰。

相关知识

一、一般规定

(1)抹灰前基层表面的尘土、污垢、油渍等应清除干净，并应洒水湿润。

(2)外墙抹灰工程施工前应先安装钢木门窗框、护栏等，并应将墙上的施工孔洞堵塞密实。

(3)抹灰工程应分层进行。当抹灰总厚度大于或等于35 mm时，应采取加强措施。不同材料基体交接处表面的抹灰，应采取防止开裂的加强措施，当采用加强网时，加强网与各基体的搭接不应小于100 mm。

(4)室内墙面、柱面和门洞口的阳角做法应符合设计要求。当设计无要求时，应采用1∶2

水泥浆做暗护角,其高度不应低于2 m,每侧宽度不应小于50 mm。

(5)当要求抹灰层具有防水、防腐功能时,应采用防水砂浆。

(6)抹灰层的总厚度应符合设计要求;水泥砂浆不得抹在石灰砂浆层上;罩面石膏灰不得抹在水泥砂浆层上。

(7)抹灰分格缝的设置应符合设计要求,宽度和深度应均匀,表面应光滑,棱角应整齐。

(8)有排水要求的部位应做滴水线(槽)。滴水线(槽)应整齐顺直,滴水线应内高外低,滴水槽的宽度和深度均应不小于10 mm。

(9)各种砂浆抹灰层,在凝结前应防止快干、水冲、撞击、振动和受冻,在凝结后应采取措施防止玷污和损坏。水泥砂浆抹灰层应在湿润条件下养护。

(10)外墙和顶棚的抹灰层与基层之间及各抹灰层之间必须粘结牢固。

(11)冬期施工,抹灰砂浆应采取保温措施。涂抹时,砂浆的温度不宜低于5 ℃。

(12)砂浆抹灰层硬化初期不得受冻,气温低于5 ℃时,室外抹灰所用的砂浆可掺入混凝土防冻剂,其掺量应由试验确定。做涂料墙面的抹灰砂浆中,不得掺入含氯盐的防冻剂。

(13)冬期施工,抹灰层可采取加温措施加速干燥。如采用热空气时,应设通风设备排除湿气。

二、一般抹灰工程施工

(一)一般抹灰的组成、分级和要求

1. 抹灰工程的组成

抹灰工程要求分层施工,一般由底层、中层和面层组成,当底层和中层并为一起操作时,则可只分为底层和面层,如图7-1所示。

抹灰工程分层施工主要是为了保证抹灰质量,做到表面平整,避免裂缝,粘结牢固。

2. 抹灰工程的分级

一般抹灰按照做法和质量要求分为普通抹灰、中级抹灰和高级抹灰三级。

(1)普通抹灰由一底层、一面层构成,施工要求分层赶平、修整,表面压光。

(2)中级抹灰由一底层、一中层、一面层构成,施工要求阳角找方,设置标筋,分层赶平、修整,表面压光。

(3)高级抹灰由一底层、数层中层、一面层构成,施工要求阴、阳角找方,设置标筋,分层赶平、修整,表面压光。

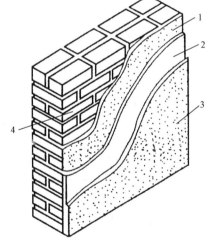

图7-1 抹灰层的组成

1—底层;2—中层;3—面层;4—墙体

3. 各层的作用及对材料的要求

(1)底层。底层主要起抹面层与基体粘结和初步找平的作用,采用的材料与基层有关。

室内砖墙常用水泥石灰混合砂浆或水泥砂浆,室外砖墙常采用水泥砂浆。混凝土基层常采用素水泥浆、水泥石灰混合砂浆或水泥砂浆,硅酸盐砌块基层常采用水泥混合砂浆或聚合物水泥砂浆。

因基层吸水性强,故底层砂浆稠度应较小,一般为100~200 mm。若有防潮、防水要求,则应采用水泥砂浆抹底层。

(2)中层。中层主要起保护墙体和找平作用，采用的材料与底层相同，但稠度可大一些，一般为70~80 mm。

(3)面层。面层主要起装饰作用。室内墙面及顶棚抹灰可采用水泥石灰混合砂浆，室外抹灰可采用水泥砂浆、聚合物水泥砂浆或各种装饰砂浆，砂浆稠度为100 mm左右。

4. 抹灰层的总厚度要求

内墙抹灰：普通抹灰不得大于18 mm，中级抹灰不得大于20 mm，高级抹灰不得大于25 mm。

外墙抹灰：墙面不得大于20 mm，勒脚及凸出墙面部分不得大于25 mm。

顶棚抹灰：不得大于15 mm，金属网顶棚抹灰不得大于20 mm。

5. 抹灰层每层的厚度要求

每层的厚度不宜太大，底层一般为5~9 mm，中层一般为5~12 mm，面层一般为2~5 mm。

各层厚度又与使用砂浆的品种有关，水泥砂浆每层宜为5~7 mm，水泥石灰混合砂浆每层厚度宜为7~9 mm。

(二)一般抹灰的材料和砂浆的配制

1. 抹灰砂浆的材料

(1)胶凝材料。在抹灰工程中，胶凝材料主要有水泥、石灰、石膏等。

常用的水泥有硅酸盐水泥、普通硅酸盐水泥和矿渣硅酸盐水泥等，强度在42.5级以上。不同品种的水泥不得混用，不得采用未做处理的受潮、结块水泥，出厂已超过3个月的水泥应经试验后方可使用。

抹灰用的石膏如果为块状生石灰经熟化后淋制成的石灰膏，为保证过火生石灰的充分熟化，以避免后期熟化引起抹灰层的起鼓和开裂，生石灰的熟化时间一般应不少于15 d，如用于拌制罩面灰，则应不少于30 d；如果采用优质块状生石灰磨细而成的生石灰粉代替，可省去淋灰作业而直接使用，但为保护抹灰质量，其细度要求过筛。

(2)砂。一般抹灰砂浆中可采用普通中砂与粗砂混合掺用。

抹灰用砂要求颗粒坚硬洁净，含黏土、淤泥不超过3%，在使用前需过筛，去除粗大颗粒及杂质，并应根据现场砂的含水率及时调整砂浆拌和用水量。

(3)纤维材料。为提高抹灰砂浆的抗裂能力和抗拉强度，同时，可增加抹灰层的弹性和耐久性，使其不易脱落，可在砂浆中掺加一定比例的纤维材料。

2. 抹灰砂浆的配制

一般抹灰砂浆拌和时通常采用质量配合比，材料应称量搅拌。配料的误差：水泥应在±2%以内，砂子、石灰膏应控制在±5%以内。

砂浆应搅拌均匀，一次搅拌量不宜过多，最好随拌随用。搅拌好的砂浆堆放时间不宜过久，应控制在水泥初凝前用完。搅拌不同种类的砂浆应注意不同的加料顺序。

拌制水泥砂浆时应先将水与砂子共同搅拌，然后按配合比加入水泥，继续搅拌，直至均匀、颜色一致、稠度达到要求为止。

拌和混合砂浆或石灰砂浆应先加入少量水及少量砂子和全部石灰膏，拌制均匀后，再加入适量的水和砂子继续拌和，待砂浆颜色一致，稠度符合要求为止。搅拌时间一般不少于2 min。

聚合物水泥砂浆一般宜先将水泥砂浆搅拌好，然后按配合比规定的数量把108胶按1：2的比例用水稀释后加入，继续搅拌至充分混合。

3. 抹灰工具

常用的手工抹灰工具有以下几种：

(1)抹子。抹子是将灰浆施于抹灰面上的主要工具，有铁抹子、钢皮抹子、压子、塑料抹子、木抹子、阴阳角抹子等若干种，分别用于抹制底层灰、面层灰、压光、搓平压实、阴阳角压光等抹灰操作。

(2)木制工具。主要有木杠、刮尺、靠尺、靠尺板、方尺、托线板等，分别用于抹灰层的找平、做墙面楞角、测阴阳角的方正和靠吊墙面的垂直度。

使用时将板的侧边靠紧墙面，根据中悬垂线偏离下端取中缺口的程度，即可确定墙面的垂直度及偏差。

(3)其他工具。其他工具有毛刷、钢丝刷、茅草把、喷壶、水壶、弹线墨斗等，分别用于抹灰面的洒水、清刷基层、木抹子搓平时洒水及墙面洒水、浇水。

(三)一般抹灰的施工操作方法

1. 墙面抹灰

墙面抹灰操作的工艺流程为：基体表面处理→墙面湿润→规方，贴灰饼→标筋→护墙角(室外则为滴水线等)→抹底层灰→抹中层灰→抹面层灰。

(1)基体表面处理。墙砖边面的灰尘、污垢、多余砂浆等，应清理干净，如有孔洞应用与砌体相同且已湿润的砖并加砂浆填塞、堵好。

混凝土表面的尘土、残余水泥浆、油污、隔离剂等杂物，必须彻底洗刷并冲洗干净，将墙面上凹凸不平处修补平整。

光滑的混凝土表面抹灰时，经清理后可按以下要求加以处理：

1)凿毛。混凝土脱模后，应在强度较低时进行凿毛(或剁斩)。使表面成为毛糙面，增加基体和抹灰层间的粘结力。

2)加结合层。抹灰前，在湿润的混凝土基体上，宜刷一道用掺水重3%～5%胶粘剂的素水泥浆；或在光面刷界面处理剂。或用水泥砂浆在混凝土表面上甩成毛糙面，待干后再抹灰；或采用机械喷毛打底，亦即在混凝土表面上，用机械喷涂抹灰设备，喷涂较薄的底灰(一般为2～3 mm)。

不同材质的基体表面应相应处理，以增强其与抹灰砂浆之间的粘结强度，如图7-2所示。

(2)墙面湿润。通过浇水湿润使水分渗入砌体、混凝土基体表面2～3 mm，达到湿润而无明水的状况下，待表面稍干后方可进行抹灰，既防止有早期脱水，又避免将砂浆稀释，确保砌体、混凝土基体与抹灰层之间能够粘结牢固。在常温状况下砖墙应提前1 h浇水，混凝土基体亦应隔夜浇水。

(3)规方、贴灰饼。抹灰前，先检查门窗口及墙面，符合质量要求后，将室内阴阳角规方找正、横线抄平、立线吊直，并弹出准线，具体做法如下：

1)首先是地面规方，一般居室太小的房间可选一面墙做基线，用尺量方即可。如房间面积较大或有柱网时，可在地面先弹出十字线，作抹灰基准线位置。

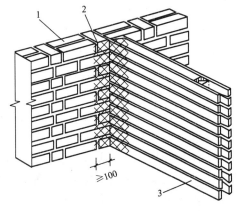

图 7-2 不同材料基体交接处的处理
1—砖墙；2—板条墙；3—钢丝网

2)在距离墙阴角100 mm处，用线坠吊直，在墙上弹一立线，再按房间规方地线及墙面平整程度(最薄处不少于 7 mm 向里反线,弹出墙角抹灰准线,根据要求留出凸出或缩回墙面 5~7 mm 的踢角)。在此线上下两端钉上钉,确定其每面墙上的四个基准灰饼位置,位于下面的灰饼应在踢角或墙裙的上口,分别挂上水平白线,由墙角向中央,在水平、垂直每隔 1.2~1.5 m,用混合砂浆抹成 7 cm 左右直径的灰饼。如墙高在 3.0 m 以上需要搭设脚手架时,则一人在架子上用线坠或托线板,另一人在地面按线调整灰饼厚度。

(4)设置标筋。为有效地控制抹灰厚度,特别是保证墙面垂直度和整体平整度,在抹底、中层灰前应设置标筋作为抹灰的依据。设置标筋即用打底灰浆将上、下同一直线的两个灰饼,连抹成一条宽约为 10 cm 呈八字形的竖向竖筋,如墙面高则尚应加水平方向的横筋,如图 7-3、图 7-4 所示。

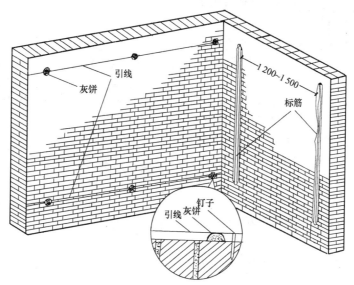

图 7-3 挂线做标志块及标筋

(5)护墙角。为保护墙面转角处不易遭碰撞损坏,在室内抹面的门窗洞口及墙角、柱面的阳角处应做水泥砂浆护角。

护角高度一般不低于 2 m,每侧宽度不小于 100 mm。具体做法是先将阳角用方尺规方,靠门框一边以门框离墙的空隙为准,另一边以墙面灰饼厚度为依据,如图 7-5 所示。

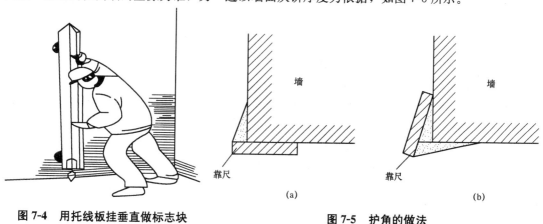

图 7-4 用托线板挂垂直做标志块

图 7-5 护角的做法
(a)第一步;(b)第二步

最好在地面上划好准线,按准线用砂浆粘好靠尺板,用托线板吊直,方尺找方。然后在靠尺板的另一边墙角分层抹 1∶2 水泥砂浆,与靠尺板的外口平齐。然后把靠尺板移动至已抹好护角的一边,用钢筋卡子卡住,用托线板吊直靠尺板,把护角的另一面分层抹好。取下靠尺板,待砂浆稍干时,用阳角抹子和水泥素浆捋出护角的小圆角,最后用靠尺板沿顺直方向留出预定宽度,将多余砂浆切出 40°斜面,以便抹面时与护角接槎。

(6)抹底层、中层灰。待标筋有一定强度后,即可在两标筋间用力抹上底层灰,用木抹子压实搓毛。待底层灰收水后,即可抹中层灰,抹灰厚度应略高于标筋。中层抹灰后,随即用木杠沿标筋刮平,不平处补抹砂浆,然后再刮,直至墙面平直为止,如图 7-6 所示。紧接着用木抹子搓压,使表面干整密实。

阴角处先用方尺上下核对方正(水平横向标筋可免去此步),然后用阴角器上下抽动扯平,使室内四角方正为止。

(7)抹面层灰。待中层灰有六、七成干时,即可抹面层灰。操作一般从阴角或阳角处开始,自左向右进行。一人在前抹面灰,另一人其后找平整,并用铁抹子压实赶光。阴、阳角处用阴、阳角抹子捋光,并用毛刷蘸水将门窗圆角等处刷干净。

图 7-6 刮杠示意图

高级抹灰的阳角必须用拐尺找方。

2. 顶棚抹灰

(1)混凝土顶棚抹白灰。操作工序:基层表面处理→洒水湿润→弹线→抹底层灰→抹中层灰→抹面层灰。

1)基层表面处理。在现浇钢筋混凝土顶棚上,首先将残存的杂物、积土等清理干净,用 10%大碱稀液将油渍、隔离剂等加以刷洗,再用清水冲净。凿平凸出部分,有蜂窝、麻面或缺棱掉角处用 1∶3 水泥砂浆分层刮平,如为预制钢筋混凝土顶棚,除应将残留砂浆、尘土清扫干净,板缝未堵密实处尚应清理干净并浇水湿润,用水泥混合砂浆分层填嵌密实,并与板底表面刮平。

2)洒水湿润。混凝土顶棚必须提前一天洒水,使之湿润,抹灰开始时,再次用喷壶喷水或淋水。

3)弹线。根据混凝土顶棚平整情况和抹灰厚度在四周墙上靠近顶棚板处,弹出一条规方、交圈的水平线,用此线控制抹灰厚度及表面平整的基准线。如为现浇混凝土厚度不宜大于 15 mm,预制混凝土厚度不宜大于 18 mm。

4)抹底层灰。混凝土湿润后,应随即涂刷掺有水重 3%~5%的胶粘剂素水泥浆,随刷随打底厚度宜为 1 mm。

用水泥混合砂浆打底,从顶棚板的四角开始,垂直于模板缝方向,左右来回均匀用力压抹,务求将底灰挤压入顶板所有细小缝隙气孔中,使与基体结合牢固,打底厚度宜为 3~5 mm,应抹平压实。

5)抹中层灰。混凝土顶棚板吸水较快,当底层灰抹完后,要及时洒水,用水泥混合砂浆紧跟抹中层灰加以找平。仍从顶棚半四角开始。按所弹水平线顺模板涂抹,并随时用靠尺找平,用木抹子搓平压实,厚度宜为 6~9 mm。

6)抹面层灰。待中层灰抹完有六、七成干时,即手指按已不软,但有指印,即应罩面,如中层灰过于干燥可稍洒水湿润。罩面用麻刀灰(10%白灰膏用1.3 kg麻刀),两遍成活。第一遍要薄薄一层,第二遍要抹平,待罩面灰稍收水,即用塑料抹子将抹纹压实压光。

(2)板条顶棚抹灰。操作工序:基体表面处理→弹线→抹底层灰→抹中层灰→抹面层灰→成品保护。

1)基体表面处理。首先检查顶棚骨架,必须符合设计和有关规范规定,然后再检查板条顶棚,如有下列情况,必须经处理合格后方可施工。

吊杆伸出板条底面或吊杆螺帽松动;板条之间缝隙过大或过小(板缝一般为7~10 mm、接头缝为3~5 mm);棉线条未按规定错开接头,板条薄且较软;板条未钉牢或少钉有松动现象;表面不平和凹凸现象超过规定等。

2)弹线。在靠顶棚四周墙上,按顶棚的平整情况和抹灰厚度弹出水平线,总厚度应控制在15 mm以内。

3)抹底层灰。抹底层灰从墙角顶棚开始,横着板条方向用铁抹子刮上麻刀或纸筋白灰,用力来回压抹,将底层灰挤入板缝中,并与其结合牢固,厚度宜为5 mm。紧跟抹一遍砂子(过3 mm筛)灰,配合比为1:2.5石灰砂浆,仍用铁抹子横着板条方向,使之挤入麻刀灰中,并用扫帚扫成均匀的麻面,其本身不占厚度。

4)抹中层灰。待底灰六、七层干时,仍用1:2.5石灰砂浆,以铁抹子顺板方向涂抹,然后用刮尺横着板条方向找平,再用木抹子搓平,厚宜为6 mm。

5)抹面层灰。待中层灰七层干时,即用铁抹子抹罩面纸筋或麻刀灰,两遍成活,头遍抹一层,第二遍抹平压光。

6)成品保护。抹灰层在凝固前,要注意成品保护,严禁有人进入顶棚,或在楼面上(顶棚上)锤击震动。

三、装饰抹灰工程施工

装饰抹灰的底层做法均为1:3水泥砂浆打底,仅面层做法不同。

(一)水磨石地面

水磨石地面分为普通水磨石面层和高级(彩色)水磨石面层。石子浆用石粒以水泥为胶结料加水按1:1.5~1:2.5(水泥:石子)体积比拌制而成。面层厚度宜为12~18 mm,具体视石子粒径而定。

1. 抹找平层

抹12 mm厚1:3水泥砂浆找平层,养护1~2 d。

2. 镶嵌分格条

弹分格线,分格条安设时两侧用素水泥浆粘结固定。玻璃条用素水泥浆抹八字条固定;铜条每米4眼,穿22#铅丝卧牢。分格条的镶嵌如图7-7所示。

3. 铺石子浆

在底层刮素水泥浆,随后将不同色彩的水泥石子浆填入分格中,厚约8 mm(比嵌条高约1 mm),收水后用滚筒滚压,浇水养护。

4. 试磨

开磨前应先试磨,以表面石粒不松动、不脱落、砂浆抗压强度100~130 N/mm^{2}方可开磨,开磨时间与气温、水泥品种有关,一般1~5 d后可开磨。

普通水磨石磨光遍数不少于三遍,高级水磨石不少于四遍。

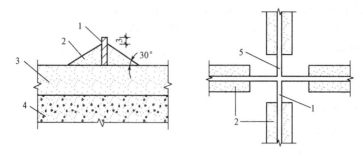

图 7-7 分格条的镶嵌

1—分格条；2—素水泥浆；3—水泥砂浆找平层；4—混凝土垫层；5—40～50 mm 内不抹素水泥浆

5. 粗磨、细磨、磨光

第一遍用 54～70 号粗金刚石磨，第二遍用 90～120 号中金刚石磨，第三遍用 180～240 号细金刚石磨，第四遍用 240～300 号油石磨；头磨和中磨要求边磨边加水，磨匀磨平，使分格条外露，磨后将泥浆冲洗干净，用同色浆涂抹修补砂眼，并养护 2 d；细磨后擦草酸一道，干燥后打蜡即光亮如镜。

(二)外墙水刷石

水刷石也称"洗石子"，是用水泥、石屑、小石子和颜料等加水拌和，抹在建筑物的表面，半凝固后，用硬毛刷蘸水刷去表面的水泥浆而使石屑或小石子半露。

1. 弹线、安分格条

分格弹线，嵌贴木分格条。分格条的嵌贴如图 7-8 所示。

2. 抹水泥石渣浆

薄刮 1 mm 厚素水泥浆，抹厚度 8～12 mm 厚水泥石渣浆面层(高于分格条 1～2 mm)，石渣浆体积配比 1∶1.25(中八厘)～1∶1.5(小八厘)，稠度为 5～7 cm；水分稍干，拍平压实 2～3 遍。

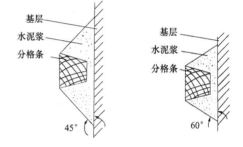

图 7-8 分格条的嵌贴

3. 喷刷

喷刷是指压无陷痕时，用棕刷蘸水自上而下刷掉面层水泥浆，使石子表面完全外露为止，也可用喷雾器自上而下喷水冲洗。

4. 勾缝

起出分格条，局部修理、勾缝。

(三)外墙干粘石

干粘石俗称"甩石子"，是在抹好找平层后，随抹粘结层随用拍子或喷枪把石渣往粘结层上甩，随甩随拍平压实，粘结牢固但不能拍出或压出水泥浆，达到石渣排列致密、平整的饰面效果。

1. 弹线、安分格条

做找平层，隔日嵌贴分格条。

2. 抹粘结层、甩石渣

先抹一层 6 mm 厚的 1∶2～1∶2.5 水泥砂浆中层，再抹一层厚度为 1 mm 的聚合水泥浆(水泥：108胶＝1∶0.3)粘结层，随即将4～6 mm的石渣用手工或喷枪粘(或甩、喷)在粘结层上，要求石子分布均匀不露底，粘石后及时用干净抹子轻轻将石碴压入粘结层内，要求压入2/3，外露1/3，以不露浆且粘牢为原则。

3. 勾缝

初凝前起出分格条，修补、勾缝。

(四)斩假石

斩假石又称剁斧石。是用人工在水泥面上剁出剁斧石的斜纹，获得有纹路的石面样式。

(1)安分格条：在找平层上按设计的分格弹线嵌分格条。

(2)抹面层：基层上洒水湿润，刮一层1 mm厚水泥浆，随即铺抹10 mm厚1∶1.25水泥石渣浆(石渣掺量30%)面层，并用铁抹子赶平压实，软毛刷蘸水把表面水泥浆刷掉，露出的石渣应均匀一致。

(3)剁石：洒水养护2～5 d即可开始试剁，试剁石子不脱落便可正式剁。剁斧由上往下剁成平行齐直剁纹(分格缝周围或边缘留出15～40 mm不剁)，剁石深度以石渣剁掉1/3为适宜。

(4)勾缝：拆出分格条，清除残渣，素水泥浆勾缝。

(五)机械喷涂抹灰

机械喷涂抹灰可提高工效，减轻劳动强度和保证工程质量，是抹灰施工的发展方向。

机械喷涂抹灰的工作原理是利用灰浆泵和空气压缩机将灰浆及压缩空气送入喷枪，在喷嘴前形成灰浆射流，将灰浆喷涂在基层上。喷嘴的口径一般为16 mm、19 mm、25 mm，喷嘴距墙面距离控制在100～300 mm。喷射压力可控制在0.15～0.2 MPa，压力过大，射出速度快，会使砂子弹回；压力过小，冲击力不足，会影响粘结力，造成砂浆流淌。

当喷涂干燥、吸水性强、冲筋较厚的墙面时，喷嘴离墙面为100～150 mm，并与墙面成90°角，喷枪移动速度应稍慢，压缩空气量宜小一些；对潮湿、吸水性差、冲筋较薄的墙面，喷嘴距离墙面为150～300 mm，并与墙面成65°角，喷枪移动可较快一些，空气量宜大一些，这样喷射面大，灰层较薄，灰浆不易流淌。

喷涂抹灰所用砂浆稠度宜为90～110 mm，其配合比可采用1∶1∶4的水泥石灰混合砂浆。

喷涂必须分层连续进行，喷涂前应先进行运转，疏通和清洗管路，然后压入石灰膏润滑管道，避免堵塞，每次喷涂完毕，亦应将石灰膏输入管道，把残留的砂浆带出，再压送清水冲洗，最后送入气压为0.4 MPa的压缩空气吹刷数分钟，以防砂浆在管路中结块，影响下次使用。

四、抹灰工程的质量验收

(一)一般抹灰工程的质量验收

1. 主控项目

(1)抹灰前基层表面的尘土、污垢、油渍等应清除干净，并应洒水湿润。检验方法：检查施工记录。

(2)一般抹灰所用材料的品种和性能应符合设计要求。水泥的凝结时间和安定性复验应合格。砂浆的配合比应符合设计要求。检验方法：检查产品合格证书、进场验收记录、复验报告和施工记录。

(3)抹灰工程应分层进行。当抹灰总厚度大于或等于35 mm时，应采取加强措施。不同材料基体交接处表面的抹灰，应采取防止开裂的加强措施，当采用加强网时，加强网与各基体的搭接宽度不应小于100 mm。检验方法：检查隐蔽工程验收记录和施工记录。

(4)抹灰层与基层之间及各抹灰层之间必须粘结牢固,抹灰层应无脱层、空鼓,面层应无爆灰和裂缝。检验方法:观察;用小锤轻击检查;检查施工记录。

2. 一般项目

(1)一般抹灰工程的表面质量应符合下列规定:

1)普通抹灰表面应光滑、洁净、接槎平整,分格缝应清晰。

2)高级抹灰表面应光滑、洁净、颜色均匀、无抹纹,分格缝和灰线应清晰美观。

检验方法:观察;手摸检查。

(2)护角、孔洞、槽、盒周围的抹灰表面应整齐、光滑;管道后面的抹灰表面应平整。检验方法:观察。

(3)抹灰层的总厚度应符合设计要求;水泥砂浆不得抹在石灰砂浆层上;罩面石膏灰不得抹在水泥砂浆层上。检验方法:检查施工记录。

(4)抹灰分格缝的设置应符合设计要求,宽度和深度应均匀,表面应光滑,棱角应整齐。检验方法:观察;尺量检查。

(5)有排水要求的部位应做滴水线(槽)。滴水线(槽)应整齐顺直,滴水线应内高外低,滴水槽的宽度和深度均不应小于10 mm。检验方法:观察;尺量检查。

(6)一般抹灰工程质量的允许偏差和检验方法应符合表7-1的规定。

表7-1 一般抹灰工程质量的允许偏差和检验方法

项次	项目	允许偏差/mm		检验方法
		普通抹灰	高级抹灰	
1	立面垂直度	4	3	用2 m垂直检测尺检查
2	表面平整度	4	3	用2 m靠尺和塞尺检查
3	阴、阳角方正	4	3	用直角检测尺检查
4	分格条(缝)直线度	4	3	拉5 m线,不足5 m拉通线,用钢直尺检查
5	墙裙、脚上口直线度	4	3	拉5 m线,不足5 m拉通线,用钢直尺检查

注:1. 普通抹灰,本表第3项阴角方正可不检查。
  2. 高级抹灰,本表第2项表面平整度可不检查,但应平顺。

(二)装饰抹灰工程的质量验收

1. 主控项目

(1)抹灰前基层表面的尘土、污垢、油渍等应清除干净,并应洒水湿润。检验方法:检查施工记录。

(2)装饰抹灰工程所用材料的品种和性能应符合设计要求。水泥的凝结时间和安定性复验应合格。砂浆的配合比应符合设计要求。检验方法:检查产品合格证书、进场验收记录、复验报告和施工记录。

(3)抹灰工程应分层进行。当抹灰总厚度大于或等于35 mm时,应采取加强措施。不同材料基体交接处表面的抹灰,应采取防止开裂的加强措施,当采用加强网时,加强网与各基体的搭接宽度不应小于100 mm。检验方法:检查隐蔽工程验收记录和施工记录。

(4)各抹灰层与基层之间及各抹灰层之间必须粘结牢固,抹灰层应无脱层、空鼓和裂缝。检验方法:观察;用小锤轻击检查;检查施工记录。

2. 一般项目

(1)装饰抹灰工程的表面质量应符合下列规定：

1)水刷石表面应石粒清晰、分布均匀、紧密平整、色泽一致，应无掉粒和接槎痕迹。

2)斩假石表面剁纹应均匀顺直、深浅一致，应无漏剁处；阳角处应横剁并留出宽窄一致的不剁边条，棱角应无损坏。

3)干粘石表面应色泽一致、不露浆、不漏粘，石粒应粘结牢固、分布均匀，阳角应无明显黑边。

4)假面砖表面应平整、沟纹清晰、留缝整齐、色泽一致，应无掉角、脱皮、起砂等缺陷。

检验方法：观察；手摸检查。

(2)装饰抹灰分格条(缝)的设置应符合设计要求，宽度和深度应均匀，表面应平整光滑，棱角应整齐。检验方法：观察。

(3)有排水要求的部位应做滴水线(槽)。滴水线(槽)应整齐顺直，滴水线应内高外低，滴水槽的宽度和深度均不应小于10 mm。检验方法：观察；尺量检查。

(4)装饰抹灰工程质量的允许偏差和检验方法应符合表7-2的规定。

表 7-2 装饰抹灰工程质量的允许偏差和检验方法

项次	项目	允许偏差/mm				检验方法
		水刷石	斩假石	干粘石	假面砖	
1	立面垂直度	5	4	5	5	用2 m垂直检测尺检查
2	表面平整度	3	3	5	4	用2 m靠尺和塞尺检查
3	阳角方正	3	3	4	4	用直角检测尺检查
4	分格条(缝)直线度	3	3	3	3	拉5 m线，不足5 m拉通线，用钢直尺检查
5	墙裙、勒脚上口直线度	3	3	—	—	拉5 m线，不足5 m拉通线，用钢直尺检查

编制抹灰工程的技术交底。

拓展提高

一、楼地面抹灰

楼地面抹灰是直接在水泥砂浆找平层上施工的一种传统整体地面。具有经济、施工方便，不耐磨，易起砂、起灰的特点。

(1)材料：水泥大于42.5级的普通硅酸盐水泥；洁净的中粗砂；配合比宜≥1：2.5。

(2)施工要点：

1)清理基层：提前浇水湿润，刷素水泥浆结合层一道。

2)冲筋：找平、找坡，间距为1.5 m。

3)装档：随铺砂浆随用木杠尺按筋刮平压实，木抹子搓平。

4)压光：用铁抹子分三遍(搓平后压头遍至出浆，初凝压二遍至平实，终凝前压三遍至平光)压光。

5)养护：12～24 h后，喷薄膜剂或铺湿锯末洒水养护7 d。

二、自流平地面的施工

自流平地面施工是将搅拌好的浆料缓慢地倒于处理后的基面上，让其自然流平，对于墙角或流平不到的地方用刮刀辅助，使其达到完全覆盖，有气泡的地方要利用放气滚筒消除气泡，流平时间应控制在30 min以内。

水泥基自流平砂浆是干混型粉状材料，由水泥、细集料及添加剂配制加工而成。适用于环氧地坪、聚氨酯地坪及高级饰面板、塑胶地板、木地板等地面的高度平整基面。使用前将自流平砂浆与水按照100∶24的比例，用机械（自流平搅拌及输送泵）或人工搅拌混合，直到均匀无颗粒出现，静置3～4 min后再搅拌1 min即可使用。

拓展实训

1. 一般抹灰各抹灰层厚度是如何确定的？为什么不宜过厚？
2. 一般抹灰分几级？具体有哪些要求？
3. 简述水磨石地面的做法。

课外学习指要

中华人民共和国国家标准．GB 50210—2001建筑装饰装修工程质量验收规范[S]．北京：中国标准出版社，2001．

任务二　门窗工程施工

任务描述

编写门窗工程的技术交底。

任务分析

门窗工程按材料可分为木门窗、钢门窗、铝合金门窗、塑料门窗等。

木门窗应用最早，却逐渐被其他材料的门窗所替代。

门窗大多在加工厂内制作，对于施工现场，门窗工程一般以框及扇的安装为主要施工内容。

相关知识

一、钢门窗的施工

在建筑工程中，应用较多的钢门窗主要有实腹钢门窗和薄壁空腹钢门窗。钢门窗的优点有：

节约木材，适合于工业化生产，透光系数大。

(一)施工准备

1. 基层处理

将钢门窗上浮土及灰浆等清扫干净，对已刷防锈漆但出现锈斑的钢门窗，用铲刀铲除底层防锈漆后，再用钢丝刷和砂布彻底打磨干净，补刷一道防锈漆。

待漆膜干透后，将钢门窗的砂眼、凹坑、缺棱、拼缝等处用石膏腻子刮平整，待腻子干透后，用1号砂纸打磨，并用潮布将表面上的粉末擦干净。

2. 刮腻子

用开刀或橡皮刮板在钢门窗上满刮一遍石膏腻子，要刮薄、收得干净，均匀平整无飞刺。待腻子干透后，用砂纸打磨，注意不要损坏棱角，要达到表面光滑，线角平直、整齐一致。

3. 涂刷油漆

刷第一遍油漆：刷铅油→抹腻子→打砂纸→装玻璃。

刷第二遍油漆：刷铅油→擦玻璃→打砂纸。

刷油操作方法：调和漆涂刷时要多刷多理、刷油饱满、不流不坠、光亮均匀、色泽一致。在玻璃灰上刷油，应待油灰达到一定强度后，方可进行；刷油动作要利落敏捷，涂刷要轻，油要均匀，不损伤油灰表面光滑。

刷完油漆后要仔细检查一遍，如发现有缺陷应及时修整。

(二)安装工艺

钢门窗安装应采用后塞口方法，每一钢门窗在其侧边框上都设有铁脚(也称燕尾铁脚)，利用铁脚埋入侧壁预留洞内或与预埋铁件焊接，使门窗牢固固定在周围主体结构上。

1. 工艺流程

钢门窗安装的工艺流程：弹线→门窗就位、校正→钢门窗固定→安装五金零配件→安装纱门窗扇。

2. 施工方法

(1)弹线。门窗安装前，应在地面或楼面以上500 mm高的墙面上弹出一条水平控制线，再按门窗安装标高、尺寸和开启方向，在墙体预留洞口弹出门窗位置线。

双层钢窗之间的距离，应符合设计或生产厂家的产品要求，若无其他具体要求，两窗扇之间的净距不应小于100 mm。

(2)门窗就位、校正。将钢门窗塞入预留洞口内摆正，用对拔木楔在门窗框四周和框梃端部作临时固定，根据门窗边线、水平线、距外墙皮的尺寸校正其位置，同时，用水平尺和线锤校验其水平水平度和垂直度。

待同一墙面相邻的门窗安装完毕后，上、下层窗框吊线找直，使钢门窗安装后左右通平，上、下层顺直。

(3)钢门窗固定。钢门窗铁脚与预埋铁件焊接应牢固可靠，铁脚插入预留洞口内，应用1:2水泥砂浆(或细石混凝土)堵塞严实，并浇水养护。待堵孔砂浆嵌实具有一定强度后，再用水泥砂浆嵌实门窗框四周缝隙。

砂浆凝固后取出木楔，填补水泥砂浆。水泥砂浆未凝固前，不得在钢门窗上进行任何作业。

钢门窗安装完毕后，在楼地面施工或窗台抹灰时，砂浆不得掩埋门窗下框。

(4)安装五金零配件。五金零配件安装前应先检查门窗固定是否牢固，开启是否严密。如有缺陷须调整后方可安装零配件。

零配件在末道油漆完成后安装。

(5)安装纱门窗扇。高、宽大于1 400 mm的纱窗,应在安装纱前在纱扇中部用木条临时支撑,以防纱凹陷影响使用。裁纱时,其长、宽尺寸应比设计尺寸大50 mm,以利于压纱。绷纱时,先用压纱条将上、下边铁纱压紧,用螺钉固定再压两侧,并将露出纱头切割干净。铁纱安装完毕后,纱扇集中刷油漆。交工前再将纱门窗安装在钢门窗框上。

(三)施工注意事项

(1)在安装钢门窗过程中,坚决禁止将钢门窗铁脚用气焊烧去或将铁脚打弯勉强塞入预留洞孔内。

(2)钢门窗安装时,一定要画线定位,按钢门窗的边线和水平线安装,使钢门窗上下顺直,左右标高一致。

(3)钢门窗调整、找方或补焊、气割等必须认真仔细,焊药药皮必须砸掉,补焊处用钢挫平,并及时补刷防锈漆,以确保工程质量。

(4)安装钢窗时,必须认真核对窗型号,符合设计要求后再安装。

(5)钢门窗五金配件必须同时配套进场,以满足使用并应考虑合理的损耗率,一次加工订货备足,以保证门窗五金门窗配件齐全、配套。

(6)钢门窗五金配件安装一般应在末道油漆完成后进行,但为保证钢门窗及玻璃安装的质量,可在玻璃安装好后及时把门窗拌手装上,以防止刮风损坏门窗玻璃。

二、铝合金门窗的施工

铝合金表面经过氧化光洁闪亮,窗扇框架大,可镶较大面积的玻璃,让室内光线充足明亮,增强了室内外之间立面虚实对比,使居室更富有层次。铝合金本身易于挤压,型材的横断面尺寸精确,加工精确度高。

随着电泳涂漆、粉末喷漆等加工工艺的应用,铝合金型材可供选择的色彩品种较多,可与室内各种色调的装饰相匹配,彻底摆脱普通铝材单一色调的束缚,营造高品位的色调个性空间。

(一)施工准备

1. 材料的要求

(1)铝合金门窗的规格、型号应符合设计要求,且应有出厂合格证。

(2)铝合金门窗所用的五金配件应与门窗型号相匹配,所用的零附件及固定件最好采用不锈钢件,若用其他材质,必须进行防腐处理。

(3)防腐材料及保温材料均应符合图纸要求,且应有产品的出厂合格证。

(4)与结构固定的连接铁脚、连接铁板,应按图纸要求的规格备好,并做好防腐处理。

(5)焊条的规格、型号应与所焊的焊件相符,且应有出厂合格证。

(6)嵌缝材料、密封膏的品种、型号应符合设计要求。

(7)防锈漆、铁纱(或铝纱)、压纱条等均应符合设计要求,且有产品的出厂合格证。

(8)密封条的规格、型号应符合设计要求,胶粘剂应与密封条的材质相匹配,且具有产品的出厂合格证。

2. 主要机具

铝合金切割机、手电钻、圆锉刀、半圆锉刀、十字螺丝刀、划针、铁脚、圆规、钢尺、钢直尺、钢板尺、钻子、锤子、铁锹、抹子、水桶、水刷子、电焊机、焊把线、面罩、焊条等。

(二)安装工艺

门窗框的安装采用后塞口,事先要检查预留的门窗洞口的几何尺寸是否符合设计要求。

1. 工艺流程

画线定位→铝合金门窗披水安装→防腐处理→铝合金门窗的安装就位→铝合金窗固定→门窗框与墙体间隙的处理→门窗扇及门窗玻璃的安装→安装五金配件。

2. 施工方法

(1)画线定位。根据设计图纸中门窗的安装位置、尺寸和标高，依据门窗中线向两边量出门窗边线。若为多层或高层建筑时，以顶层门窗边线为准，用线坠或经纬仪将门窗边线下引，并在各层门窗口处划线标记，对个别不直的口边应剔凿处理。

门窗的水平位置应以楼层室内+500 mm的水平线为准向上反量出窗下皮标高，弹线找直。每一层必须保持窗下皮标高一致。

(2)铝合金门窗披水安装。按施工图纸要求将披水固定在铝合金门窗上，且要保证位置正确、安装牢固。

(3)防腐处理。门窗框四周外表面的防腐处理设计有要求时，按设计要求处理。如果设计没有要求时，可涂刷防腐涂料或粘贴塑料薄膜进行保护，以免水泥砂浆直接与铝合金门窗表面接触，产生电化学反应，腐蚀铝合金门窗。

安装铝合金门窗时，如果采用连接铁件固定，则连接铁件、固定件等安装用金属零件最好用不锈钢件，否则必须进行防腐处理，以免产生电化学反应，腐蚀铝合金门窗。

(4)铝合金门窗的安装就位。根据划好的门窗定位线，安装铝合金门窗框。并及时调整好门窗框的水平、垂直及对角线长度等符合质量标准，然后用木楔临时固定。

(5)铝合金窗固定。当墙体上预埋有铁件时，可直接把铝合金门窗的铁脚与墙体上的预埋铁件焊牢，焊接处需做防锈处理。

当墙体上没有预埋铁件时，可用金属膨胀螺栓或塑料膨胀螺栓将铝合金门窗的铁脚固定到墙上。

当墙体上没有预埋铁件时，也可用电钻在墙上打80 mm深、直径为6 mm的孔，用L型80 mm×50 mm的直径为6 mm的钢筋，在长的一端粘涂108胶水泥浆，然后打入孔中。待108胶水泥浆终凝后，再将铝合金门窗的铁脚与埋置的6 mm钢筋焊牢。

(6)门窗框与墙体间隙的处理。铝合金门窗安装固定后，应先进行隐蔽工程验收，合格后及时按设计要求处理门窗框与墙体之间的缝隙。

如果设计未要求时，可采用弹性保温材料或玻璃棉毡条分层填塞缝隙，外表面留5~8 mm深槽口，填嵌嵌缝油膏或密封胶。

(7)门窗扇及门窗玻璃的安装。门窗扇和门窗玻璃应在洞口墙体表面装饰完工验收后安装。

推拉门窗在门窗框安装固定后，将配好玻璃的门窗扇整体安入框内滑槽，调整好与扇的缝隙即可。

平开门窗在框与扇格架组装上墙、安装固定好后再安玻璃，即先调整好框与扇的缝隙，再将玻璃安入扇并调整好位置，最后镶嵌密封条及密封胶。

地弹簧门应在门框及地弹簧主机入地安装固定后再安门扇。先将玻璃嵌入门扇格架并一起入框就位，调整好框扇缝隙，最后填嵌门扇玻璃的密封条及密封胶。

(三)施工要求

1. 施工准备

用大线坠或经纬仪找垂直线，引测门窗边线，在每层门窗口处画线标记，并逐层抄测门窗洞口距离门窗边线的实际距离，同时，对门窗框四周外表面按设计要求进行防腐处理。

2. 安装铝合金门窗

铝合金门窗的安装就位应根据画好的定位线进行,及时进行调整,使门窗框的水平、垂直及对角线长度等符合质量要求,并及时用木契临时固定。

框体与墙体的固定一般采用连接件连接,连接件一般为 1.5 mm 厚的镀锌板条,地弹簧门因无下框,边框应直接固定在地面中,并用水泥浆固定牢固。

3. 铝合金门窗安装的操作技巧

(1)门窗除用铁件与墙体连接外,还要将门窗框与墙体间的缝隙填嵌密实,以增加起稳固性并防止门窗边渗水。门窗框与墙体间缝隙的填嵌材料,应符合设计要求。

(2)安装门窗时除检查单个门窗洞口外,还应对能够通视的成排或成列的门窗洞口进行目测或拉通线检查。

(3)防止推拉门窗脱落造成的危害,推拉门窗必须在内框上边加装防止脱落的装置。

(4)窗框横向及竖向组合时,应采取套插方式,搭接形成曲面组合,搭接长度宜为 10 mm,并用密封膏密封。

(5)安装密封条时,应留一定的伸缩余量,一般比门窗的装配边长 20~30 mm。

(6)为增加窗承受风荷载的能力,固定片厚度应大于或等于 1.5 mm,最小宽度应大于或等于 15 mm,材质应采用冷轧钢板,表面应进行镀金处理。

4. 铝合金门窗的操作禁忌

(1)在砖墙体上安装门窗禁忌用射钉固定,应采用预埋铁件或膨胀栓连接。

(2)清洗铝合金门窗时禁止用酸性或碱性制剂,应采用中性洗涤剂清洗,再用抹布擦干。

(3)铝金门窗安装禁止采用边安装边砌口或先安装后砌口的方法施工,应采用预留洞口的方法施工。

(4)铝合金门窗的滑撑铰链禁止使用铝合金材料,应采用不锈钢或硬质金属材料,防止变形。

三、塑料门窗的施工

塑料门窗是以聚氯乙烯(PVC)与氯化聚乙烯共混树脂为主体,加上一定比例的添加剂,经挤压加工而成。为了增加型材的刚性,在塑料异型材内腔中填入增加抗拉弯作用的钢衬(加强筋),然后通过切割、钻孔、熔接等方法,制成窗框,所以称为塑钢窗。

塑料门窗不仅具有塑料制品的特性,而且物理、化学性能、防老化能力大为提高,其装饰性可与铝合金窗媲美,并且具有保温、隔热的特性,使居室更加舒适、清静,更具有现代风貌。另外还具有耐酸、耐碱、耐腐蚀、防尘、阻燃自熄、强度高、不变形、色调和谐等优点,无须涂防腐油漆,经久耐用,而且其气密性、水密性比一般同类门窗大 2~5 倍。

(一)施工准备

1. 材料要求

(1)塑料门窗的规格、型号、尺寸均应符合设计要求,适用的负荷不超过 800 N/m^2。

(2)门窗小五金应按门窗规格、型号配套。

(3)密封膏应按设计要求准备,并应有出厂证明及产品生产合格证。

(4)嵌缝材料的品种应按设计要求选用。

2. 主要机具

线坠、粉线包、水平尺、托线板、手锤、扁铲、钢卷尺、螺丝刀、冲击电钻、射钉枪、锯、刨子、小平锹、小水桶、钻子等。

(二)安装工艺

塑料门窗的安装应采用后塞口的方法。

1. 工艺流程

弹线找规矩→门窗洞口处理→安装连接件的检查→塑料门窗外观检查→按图示要求运到安装地点→塑料门窗安装→门窗四周嵌缝→安装五金配件→清理。

2. 施工方法

(1)门窗框安装。门窗框连接件(铁脚)与洞口墙体连接,一般采用机械冲孔膨胀螺栓固定,或预埋木砖螺钉固定,应根据需要备齐。

根据门窗安装的位置线,当门窗洞口边到门窗框边的尺寸大于15 mm时,应先用水泥砂浆抹面使洞口尺寸各边距离门窗框边15 mm位置,且表面粗糙。若抹面厚度大于30 mm时,应先用细石混凝土支模灌塞。

待基层达到一定强度后,将门窗框装入洞口就位,将木楔塞入框与四周墙体间的安装缝隙,调整好门窗框的水平、垂直、对角线长度等位置及形状偏差,同时,各个门窗框与墙面的距离应保持一致。

门窗框与墙体预埋件用连接铁件连接牢固,铁脚至窗角的距离不应大于180 mm,铁脚间距应符合设计要求或不大于600 mm。

安装固定后,应先进行隐蔽工程验收,检查合格后再用发泡剂进行门窗框与墙体安装缝的密封处理。发泡剂打塞时,比门窗框表面凹进10~20 mm。

(2)门窗框与墙体间的缝隙填塞。门窗框与墙体间用水泥砂浆一次填塞。水泥砂浆不能将门窗框咬边(即覆盖门窗框的边),且应将砂浆和门窗框交接处进行勾缝成圆弧形凹槽,使砂浆表面比门窗框表面凹进去5 mm,下边圆弧半径为20 mm,其余三边为5 mm。凹槽用防水密封胶填嵌。

填塞窗框下口时,应注意不要将泄水孔堵塞。

(3)门窗扇和玻璃安装。门窗扇及玻璃的安装应在洞口墙体表面装饰工程完工后进行。

地弹簧门:应在门框及地弹簧主机入地安装固定好之后安装门窗,先将玻璃嵌入门窗构架并一起入框就位,调整好框扇缝隙,最后再将门扇上的玻璃嵌填密封胶。

平开门窗扇安装:把合页按要求位置固定在门窗框上,后将门窗嵌入框内临时固定,调整合适后再将门窗扇固定在合页上,须保证上下两个转动部分在同一轴线上。

推拉门窗的安装:将配备好的门窗扇分为内扇和外扇,先将外扇装入上滑道外槽内,自然下落于下滑道的外滑道内,内扇的安装相似。导向轮应在门窗安装后调整,调节门窗扇在滑道上的高度,使门窗扇与边框平行。

(4)玻璃密封与固定。先把橡塑条压入凹槽挤紧玻璃,然后在胶条上注入密封胶。用10 mm长的橡胶块将玻璃挤住,然后在凹槽中注入密封胶进行密封。

玻璃应放在凹槽中间,内、外侧的间隙不应少于2 mm,否则会造成密封困难;也不宜大于5 mm,否则胶条起不到挤紧固定玻璃的作用。

玻璃下端不能直接与金属表面接触,要用3 mm厚的氯丁橡胶垫块将玻璃垫起。

(三)施工要求

1. 施工准备

按图样尺寸弹好门窗位置线,并根据墙面500 mm或基准线确定门窗的安装标高,同时,检查预留洞口尺寸、预埋件位置及质量是否符合设计要求。

2. 塑料门窗的安装

安装塑料门窗时，先将镀锌钢板连接件与框体拧紧，然后将门窗框装入洞口，安装时上、下框中线与洞口中线对齐，同时，校正门窗的平整度、垂直度、直角度，符合要求后用木契将门窗临时固定，再用膨胀螺栓或预埋件固定门窗框，并对门窗框与洞口之间的缝隙进行密封处理。

3. 塑料门窗的安装技巧

(1)塑料边框内采用的衬钢断面应符合要求，同时，塑料窗框与洞口固定点间距不能大于1 m，以免引起边框变形。

(2)门框与墙体固定时应按对称顺序，先固定上、下框，然后固定边框。

(3)塑料门窗装入洞口应横平竖直，外框与洞口应弹性连接牢固。横向及竖向组合时，应采取套插方式，搭接形成曲面组合，搭接长度宜为10 mm，并用密封膏密封。

(4)安装密封条时应留有伸缩余量，一般比门窗的装配边长20～30 mm，在转角处应斜面断开，并用胶粘牢，以免产生收缩缝。

(5)塑料门窗宜在室内外抹灰工程完成后安装和抹口，待抹口的水泥浆强度达到70%，方可将面膜撕下来。

4. 塑料门窗安装的操作禁忌

(1)门窗安装时禁止有焊角开裂和型材断裂、下垂及翘曲变形的现象，以免影响开启功能。

(2)门窗框的紧固件、五金件、增强型钢及金属衬板禁止未经处理直接使用，应进行表面防腐处理。

(3)门窗框的连接件、五金件禁止直接锤击钉入，应先钻孔然后用自攻螺钉拧入。如门窗为明螺钉连接时，应用与门框颜色相同的密封材料将其掩埋密封。

(4)清理门窗框图上的污物时禁止用硬质材料刮铲表面，应用软质材料和湿布擦拭干净，以免损伤表面。

四、门窗工程的质量验收

(一)金属门窗的质量验收

1. 主控项目

(1)金属门窗的品种、类型、规格、尺寸、性能、开启方向、安装位置、连接方式及铝合金门窗的型材壁厚应符合设计要求。金属门窗的防腐处理及填嵌、密封处理应符合设计要求。检验方法：观察；尺量检查；检查产品合格证书、性能检测报告、进场验收记录和复验报告；检查隐蔽工程验收记录。

(2)金属门窗框和副框的安装必须牢固。预埋件的数量、位置、埋设方式、与框的连接方式必须符合设计要求。检验方法：手扳检查；检查隐蔽工程验收记录。

(3)金属门窗扇必须安装牢固，并应开关灵活、关闭严密，无倒翘。推拉门窗扇必须有防脱落措施。检验方法：观察；开启和关闭检查；手扳检查。

(4)金属门窗配件的型号、规格、数量应符合设计要求，安装应牢固，位置应正确，功能应满足使用要求。检验方法：观察；开启和关闭检查；手扳检查。

2. 一般项目

(1)金属门窗表面应洁净、平整、光滑、色泽一致，无锈蚀。大面应无划痕、碰伤。漆膜或保护层应连续。检验方法：观察。

(2)铝合金门窗推拉门窗扇开关力应不大于100 N。检验方法：用弹簧秤检查。

(3)金属门窗框与墙体之间的缝隙应填嵌饱满，并采用密封胶密封。密封胶表面应光滑、顺直，无裂纹。检验方法：观察；轻敲门窗框检查；检查隐蔽工程验收记录。

(4)金属门窗扇的橡胶密封条或毛毡密封条应安装完好，不得脱槽。检验方法：观察；开启和关闭检查。

(5)有排水孔的金属门窗，排水孔应畅通，位置和数量应符合设计要求。检验方法：观察。

(6)钢门窗安装的留缝限值、允许偏差和检验方法应符合表7-3的规定。

表7-3 钢门窗安装的留缝限值、允许偏差和检验方法

项次	项目		留缝限值/mm	允许偏差/mm	检验方法
1	门窗槽口宽度、高度	≤1 500 mm	—	2.5	用钢尺检查
		>1 500 mm	—	3.5	
2	门窗槽口对角线长度差	≤2 000 mm	—	5	用钢尺检查
		>2 000 mm	—	6	
3	门窗框的正、侧面垂直度		—	3	用1 m垂直检测尺检查
4	门窗横框的水平度		—	3	用1 m水平尺和塞尺检查
5	门窗横框标高		—	5	用钢尺检查
6	门窗竖向偏离中心		—	4	用钢尺检查
7	双层门窗内外框间距		—	5	用钢尺检查
8	门窗框、扇配合间隙		≤2	—	用塞尺检查
9	无下框时门扇与地面间留缝		4~8	—	用塞尺检查

(7)铝合金门窗安装的允许偏差和检验方法应符合表7-4的规定。

表7-4 铝合金门窗安装的允许偏差和检验方法

项次	项目		允许偏差/mm	检验方法
1	门窗槽口宽度、高度	≤1 500 mm	1.5	用钢尺检查
		>1 500 mm	2	
2	门窗槽口对角线长度差	≤2 000 mm	3	用钢尺检查
		>2 000 mm	4	
3	门窗框的正、侧面垂直度		2.5	用垂直检测尺检查
4	门窗横框的水平度		2	用1 m水平尺和塞尺检查
5	门窗横框标高		5	用钢尺检查
6	门窗竖向偏离中心		5	用钢尺检查
7	双层门窗内外框间距		54	用钢尺检查
8	推拉门窗扇与框搭接量		1.5	用钢直尺检查

(二)塑料门窗的质量验收

1. 主控项目

(1)塑料门窗的品种、类型、规格、尺寸、开启方向、安装位置、连接方式及填嵌密封处理应符合设计要求，内衬增强型钢的壁厚及设置应符合现行国家产品标准的质量要求。检验方法：观察；尺量检查；检查产品合格证书、性能检测报告、进场验收记录和复验报告；检查隐蔽工程验收记录。

(2)塑料门窗框、副框和扇的安装必须牢固。固定片或膨胀螺栓的数量与位置应正确，连接

方式应符合设计要求。固定点位距窗角、中横框、中竖框 150~200 mm，固定点间距应不大于 600 mm。检验方法：观察；手扳检查；检查隐蔽工程验收记录。

（3）塑料门窗拼樘料内衬增强型钢的规格、壁厚必须符合设计要求，型钢应与型材内腔紧密吻合，其两端必须与洞口固定牢固。窗框必须与拼樘料连接紧密，固定点间距应不大于 600 mm。检验方法：观察；手扳检查；尺量检查；检查进场验收记录。

（4）塑料门窗应开关灵活、关闭严密，无倒翘。推拉门窗扇必须有防脱落措施。检验方法：观察；开启和关闭检查；手扳检查。

（5）塑料门窗的型号、规格、数量应符合设计要求，安装应牢固，位置应正确，功能应满足使用要求。检验方法：观察；手扳检查；尺量检查。

（6）塑料门窗框与墙体间缝隙应采用闭孔弹性材料填嵌饱满，表面应采用密封胶密封。密封胶应粘结牢固，表面应光滑、顺直、无裂纹。检验方法：观察；检查隐蔽工程验收记录。

2. 一般项目

（1）塑料门窗表面应洁净、平整、光滑，大面应无划痕、硬伤。检验方法：观察。

（2）塑料门窗的密封条不得脱槽。旋转窗间隙应基本均匀。

（3）塑料门窗扇的开关力应符合下列规定：

1）平开门窗扇平铰链的开关力应不大于 80 N；滑撑铰链的开关力应不大于 80 N，并不小于 30 N。

2）推拉门窗扇的开关力应不大于 100 N。

检验方法：观察；用弹簧秤检查。

（4）玻璃密封条与玻璃槽口的接缝应平整，不得卷边、脱槽。检验方法：观察。

（5）排水孔应畅通，位置和数量应符合设计要求。检验方法：观察。

（6）塑料门窗安装的允许偏差和检验方法应符合表 7-5 的规定。

表 7-5　塑料门窗安装的允许偏差和检验方法

项次	项目		允许偏差/mm	检验方法
1	门窗槽口宽度、高度	≤1 500 mm	1.5	用钢尺检查
		>1 500 mm	2	
2	门窗槽口对角线长度差	≤2 000 mm	3	用钢尺检查
		>2 000 mm	4	
3	门窗框的正、侧面垂直度		2.5	用 1 m 垂直检测尺检查
4	门窗横框的水平度		2	用 1 m 水平尺和塞尺检查
5	门窗横框标高		5	用钢尺检查
6	门窗竖向偏离中心		5	用钢直尺检查
7	双层门窗内、外框间距		54	用钢尺检查
8	同樘平开门窗相邻扇高度差		—	用钢直尺检查
9	平开门窗铰链部位配合间隙		—	用塞尺检查
10	推拉门窗扇与框搭接量		1.5	用钢直尺检查
11	推拉门窗扇与竖框平行度		—	用 1 m 水平尺和塞尺检查

任务实施

编写门窗工程的技术交底。

拓展提高

铝木复合门窗以木材为主结构，用科学合理的方法把铝合金镶嵌于木质门窗表面。其框、扇外侧坎包有铝合金，用以抵御紫外线、酸雨的侵蚀，再嵌以中空玻璃，更能发挥窗的保温、降噪功能。内侧木结构与室内装饰风格和谐一致，充溢自然韵味，而外侧的铝合金保护，使门窗坚固耐久，两者的结合，增强了铝包木门窗的防日晒、抗风雨等性能，创意独特，优雅别致，适合于各种的天气条件和不同的建筑风格。

铝材与木材的连接采用导热系数低、强度高的非金属材料进行连接，使两种型材之间形成有效断热层，阻断了通过门窗框散失热量的传递途径，从而达到高效节能的效果。

由于采用铝木结合的结构方式，具有更高的刚性、更大的采光通风面积，大大加强了实用性和耐用性，同时，也解决了材质不同、加工工艺不同的两种材料不易组合的难题，在炎热和寒冷地区使用尤其能显示它的优越性能。

在木材选材方面，对木材的树龄、生产环境、合框的三层板材取材方向、齿接点位置等都有严格的要求。门窗室内面为木材天然纹理，室外铝合金型颜色，可以根据用户要求及住宅外墙颜色确定，使整体搭配合理协调；铝材与木材之间、框与扇之间都有一定的间隙，可以消除变形而产生的影响，从而避免了由于温、湿度变化而引起的质量问题；中空玻璃与框体之间使用专用玻璃垫进行垫接，还起到一定减震作用；扇与框搭接处室外面用专用隔离胶条进行隔离，防止雨水直接渗入室内。

拓展实训

1. 简述钢门窗工程的施工程序。
2. 简述铝合金门窗工程的施工程序。
3. 简述塑料门窗工程的施工流程。

课外学习指要

中华人民共和国国家标准. GB 50210—2001 建筑装饰装修工程质量验收规范[S]. 北京：中国标准出版社，2001.

任务三　饰面工程施工

任务描述

编写饰面工程的技术交底。

📋 任务分析

饰面工程包括饰面板、饰面砖工程，按板面材料分类，主要有天然石板饰面、人造石板饰面、陶瓷面砖饰面和金属板饰面等。

📋 相关知识

一、饰面砖工程

饰面砖包括内墙陶瓷面砖(釉面砖)、外墙陶瓷面砖(墙地砖)等。

(一)材料及质量要求

1. 釉面砖

釉面砖是采用瓷土或优质陶土烧制而成的表面上釉、薄片状的精陶制品，有白色釉面砖、单色釉面砖、装饰釉面砖、图案釉面砖等多个品种。

釉面砖表面光滑，易于清洗，色泽多样，美观耐用，其坯体为白色，具有一定的吸水率。由于釉面砖为多孔精陶，其坯体长期在空气中，特别是在潮湿环境中使用会产生吸湿膨胀，而釉面吸湿膨胀很小，如果将釉面砖用于室外有可能受干湿的作用而引起釉面开裂，以致剥落掉皮，因此，釉面砖一般只用于室内而不用于室外。

釉面砖的质量要求为：表面光洁，色泽一致，边缘整齐，无脱釉、缺釉、凸凹扭曲、暗痕、裂纹等缺陷。

2. 外墙面砖

外墙面砖是以陶土为原料，半干压法成型，经1 100 ℃左右煅烧而成的粗炻类制品，表面可上釉或不上釉。其质地坚实，吸水率较小，色调美观，耐水抗浆冻，经久耐用。

外墙面砖的质量要求为：表面光洁，质地坚固，尺寸、色泽一致，不得有暗痕和裂纹。

(二)基层处理和准备工作

饰面砖应镶贴在湿润、干净的基层上，同时，应保证基层的平整度、垂直度和阴、阳角方正，为此，在镶贴前应对基体进行表面处理。

对于砖墙、混凝土墙或加气混凝土墙可分别采用清扫湿润、刷聚合物水泥浆、喷甩水泥细砂浆或刷界面处理剂、铺钉金属网等方法对基体表面进行处理，然后贴灰饼，设置标筋，抹找平层灰，用木抹子搓平，隔天浇水养护。

找平层灰浆对于砖墙、混凝土墙采用1∶3水泥砂浆，对于加气混凝土墙应采用1∶1∶6的混合砂浆。

釉面砖和外墙面砖镶贴前应按其颜色的深浅(色差)进行挑选分类，并用自制套模对面砖的几何尺寸进行分选，以保证镶贴质量。

而后浸水润砖，时间在4 h以上，将其取出阴干至表面无水膜(以手摸无水感为宜)，然后备用。冬期施工，宜用掺入2%盐的温水泡砖。

(三)施工方法

饰面砖的安装可采用直接粘贴法(镶贴法)施工。

1. 内墙釉面砖镶贴

镶贴前，应在水泥砂浆基层上弹线分格，弹出水平、垂直控制线。

在同一墙面上的横、竖排列中，不宜有一行以上的非整砖，非整砖行应安排在次要部位或阴角处。

在镶贴釉面砖的基层上用废面砖按镶贴厚度上下左右做灰饼，并上下用托线板校正垂直，横向用线绳拉平，按1 500 mm间距补做灰饼。阳角处做灰饼的面砖正面和侧边均应吊垂直，即所谓双面挂直。

镶贴用砂浆宜采用1：2水泥砂浆，砂浆厚度为6～10 mm。为改善砂浆的和易性，可掺不大于水泥重量15%的石灰膏。

釉面砖的镶贴也可采用专用胶粘剂或聚合物水泥浆，后者的配合比（质量比）为水泥∶108胶∶水=10∶0.5∶2.6。采用聚合物水泥浆不但可提高其粘结强度而且可使水泥浆缓凝，利于镶贴时的压平和调整操作。

釉面砖镶贴前应先湿润基层，然后以弹好的地面水平线为基准，从阳角开始逐一镶贴。

镶贴时用铲刀在砖背面刮满粘贴砂浆，四边抹出坡口，再准确置于墙面，用铲刀木柄轻击面砖表面，使其落实贴牢，随即将挤出的砂浆刮净。

镶贴过程中，随时用靠尺以灰饼为准检查平整度和垂直度，如发现高出标准砖面，应立即压挤面砖；如低于标准砖面，应揭下重贴，严禁从砖侧边挤塞砂浆。

接缝宽度应控制在1～1.5 mm范围内，并保持宽窄一致。

镶贴完毕后，应用棉纱净水及时擦净表面余浆，并用薄皮刮缝，然后用同色水泥浆嵌缝。

镶贴釉面砖的基层表面遇到突出的管线、灯具、卫生设备的支承等，应用整砖套割吻合，不得用非整砖拼凑镶贴。同时，在墙裙、浴盆、水池的上口和阴、阳角处应使用配件砖，以便过渡圆滑、美观，同时不易碰损。

2. 外墙面砖镶贴

外墙底、中层灰抹完后，养护1～2 d即可镶贴施工。

镶贴前应在基层上弹基准线，方法是在外墙阳角处用线锤吊垂线并经经纬仪校核，用花篮螺钉将钢丝绷紧作为基准线，如图7-9所示。以基准线为准，按预排大样先弹出顶面水平线，然后每隔约1 000 mm弹一垂线。

在层高范围内按预排实际尺寸和面砖块数弹出水平分缝、分层皮数线。一般要求外墙面砖的水平缝与窗台面在同一水平线上，阳角到窗口都是整砖，如图7-10所示。

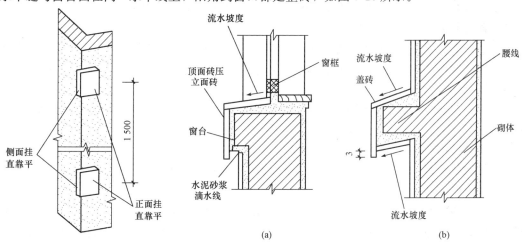

图 7-9 阳角双面挂直示意图

图 7-10 外窗台及腰线面砖镶贴示意图

(a)窗台；(b)腰线

外墙面砖一般都为离缝镶贴,可通过调整分格缝的尺寸(一个墙面分格缝尺寸应统一)来保证不出现非整砖。

在镶贴面砖前应做标志块灰饼并洒水润湿墙面。

镶贴外墙面砖的顺序是整体自上而下分层分段进行,每段仍应自下而上镶贴,先贴墙柱、腰线等墙面突出物,然后再贴大片外墙面。

镶贴时先在面砖的上沿垫平分缝条,用1:2的水泥砂浆抹在面砖背面,厚度为6~10 mm,自墙面阳角起顺着所弹水平线将面砖连续地镶贴在墙面找平层上。

镶贴时应"平上不平下",保证上口一线齐。竖缝的宽度和垂直度除依弹出的垂线校正外,应经常用靠尺检查或目测控制,并随时吊垂直线检查。

一行贴完后,将砖面挤出的灰浆刮净并将第二根分缝条靠在第一行的下口作为第二行面砖的镶贴基准,然后依次镶贴。同时,分缝条还起着防止上行面砖下滑的作用。分缝条可于当日或次日起出,起出后可刮净重复使用。

一面墙贴完并检查合格后,即可用1:1的水泥细砂浆勾缝,随即用砂头擦净砖面,必要时可用稀盐酸擦洗,然后用水冲洗干净。

(四)瓷砖胶粘剂的应用

瓷砖胶粘剂是一种无毒、无刺激、符合环境保护要求,具有优良的耐水、耐候、抗老化、抗冻融性,用于粘贴瓷砖、石板、石材的胶凝材料。

用这种胶凝材料粘贴的饰面砖粘结强度高、牢固可靠,不空鼓、不泛碱、抗垂滑、防渗防漏,且和易性好、操作简单、施工方便、工效高。

1. 适用范围

(1)瓷砖、大理石及花岗岩板材的粘贴。

(2)建筑物的顶棚和墙壁面等基层抹灰前的涂刷界面处理。

(3)聚苯乙烯泡沫板等保温层、铺贴玻璃布的粘贴。

(4)可做建筑用界面处理剂。

(5)适用于室内外、地下室、海港、隧道、地热墙暖、池塘、壕沟和水利设施各种质量要求较高的工程抹面施工。

(6)可做砂浆增效剂用,加少量于混凝土砂浆中,可改善砂浆的和易性。

2. 施工步骤

(1)清理基层表面上的油污、灰尘等,必要时可用界面剂预处理粘贴面。

(2)按比例在容器中加入清水和胶粘剂,使用机械搅拌器充分搅拌均匀,静置5 min后,再稍加搅拌即可施工。

(3)将搅拌好的胶粘剂浆料用齿状镘刀均匀涂抹在粘贴面上,并用齿形镘刀的齿面刮出凹凸槽。

(4)将瓷砖整齐粘贴在粘贴面上,应按平压实。

(5)瓷砖粘贴完,待胶粘剂凝固后,可使用填缝剂进行勾缝施工。

3. 注意事项

使用时应将胶粘剂搅拌均匀,使其高分子材料充分溶解方可使用。搅拌好的砂浆防止暴晒、火烤,随用随搅,并应在2 h内用完。若砂浆变稠,搅拌一下即可使用。严禁在搅拌好的砂浆中再次加水或向墙面、工具上喷水。

施工基面灰浆要饱满,必须确保施工墙体表面及石材等粘贴面的清洁,不能存有尘土、石粉和油污。

粘贴 30 min 内可随意调整，30 min 后严禁碰、撞、挪动，粘贴后不需淋水养护。

施工温度不低于+5 ℃，风力不能大于 5 级，严禁负温施工。雨天施工时，采取严格有效的防护措施，防止雨水淋湿尚未干燥的砂浆。

凡是将板材进行防污、防水处理过的(即憎水剂处理过的)，严禁使用胶粘剂。

没用完的胶粘剂应及时用内衬袋密封。

二、石材饰面板工程

石材饰面板泛指天然大理石饰面板、花岗石饰面板和人造石饰面板，其施工工艺基本相同。

(一)材质要求

1. 天然大理石板材

建筑装饰工程上所指的大理石是广义的，除指大理石外，还包括所有具有装饰功能的，可以磨平、抛光的各种碳酸盐类的沉积岩和与其有关的变质岩。

大理石属中硬石材，质地均匀，色彩多变，纹理美观，是良好的饰面材料。但大理石耐酸性差，在潮湿且含较多 CO_2 和 SO_2 的大气中易受侵蚀，使其表面失去光泽，甚至遭到破坏，故大理石饰面板除某些特殊品种(如汉白玉、艾叶青等)，一般不宜用于室外或易受有害气体侵蚀的环境中。

对大理石板材的质量要求为：光洁度高，石质细密，色泽美观，棱角整齐，表面不得有隐伤、风化、腐蚀等缺陷。

2. 天然花岗石板材

装饰工程上所指的花岗石除常见的花岗石外还泛指各种以石英、长石为主要组成矿物，含有少量云母和暗色矿物的火成岩和与其有关的变质岩。

天然花岗石板材材质坚硬、密实，强度高，耐酸性好，属硬石材。品质优良的花岗石结晶颗粒细而分布均匀，含云母少而石英多。其颜色有黑白、青麻、粉红、深青等，纹理呈斑点状，常用于室外墙地饰面，为高级饰面板材。

对花岗石饰面板的质量要求为：棱角方正，规格尺寸符合设计要求，不得有隐伤(裂纹、砂眼)、风化等缺陷。

3. 人造石饰面板材

人造石饰面板有聚酯型人造大理石饰面板、水磨石饰面板和水刷石饰面板等。

聚酯型人造石饰面板是以不饱和聚酯为胶凝材料，以石英砂、碎大理石、方解石为集料，经搅拌、入模成型、固化而成的人造石材。其产品光泽度高，颜色可随意调配，耐腐蚀性强。其质量要求同天然大理石。

水磨石、水刷石饰面板材制作工艺与水磨石、水刷石基本相同，规格尺寸可按设计要求预制，板面尺寸较大。为增强其抗弯强度，板内常配有钢筋，同时板材背面设有挂钩，安装时可防止脱落。

水磨石饰面板材的质量要求为：棱角方正，表面平整，光滑洁净，石粒密实均匀，背面有粗糙面，几何尺寸准确。

水刷石饰面板材的质量要求为石粒清晰，色泽一致，无掉粒缺陷，板背面有粗糙面，几何尺寸准确。

(二)安装工艺

石材饰面板的安装工艺有传统湿作业法(灌浆法)、干挂法和直接粘贴法。

1. 传统湿作业法

传统湿作业法的施工工艺流程为：材料准备→基层处理，挂钢筋网→弹线定位→安装定位→灌浆→清理、擦缝。

(1)材料准备。饰面板材安装前，应分选检验并试拼，使板材的色调、花纹基本一致，试拼后按部位编号，以便施工时对号安装。

对已选好的饰面板材进行钻孔剔槽，以系固铜丝或不锈钢钢丝。每块板材的上、下边钻孔数各不得少于2个，孔位宜在板宽两端1/4～1/3处，孔径为5 mm左右，孔深为15～20 mm，直孔应钻在板厚度的中心位置，如图7-11、图7-12所示。

为使金属丝绕过板材穿孔时不搁占板材水平接缝，应在金属丝绕过部位轻剔一槽，深约为5 mm。

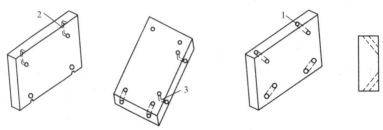

图7-11　饰面板钻孔示意图
1—斜面钻孔；2—两面钻孔；3—三面钻孔

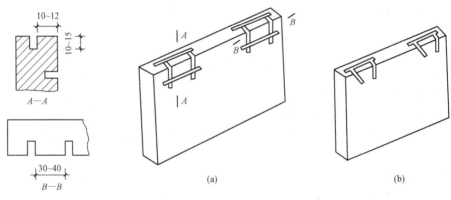

图7-12　饰面板开槽示意图
(a)四道槽；(b)三道槽

(2)基层处理，挂钢筋网。将墙面清扫干净，剔除预埋件或预埋筋，也可在墙面钻孔固定金属膨胀螺栓。对于加气混凝土或陶粒混凝土等轻型砌块砌体，应在预埋件固定部位加砌实心砖或局部用细石混凝土填实。

然后用Φ6钢筋纵横绑扎成网片与预埋件焊牢，纵向钢筋间距为500～1 000 mm，横向钢筋间距视板面尺寸而定。

第一道钢筋应高于第一层板的下口100 mm处，以后各道均应在每层板材的上口以下10～20 mm处设置。

(3)弹线定位。弹线分为板面外轮廓线和分块线。外轮廓线弹在地面，距离墙面50 mm(即板内面距离墙30 mm)，分块线弹在墙面上，由水平线和垂直线构成，是每块板材的定位线。

(4)安装定位。根据预排编号的饰面板材，对号入座进行安装，如图7-13所示。

在安装前，石材应进行防碱背涂处理。

安装第一皮饰面板材时，先在墙面两端以外皮弹线为准固定两块板材，找平找直，然后挂上横线，再从中间或一端开始安装。安装时先穿好钢丝，将板材就位，上口略向后仰，将下口钢丝绑扎于横筋上(不宜过紧)，将上口钢丝扎紧，并用木楔垫稳，随后用水平尺检查水平，用靠尺检查平整度，用线坠或托线板检查板面垂直度，并用铅皮加垫调整板缝，使板缝均匀一致。

一般天然石材的光面、镜面板缝宽为 1 mm，凿琢面板缝宽为 5 mm。对于人造石饰面板的缝宽要求：水磨石为 2 mm，水刷石为 10 mm，聚酯型人造石材为 1 mm。

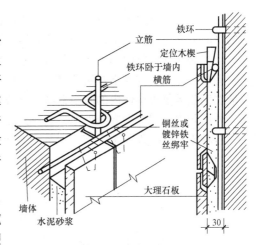

图 7-13　安装定位示意图

调整好垂直、平整、方正后，在板材表面横竖接缝处每隔 100～150 mm 用石膏浆板材碎块固定。为防止板材背面灌浆时板面移位，根据具体情况可加临时支撑，将板面撑牢。

(5) 灌浆。灌注砂浆一般采用 1∶2.5 的水泥砂浆，稠度为 80～150 mm。

灌注前，应浇水将饰面板及基体表面润湿，然后用灌浆机将砂浆灌入板背面与基体间的缝隙。

灌浆应分层灌入，第一层浇灌高度≤150 mm，并应不大于 1/3 板高。第一层浇灌完 1～2 h 后，再浇灌第二层砂浆，高度为 100 mm 左右，即板高的 1/2 左右。第三层灌浆应低于板材上口 50 mm 处，作为施工缝，以保证与上层板材灌浆的整体性。

浇灌时应随灌随插捣密实，并及时注意不得漏灌，板材不得外移。当块材为浅色大理石或其他浅色板材时，应采用白水泥、白石屑浆，以防透底，影响饰面效果。

(6) 清理、擦缝。一层面板灌浆完毕待砂浆凝固后，清理上口余浆，隔日拔除上口木楔和有碍上层安装板材的石膏饼，然后按上述方法安装上一层板材，直至安装完毕。

全部板材安装完毕后，洁净表面。室内光面、镜面板接缝应干接，接缝处用与板材同颜色水泥浆嵌擦接缝，缝隙嵌浆应密实，颜色要一致。

室外光面或镜面饰面板接缝可干接或在水平缝中垫硬塑料板条，待灌浆砂浆硬化后将板条剔出，用水泥细砂浆勾缝。

干接应用与光面板相同的彩色水泥浆嵌缝。粗磨面、麻面、条纹面的天然石饰面板应用水泥砂浆接缝和勾缝，勾缝深度应符合设计要求。

2. 干挂法

饰面板的传统湿作业法工序多，操作较复杂，而且易造成粘结不牢、表面接槎不平等弊病，同时，其仅适用于墙面高度不大于 10 m 的多、高层建筑外墙首层或内墙面的装饰，因此，饰面板的安装多采用干挂法施工。

干挂法安装也称为直接挂板法，是用不锈钢角钢将板块支托固定在墙上，上下两层角钢的间距等于板块的高度，用不锈钢销插入板块上下边打好的孔内并用螺栓安装固定在角钢上，板材与墙面之间形成 50～80 mm 宽的空气层，最后进行勾缝处理，如图 7-14 所示。

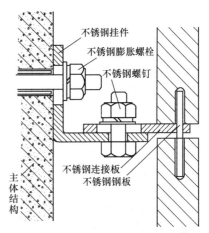

图 7-14　干挂法工艺构造示意图

这一方法可省去湿作业，并可有效地防止板面回潮、返碱、返花等现象，一般用于 30 m 以下的钢筋混凝土墙面，不适用于砖墙和加气混凝土墙面。

干挂法根据板材的加工形式分为普通干挂法和复合墙板干挂法。

普通干挂法：普通干挂法是直接在饰面板厚度面和反面开槽或孔，然后用不锈钢连接器与安装在钢筋混凝土墙体内的膨胀金属螺栓或钢骨架相连接。饰面板的板缝间填塞泡沫塑料阻水条，外用防水密封胶做嵌缝处理。该种方法多用于 30 mm 以下的建筑外墙饰面。

各种干挂连接件如图 7-15～图 7-18 所示。

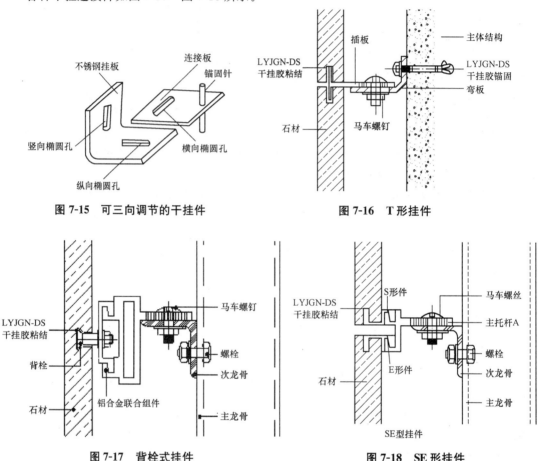

图 7-15　可三向调节的干挂件　　　　图 7-16　T 形挂件

图 7-17　背栓式挂件　　　　图 7-18　SE 形挂件

复合墙板干挂法：复合墙板是以钢筋细石混凝土作衬板、磨光石材薄板为面板，连接成一体的饰面复合板。此种板在浇筑前放入预埋件，安装时用连接器将板材与主体结构的钢架相连接，复合墙板与主体结构间保持空腔。连接件可用不锈钢制作，也有采用涂刷防腐、防锈涂料后进行高温固化处理(400 ℃)的碳素钢连接件，效果良好。

复合墙板可根据使用要求加工成不同的规格，常做成一开间一块的大型板材。加工时，石材面板通过不锈钢连接环与钢筋混凝土衬板结牢，形成一个整体。

为防止雨水的渗漏，上、下板材的接缝处设两道密封防水层，第一道在上、下石材面板间，第二道在上、下钢筋混凝土衬板间。

该种做法的特点是施工方便、效率高、节约石材，但对连接件质量要求较高，适用于高层建筑的外墙饰面，高度不受限制。

(1)施工工艺流程。干挂法施工工艺流程为：排样→挑选板材→加工、编号→钢架制作、钢架验收→外墙面基层处理→墙面分格放线→钢架固定→检查平整度和牢固性→板材固定→清理表面及嵌缝→填嵌密封条及密封胶→清理→验收。

(2)板材准备。首先对板材的颜色进行挑选分类,尽量使安装在同一面上的板材的颜色保持一致,并根据设计尺寸和图纸的要求,将专用模具固定在台钻上,对板材进行打孔,随后在板材背面刷不饱和树脂胶。

板材在刷第一遍胶前,先把编号写在板材上,并将板材上的浮灰及杂污清除干净。

(3)墙面分格放线及安装骨架。首先清理干挂板材部位的结构表面,然后将骨架的位置弹线到主体结构上,放线工作根据轴线及标高点进行。用经纬仪控制垂直度,用水准仪测定水平线,并将其标注到墙上。一般先弹出竖向杆件的位置,确定竖向杆件的锚固点,待竖向杆件布置完毕,再将横向杆件位置弹在竖向杆件上。

骨架施工的重点为主龙骨与墙体预埋件的焊接质量及无预埋件部位的施工方法。

(4)安装饰面板。钻孔开槽,固定锚固件:先在板材的两端开槽钻孔,孔中心距离板端80~100 mm,孔深为20~25 mm,然后在相对于板材的墙面相应位置钻直径为8~10 mm的孔,将不锈钢膨胀螺栓一端插入孔中固定好,另一端挂好锚固件。

安装底层板材:根据固定在墙上的不锈钢锚固件位置,安装底层板材。将板材孔槽和锚固件固定销对位安置好,然后利用锚固件上的螺栓孔,调节板材的平整、垂直度及缝隙,再用锚固件将板材固定牢固,并且用嵌固胶将锚固件填堵固定。

安装上行板:先往下一行板的插销孔内注入嵌固胶,擦净残余胶液后,将上一行板材按照安装底层板的方法就位。检查安装质量,符合设计及规范要求以后进行固定。

密封胶填缝:板材挂贴施工完毕后,进行表面清洁和清除缝隙中的灰尘。先用直径为8~10 mm的泡沫塑料条填实板内侧,留5~6 mm深的缝,在缝两侧的板材上,靠缝粘贴10~15 mm宽的塑料胶带,以防止打胶嵌缝时污染板面,然后用打胶枪填满密封胶,如图7-19所示。

如果发现密封胶污染板面,必须立即擦净。

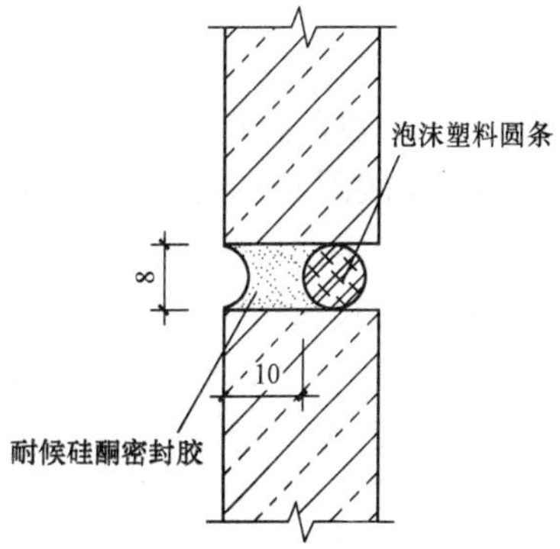

图7-19 嵌缝处理示意图

3. 直接粘贴法

直接粘贴法适用于厚度在10~12 mm以下的石材薄板和碎大理石板的铺设。

胶粘剂可采用不低于42.5级的普通硅酸盐水泥砂浆或白水泥白石屑浆,也可采用专用的石材胶粘剂。

对于薄型石材的水泥砂浆粘贴施工,主要应注意在粘贴第一皮时应沿水平基准线放一长板作为托底板,防止石板粘贴后下滑。粘贴顺序为由下至上逐层粘贴。

粘贴初步定位后,应用橡皮锤轻敲表面,以取得板面的平整和与水泥砂浆接合的牢固。每层用水平尺靠平,每贴三层应在垂直方向用靠尺靠平。

使用胶粘剂粘贴饰面板时,特别要注意检查板材的厚度是否一致,如厚度不一致,应在施工前分类,粘贴时分不同墙面分贴不同厚度的板材。

三、金属饰面板工程

金属饰面板作为建筑物特别是高层建筑物的外墙饰面,具有典雅庄重、质感丰富、线条挺拔及坚固、质轻、耐久等特点。

金属饰面板有铝合金板、不锈钢板等单一材质板,也有夹芯铝合金板、涂层钢板、烤漆钢板等复合材质板。

按板面或截面形式，金属饰面板有光面平板、纹面平板、压型板、波纹板、立体盒板等。

(一)铝合金饰面板的施工

1. 材料和质量要求

铝合金饰面板是以铝合金为原料经冷压或冷轧加工成型的饰面金属板材，其表面经阳极氧化和着色或涂层处理，具有质量轻、强度高、经久耐用、便于加工等特点。

铝合金饰面板的品种和规格繁多，按其表面装饰效果和断面形式分为花纹板、浅花纹板、波纹板和压形板；按板材的结构形式可分为单层板、夹芯板和蜂窝空心板等。其质量要求为表面平整、光滑，无裂缝和折皱，颜色一致，边角整齐，涂层厚度均匀。

2. 安装工艺

铝合金饰面板根据其断面形式和结构特点，一般由生产厂家设计有配套的安装工艺，但都具有安装精度高、有一定施工难度的特点。

铝合金饰面板的施工安装工艺流程一般为：弹线定位→安装固定连接件→安装固定骨架→饰面板安装→收口构造处理→板缝处理。

(1)弹线定位。弹线定位是决定铝合金饰面板安装精度的重要环节。弹线应以建筑物的轴线为基准，根据设计要求将骨架的位置弹到结构主体上。首先弹竖向杆件(或连接件)的位置，然后弹水平线，再将骨架安装位置按设计要求标定出来，为骨架安装提供依据。

弹线定位前应对结构主体进行测量检查，使结构基层平面的垂直度、平整度满足骨架的垂直度和平整度的要求。

(2)安装固定连接件。连接件起连接骨架与结构主体的作用，对其要求是位置精确，连接牢固。

通常连接件以型钢制作并与结构预埋铁件焊接，也可不做预埋件，直接将连接件用金属膨胀螺栓固定在弹线确定的主体结构的确定位置上。

(3)安装固定骨架。骨架的横、竖杆件可采用铝合金型材或型钢。若采用型钢，安装前必须做防锈处理；如采用铝合金型材，则与连接件接触部分必须做防腐处理，避免产生电化学腐蚀。

骨架要严格按定位线安装，安装顺序一般是先安装竖向杆件再安装横挡，杆件与连接件之间一般采用螺栓连接，便于进行位置调整。

安装过程中应及时校正垂直度和平整度，特别是对于较高外墙饰面的竖杆，应用经纬仪校正，较低的可用线锤校正。

骨架杆件的连接要保证顺直，同时，安装中要做好变截面、沉降缝和变形缝的细部处理，以便饰面板的顺利安装。

(4)饰面板安装。铝合金饰面板根据板材构造和建筑物立面造型的不同，有不同的固定方法，操作顺序也不尽相同。一般安装有如下两种方法：一是直接将板材用螺栓固定在骨架型材上；二是利用板材预先压制好的各种异形边口压卡在特制的带有卡口的金属龙骨上。前者耐久性好，连接牢固，常用于外墙饰面工程；后者施工方便，连接简单，适宜受力不大的室内墙面或吊顶饰面工程。

铝合金扣板的安装：安装时采用后条扣压前条的方法，使前块板条安装固定的螺钉被后块板条扣压遮盖，从而达到螺钉全部暗装的效果。该种饰面板的骨架间距一般为：主龙骨900 mm，次龙骨不大于500 mm。如板条竖向安装，可只设横向次龙骨骨架；如横向安装也可只设竖向次龙骨骨架。骨架可用型钢制作，也可用方木制作。铝合金扣板通过自攻螺钉直接拧固于骨架之上。板条嵌扣时，可留5~6 mm的空隙形成凹缝，增加板面的凹凸效果。对板的四周收口，可用角铝或不锈钢角板进行封口处理。

铝合金饰面板的压卡法施工：压卡法主要适用于高度不大、风压较小的建筑外墙、室内墙面和顶面的铝合金饰面板的安装。其主要特点是饰面板的边缘弯折成异形边口，然后将由镀锌薄钢板冲压成型的带有嵌插卡口的专用龙骨固定后，将铝合金饰面板压卡在龙骨上，形成平整、顺直的板面。

蜂窝形铝合金复合饰面板的施工：蜂窝形铝合金饰面板是高级外墙装饰材料，该种复合板采用蜂窝中空结构，可保持其平整经久不变，并具有良好的隔声、防震、保温隔热性能，同时质量轻，刚度大，转角平滑规整，接缝顺直。其表面用各种优质面层涂料涂饰，具有优良的耐腐蚀性能和耐气候性，可有效地抵抗城市空气中尘污、酸雨及阳光、风沙的侵蚀。该种铝合金复合板的内外表面为 0.3～0.7 mm 的铝合金薄板，中心层用铝合金或玻纤布、纤维纸制成蜂窝结构。在表面的涂层外覆有可剥离的保护膜，以保护其在加工、运输和安装时不致受损。该种铝合金复合板可用于外墙、立柱、天花板、电梯、内墙等部位的饰面。

(二)彩色压型钢板的施工

彩色压型钢板是采用冷轧钢板、镀锌薄钢板经辊压、冷弯而成，截面呈 V 形、U 形或梯形等波形的板材，再经表面涂层处理而成的金属饰面板。彩色压型钢板也可采用彩色涂层钢板直接制作。

该种金属板材具有重量轻、波纹平直坚挺、色彩鲜艳丰富、造型美观大方、耐久性强、抗震性好、加工简单，施工方便等特点，并可与保温材料复合制成夹芯复合板材，广泛用于工业与民用建筑及公共建筑的墙面、屋面、吊顶等饰面。

1. 安装顺序

采用压型钢板的安装顺序为：预埋连接件→安装龙骨→安装压型钢板→板缝处理。

2. 预埋连接件

连接件的作用是连接龙骨与结构基体。在砖基体中可埋入带有螺栓的预制混凝土块或木砖；在混凝土基体中可埋入 $\phi 8 \sim \phi 10$ 的钢筋套扣螺栓，也可埋入带锚筋的铁板。

如没有将连接件预埋在结构基体中，也可用金属膨胀螺栓将连接件钉固于基体之上。

3. 安装龙骨

龙骨一般采用角钢或槽钢，预先应做防腐或防火处理。

龙骨固定前要拉水平线和垂直线，并确定连接件的位置，龙骨与连接件间可采用螺栓连接或焊接。

竖向龙骨的间距一般为 900 mm，横向龙骨间距一般为 500 mm。根据排板的方向也可只设横向或竖向龙骨，但间距都应不大于 500 mm。

安装时要保证龙骨与连接件连接牢固，在墙角、窗口等处必须设置龙骨，以免端部板架空。

4. 安装压型钢板

安装压型钢板要按构造详图进行，安装前要检查龙骨位置，计算好板材及缝隙宽度，同时检查墙板尺寸、规格是否齐全，颜色是否一致，并进行预排、画线定位。

墙板与龙骨间可用螺钉或卡条连接，安装顺序可按节点的连接接口方式确定，顺一个方向连接。

彩色压型钢板的板缝要根据设计要求处理好，一般可压入填充物，再填防水材料，特别是边角部位要处理好，否则会使板材防水功能受到影响。

四、饰面工程的质量验收

(一)饰面板安装工程的质量验收

1. 主控项目

(1)饰面板的品种、规格、颜色和性能应符合设计要求，木龙骨、木饰面板和塑料饰面板的燃烧性能等级应符合设计要求。检验方法：观察；检查产品合格证书、进场验收记录和性能检测报告。

(2)饰面板孔、槽的数量、位置和尺寸应符合设计要求。检验方法：检查进场验收记录和施工记录。

(3)饰面板安装工程的预埋件(或后置埋件)、连接件的数量、规格、位置、连接方法和防腐处理必须符合设计要求。后置埋件的现场拉拔强度必须符合设计要求。饰面板安装必须牢固。检验方法：手扳检查；检查进场验收记录、现场拉拔检测报告、隐蔽工程验收记录和施工记录。

2. 一般项目

(1)饰面板表面应平整、洁净、色泽一致，无裂痕和缺损。石材表面应无泛碱等污染。检验方法：观察。

(2)饰面板嵌缝应密实、平直，宽度和深度应符合设计要求，嵌填材料色泽应一致。检验方法：观察；尺量检查。

(3)采用湿作业法施工的饰面板工程，石材应进行防碱背涂处理。饰面板与基体之间的灌注材料应饱满、密实。检验方法：用小锤轻击检查；检查施工记录。

(4)饰面板上的孔洞应套割吻合，边缘应整齐。检查方法：观察。

(5)饰面板安装的允许偏差和检验方法应符合表 7-6 的规定。

表 7-6 饰面板安装的允许偏差和检验方法

项次	项目	允许偏差/mm							检验方法
		石材			瓷板	木材	塑料	金属	
		光面	剁斧石	蘑菇石					
1	立面垂直度	2	3	3	2	1.5	2	2	用 2m 垂直检测尺检查
2	表面平整度	2	3	—	1.5	1	3	3	用 2m 靠尺和塞尺检查
3	阴、阳角方正	2	4	4	2	1.5	3	3	用直角检测尺检查
4	接缝直线度	2	4	4	2	1	1	1	拉 5m 线，不足 5m 拉通线，用钢直尺检查
5	墙裙、勒脚上口直线度	2	3	3	2	2	2	2	拉 5m 线，不足 5m 拉通线，用钢直尺检查
6	接缝高低差	0.5	3	—	0.5	0.5	1	1	用钢直尺和塞尺检查
7	接缝宽度	1	2	2	1	1	1	1	用钢直尺检查

(二)饰面板粘贴工程的质量验收

1. 主控项目

(1)饰面砖的品种、规格、图案、颜色和性能应符合设计要求。检验方法：观察；检查产品合格证书、进场验收记录、性能检测报告和复验报告。

(2)饰面砖粘贴工程的找平、防水、粘结和勾缝材料及施工方法应符合设计要求及现行国家产品标准和工程技术标准的规定。检验方法：检查产品合格证书、复验报告和隐蔽工程验收记录。

(3)饰面砖粘贴必须牢固。检验方法：检查样板件粘结强度检测报告和施工记录。

(4)满粘法施工的饰面砖工程应无空鼓、裂缝。检验方法：观察；用小锤轻击检查。

2. 一般项目

(1)饰面砖表面应平整、洁净、色泽一致，无裂痕和缺损。检验方法：观察。

(2)阴阳角处搭接方式、非整砖使用部位应符合设计要求。检查方法：观察。

(3)墙面凸出物周围的饰面砖应整砖套割吻合,边缘应整齐。墙裙、贴脸凸出墙面的厚度应一致。检验方法:观察;尺量检查。

(4)饰面砖接缝应平直、光滑,填嵌应连续、密实;宽度和深度应符合设计要求。检验方法:观察;尺量检查。

(5)有排水要求的部位应做滴水线(槽)。滴水线(槽)应顺直,流水坡向应正确。坡度应符合设计要求。检验方法:观察;用水平尺检查。

(6)饰面砖粘贴的允许偏差和检验方法应符合表 7-7 的规定。

表 7-7 饰面砖粘贴的允许偏差和检验方法

项次	项目	允许偏差/mm		检验方法
		外墙面砖	内墙面砖	
1	立面垂直度	3	2	用 2 m 垂直检测尺检查
2	表面平整度	4	3	用 2 m 靠尺和塞尺检查
3	阴、阳角方正	3	3	用直角检测尺检查
4	接缝直线度	3	2	拉 5 m 线,不足 5 m 拉通线,用钢直尺和塞尺检查
5	接缝高低差	1	0.5	用钢直尺和塞尺检查
6	接缝宽度	1	1	用钢直尺检查

任务实施

编写饰面工程的技术交底。

拓展实训

1. 何谓釉面砖,质量要求如何?
2. 简述瓷砖胶粘剂的使用范围。
3. 简述石材饰面板的安装程序。
4. 简述铝合金饰面板的施工安装工艺流程。

课外学习指要

中华人民共和国国家标准. GB 50210—2001 建筑装饰装修工程质量验收规范[S]. 北京:中国标准出版社,2001.

任务四 涂饰工程施工

任务描述

编写涂饰工程的技术交底。

任务分析

涂料是指涂覆于基层表面,在一定条件下可形成与基体牢固结合的连续、完整固体膜层的材料。

涂料涂饰是建筑物内外最简便、经济、易于维修更新的一种装饰方法,它色彩丰富、质感多变、耐久性好、施工效率高。

建筑涂料主要具有装饰、保护和改善使用环境的功能,其功能的正常发挥与涂料的技术性能、基层的情况、施工技术和环境条件都有密切的关系。

相关知识

一、涂料的分类

涂料的品种繁多,分类方法各异,一般有以下分类方法。

1. 按成膜物质分类

按涂料的成膜物质,可将涂料分为有机涂料、无机涂料和有机—无机复合型涂料。

(1)有机涂料。有机涂料根据成膜物质的特点可分为溶剂型、水溶型、乳液型涂料。

溶剂型涂料是以合成树脂为成膜物质,以有机溶剂为稀释剂,加入适量的颜料、填料、助剂,经研磨、分散而制成的涂料。传统的油漆也可归入这一类涂料。

水溶型涂料是以水溶型合成树脂为成膜物质,加入水、颜料、填料、助剂,经研磨、分散而制成的涂料。

乳液型涂料又称乳胶漆,是以合成树脂乳液为成膜物质,加入颜料、填料、助剂等辅助材料,经研磨、分散成的涂料。

水溶型涂料和乳液型涂料又称为水性涂料。

(2)无机涂料。无机建筑涂料是以碱金属硅酸盐或硅溶胶为成膜物质,加入相应的固化剂或有机合成乳液及辅助材料所制成的涂料,是一种水性涂料。

其耐热性、表面硬度、耐老化性方面优于有机涂料,但柔性、光泽度和耐水性方面不及有机涂料。

(3)有机—无机复合型涂料。有机—无机复合型涂料是既含有机高分子成膜物质,又含有无机高分子成膜物质的一种复合型涂料,兼有有机涂料和无机涂料的特点。

常用的品种有聚乙烯醇水玻璃内墙涂料和多彩内墙涂料等,聚合物改性水泥厚浆涂料也可归于此类。

2. 按使用部位分类

根据在建筑物上使用部位的不同,建筑涂料可分为外墙涂料、内墙涂料、地面涂料等。

3. 按涂料膜层厚度、形状与质感分类

按涂料膜层厚度可分为薄质涂料、厚质涂料,前者厚度为 50~100 mm,后者厚度为1~6 mm。

按膜层的形状和质感可分为平壁状涂层涂料、砂壁状涂层涂料、凹凸立体花纹涂料等。

4. 按涂料的特殊使用功能分类

按涂料的特殊功能可分为防火涂料、防水涂料、防腐涂料、弹性涂料等。

实际上，上述分类方法只是从某一角度出发，强调某一方面的特点。具体应用时，往往是各种分类方法交织在一起，如薄涂料包括合成树脂乳液薄涂料、水溶型薄涂料、溶剂型薄涂料、无机薄涂料等，而厚涂料包括合成树脂乳液厚涂料、合成树脂乳液砂壁状厚涂料等。

二、涂料的施工

1. 基层处理

要保证涂料工程的施工质量，使其经久耐用，对基层的表面处理是关键，基层处理的好坏直接影响涂料的附着力、使用寿命和装饰效果。

不同的基体材料，表面处理的要求和方法也有所不同。

(1)混凝土及抹灰基层处理。对混凝土及抹灰基层的要求是：抹灰平面应坚固结实，阴、阳角密实；基层的 pH 值应在 10 以下；含水率对于使用溶剂型涂料的基层应不大于 8%，对使用水溶型涂料的基层应不大于 10%。

施工前，基层表面的油污、灰尘、溅沫及砂浆流痕等杂物应彻底清除干净。灰尘和其他附着物可用扫帚、毛刷等扫除；砂浆溅物、流痕及其他杂物可用铲刀、钢丝刷、錾子等工具清除；表面泛碱可用 3% 的草酸水溶液进行中和，再用清水冲洗干净；空鼓、酥裂、起皮、起砂应用铲刀、钢丝刷等清理后，用清水冲洗干净，再进行修补；旧浆皮可刷清水以溶解旧浆料，然后用铲刀刮去旧浆皮。

(2)木质基层的处理。对于木质基层的要求是：含水率不大于 12%；表面应平整，无尘土、油污等脏物；基层表面的缝隙、毛刺、脂囊应进行处理，然后用腻子刮平、打光。

油脂和胶渍可用温水、肥皂水、碱水等清洗，也可用酒精、汽油或其他溶剂擦拭掉，然后用清水洗刷干净；树脂可用丙酮、酒精、苯类或四氯化碳等去除，或用 4%～5% 的 NaOH 水溶液洗去。

为防止木材内的树脂继续渗出，宜在清除树脂后的部位用一层虫胶漆封闭。

(3)金属基层处理。对金属基层表面的基本要求是：表面平整、无尘土、油污、锈面、鳞皮、焊渣、毛刺和旧涂层。

对于金属表面的锈层可用人工打磨、机械喷砂、喷丸(直径为 0.2～1 mm 的铁丸或钢丸)或化学除锈法清除；对于焊渣和毛刺可用砂轮机去除。

2. 施工方法

涂料的基本施涂方法有刷涂、滚涂、喷涂、弹涂等。

(1)刷涂。刷涂是用毛刷、排笔在基层表面人工进行涂料覆涂施工的一种方法。这种方法简单易学，适用性广，工具设备简单。除少数流平性差或干燥太快的涂料不宜采用刷涂外，大部分薄质涂料和厚质涂料均可采用。

刷涂的顺序是先左后右、先上后下、先难后易、先边后面。一般是两道成活，高、中级装饰可增加 1～2 道刷涂。

刷涂的质量要求是：薄厚均匀，颜色一致，无漏刷、流淌和刷纹，涂层丰富。

(2)滚涂。滚涂是利用软毛辊(羊毛或人造毛)、花样辊进行施工。该种方法具有设备简单、操作方便、工效高、涂饰效果好等优点。

滚涂的顺序基本与刷涂相同，先将蘸有涂料的毛辊按倒 W 形滚动，把涂料大致滚在墙面上，接着将毛辊在墙的上下左右平稳来回滚动，使涂料均匀滚开，最后，再用毛辊按一定的方向滚动一遍。

阴角及上、下口一般需事先用刷子刷涂。

滚花时，花样辊应从左至右、从下向上进行操作。不够一个辊长的应留在最后处理，待滚好的墙面花纹干后，再用纸遮盖进行补滚。

滚涂的质量要求是：涂膜厚薄均匀、平整光滑、不流挂、不漏底；花纹图案完整清晰、匀称一致、颜色协调。

(3)喷涂。喷涂是利用喷枪(或喷斗)将涂料喷于基层上的机械施涂方法。其特点是外观质量好，工效高，适于大面积施工，可通过调整涂料的黏度、喷嘴口径大小及喷涂压力获得平壁状、颗粒状或凹凸花纹状的涂层。

喷涂的压力一般控制在0.3~0.8 MPa，喷涂时出料口应与被喷涂面保持垂直，喷枪移动速度应均匀一致，喷枪嘴与被喷涂面的距离应控制在400~600 mm，如图7-20所示。

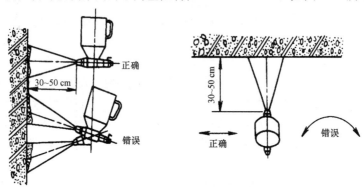

图 7-20　喷涂墙面示意图

喷涂行走路线可视施工条件，按横向、竖向或S形往返进行。

喷涂时应先喷门、窗口等附近，后喷大面，一般二道成活，但喷涂复层涂料的主涂料时应一道成活。

喷涂面的搭接宽度应控制在喷涂宽度的1/3左右。

喷涂的质量要求为厚度均匀，平整光滑，不出现露底、皱纹、流挂、针孔、气泡和失光现象。

(4)弹涂。弹涂是借助专用的电动或手动的弹涂器，将各种颜色的涂料弹到饰面基层上，形成直径为2~8 mm、大小近似、颜色不同、互相交错的圆粒状色点或深浅色点相间的彩色涂层。需要压平或轧花的，可待色点两成干后轧压，然后罩面处理。

弹涂饰面层粘结能力强，可用于各种基层，获得牢固、美观、立体感强的涂饰面层。

弹涂首先要进行封底处理，可采用丙烯酸无光涂料刷涂，面干后弹涂色点浆。

色点浆采用外墙厚质涂料，也可用外墙涂料和颜料现场调制。弹色点可进行1~3道，特别是第二、三道色点直接关系到饰面的立体质感效果，色点的重叠度以不超过60%为宜。

弹涂器内的涂料量不宜超过料斗容积的1/3。

弹涂方向为自上而下呈圆环状进行，不得出现接槎现象。

弹涂器与墙面的距离一般为250~350 mm，主要视料斗内涂料的多少而定，距离随涂料的减少而渐近，使色点大小保持均匀一致。

三、涂饰工程的质量验收

(一)水性涂料涂饰工程

1. 主控项目

(1)水性涂料涂饰工程所用涂料的品种、型号和性能应符合设计要求。检验方法：检查产品合格证书、性能检测报告和进场验收记录。

(2)水性涂料涂饰工程的颜色、图案应符合设计。检验方法：观察。

(3)水性涂料涂饰工程应涂饰均匀、粘结牢固，不得漏涂、透底、起皮和掉粉。检验方法：观察；手摸检查。

2. 一般项目

(1)薄涂料的涂饰质量和检验方法应符合表 7-8 的规定。

表 7-8 薄涂料的涂饰质量和检验方法

项次	项目	普通涂饰	高级涂饰	检验方法
1	颜色	均匀一致	均匀一致	观察
2	泛碱、咬色	允许少量轻微	不允许	
3	流坠、疙瘩	允许少量轻微	不允许	
4	砂眼、刷纹	允许少量轻微砂眼，刷纹通顺	无砂眼、无刷纹	
5	装饰线、分色线直线度允许偏差/mm	2	1	拉 5 m 线，不足 5 m 拉通线，用钢直尺检查

(2)厚涂料的涂饰质量和检验方法应符合表 7-9 的规定。

表 7-9 厚涂料的涂饰质量和检验方法

项次	项目	普通涂饰	高级涂饰	检验方法
1	颜色	均匀一致	均匀一致	观察
2	泛碱、咬色	允许少量轻微	不允许	
3	点状分布	—	疏密均匀	

(3)复层涂料的涂饰质量和检验方法应符合表 7-10 的规定。

表 7-10 复层涂料的涂饰质量和检验方法

项次	项目	质量要求	检验方法
1	颜色	均匀一致	观察
2	泛碱、咬色	不允许	
3	喷点疏密程度	均匀，不允许连片	

(4)涂层与其他装修材料和设备衔接处应吻合，界面应清晰。检验方法：观察。

(二)溶剂型涂料涂饰工程

1. 主控项目

(1)溶剂型涂料涂饰工程所选用涂料的品种、型号和性能应符合设计要求。检验方法：检查产品合格证书、性能检测报告和进场验收记录。

(2)溶剂型涂料涂饰工程应涂饰均匀、粘结牢固，不得漏涂、透底、起皮和反锈。检验方法：观察；手摸检查。

(3)溶剂型涂料涂饰工程的颜色、光泽、图案应符合设计要求。检验方法：观察。

2. 一般项目

(1)色漆的涂饰质量和检验方法应符合表 7-11 的规定。

表 7-11　色漆的涂饰质量和检验方法

项次	项目	普通涂饰	高级涂饰	检验方法
1	颜色	均匀一致	均匀一致	观察
2	光泽、光滑	光泽基本均匀 光滑无挡手感	光泽均匀一致 光滑	观察、手摸检查
3	刷纹	刷纹通顺	无刷纹	观察
4	裹棱、流坠、皱皮	明显处不允许	不允许	观察
5	装饰线、分色线直线度允许偏差/mm	2	1	拉 5 m 线，不足 5 m 拉通线，用钢直尺检查

注：无光色漆不检查光泽。

（2）清漆的涂饰质量和检验方法应符合表 7-12 的规定。

表 7-12　清漆的涂饰质量和检验方法

项次	项目	普通涂饰	高级涂饰	检验方法
1	颜色	基本一致	均匀一致	观察
2	木纹	棕眼刮平、木纹清楚	棕眼刮平、木纹清楚	观察
3	光泽、光滑	光泽基本均匀 光滑无挡手感	光泽均匀一致 光滑	观察、手摸检查
4	刷纹	无刷纹	无刷纹	观察
5	裹棱、流坠、皱皮	明显处不允许	不允许	观察

（3）涂层与其他装修材料和设备衔接处应吻合，界面应清晰。检验方法：观察。

任务实施

编写涂饰工程的技术交底。

拓展实训

1．涂料按成膜物质分为哪几类？
2．简述涂饰工程的基本施涂方法。

课外学习指要

中华人民共和国国家标准. GB 50210—2001 建筑装饰装修工程质量验收规范[S].北京：中国标准出版社，2001．

任务五　吊顶工程施工

任务描述

编写吊顶工程的技术交底。

任务分析

吊顶的分类：可分为直接式和悬吊式，本次任务只讨论悬吊式，直接式应归于一般抹灰。

悬吊式又可分为活动式装配吊顶（明龙骨）、隐蔽式装配吊顶（暗龙骨）、格栅式吊顶和开敞式吊顶等。

相关知识

一、材料准备

1. 龙骨

龙骨主要有木龙骨、轻钢龙骨（镀锌铁板或钢板滚轧、冲压而成）、T形铝合金龙骨。

轻钢龙骨按断面形式有V形、C形、T形、L形龙骨。轻钢龙骨主要规格分为D38、D45、D50和D60。烤漆龙骨由防火的镀锌板制造，经久耐用。

铝合金龙骨分为三个部分，主龙骨称为大T，副龙称为小T，修边角则是用作墙边收尾和固定的。其表面经氧化处理后不会生锈和脱色。

2. 罩面材料

罩面材料常见的有普通纸面石膏板、防火石膏板、硅钙板（石膏复合板）、埃特板、矿棉板、铝塑板、方形铝扣板、异形长条铝扣板等材料。

二、悬吊装配式吊顶安装

1. 工艺流程

弹顶棚标高水平线→画龙骨分档线→安装龙骨吊杆→安装主龙骨→安装次龙骨及配件→安装罩面板。

2. 安装方法

（1）弹顶棚标高水平线。根据室内墙面的"50线"在墙面和柱面上复核量出顶棚设计标高，沿墙四周弹出顶棚标高水平线。

（2）画龙骨分档线。按设计要求的龙骨间距，在已弹好的顶棚标高水平线上画龙骨分档线。

（3）安装龙骨吊杆。在吊点位置预埋胀管螺栓或吊钩、埋件，确定吊杆下端的标高，按龙骨位置及吊挂间距，将吊杆焊有角铁的一端与接板膨胀螺栓连接固定。

吊杆距主龙骨端部距离不得大于300 mm，吊杆长度大于1.5m时，应设置反支撑；吊杆、埋件应进行防锈处理。

预制板下悬挂吊杆如图 7-21 所示,现浇板下悬挂吊杆 1 如图 7-22 所示,现浇板下悬挂吊杆 2 如图 7-23 所示。

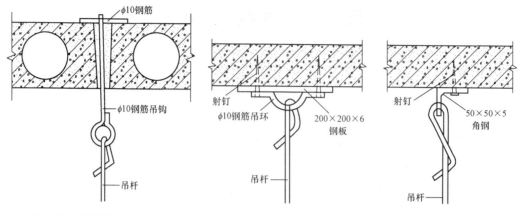

图 7-21　预制板下悬挂吊杆　　　图 7-22　现浇板下悬挂吊杆 1

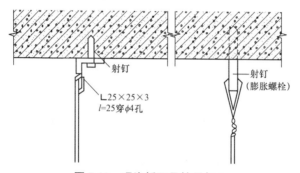

图 7-23　现浇板下悬挂吊杆 2

(4)安装主龙骨。龙骨的安装可先安主龙骨后安次龙骨,也可主、次龙骨一次安装;大龙骨与吊杆固定时,应用双螺帽在螺杆穿过部位上下固定,然后按标高水平线调整大龙骨的标高;大龙骨的接头位置不允许留在同一直线上,较大的房间应起拱,一般为 1/200。主龙骨连接如图 7-24 所示,吊顶龙骨安装示意图如图 7-25 所示。

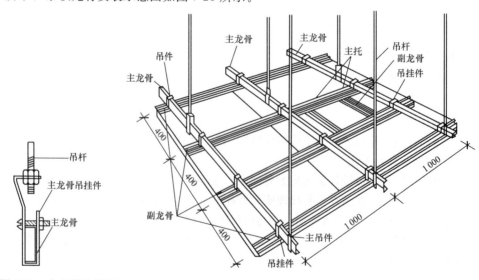

图 7-24　主龙骨连接图　　　图 7-25　吊顶龙骨安装示意图

(5)安装次龙骨及配件。按弹好的次龙骨分档线卡放次龙骨吊挂件,将次龙骨通过吊挂件吊挂在主龙骨上,一般间距为 600 mm。次龙骨需接长时,用次龙骨连接件,在吊挂次龙骨处相接,调直固定。龙骨的收边分格应放在不被人注意的部位或吊顶的四周。

龙骨安装指示图如图 7-26 所示。

(6)安装罩面板。罩面板的安装有搁置式和锚固式两种。

安装罩面板前须待顶棚内的管线验收合格后方可安装。安装前应按罩面板的规格分块弹线,从顶棚中间顺通长次龙骨方向先装一行罩面板作为基准,然后向两侧延伸分行安装,石膏板固定的自攻螺钉间距为 150～170 mm。

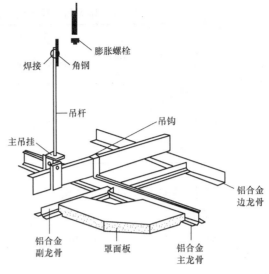

图 7-26 龙骨安装指示图

三、吊顶工程的质量验收

(一)暗龙骨吊顶工程的质量验收

1. 主控项目

(1)吊顶的标高、尺寸、起拱和造型应符合设计要求。检验方法:观察;尺量检查。

(2)饰面材料的材质、品种、规格、图案和颜色应符合设计要求。检验方法:观察;检查产品合格证书、性能检测报告、进场验收记录和复验报告。

(3)暗龙骨吊顶工程的吊杆、龙骨和饰面材料的安装必须牢固。检验方法:观察;手扳检查;检查隐蔽工程验收记录和施工记录。

(4)吊杆、龙骨的材质、规格、安装间距及连接方式应符合设计要求。金属吊杆、龙骨应经过表面防腐处理;木吊杆、龙骨应进行防腐、防火处理。检验方法:观察;尺量检查;检查产品合格证书、性能检测报告、进场验收记录和隐蔽工程验收记录。

(5)石膏板的拼缝应按其施工工艺标准进行板缝防裂处理。安装双层石膏板时,面层板与基层板的接缝应错开,并不得在同一根龙骨上接缝。检验方法:观察。

2. 一般项目

(1)饰面材料表面应洁净、色泽一致,不得有翘曲、裂缝及缺损。压条应平直、宽窄一致。检验方法:观察;尺量检查。

(2)饰面板上的灯具、烟感器、喷淋头、风口箅子等设备的位置应合理、美观,与饰面板的交接应吻合、严密。检验方法:观察。

(3)金属吊杆、龙骨的接缝应均匀一致,角缝应吻合,表面应平整,无翘曲、锤印。木质吊杆、龙骨应顺直,无劈裂、变形。检验方法:检查隐蔽工程验收记录和施工记录。

(4)吊顶内填充吸声材料的品种和铺设厚度应符合设计要求,并应有防散落措施。检验方法:检查隐蔽工程验收记录和施工记录。

(5)暗龙骨吊顶工程安装的允许偏差和检验方法应符合表 7-13 的规定。

表 7-13 暗龙骨吊顶工程安装的允许偏差和检验方法

项次	项目	允许偏差/mm				检验方法
		纸面石膏板	金属板	矿棉板	木板、塑料板、格栅	
1	表面平整度	3	2	2	2	用2m靠尺和塞尺检查
2	接缝直线度	3	1.5	3	3	拉5m线,不足5m拉通线,用钢直尺检查
3	接缝高低差	1	1	1.5	1	用钢直尺和塞尺检查

(二)明龙骨吊顶工程的质量验收

1. 主控项目

(1)吊顶标高、尺寸、起拱和造型应符合设计要求。检验方法:观察;尺量检查。

(2)饰面材料的材质、品种、规格、图案和颜色应符合设计要求。当饰面材料为玻璃板时,应使用安全玻璃或采取可靠的安全措施。检验方法:观察;检查产品合格证书、性能检测报告和进场验收记录。

(3)饰面材料的安装应稳固严密。饰面材料与龙骨的搭接宽度应大于龙骨受力面宽度的2/3。检验方法:观察;手扳检查;尺量检查。

(4)吊杆、龙骨的材质、规格、安装间距及连接方式应符合设计要求。金属吊杆、龙骨应进行表面防腐处理;木龙骨应进行防腐、防火处理。检验方法:观察、尺量检查;检查产品合格证书、进场验收记录和隐蔽工程验收记录。

(5)明龙骨吊顶工程的吊杆和龙骨安装必须牢固。检验方法:手扳检查;检查隐蔽工程验收记录和施工记录。

2. 一般项目

(1)饰面材料表面应洁净、色泽一致,不得有翘曲、裂缝及缺损。饰面板与明龙骨的搭接应平整、吻合,压条应平直、宽窄一致。检验方法:观察;尺量检查。

(2)饰面板上的灯具、烟感器、喷淋头、风口箅子等设备的位置应合理、美观,与饰面板的交接应吻合、严密。检验方法:观察。

(3)金属龙骨的接缝应平整、吻合、颜色一致,不得有划伤、擦伤等表面缺陷。木质龙骨应平整、顺直、无劈裂。检验方法:观察。

(4)吊顶内填充吸声材料的品种和铺设厚度应符合设计要求,并应有防散落措施。检验方法:检查隐蔽工程验收记录和施工记录。

(5)明龙骨吊顶工程安装的允许偏差和检验方法应符合表7-14的规定。

表 7-14 明龙骨吊顶工程安装的允许偏差和检验方法

项次	项目	允许偏差/mm				检验方法
		石膏板	金属板	矿棉板	塑料板、玻璃板	
1	表面平整度	3	2	3	2	用2m靠尺和塞尺检查
2	接缝直线度	3	2	3	3	拉5m线,不足5m拉通线,用钢直尺检查
3	接缝高低差	1	1	2	1	用钢直尺和塞尺检查

任务实施

编写吊顶工程的技术交底。

拓展实训

1. 简述铝合金龙骨的组成。
2. 简述悬吊装配式吊顶的施工程序。

课外学习指要

中华人民共和国国家标准. GB 50210—2001 建筑装饰装修工程质量验收规范[S]. 北京：中国标准出版社，2001.

任务六　墙体保温工程施工

任务描述

编写墙体保温工程的技术交底。

任务分析

为了改善室内热环境，满足建筑节能的要求，对新建建筑或改造建筑，可采用对外墙保温的做法，达到降低能源消耗、提高居住建筑舒适度的目的。

外墙保温体系有三种类型，分别是外墙内保温体系、外墙中间保温体系和外墙外保温体系。

1. 外墙内保温体系

外墙内保温体系的施工做法是在建筑围护墙体施工完毕后，在外墙的里面做保温层。

这种保温体系的缺点是：由于材料、构造、施工等原因，饰面层出现开裂；不便于用户二次装修和吊挂饰物；容易引起热桥，热损失较大；占用室内使用空间；对既有建筑进行节能改造时，对居民的日常生活干扰较大等。

2. 外墙中间保温体系

外墙中间保温体系的围护外墙由内、外两叶墙体构成，中间为保温层。外叶墙和内叶墙的结构均属自承重体系，两片墙体是分离的，中间用拉结筋拉结，从而增加了建筑物围护结构的稳定性，中间保温体系可填入保温材料。

这种保温体系的缺点是：此类墙体与传统墙体相比，在设计尺寸上偏厚；由于两叶墙体之间需有连接件连接，构造较传统墙体复杂，且在抗震设防区建筑中，由于还有圈梁和构造柱的设置，还有热桥存在；保温材料的效率得不到充分的发挥。

3. 外墙外保温体系

外墙外保温体系是将保温层设计在建筑外墙的外层的保温方式，类似给外墙穿上了一层棉衣。

这种保温体系的缺点有：墙面开裂剥落、保温失效、墙体透水、保温层不防火、外墙装饰寿命低等。

外墙外保温体系是我国建筑领域普遍采用的一种墙体保温体系，它的施工过程主要有以下步骤：

(1)完成建筑围护结构承重或填充墙体的施工。
(2)墙体外面做保温层。
(3)表面再做装饰。

相关知识

一、材料准备

目前，墙体节能保温材料包括：有机类，如苯板、聚苯板、挤塑板(XPS板)、聚苯乙烯泡沫板(EPS板)、硬质泡沫聚氨酯(PU)、聚碳酸酯及酚醛等；无机类，如珍珠岩水泥板、泡沫水泥板、复合硅酸盐、岩棉、胶粉EPS颗粒保温浆料等；复合材料类，如金属夹芯板、EPS钢丝网架板、金属压花面复合保温板等。

1. XPS板

XPS板是指以聚苯乙烯树脂或其共聚物为主要成分，添加少量添加剂，通过加热挤塑成型而制得的，具有闭孔结构的硬质泡沫塑料板材，通常称为挤塑聚苯板。XPS板是一种硬质绝热材料，具有极低的导热系数，还有抗压、抗老化、轻质高强等特点，更具有优越的抗湿性能。XPS板所特有的微细闭孔蜂窝状结构，使其能够不吸水，因此，具有极佳的抗水性。

2. EPS板

EPS板是指由可发性聚苯乙烯颗粒经加热预发泡后，在模具中加热成型而制得的，具有闭孔结构的聚苯乙烯泡沫塑料板材，通常称为模塑聚苯板。EPS板由内腔充满空气的封闭的小球状体相互围绕组成，具有较好的保温性能。

EPS钢丝网架板是指由EPS板内插腹丝，外侧焊接钢丝网构成的三维空间网架芯板。

3. PU

PU是指以异氰酸酯、多元醇(组合聚醚或聚酯)为主要原料，加入添加剂组成的双组分，按一定比例混合发泡成型的，闭孔率不低于92％的硬质泡沫塑料，通常称为硬泡聚氨酯。PU板是指以PU为芯材、两面覆以防护面层的板材，通常称为硬泡聚氨酯板。

4. 胶粉EPS颗粒保温浆料

胶粉EPS颗粒保温浆料是指由胶粉料和EPS颗粒集料组成，并且EPS颗粒体积比不小于80％的保温砂浆。

保温浆料的配置：先将25～30 kg的水倒入砂浆搅拌机中，然后倒入一袋25 kg的胶粉料，搅拌3～5 min，再倒入一袋130 L聚苯颗粒继续搅拌3 min，搅拌均匀后倒出。

5. 金属压花面复合保温板

金属压花面复合保温板是由外表面的金属压花板和保温绝热材料复合(或浇筑发泡)而成。外层采用铝合金板、镀铝锌钢板等金属面板，根据需要表面涂装成各种不同颜色的涂料，经特定的设备轧制成不同样式的花纹，或再经过二次涂装，涂装成多种颜色，形成如砖纹、弹涂纹、水波纹、木纹、砾石、细石等纹样及色彩，满足建筑造型和色彩的外观要求，达到一定的艺术效果。

其保温绝热材料采用聚苯乙烯泡沫(XPS、EPS)、聚氨酯泡沫(PU)、酚醛泡沫、岩棉、玻璃棉毡等多种材料。

板与板之间以及与主体结构之间采用整套的连接件、配件,既能满足安装强度要求,也避免了冷(热)桥的产生。

金属压花面复合保温板具有保温、隔热、装饰、环保、耐候、防雨、防冻、隔声、抗震、质量轻等优点,并且具有良好的构造和连接方式,无冷(热)桥、不渗漏,有效避免了脱落、开裂现象,同时具有施工简便、不受季节限制、干挂等特点,可适用于所有地区,既可用于新建建筑外墙保温装饰、既有建筑的保温节能改造,也可用于室内装饰装修、吊顶等,还可用于室内的消声、隔声屏等。

二、外墙外保温系统构造

外墙外保温系统构造主要有：粘贴泡沫塑料保温板外保温系统、胶粉EPS颗粒保温浆料外保温系统、EPS板现浇混凝土外保温系统、EPS钢丝网架板现浇混凝土外保温系统、胶粉EPS颗粒浆料贴砌保温板外保温系统、现场喷涂硬泡聚氨酯外保温系统、保温装饰板外保温系统等。

(一)粘贴泡沫塑料保温板外保温系统

1. 构造

粘贴泡沫塑料保温板外保温系统由粘结层、保温层、抹面层和饰面层构成,如图7-27所示。

粘结层材料为胶粘剂,保温层材料可为EPS板、PU板和XPS板,抹面层材料为抹面胶浆(抹面胶浆中满铺增强网),饰面层材料可为涂料、饰面砂浆或面砖。

2. 技术要求

保温板主要依靠胶粘剂固定在基层上,必要时可使用锚栓辅助固定,保温板与基层墙体的粘贴面积不得小于保温板面积的40%。

当以EPS板为保温层做面砖饰面时,抹面层中满铺耐碱玻纤网,并用锚栓与基层形成可靠固定,其构造如图7-28所示。保温板与基层墙体的粘贴面积不得小于保温板面积的50%,每平方米宜设置4个锚栓,单个锚栓锚固力应不小于0.30 kN。

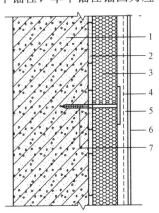

图7-27 粘贴保温板涂料饰面系统图
1—基层；2—胶粘剂；
3—保温板；4—玻纤网；5—抹面层；
6—涂料饰面；7—锚栓

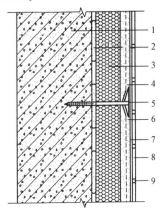

图7-28 EPS板面砖饰面系统图
1—基层；2—胶粘剂；3—EPS板；
4—耐碱玻纤网；5—锚栓；6—抹面层；
7—面砖胶粘剂；8—面砖；9—填缝剂

当饰面材料为涂料时，其构造组成如图 7-29 所示。

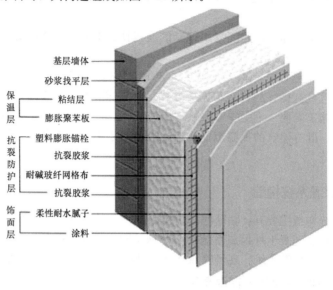

图 7-29　涂料做面层的 EPS 板外保温构造

XPS 板两面需使用界面剂时，宜使用水泥基界面剂。

建筑物高度在 20 m 以上时，在受负风压作用较大的部位宜采用锚栓辅助固定。

保温板宽度不宜大于 1 200 mm，高度不宜大于 600 mm，必要时应设置抗裂分隔缝。

粘贴保温板系统的基层表面应清洁，无油污、脱模剂等妨碍粘结的附着物；凸起、空鼓和疏松部位应剔除并找平；找平层应与墙体粘结牢固，不得有脱层、空鼓、裂缝现象；面层不得有粉化、起皮、爆灰等现象。

保温板应按顺砌方式粘贴，竖缝应逐行错缝，应粘贴牢固，不得有松动和空鼓现象，如图 7-30、图 7-31 所示。

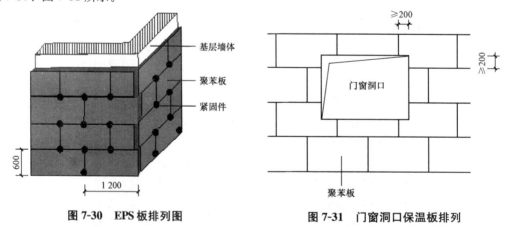

图 7-30　EPS 板排列图　　　　图 7-31　门窗洞口保温板排列

墙角处保温板应交错互锁，门窗洞口四角处保温板不得拼接，应采用整块保温板切割成形，保温板接缝应离开角部至少为 200 mm。

3. 施工工艺

施工工艺流程为：基层处理→测量放线→粘贴保温板→保温板打磨→安装锚栓→涂抹面胶浆→铺压耐碱玻纤网格布→涂抹面胶浆→填嵌缝膏→涂面层腻子→做饰面层→验收。

(二)胶粉EPS颗粒保温浆料外保温系统

1. 构造

胶粉EPS颗粒保温浆料外保温系统由界面层、保温层、抹面层和饰面层构成,如图7-32、图7-33所示。

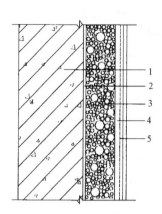

图7-32 涂料饰面保温浆料系统

1—基层;2—界面砂浆;3—保温浆料;
4—抹面胶浆复合玻纤网;5—饰面层

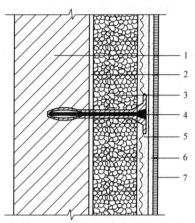

图7-33 面砖饰面保温浆料系统

1—基层;2—界面砂浆;3—保温浆料;
4—锚栓;5—抹面胶浆复合热镀锌电焊网;
6—面砖粘结砂浆;7—面砖饰面层

界面层材料为界面砂浆,保温层材料为胶粉EPS颗粒保温浆料,经现场拌和后抹或喷涂在基层上,抹面层材料为抹面胶浆,抹面胶浆中满铺增强网,饰面层可为涂料和面砖。

2. 技术要求

热镀锌电焊网和锚栓性能应符合《胶粉聚苯颗粒外墙保温系统材料》(JG/T 158—2013)的相关规定。

当采用涂料饰面时,抹面层中应满铺玻纤网,当采用面砖饰面时,抹面层中应满铺热镀锌电焊网,并用锚栓与基层形成可靠固定。

保温浆料保温层设计厚度不宜超过100 mm,必要时应设置抗裂分隔缝。

基层表面应清洁,无油污和脱模剂等妨碍粘结的附着物,空鼓、疏松部位应剔除。

保温浆料宜分遍抹灰,每遍间隔时间应在24 h以上,每遍厚度不宜超过20 mm。第一遍抹灰应压实,最后一遍应找平,并用大杠搓平。

3. 施工工艺

施工工艺流程为:墙体基层表面处理→吊垂直、弹控制基准线→制作灰饼、冲筋→抹胶粉聚苯颗粒保温浆料→抗裂砂浆层和饰面层的施工→镶贴面砖→面砖勾缝。

(三)EPS板现浇混凝土外保温系统

1. 构造

EPS板现浇混凝土外保温系统是以现浇混凝土外墙作为基层,EPS板为保温层。

EPS板内表面(与现浇混凝土接触的表面)开有矩形齿槽,内、外表面均满涂界面砂浆。在施工时将EPS板置于外模板内侧,并安装锚栓作为辅助固定件,浇灌混凝土后,墙体与EPS板以及锚栓结合为一体。

EPS板表面做抹面胶浆薄抹面层,抹面层中满铺玻纤网,外表以涂料或饰面砂浆为饰面层。

2. 技术要求

EPS板两面必须预喷刷界面砂浆。

EPS板宽度宜为1:2 m，高度宜为建筑物层高，厚度根据当地建筑节能要求等因素，经计算确定；锚栓每平方米宜设2～3个。

水平分隔缝宜按楼层设置，垂直分隔缝宜按墙面面积设置，在板式建筑中不宜大于30 m^2，在塔式建筑中可视具体情况而定，宜留在阴角部位。宜采用钢制大模板施工。

混凝土一次浇筑高度不宜大于1 m，混凝土需振捣密实均匀，墙面及接槎处应光滑、平整。

混凝土浇筑后，保温层中的穿墙螺栓孔洞应使用保温材料填塞，EPS板缺损或表面不平整处宜使用胶粉EPS颗粒保温浆料加以修补。

3. 施工工艺

施工工艺流程为：墙体钢筋绑扎→外侧苯板就位并临时固定→内侧模板就位固定→安装穿墙螺栓及套管→安装外墙组合模板→浇筑混凝土→拆除模板→清理苯板表面污物→吊垂直、套方、弹控制线、做饼、冲筋→抹胶粉聚苯颗粒保温浆料→抹聚合物水泥砂浆、铺压玻纤网格布→刮柔性布耐水腻子→做饰面层。

(四)EPS钢丝网架板现浇混凝土外保温系统

1. 构造

EPS钢丝网架板现浇混凝土外保温系统是以现浇混凝土外墙作为基层，EPS单面钢丝网架板为保温层，分为无网现浇体系和有网现浇体系，如图7-34、图7-35所示。

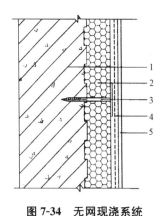

图7-34　无网现浇系统

1—现浇混凝土外墙；2—EPS板；3—锚栓；
4—抗裂砂浆薄抹面层；5—饰面层

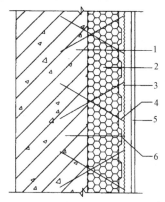

图7-35　有网现浇体系

1—现浇混凝土墙；2—EPS单面钢丝网架板；
3—掺外加剂的水泥砂浆厚抹面层；4—钢丝网架；
5—面砖饰面层；6—$\phi6$钢筋或尼龙锚栓

钢丝网架板中的EPS板外侧开有凹凸槽，施工时将钢丝网架板置于外墙外模板内侧，并在EPS板上穿插L形$\phi6$钢筋或尼龙锚栓作为辅助固定件。浇灌混凝土后，钢丝网架板腹丝和辅助固定件与混凝土结合为一体，钢丝网架板表面抹掺外加剂的水泥砂浆厚抹面层，外表做面砖饰面层。

2. 技术要求

EPS单面钢丝网架板每平方米斜插腹丝不得超过200根，钢丝均应采用低碳热镀锌钢丝，板两面应预喷刷界面砂浆。

板长3 000 mm范围内EPS板对接不得多于两处，且对接处需用胶粘剂粘牢。

抹面层厚度应均匀、平整，且宜≤25 mm（从凹槽底算起），钢丝网应完全包裹于找平层中，并应采取可靠措施确保抹面层不开裂。

L形φ6钢筋每平方米应设4根，锚固深度不得小于100 mm，如用锚栓每平方米应设4个，锚固深度不得小于50 mm。

在每层层间宜留水平分格缝，分格缝宽度为15～20 mm。分格缝处的钢丝网和EPS板应全部去除，抹灰前嵌入塑料分隔条或泡沫塑料棒，外表用建筑密封膏嵌缝。垂直分格缝宜按墙面面积设置，在板式建筑中不宜大于30 m²，在塔式建筑中可视具体情况而定，宜留在阴角部位。

宜采用钢制大模板施工，并应采取可靠措施保证EPS钢丝网架板和辅助固定件安装位置准确。

EPS钢丝网架板接缝处应附加钢丝网片，阳角及门窗洞口等处应附加钢丝角网，附加网片应与原钢丝网架绑扎牢固。

混凝土一次浇筑高度不宜大于1 m，混凝土需振捣密实均匀，墙面及接槎处应光滑、平整。

混凝土浇筑后，保温层中的穿墙螺栓孔洞应使用保温材料填塞，EPS板缺损或表面不平整处宜使用胶粉EPS颗粒保温浆料加以修补。

3. 施工工艺

施工工艺流程为：墙体钢筋绑扎→现场安装、拼接EPS钢丝网架板→安装锚栓或钢筋→搭接缝表面处理→安装外侧模板→安装内侧模板→浇筑混凝土→模板拆除→清理EPS钢丝网架板→附加钢丝网安装→砂浆挂浆→划分格条、滴水槽等→抹底层砂浆→抹底层罩面灰→饰面层施工。

（五）胶粉EPS颗粒浆料贴砌保温板外保温系统

1. 构造

胶粉EPS颗粒浆料贴砌保温板外保温系统是由界面砂浆层、胶粉EPS颗粒粘结浆料层、保温板、胶粉EPS颗粒找平浆料层、抹面层和涂料饰面层构成，抹面层中应满铺玻纤网，如图7-36所示。

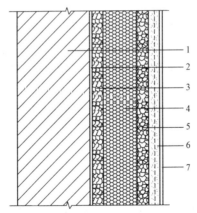

图 7-36　保温板贴砌系统

1—基层；2—界面砂浆；3—粘结浆料；4—保温板；
5—找平浆料；6—抹面胶浆复合玻纤网；7—涂料饰面层

2. 技术要求

保温板两面必须预喷刷界面砂浆。

单块保温板面积不宜大于0.3 m²，保温板上宜开设垂直于板面、直径为50 mm的通孔两个，并宜在与基层的粘贴面上开设凹槽。其保温板在门窗洞口处排列如图7-37所示，在转角处排列如图7-38所示。

胶粉EPS颗粒粘结浆料、找平浆料性能应符合规定。

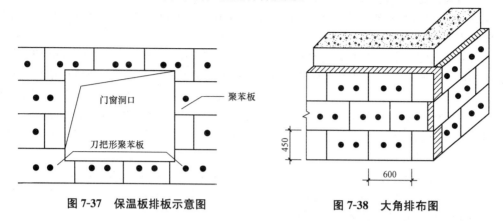

图7-37 保温板排板示意图　　图7-38 大角排布图

3. 施工工艺

饰面层为涂料时：基层处理→喷刷基层界面砂浆→放样弹线→做饼冲筋→抹胶粉EPS颗粒保温浆料，每遍20 mm厚→贴砌EPS板→抹抹面胶浆同时铺贴耐碱玻璃纤维网格布→涂刷弹性涂料底漆→刮柔性耐水腻子→涂刷弹性涂料面漆。

饰面层为镶贴面砖时：基层处理→喷刷基层界面砂浆→放样弹线→做饼冲筋→抹胶粉EPS颗粒保温浆料，每遍20 mm厚→粘贴单面钢丝网架EPS板→分层抹水泥抗裂砂浆→镶贴外墙面砖→面砖勾缝→清理面层。

4. 贴砌EPS板施工要点

(1)基层处理。基层应满涂基层界面砂浆，用喷枪或滚刷均匀喷刷。

(2)吊垂直、弹控制线。吊垂直钢丝线，弹厚度控制线，在建筑外墙大角及其他必要处挂垂直基准钢丝线。

(3)贴砌EPS板。EPS板在工厂预制好并涂刷界面砂浆。

在墙角或门窗洞口处贴标准厚度的EPS板，遇到洞口时，使用整板现场裁切。

在墙面抹与EPS板面积相当的胶粉EPS颗粒保温找平浆料，EPS板贴砌面也抹满浆料，EPS板开槽面向墙内。

贴砌EPS板时应均匀挤压EPS板，使EPS板靠墙面和两洞处挤满浆料，随时用2 m靠尺和托线板检查平整度和垂直度。

胶粉EPS颗粒保温浆料粘结层厚度约15 mm，EPS板间预留约10 mm的板缝用浆料砌筑。

排板时，应按水平顺序排列，上下错缝粘贴，墙角处排板应交错互锁，窗口处的板应裁成刀把形。

(4)喷刷EPS板界面砂浆。EPS板贴砌24 h后喷涂或滚刷EPS板界面砂浆，24 h后施工抹面胶浆，做法同薄抹灰系统。

(六)现场喷涂硬泡聚氨酯外保温系统

1. 构造

喷涂硬泡聚氨酯外保温系统由现场聚氨酯硬泡喷涂的主体保温层和胶粉聚苯颗粒保温浆料找平保温层、抗裂防护层、饰面层构成，如图7-39所示。饰面可采取涂料、粘贴面砖做法。

2. 技术要求

聚氨酯硬泡喷涂时，环境温度宜为10 ℃~40 ℃，风速应不大于5 m/s(三级风)，相对湿度

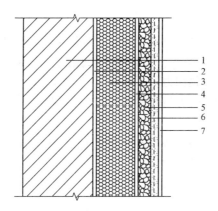

图 7-39 PU 喷涂系统

1—基层；2—界面层；3—喷涂 PU；4—界面砂浆；5—找平层；6—抹面胶浆复合玻纤网；7—涂料饰面层

应小于 80%，雨天与雪天不得施工。

基层墙体应坚实平整，并应符合现行国家标准《混凝土结构工程施工质量验收规范》(GB 50204)或《砌体结构工程施工质量验收规范》(GB 50203)的要求。

喷涂时应采取遮挡措施，避免建筑物的其他部位和环境受污染。

阴阳角及与其他材料交接等不便于喷涂的部位，宜用相应厚度的聚氨酯硬泡预制型材粘贴。

聚氨酯硬泡的喷涂，每遍厚度不宜大于 15 mm，当日的施工作业面必须当日连续喷涂完毕；应及时抽样检验聚氨酯硬泡保温层的密度、厚度和导热系数。

聚氨酯硬泡喷涂完工至少 48 h 后，进行保温浆料找平层施工。

聚氨酯硬泡喷涂抹面层沿纵向宜每楼层高处留水平分隔缝，横向宜不大于 10 m，设垂直分隔缝。

3. 施工工艺

饰面为涂料的施工工艺流程为：基层处理→喷刷基层界面砂浆→放样弹线→粘贴硬泡 PU 预制块→配防潮底漆→喷涂硬泡 PU→抹胶粉 EPS 颗粒保温浆料→抹抹面胶浆同时铺贴耐碱玻璃纤维网格布→涂刷弹性涂料底漆→刮柔性耐水腻子→涂刷弹性涂料面漆。

饰面为镶贴面砖的施工工艺流程为：基层处理→喷刷基层界面砂浆→放样弹线→粘贴硬泡 PU 预制块→配防潮底漆→喷涂硬泡 PU→抹胶粉 EPS 颗粒保温浆料→钉热镀锌电焊网→分层抹水泥抗裂砂浆→镶贴外墙面砖。

(七)保温装饰板外保温系统

1. 构造

保温装饰板外保温系统是由防水找平层、粘结层、保温装饰板和嵌缝材料构成，如图 7-40 所示。施工时，先在基层墙体上做防水找平层，采用胶粘剂和锚栓将保温装饰板固定在基层上，并用嵌缝材料封填板缝。

保温装饰板由饰面层、衬板、保温层和底衬组成。保温层材料可采用 EPS 板、XPS 板或 PU 板，饰面层可采用涂料饰面或金属饰面，底衬宜为玻纤网增强聚合物砂浆，单板面积不宜超过 1 m²。

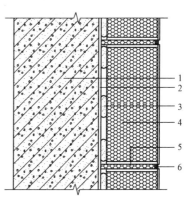

图 7-40 保温装饰板外保温系统

1—基层；2—防水找平层；3—胶粘剂；4—保温装饰板；
5—嵌缝条；6—硅酮密封胶或柔性勾缝腻子

2. 技术要求

保温装饰板应同时采用胶粘剂和锚固件固定,装饰板与基层墙体的粘贴面积不得小于装饰板面积的40%,拉伸粘结强度不得小于0.4 MPa。每块装饰板锚固件不得少于4个,且每平方米不得少于8个,单个锚固件的锚固力应不小于0.30 kN。

保温装饰板安装缝应使用弹性背衬材料填充,并用硅酮密封胶或柔性勾缝腻子嵌缝。

3. 施工工艺

施工工艺流程为:基层处理→测量放线→挂基准线→配胶粘剂→粘贴保温板→设置防火隔离带→做增强层→板缝处理→板面清理。

三、施工要点

除EPS板现浇混凝土外保温系统和EPS钢丝网架板现浇混凝土外保温系统外,外保温工程的施工应在基层施工质量验收合格后进行;外门窗洞口应通过验收,洞口尺寸、位置应符合设计要求和质量要求,门窗框或辅框应安装完毕;伸出墙面的消防梯、水落管、各种进户管线和空调器等的预埋件、联结件应安装完毕,并按外保温系统厚度留出间隙。

外保温工程的施工应具备施工技术标准或施工方案,施工人员应经过培训并经考核合格;施工现场应按有关规定,采取可靠的防火安全措施。

外保温工程施工期间以及完工后24 h内,基层及环境空气温度应不低于5℃,夏季应避免阳光暴晒,在5级以上大风天气和雨天不得施工。

保温层施工前,应对基层进行处理,基层应坚实、平整。

外保温工程应做好系统在檐口、勒脚处的包边处理;装饰缝、门窗四角和阴阳角等处应做好局部加强网施工;基层墙体变形缝处应做好防水和保温构造处理。

对于采用粘贴固定的系统,施工前应做基层与胶粘剂的拉伸粘结强度检验,粘结强度应不低于0.3 MPa,并且粘结界面脱开面积应不大于50%。

四、工程验收

外墙外保温工程应按现行国家标准《建筑工程施工质量验收统一标准》(GB 50300)规定进行施工质量验收。

外保温工程分部工程、子分部工程和分项工程应按表7-15进行划分。

表7-15 外保温工程分部工程、子分部工程和分项工程划分

分部工程	子分部工程	分项工程
外保温	EPS板薄抹灰系统	基层处理,粘贴EPS板,抹面层,变形缝,饰面层
	保温浆料系统	基层处理,抹胶粉EPS颗粒保温浆料,抹面层,变形缝,饰面层
	无网现浇系统	固定EPS板,现浇混凝土,EPS局部找平,抹面层,变形缝,饰面层
	有网现浇系统	固定EPS钢丝网架板,现浇混凝土,抹面层,变形缝,饰面层
	机械固定系统	基层处理,安装固定件,固定EPS钢丝网架板,抹面层,变形缝,饰面层

1. 主控项目

(1)外保温系统及主要组成材料应符合《外墙外保温工程技术规程》(JGJ 144—2004)的要求。

检验方法：检查型式检验报告和进场复验报告。

(2)保温层厚度应符合设计要求。检验方法：插针法检查。

(3)EPS板薄抹灰系统EPS板粘结面积应符合《外墙外保温工程技术规程》(JGJ 144—2004)的要求。检验方法：现场测量。

2. 一般项目

(1)EPS板薄抹灰系统和保温浆料系统保温层垂直度和尺寸允许偏差应符合现行国家标准《建筑装饰装修工程质量验收规范》(GB 50210)的规定。

(2)现浇混凝土分项工程施工质量应符合现行国家标准《混凝土结构工程施工质量验收规范》(GB 50204)的规定。

(3)无网现浇系统EPS板表面局部不平整处的修补和找平应符合规定。找平后保温层垂直度和尺寸允许偏差应符合现行国家标准《建筑装饰装修工程质量验收规范》(GB 50210)的规定。厚度检验方法：插针法检查。

任务实施

编写墙体保温工程的技术交底。

拓展实训

1. 外墙保温体系有哪几种？
2. 简述粘贴泡沫塑料保温板外保温系统的施工程序。
3. 简述粘胶粉EPS颗粒保温浆料外保温系统的施工程序。

课外学习指要

1. 中华人民共和国国家标准. JGJ 144—2004 外墙外保温工程技术规程[S]. 北京：中国建筑工业出版社，2004.

2. 中华人民共和国国家标准. GB 50300—2013 建筑工程施工质量验收统一标准[S]. 北京：中国建筑工业出版社，2013.

参 考 文 献

[1] 蒋孙春. 建筑施工技术[M]. 北京：中国建筑工业出版社，2015.
[2] 姚谨英. 建筑施工技术管理实训[M]. 北京：中国建筑工业出版社，2016.
[3] 姚谨英. 建筑施工技术[M]. 北京：中国建筑工业出版社，2014.
[4] 徐占发. 建筑施工[M]. 北京：机械工业出版社，2009.
[5] 刘俊玲. 建筑施工技术[M]. 北京：机械工业出版社，2015.
[6] 中华人民共和国国家标准. GB 50201—2012 土方与爆破工程施工及验收规范[S]. 北京：中国建筑工业出版社，2012.
[7] 中华人民共和国行业标准. JGJ 120—2012 建筑基坑支护技术规程[S]. 北京：中国建筑工业出版社，2012.
[8] 中华人民共和国行业标准. JGJ 94—2008 建筑桩基技术规范[S]. 北京：中国建筑工业出版社，2008.
[9] 中华人民共和国国家标准. GB 50203—2011 砌体结构工程施工质量验收规范[S]. 北京：中国建筑工业出版社，2012.
[10] 中华人民共和国国家标准. GB 50666—2011 混凝土结构工程施工规范[S]. 北京：中国建筑工业出版社，2011.
[11] 中华人民共和国国家标准. GB 50755—2012 钢结构工程施工规范[S]. 北京：中国建筑工业出版社，2012.
[12] 中华人民共和国国家标准. GB 50345—2012 屋面工程技术规范[S]. 北京：中国建筑工业出版社，2012.
[13] 中华人民共和国国家标准. GB 50108—2008 地下工程防水技术规范[S]. 北京：中国计划出版社，2008.
[14] 中华人民共和国国家标准. GB 50327—2001 住宅装饰装修工程施工规范[S]. 北京：中国计划出版社，2001.
[15] 中华人民共和国国家标准. GB 50300—2013 建筑工程施工质量验收统一标准[S]. 北京：中国建筑工业出版社，2013.
[16] 中华人民共和国国家标准. GB 50202—2002 建筑地基基础工程施工质量验收规范[S]. 北京：中国建筑工业出版社，2002.
[17] 中华人民共和国国家标准. GB 50208—2011 地下防水工程质量验收规范[S]. 北京：中国建筑工业出版社，2011.
[18] 中华人民共和国国家标准. GB 50204—2015 混凝土结构工程施工质量验收规范[S]. 北京：中国建筑工业出版社，2015.
[19] 中华人民共和国国家标准. GB 50205—2001 钢结构工程施工质量验收规范[S]. 北京：中国建筑工业出版社，2001.
[20] 中华人民共和国国家标准. GB 50207—2012 屋面工程质量验收规范[S]. 北京：中国建筑工业出版社，2012.
[21] 中华人民共和国国家标准. GB 50210—2001 建筑装饰装修工程质量验收规范[S]. 北京：中国建筑工业出版社，2001.
[22] 中华人民共和国国家标准. GB 50209—2010 建筑地面工程施工质量验收规范[S]. 北京：中国建筑工业出版社，2010.
[23] 中华人民共和国国家标准. GB 50870—2013 建筑施工安全技术统一规范[S]. 北京：中国计划出版社，2013.